LA SCIENCE

GUIDES PRATIQUES JEUNESSE

LA SCIENCE

Judith Hann

Traduit de l'anglais
par Marima Faivre d'Arcier
en collaboration
avec Nicolas Witkowski

Éditions du Seuil

UN LIVRE DORLING KINDERSLEY

Responsables du projet John Farndon, Geoffrey Manders

Éditeur Liza Bruml
Maquette Martin Foote, Brian Rust
Recherches iconographiques Diana Morris, Kate Fox
Production Helen Creeke
Direction éditoriale Carolyn King
Direction artistique Nick Harris

Édition française
Correction Jacques Morel
Réalisation technique RMP, Vincennes
Coordination Agnès Mathieu

Titre original : *How Science Works*

Imprimé à Singapour par Tien Wah Press

Dépôt légal : octobre 1991. N° 12831-3
ISBN 2-02-012831-4
(Édition originale : ISBN 086318-6025)

Table des Matières

Un laboratoire chez soi ... 8

Le Monde de la Matière

Qu'est-ce que la matière? ... 14
Qu'est-ce qu'un produit chimique? (1) ... 16
Qu'est-ce qu'un produit chimique? (2) ... 18
Les solides ... 20
Les liquides ... 22
Les gaz ... 24
Au cœur de l'atome ... 26
Éléments et composés chimiques ... 28
Les réactions chimiques ... 30
Les mélanges ... 32
Les solutions et les cristaux ... 34
Les acides et les bases ... 36
Sels et savons ... 38
La chimie organique ... 40

Énergie, Force & Mouvement

L'énergie ... 44
La chaleur ... 46
L'énergie thermique ... 48
La dilatation ... 50
Conduction de la chaleur ... 52
Convection et radiation ... 54
Forces et mouvements ... 56
S'arrêter et démarrer ... 58
Le frottement ... 60
L'action et la réaction ... 62
L'accélération ... 64
La gravité ... 66

Les forces de rotation 68
Le mouvement circulaire 70
Engrenages et poulies 72
Étirer et comprimer 74

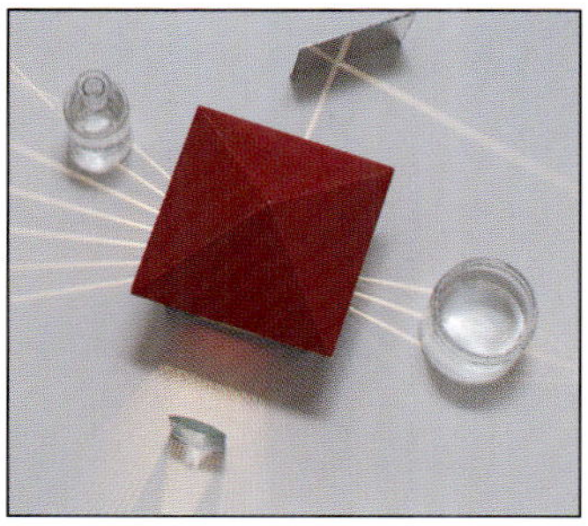

Son & Lumière

La lumière 78
Ombre et lumière 80
La réflexion 82
La réfraction 84
Expériences avec la lumière 86
Images et illusions 88
Enregistrer des images 90
Images animées 92
Les couleurs de la lumière 94
Mélanger les couleurs 96
Pigments et peintures 98
Ondes lumineuses 100
Le son 102
Qu'est-ce que le son? 104
Hauteur et timbre 106
La résonance 108
Échos et acoustique 110
Le son de la musique 112

L'air & L'eau

L'air 116
Dans l'air 118
L'équilibre rompu 120
La pression atmosphérique 122
La météo 124
Une station éolienne 126
Les courants d'air 128
L'eau 130
Les ressources en eau 132
La puissance de l'eau 134
Faire monter l'eau 136
Flotter et couler 138
La densité des liquides 140
La tension superficielle 142

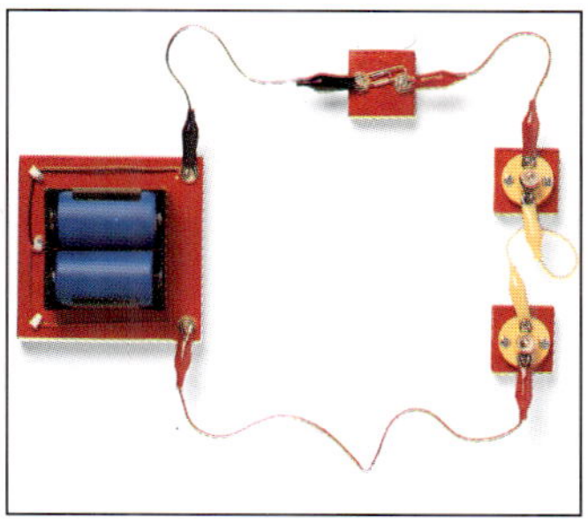

Électricité & Magnétisme

L'électricité et le magnétisme 146 et 158
L'électricité statique 148
Le courant électrique 150
Les connexions 152
Circuits simples 154
L'électrochimie 156
Pôles et champs 160
Les aimants 162
L'électroaimant 164
Produire de l'électricité 166
Le téléphone 168
Les moteurs électriques 170

Électronique & Ordinateurs

L'électronique 174
Les circuits électroniques 176
Fabriquer une radio 178
L'intelligence artificielle 180
Glossaire 182 **Index** 188

INTRODUCTION

COMPRENDRE LE MONDE SCIENTIFIQUE qui nous entoure est aujourd'hui indispensable. Les journaux et les programmes de télévision regorgent d'informations concernant le réchauffement de la Terre, les technologies des transports, les problèmes d'éthique liés à la thérapie génétique, aux mères porteuses et bien d'autres notions essentielles. Pour mieux comprendre ces problèmes, il faut des connaissances scientifiques. Le but de ce livre est de vous les donner.

Les pages qui suivent vous guident à travers les principes de base de la chimie et de la physique d'une façon simple et attrayante. C'est un livre d'activités à mettre en pratique chez soi, car les expériences qui illustrent les principes scientifiques majeurs ne nécessitent que les objets les plus communs de votre «maison-laboratoire». Toute la famille pourra ainsi s'initier aux sciences. La plupart des expériences peuvent être faites, sans danger, par de jeunes enfants, et quand l'aide des parents est nécessaire, c'est indiqué clairement.

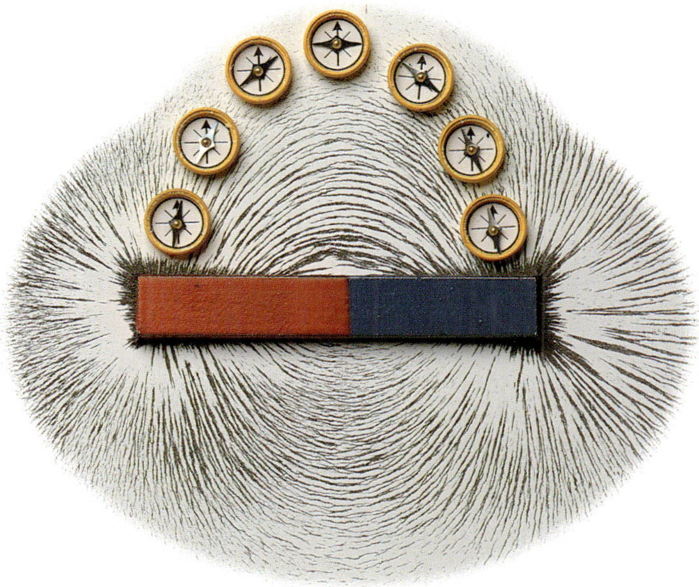

Ce livre peut être
lu d'un bout à l'autre,
et les expériences
réalisées au fur
et à mesure.
Vous pouvez aussi,
si vous le préférez,
satisfaire votre curiosité du moment
en vous plongeant dans un sujet précis,
puisque le livre est constitué de parties indépendantes.
J'espère qu'après l'avoir utilisé
vous serez convaincu que la science n'est pas cette
matière qui paraît si souvent ennuyeuse et inaccessible
lorsqu'on l'apprend en classe.

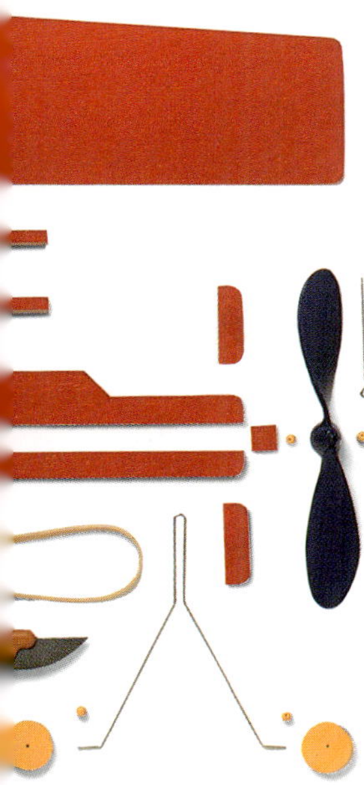

La science explique le monde qui nous
entoure, et la meilleure façon de l'apprendre
est d'expérimenter et d'observer.
J'espère que les expériences choisies dans
ce livre stimuleront votre intérêt et votre
compréhension des sujets scientifiques.
J'espère qu'il suscitera des vocations
scientifiques chez les jeunes lecteurs,
tout en aidant les adultes à comprendre
les principes scientifiques qui se cachent derrière
les événements quotidiens – voir un arc-en-ciel,
rouler à bicyclette, ou même faire du café.

Judith Hann

Un laboratoire chez soi

POUR FAIRE DES EXPÉRIENCES, nul besoin de disposer d'un laboratoire spécialement conçu, ni d'avoir un placard débordant d'équipements chers et sophistiqués. La plupart des expériences décrites dans ce livre peuvent être réalisées avec des objets de tous les jours qui se trouvent partout dans la maison – particulièrement dans la cuisine – ou qui peuvent s'acheter facilement. Sur cette page et sur les trois suivantes se trouvent les objets qui vous seront utiles dans votre laboratoire. Et s'il vous en manque un, improvisez !

Les objets utiles

Dans une maison, il y a en général beaucoup d'objets que l'on peut utiliser pour faire des expériences scientifiques. Prenez une boîte dans laquelle vous réunirez divers objets comme ceux-ci. Les bouchons, les ballons, les pailles sont particulièrement utiles, ainsi que les vieux objets métalliques. Cherchez de vieilles lentilles optiques (lunettes, loupes, objectifs) pour les expériences avec la lumière.

Pailles

Miroir

Bouchons

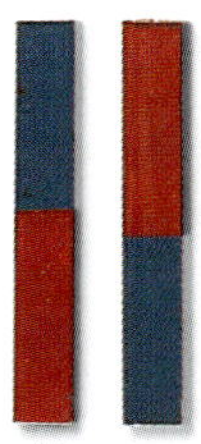
Aimants

Fil à fusible

Vieilles clés

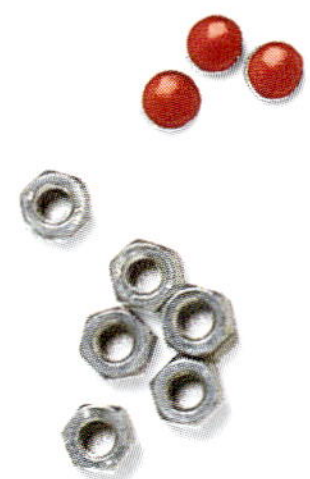
Écrous, boulons et vis

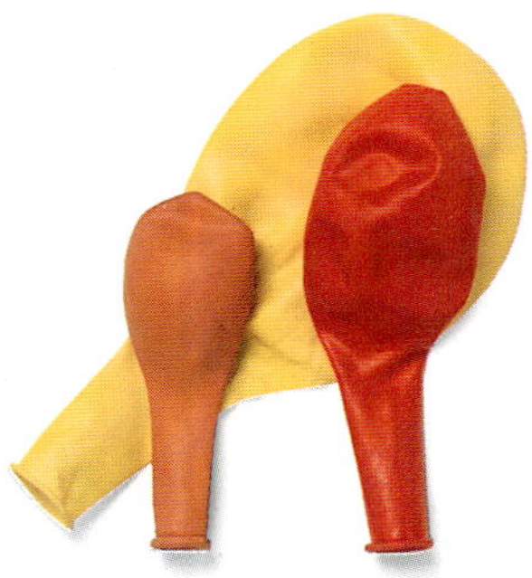
Ballons (surtout des grands)

Aiguilles et épingles

Lentilles optiques

Les mesures

Tout comme en science, des mesures précises sont nécessaires dans de nombreuses activités quotidiennes. Dans beaucoup de cuisines, par exemple, on trouve de quoi mesurer le volume (verre gradué), la masse (balance) et la température (thermomètres). Attention, avant d'utiliser un thermomètre, vous DEVEZ VÉRIFIER qu'il couvre l'échelle de températures que vous voulez pour l'expérience: un thermomètre d'extérieur explosera si vous le plongez dans un liquide bouillant.

Thermomètre

Verre gradué en plastique

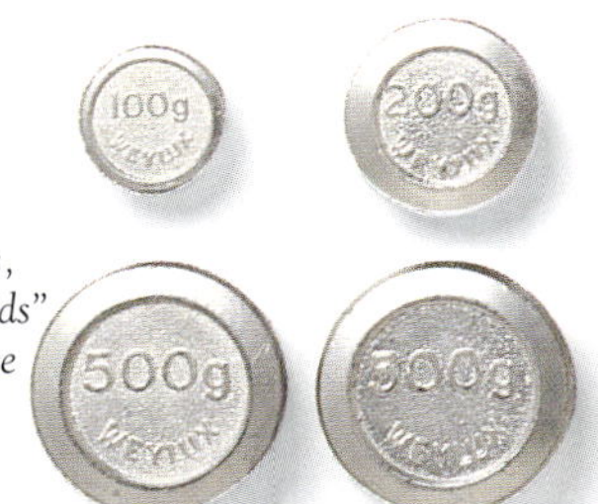
Masses marquées, dites "poids" de balance

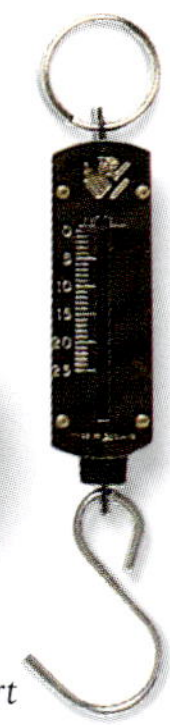
Peson à ressort

Balance de cuisine

Réveil ou montre

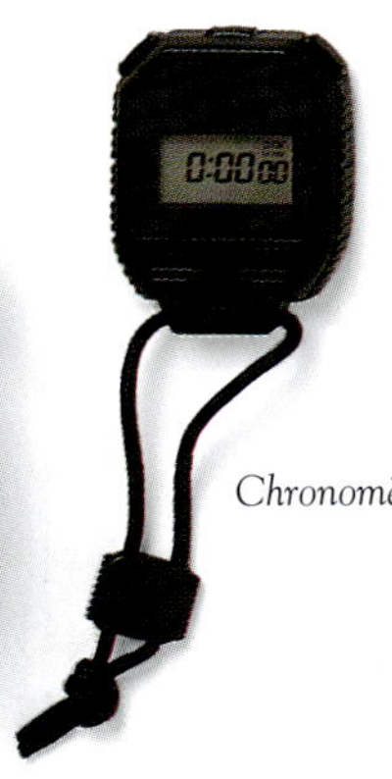
Chronomètre

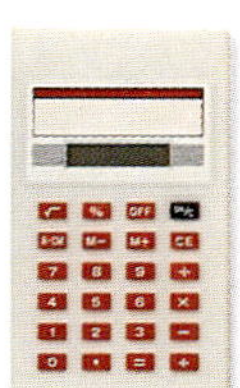
Calculatrice

Règle

Récipient gradué en pyrex

Les ustensiles de cuisine

Vous trouverez beaucoup d'objets utiles dans la cuisine: couteaux et cuillères en métal, passoires et pinces. Attention, vous ne devez pas contaminer ces ustensiles avec des substances toxiques: n'utilisez JAMAIS des objets à usage alimentaire pour faire des expériences avec des produits autres que les boissons et la nourriture. Mettez une étiquette bien lisible sur tous les ustensiles pour les produits chimiques et rangez-les dans un placard en dehors de la cuisine.

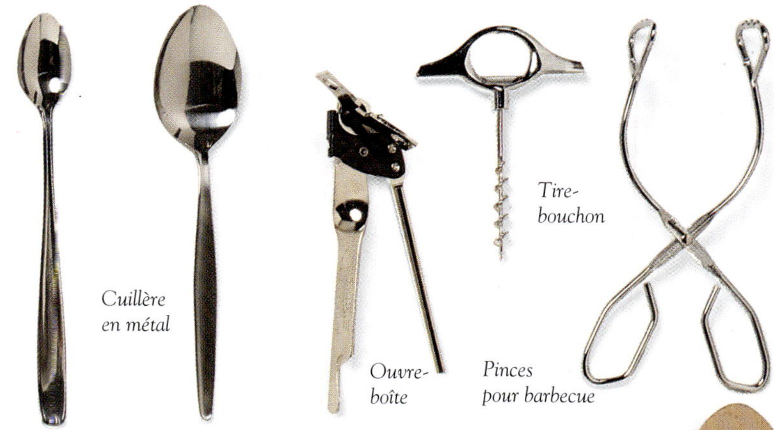

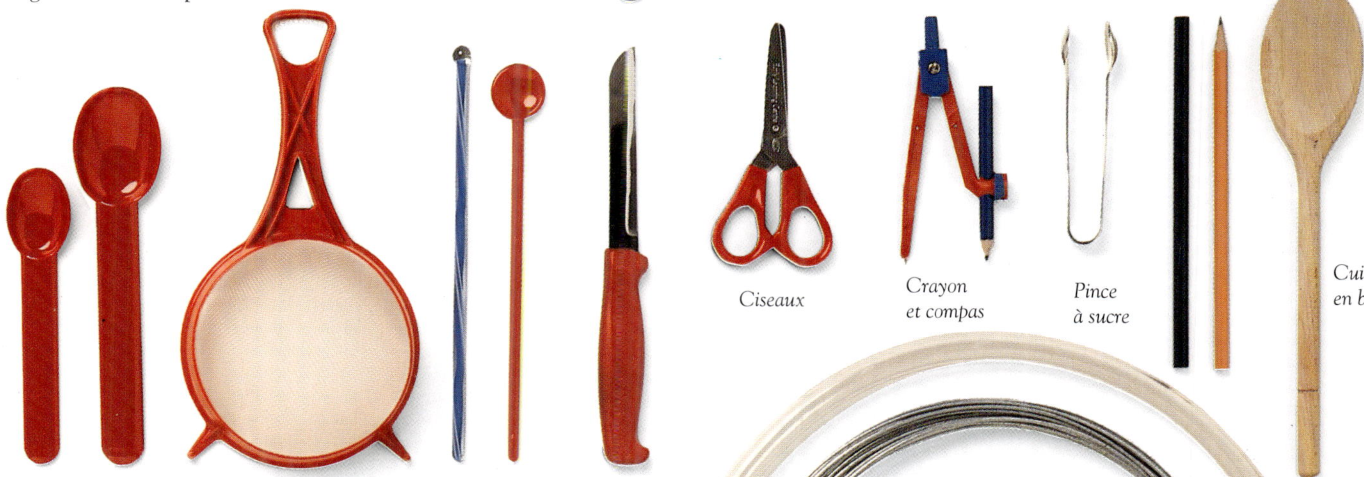

Les matériaux

Pour certaines expériences, il vous faudra acheter des matériaux de base comme des pinceaux, de la colle, du papier (y compris du papier-filtre), du carton, du balsa, du bois, du fil électrique, du tube de plastique, ainsi que des peintures pour les finitions.

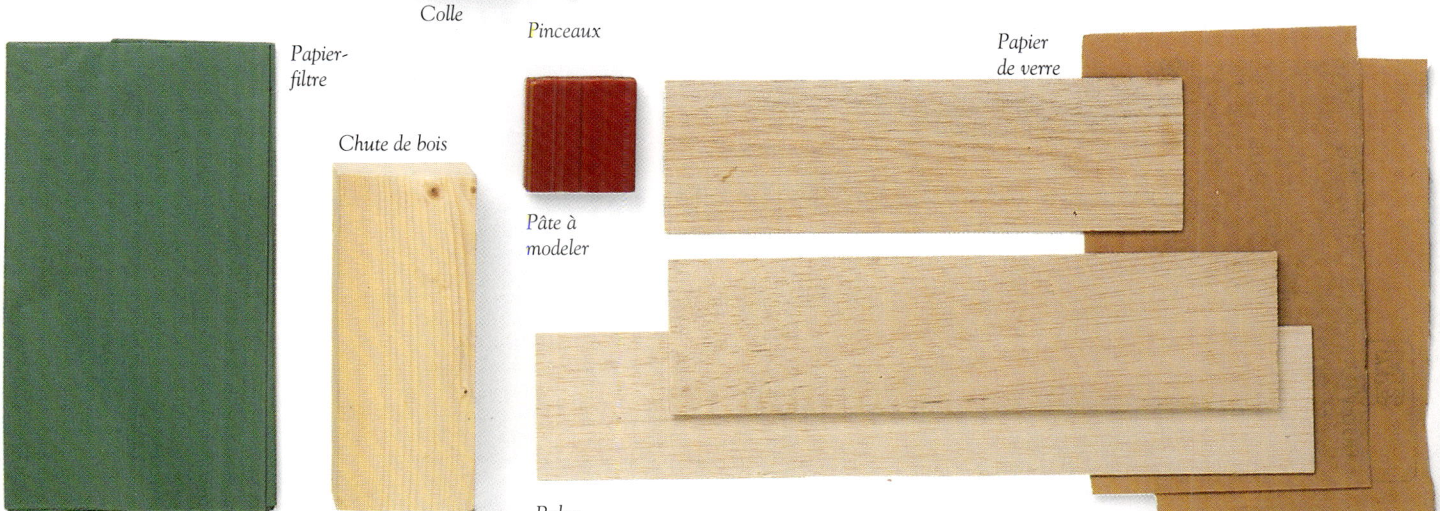

Fixer

Pour faire les expériences de ce livre, vous aurez besoin de dispositifs de fixation variés, du ruban adhésif aux épingles à linge. Si vous n'avez pas exactement le mode de fixation décrit, vous pourrez la plupart du temps en adapter un autre à cette fin.

Crochets

Épingles

Vis

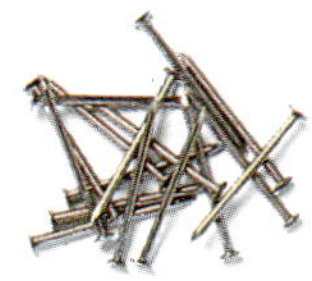

Clous

Punaises

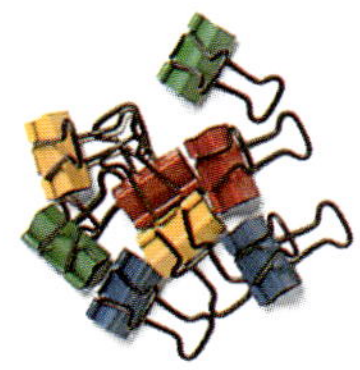

Pinces à ressort

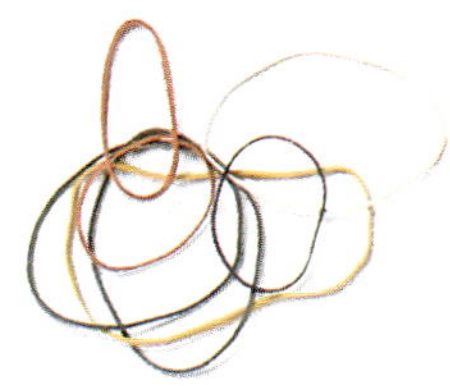

Élastiques

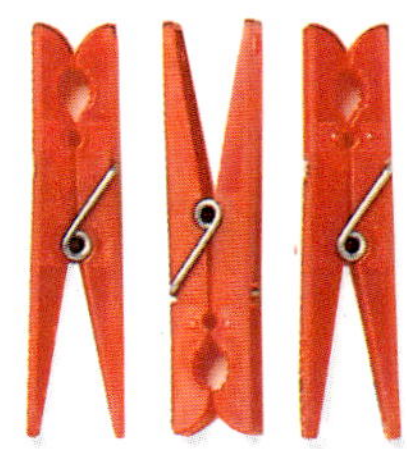

Épingles à linge

Ruban adhésif

Colle à prise rapide

Fil de coton

Colle à papier et à carton

Ficelle

Pâte à modeller

Fil de fer

Chauffer

Dans les chapitres Matière et Énergie, un grand nombre d'expériences nécessitent une petite source de chaleur. Pour cela, fabriquez une lampe à alcool avec des supports comme indiqué p. 20. Si vous avez besoin d'une chaleur plus intense, utilisez le réchaud de la cuisine. *La surveillance des adultes est recommandée pour toutes les expériences nécessitant un chauffage.*

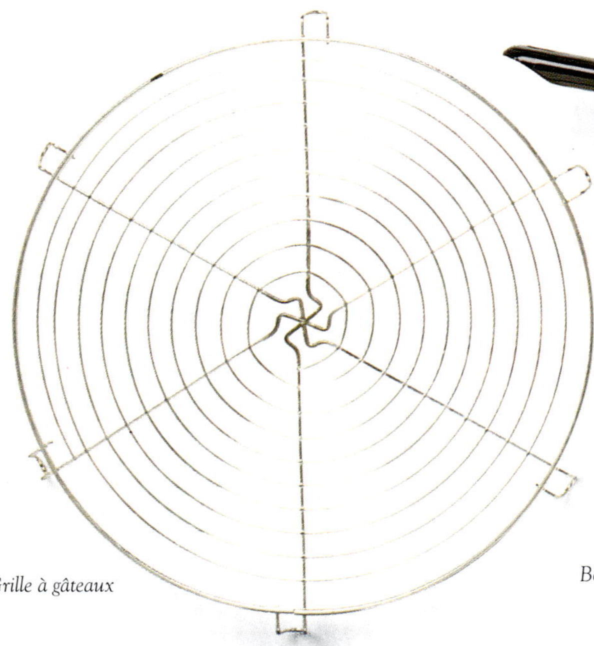

Grille à gâteaux

Casseroles

Allumettes

Lampe à alcool

Support pour la grille

Bougies

Lampe à alcool

Faites un trou dans le couvercle d'un petit pot en verre. Faites passer une mèche à travers le trou en la laissant dépasser de 1 cm. Elle doit juste toucher le fond du pot. Enroulez une bande de coton autour de la mèche. Remplissez le pot d'alcool à brûler jusqu'à la moitié. Immergez la mèche et le coton, et vissez le couvercle. Placez la lampe sous la grille et allumez la mèche avec une allumette.

Couvercle

Mèche

Bande de coton

Petit pot de verre

Les outils

Un bon cutter est indispensable pour beaucoup d'expériences. Pour des objets plus élaborés, des outils à bois seront aussi nécessaires, par exemple un tourne-vis, une chignole, des pinces, un marteau et une scie.

Pinces *Cutter* *Tourne-vis*

Chignole *Marteau* *Scie*

Matériel électrique

Pour les expériences d'électricité, collectez des fils électriques, des ampoules et des piles (neuves ou usagées).

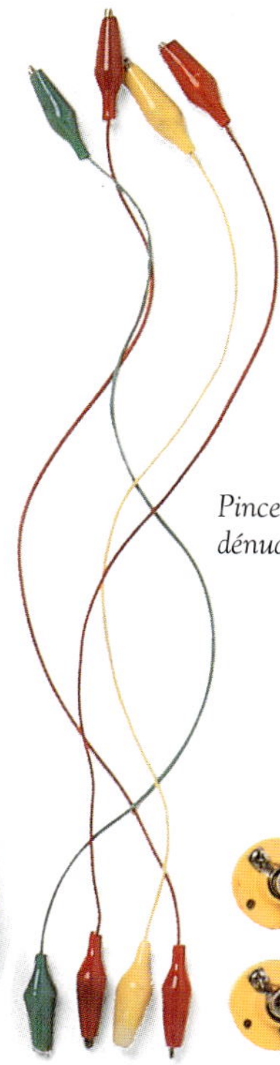

Pinces à dénuder *Boussole* *Fils et broches* *Ampoules* *Fil de cuivre* *Piles*

Les récipients

Vous aurez besoin d'une collection de récipients de toutes sortes, surtout des pots à confiture et des pots de yaourt. Étiquetez-les clairement. Ne mettez JAMAIS des produits chimiques dans des récipients où ils peuvent être pris pour de la nourriture. Un tube à essais est utile pour chauffer (à feu doux) de petites quantités de substances.

Tube à essais *Petit pot avec couvercle à vis* *Boîtes de conserve* *Tasse de plastique* *Récipients de plastique* *Pots à confiture* *Tasses, JAMAIS pour des produits chimiques*

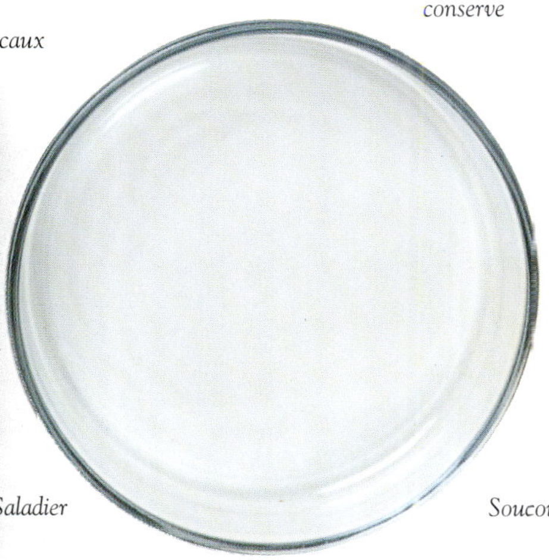

Bocaux *Saladier* *Plats à épices* *Soucoupes* *Verseurs en pyrex* *Bouteilles en plastique*

LE MONDE DE LA *Matière*

DE QUOI SONT donc faits les objets?
Pourquoi les matériaux sont-ils
comme ils sont?
Peut-on les modifier?
Telles sont les questions que se pose
la chimie, l'étude de toutes
les substances qui constituent notre
monde, inerte ou vivant.

Les cristaux de caféine extraits des grains de café, grossis un grand nombre de fois par un microscope électronique, ressemblent à des aiguilles.

QU'EST-CE QUE LA MATIÈRE?

QUAND LES SCIENTIFIQUES parlent de la *matière*, ils pensent à n'importe quelle substance présente dans l'univers, de la plus fine poussière à la plus grande étoile. En effet, la matière est tout ce qui n'est pas vide, ou plutôt, la matière est tout ce qui prend de la place. On imagine souvent la matière sous forme solide, mais elle peut aussi être liquide ou gazeuse.

Ce modèle d'atome (p. 26-27) est basé sur la théorie de la matière énoncée par le physicien danois Niels Bohr en 1913. Il est toujours utilisé par les chimistes.

Depuis des milliers d'années, on cherche à percer la nature de la matière. Dans la Grèce ancienne, il y a 2 000 ans, les philosophes pensaient que toute la matière pouvait être répartie en quatre éléments: la terre, l'eau, l'air et le feu. Après tout, cette classification n'est pas très éloignée de notre répartition actuelle des états de la matière: solide, liquide et gaz. Ils pensaient que chaque élément, au repos, avait une place déterminée. Celle de la terre était au niveau du sol ou en dessous, et pour cette raison les pierres tombent quand on les lâche. Ils situaient la place de repos de l'eau et de l'air au-dessus de celle de la terre, et la place du feu au-dessus de l'atmosphère terrestre, ce qui expliquait pourquoi les flammes bondissent vers le haut.

Certains penseurs, comme le célèbre Aristote (384-322 av. J. -C.), croyaient que la matière était constituée d'une substance continue. Ainsi, on pouvait diviser une quantité de matière, si petite soit-elle, en morceaux plus petits. Mais d'autres penseurs grecs comme Démocrite (environ 460-400 av. J. -C.) affirmaient que la matière était formée de paquets de petites particules avec, entre eux, de l'espace vide, exactement comme on le pense aujourd'hui.

Cette expérience (p. 35) montre les propriétés physiques et chimiques de différents liquides.

Ces particules, qui étaient les plus petites parcelles de matière, ne pouvaient jamais être divisées. Pour cette raison on les a appelées *atomes*, qui signifie en grec «indivisible».
Mais, à cette époque, le point de vue d'Aristote semblait le plus convaincant, et l'idée des atomes fut oubliée pendant 2 000 ans.

Les alchimistes

Pendant ce temps, beaucoup de philosophes grecs et arabes étudiaient la Lune et les étoiles, et affirmaient qu'il devait exister un cinquième élément, l'*éther*, qui remplissait les cieux.

D'autres se mirent à étudier l'alchimie, qui prospérait non seulement chez les Arabes, mais aussi dans l'Europe du Moyen Age.

Les alchimistes faisaient des expériences dans le but de modifier la matière.

Ils entreprirent alors la longue (et stérile) quête de la «pierre philosophale», la substance qui changerait un vil métal en or.

Les alchimistes étaient autant intéressés par la magie et les superstitions que par la science, mais on les imagine davantage comme de vieux sorciers mélangeant d'étranges potions que comme des scientifiques sérieux. Pourtant, l'alchimie attirait aussi des esprits forts qui firent des découvertes importantes, telles que les acides nitrique et sulfurique, et des médicaments à base d'herbes. En tout cas, le mot *chimie* vient de l'arabe *al quemia*, qui a aussi donné *alchimie*.

Corps simples et composés

Jusqu'au XVIIe siècle, les théories des alchimistes et les quatre éléments d'Aristote ne furent pas remis en cause. Puis le savant irlandais Robert Boyle (1627-1691) émit l'idée qu'il existait des corps chimiques purs, les *éléments*, se combinant pour faire des *composés* particuliers. Boyle affirmait que chacun de ces éléments avait ses caractéristiques et pouvait exister sous forme solide, liquide ou gazeuse. Boyle poussait également les scientifiques à reprendre la vieille idée des atomes.

Bientôt, de nombreuses expériences montrèrent que Boyle avait raison. Joseph Priestley (1733-1804) et le brillant savant français Antoine Lavoisier (1743-1794) montrèrent par exemple que l'air, un des éléments d'Aristote, était en fait un mélange de gaz comprenant l'oxygène et l'azote (voir p. 118-119). Lavoisier montra aussi qu'un autre élément d'Aristote, l'eau, était un mélange d'hydrogène et d'oxygène (p. 28).

Peu de temps après, en 1808, le chimiste anglais John Dalton (1766-1844) énonça sa théorie

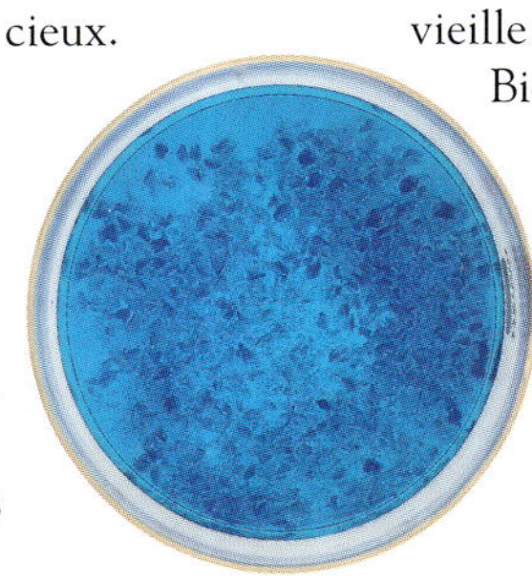

Les vrais solides – le verre n'en est pas un – sont faits de cristaux, dont beaucoup peuvent être obtenus par croissance dans une solution (p. 34).

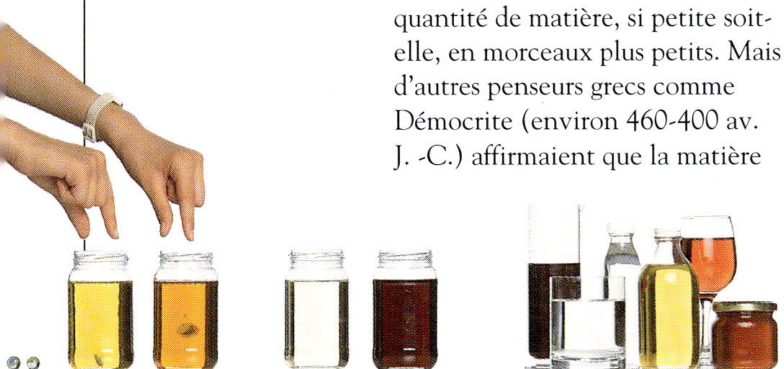

Comme la plupart des propriétés physiques, la viscosité d'un liquide dépend de la structure de ses molécules. L'huile, par exemple, dont les grosses molécules sont emmêlées, est très visqueuse (p. 22 et 23).

Toutes ces substances sont liquides dans les conditions habituelles, mais elles se vaporisent si on les chauffe (p. 23).

atomique: tous les atomes d'un élément (ou corps pur) étaient identiques, et différaient des atomes de tout autre élément; les composés étaient formés par la liaison d'un atome d'un élément avec un atome d'un autre élément. L'eau, pensait-il, était constituée d'un atome d'hydrogène lié à un atome d'oxygène.

Les molécules

Trois ans plus tard, le physicien italien Amedeo Avogadro (1776-1856) montra que, dans l'eau, chaque atome d'oxygène est lié à deux atomes d'hydrogène, et non à un seul, comme Dalton l'avait dit. De plus, ni l'atome d'oxygène ni celui d'hydrogène ne peuvent exister seuls: ils vont toujours par deux. Ces paires d'atomes s'appellent de nos jours *molécules* (p. 28). Pendant que Dalton travaillait sur ces idées, les chimistes s'efforçaient de trouver des éléments et des composés nouveaux. Les progrès étaient surprenants. Les cahiers de Dalton en 1803 ne contiennent que 20 éléments différents. En 1830, les chimistes en connaissaient 55. A la fin du XIXe siècle, on connaissait 80 éléments, et davantage encore de composés chimiques.

Après l'énoncé de la théorie atomique de Dalton, on a pensé pendant longtemps que les atomes ne pouvaient jamais être divisés, détruits ou créés. Ils semblaient être de minuscules boules de billard, dures et indestructibles. Mais, peu à peu, les chimistes ont commencé à mettre en doute cette idée.

La forme régulière des cristaux comme celle de ce cristal de sulfate de cuivre (p. 34) reflète la régularité de leur structure.

Les électrons

C'est le physicien français Jean Perrin (1870-1942) qui leva ces doutes. En 1895, ses expériences avec les rayons cathodiques (un dispositif qui est l'ancêtre du tube de télévision) lui permirent de découvrir de minuscules particules, 1 800 fois plus petites que l'atome le plus petit, qui furent appelées *électrons* parce qu'elles ont une charge électrique (p. 148).

Le savant anglais J. J. Thomson les découvrit aussi en 1897. Thomson croyait que les électrons se trouvaient dans l'atome comme des raisins dans un gâteau. Mais, en 1911, Ernest Rutherford, natif de Nouvelle-Zélande, mit en évidence un *noyau* petit, mais très dense, au cœur de chaque atome. Autour de ce noyau, pensait-il, les électrons tourbillonnaient, formant un nuage assez volumineux et en grande partie vide. Deux ans plus tard, le physicien danois Niels Bohr émit l'hypothèse que les électrons tournent autour du noyau sur des orbites, comme les planètes autour du Soleil. Bohr suggéra que ces orbites étaient organisées en «couches», un peu comme un oignon (p. 26-27).

Quand des substances sont mélangées, comme les pigments de l'encre par exemple, on peut souvent les séparer par des procédés simples, par exemple la chromatographie (p. 33).

Ensuite, en 1919, Rutherford désintégra un atome pour la première fois: l'atome n'était donc pas indestructible.
Quand il bombarda le noyau d'un atome d'azote avec un faisceau de particules alpha (des noyaux d'hélium), il obtint des noyaux d'hydrogène.
Bientôt, il apparut que tous les noyaux des atomes des différents éléments contiennent des noyaux d'hydrogène, ou *protons*, comme les nomma Rutherford. De même que les électrons, les protons sont chargés électriquement, mais leur charge est opposée à celle des électrons. Comme chaque atome contient autant d'électrons que de protons, ces charges s'équilibrent.

La structure cristalline de certains solides, tels ces cristaux naturels, est évidente, mais les métaux et les pierres sont aussi faits de cristaux, même s'ils sont généralement trop petits pour être visibles.

Les neutrons

Treize ans après que Rutherford eut cassé un atome, il s'avéra que le noyau contenait, en plus des protons, une autre sorte de particules appelées *neutrons*.

Pour faire de la chimie ordinaire, il est suffisant d'imaginer l'atome comme constitué d'un noyau de protons et de neutrons autour duquel gravitent des électrons sur leurs couches. Mais les physiciens ont montré depuis que la description de la matière est bien plus compliquée.

Toujours en bombardant les atomes, ils ont révélé l'existence d'un grand nombre de particules, et celles-ci ne se comportent pas du tout comme des boules de billard, mais comme de brumeux paquets d'énergie, ou *quanta*. Les scientifiques sont encore loin d'une compréhension totale de la vraie nature de la matière.

La structure moléculaire de certaines substances, comme le fer, l'acier et le cobalt, les rend magnétiques (p. 158-163); la plupart des substances ne le sont pas. On peut séparer des mélanges grâce au magnétisme (p. 32).

Qu'est-ce qu'un produit chimique? (1)

L'EXPRESSION «PRODUIT CHIMIQUE» évoque souvent un liquide acide, fumant dans un tube à essai, ou des substances aux noms compliqués. En réalité, tous les matériaux dans le monde sont faits de produits chimiques. La mer, la terre, les plantes, les immeubles, les voitures, les radios, les sièges, la nourriture et même votre corps sont constitués de produits chimiques, dont certains sont aussi communs que l'eau ou le sel.

Chaque produit chimique a ses caractéristiques: propriétés «physiques» comme la couleur, la dureté, la texture, la fragilité. Le tableau ci-dessous indique les propriétés physiques les plus importantes, et les expériences des dix pages suivantes les explorent en détail. En analysant ces propriétés, nous pouvons commencer à expliquer le comportement des substances. Les propriétés «chimiques» correspondent à la façon dont les corps chimiques réagissent ensemble. Le sucre glace et la poussière de craie se ressemblent physiquement puisqu'ils sont tous deux de fines poudres blanches. Mais ils diffèrent chimiquement; le sucre se dissout dans l'eau, pas la craie. Les propriétés chimiques sont étudiées en détail dans les pages 26 à 41.

Propriétés physiques

Voici la liste des principales propriétés physiques des produits chimiques. Cherchez ces propriétés dans les substances qui se trouvent chez vous. Soyez précis, ne dites pas que quelque chose est dur, mais ajoutez que c'est plus dur que telle matière et moins dur que telle autre. Essayez d'identifier des groupes de matériaux ayant des propriétés physiques voisines.

Solidité (état)	*Est-ce un solide, un liquide ou un gaz ? (p. 20-25)*
Aspect	*Quelle est la couleur ?*
	Est-ce brillant ou mat ? (p. 82)
	Est-ce transparent ou opaque ? (p. 80)
	Est-ce foncé ou clair ?
Texture	*Est-ce rugueux ou lisse ?*
	Est-ce un cristal ou une poudre ?
Plasticité	*Peut-on l'étirer ou le plier ?*
	Peut-on l'écraser ? (p. 74)
	Est-ce que ça casse ou est-ce que ça plie ? (p. 17)
Elasticité	*Est-ce que la substance revient à sa forme initiale après avoir été étirée ? (p. 74)*
Dureté	*Est-ce vraiment dur ? Comment l'évaluer ? (p. 17)*
Densité	*Combien cela pèse-t-il ?*
	Est-ce plus lourd que l'eau ? (p. 18)
Flottabilité	*Est-ce que ça flotte ? (p. 140)*
Magnétisme	*Est-ce aimanté ? (p. 160)*
Conductivité	*Est-ce un conducteur de l'électricité ? (p. 151)*

Le laboratoire du professeur Tournesol
Telle est l'image que l'on se fait d'un laboratoire de chimie: de mystérieux produits fumants, des récipients aux formes étranges, et des explosions imminentes. Mais peu de laboratoires ressemblent à cela. En réalité, l'image est truquée: les liquides sont colorés avec des colorants alimentaires, et les fumées sont dues à de la neige carbonique, du gaz carbonique solidifié et très froid souvent utilisé au théâtre pour obtenir des effets de brouillard. Les fumées tombent du ballon parce que ce gaz est plus lourd que l'air.

EXPÉRIENCE

Test de fragilité

Certaines matières sont dures mais se brisent facilement. Elles sont difficiles à plier ou à écraser, mais se fendent si on les heurte violemment. Ces matières sont dites cassantes.

Il Vous Faut

- *des objets usuels* • *un marteau*
- *une planche* • *des lunettes pour protéger vos yeux*

Test du marteau

Mettez chaque objet sur une planche à découper. Mettez les lunettes ou couvrez l'objet avec un chiffon. Donnez un coup sec et bref avec le marteau. Notez ce qu'il se passe : l'objet se plie, se craque, se casse ou résiste au coup.

EXPÉRIENCE

Test de dureté

Il Vous Faut

- *des objets usuels, tels que du bois, du plastique, des pierres, une bouteille, une clé, de la pâte à modeler* • *un capuchon de stylo en plastique*

Une façon simple de tester la dureté d'un matériau est de le rayer avec le capuchon d'un stylo-bille. Notez combien vous avez dû appuyer pour rayer chaque substance.

Mou et dur

La dureté ne peut pas être mesurée avec des unités, comme c'est par exemple le cas pour la masse ou la longueur. Cependant, le minéralogiste allemand Friedrich Mohs a établi une échelle particulière, telle que chaque matière raye celle qui est placée au-dessous d'elle et est rayée par toute matière placée au-dessus d'elle.

Une pierre dure

Le diamant, utilisé dans les scieries industrielles, est la plus dure de toutes les substances. Il ne peut être taillé que par un autre diamant.

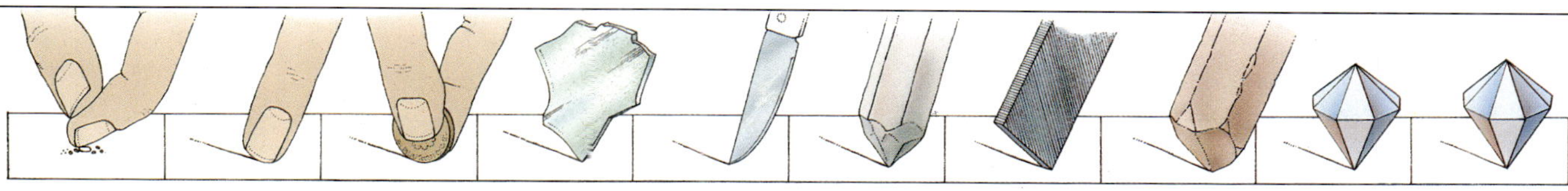

1 *Talc : écrasé par l'ongle*

2 *Gypse : rayé par l'ongle*

3 *Calcaire : rayé par une pièce de bronze*

4 *Spath : rayé par le verre*

5 *Apatite : rayée par une lame de couteau*

6 *Feldspath : rayé par le quartz*

7 *Quartz : rayé par une lime d'acier*

8 *Topaze : rayée par le corindon*

9 *Corindon : rayé par le diamant*

10 *Diamant : n'est rayé que par lui-même*

Qu'est-ce qu'un produit chimique ? (2)

LES MÉTAUX SONT généralement faciles à reconnaître. Ils constituent l'un des groupes de substances les plus importants. D'ailleurs, toutes les substances peuvent être classées en métaux et non-métaux (p. 186). Il y a bien sûr différents métaux, mais ils ont tous des propriétés physiques voisines.

A part le mercure, qui est un liquide argenté à température ambiante, la plupart des métaux sont durs et brillants, et sonnent quand on les frappe. Ils sont solides et peuvent être forgés ou moulés pour prendre presque toutes les formes: c'est pour cela qu'on les utilise depuis longtemps pour faire quantité de choses, depuis les couteaux jusqu'aux avions. Ils conduisent aussi la chaleur et l'électricité (p. 52 et 151).

Tous les métaux sont constitués de minuscules cristaux, maintenus ensemble par des liaisons chimiques très solides appelées *liaisons métalliques*. C'est parce que ces liaisons sont fortes que les métaux sont si solides.

Les hauts fourneaux
Il y a différentes sortes d'acier; la plupart sont obtenus grâce au procédé à l'oxygène. Le fer est fondu dans un fourneau, les impuretés sont brûlées dans un courant d'oxygène, et d'autres métaux sont ajoutés pour obtenir un type d'acier donné. Dans le procédé à l'arc électrique, on utilise en général de la ferraille. L'acier est en fusion lorsqu'il quitte le fourneau. Il est versé dans des moules où il refroidit et se solidifie en lingots prêts à être coulés.

Les métaux

Cherchez combien de métaux différents vous pouvez trouver chez vous.

1. Le cuivre: *métal mou et rouge qui conduit bien l'électricité. La plupart des fils électriques sont en cuivre.*
2. Le laiton: *robuste alliage jaune contenant un tiers de zinc et deux tiers de cuivre.*
3. L'acier inoxydable: *acier qui ne rouille pas, contenant du chrome et un peu de carbone.*
4. Le bronze: *alliage, lourd et terne, de cuivre et d'étain.*
5. Le nickel: *métal magnétique souvent mélangé au cuivre ou au zinc pour faire de l'«argenterie» bon marché.*
6. L'or: *métal jaune mou qui ne subit aucune corrosion, utilisé en bijouterie, dentisterie et électronique.*
7. Le fer: *métal solide, mou, facile à utiliser, qui rouille quand on le laisse au contact de l'eau et de l'air.*
8. Le chrome: *métal dur, argenté, souvent déposé par électrolyse sur d'autres métaux pour les protéger.*
9. L'acier: *alliage très résistant de fer et de carbone, très utilisé dans les voitures et les bateaux.*
10. L'étain: *métal argenté qui ne se corrode pas et qui est facile à modeler. Il est utilisé avec d'autres métaux pour faire les boîtes de conserve.*
11. L'aluminium: *métal blanc, léger, utilisé dans les avions et les cadres de fenêtres.*
12. L'argent: *métal brillant utilisé en bijouterie et aussi sur les films photographiques*

EXPÉRIENCE

La masse volumique

Un morceau de métal pèse plus lourd qu'un morceau de bois de la même taille, on dit que le métal est plus dense que le bois. On peut définir la masse volumique de chaque substance, c'est-à-dire combien pèse une unité de volume. C'est ce que vous pouvez faire avec l'expérience suivante.

Il Vous Faut

● *une bouteille en plastique* ● *un verre gradué* ● *un cutter* ● *une balance* ● *un tube de plastique*

1 Coupez le haut de la bouteille et faites un trou un peu plus bas. Fixez le tube dans le trou de façon étanche avec de la pâte à modeler .

2 Mettez un récipient sous le bec et remplissez la bouteille jusqu'à ce que l'eau coule.
Choisissez l'objet à mesurer.

3 Mettez le verre gradué vide sous le bec et immergez l'objet complètement dans la bouteille. Notez le volume d'eau qui déborde dans le verre.

4 Otez l'objet de l'eau, essuyez-le et pesez-le. Pour déterminer la masse volumique, il faut diviser la masse pesée par le volume d'eau recueilli dans le verre.

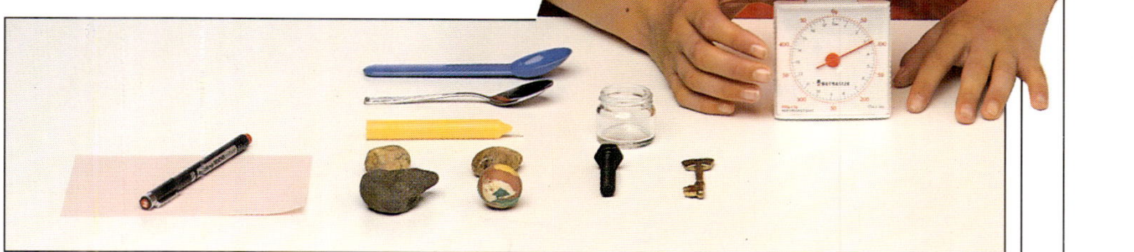

Qu'est-ce que c'est ?

Quand les scientifiques pèsent un objet, ils considèrent sa *masse* plutôt que son *poids*. On ne doit utiliser le mot *poids* que lorsqu'on parle de la force que la gravité exerce sur un objet. La masse volumique n'est donc pas le poids mais la masse d'un centimètre cube (cm^3) de matière. L'eau, par exemple, a une masse volumique de 1 gramme par cm^3.
Les gaz sont légers et ont de faibles masses volumiques, celle de l'air est environ 1 000 fois plus faible que celle de l'eau. La plupart des solides sont plus denses que l'eau. L'or, par exemple, est 20 fois plus dense que l'eau.

Les solides

LA PIERRE EST UN SOLIDE, l'eau un liquide et l'air un gaz, mais ils ne se trouvent pas toujours sous cette forme. Chaque substance dans le monde est soit solide, soit liquide, soit gazeuse, mais, dans des conditions différentes, elles peuvent toutes changer d'*état*. Il y a trois états de la matière: solide, liquide et gaz. Même les rochers fondent dans la chaleur des volcans; l'eau gèle quand il fait assez froid. C'est l'arrangement des atomes et molécules constituant chaque matière qui explique ces différents états (p. 26). Dans un solide, les atomes sont fermement liés ensemble comme les briques d'un mur.

C'est pour cela que les solides gardent leur forme. Pourtant, en les chauffant, on sépare leurs atomes : les solides fondent.

Sous pression
La pression aussi fait fondre les solides. Suspendez deux "poids" à un fil de fer que vous faites passer sur un glaçon. Le fil traverse la glace qui fond.

EXPÉRIENCE

Point de fusion

Chaque solide pur se transforme en liquide à une température appelée *point de fusion*. Essayez de déterminer ce point avec diverses substances.

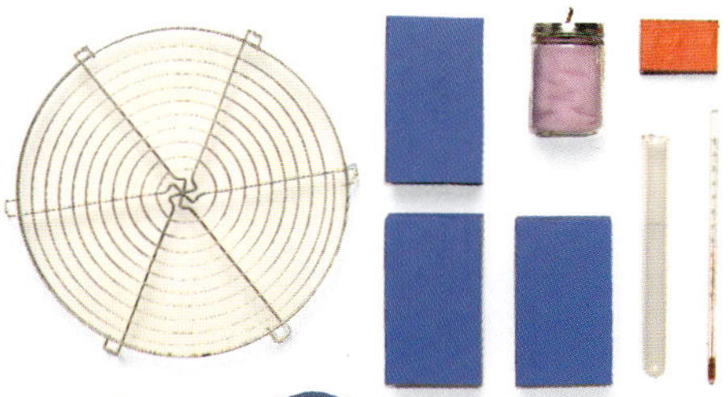

IL VOUS FAUT
- *un réchaud (p. 8)*
- *un thermomètre (p.8)*
- *un tube à essais* ● *une casserole ou un verre à feu* ● *du beurre, du chocolat, de la confiture, de la cire*

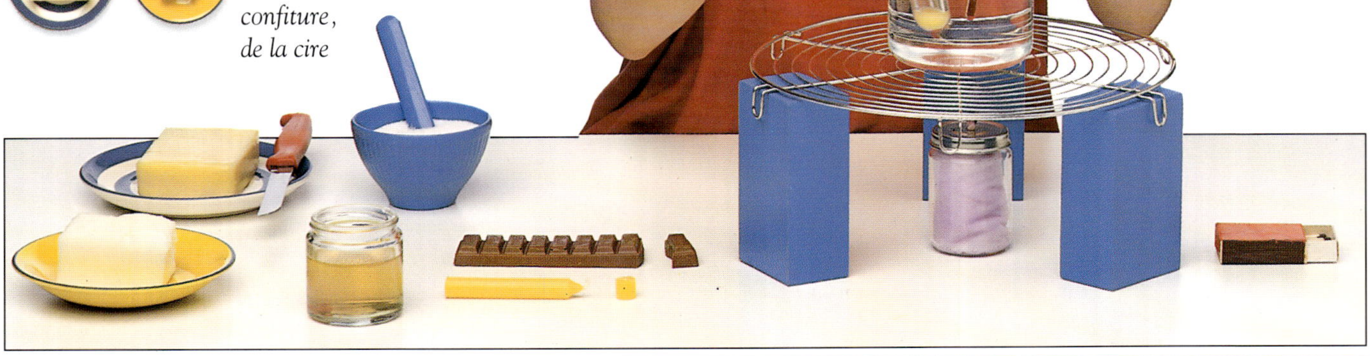

Comment faire ?
Placez le tube à essai contenant une petite quantité de solide dans de l'eau que vous faites chauffer doucement dans la casserole ou le verre. Remuez continuellement le tube. Dès que le solide fond, retirez-le de l'eau et prenez la température. Refaites l'expérience deux fois pour chaque corps. Attention: le tube à essai peut être très chaud, tenez-le avec un torchon ou avec des pinces à barbecue.

EXPÉRIENCES

Les solides sont plus petits

Quand les liquides refroidissent, ils se solidifient. Comme les solides sont en général plus denses, car leurs atomes et molécules sont plus serrés, ils prennent moins de place que les liquides. Cette expérience montre que le beurre, comme bien d'autres matières, rétrécit en se solidifiant quand ses molécules se rapprochent.

IL VOUS FAUT
- *un moyen de chauffage* (*p.8*) • *un petit pot*
- *une casserole* • *du beurre*
- *un couteau*

1 FAITES FONDRE DOUCEMENT un peu de beurre dans la casserole placée sur la lampe à alcool, en prenant garde de chauffer seulement pour le faire fondre. Remuez jusqu'à ce que tout soit fondu. Éteignez le réchaud quand tout le beurre est liquide.

2 VERSEZ LE BEURRE fondu dans un petit pot. Remplissez jusqu'au bord et mettez au réfrigérateur.

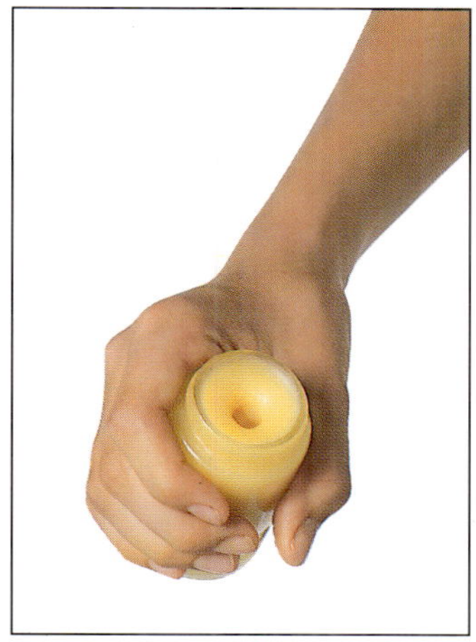

3 QUAND VOUS SORTIREZ le pot, vous constaterez qu'il y a un creux dans le beurre, parce que le beurre solide prend moins de place.

L'eau est étrange

Contrairement à la plupart des autres substances, l'eau se dilate et devient moins dense quand elle gèle. En effet, les liaisons entre molécules sont moins serrées dans la glace que dans l'eau liquide. Cela explique que la glace, moins dense, flotte à la surface de l'eau. Sur les lacs et les rivières qui gèlent en hiver, la glace forme une couche superficielle. Cette couche protège l'eau située au-dessous, qui ne gèle pas.

Si la glace était plus dense et coulait, les rivières et les lacs seraient gelés de haut en bas, ce qui tuerait tous les animaux et les plantes aquatiques.

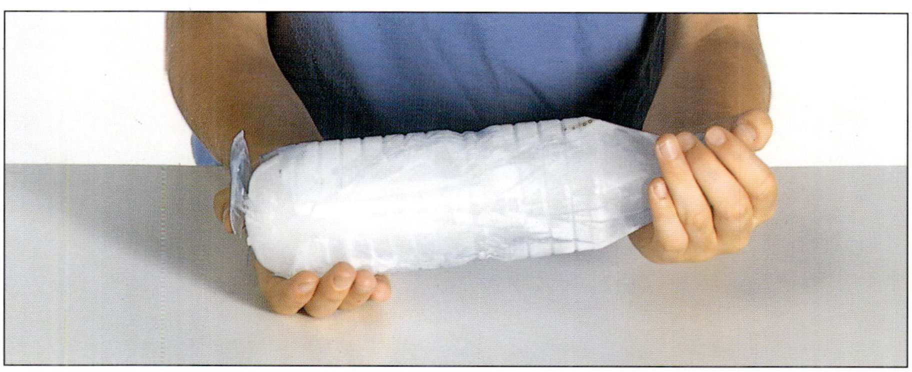

La force de la glace
Pour montrer que l'eau se dilate quand elle gèle, placez une bouteille de plastique pleine d'eau dans le freezer. En gelant, l'eau fait complètement éclater la bouteille. C'est pour cela que les canalisations peuvent éclater en hiver.

Les liquides

QUAND UN SOLIDE FOND et devient liquide, il change radicalement de structure. Le réseau de liaisons qui tenait ses molécules se brise et les molécules circulent librement. Les liquides prennent la forme des récipients qui les contiennent parce que leurs molécules sont libres de se déplacer. Alors que les molécules d'un solide sont comme une troupe de soldats qui bougent pas à pas, les molécules d'un liquide ressemblent à des danseurs sur une piste de danse bondée. Comme les couples de danseurs, les molécules se déplacent dans toutes les directions, mais elles ne peuvent aller loin car elles bousculent continuellement les autres. Quand on chauffe un liquide, les molécules se déplacent de plus en plus vite, jusqu'à ce qu'elles se libèrent pour constituer un gaz: c'est l'évaporation.

L'eau est de loin le liquide le plus commun. D'ailleurs, à température ambiante, il existe peu de liquides, à part l'eau, les huiles et les alcools – bien que de nombreuses substances se dissolvent dans l'eau (p. 34).

EXPÉRIENCE

Trouver des trous dans l'eau

Les molécules d'un liquide se touchent, mais pas autant que dans un solide, et il y a des espaces importants entre elles.
Vous pouvez le montrer en dissolvant du sucre dans une tasse d'eau apparemment pleine; le sucre va remplir les espaces entre les molécules.

Utilisez de l'eau chaude pour dissoudre plus facilement le sucre.

IL VOUS FAUT
- *un bol de sucre*
- *une tasse d'eau chaude*
- *une cuillère à café*

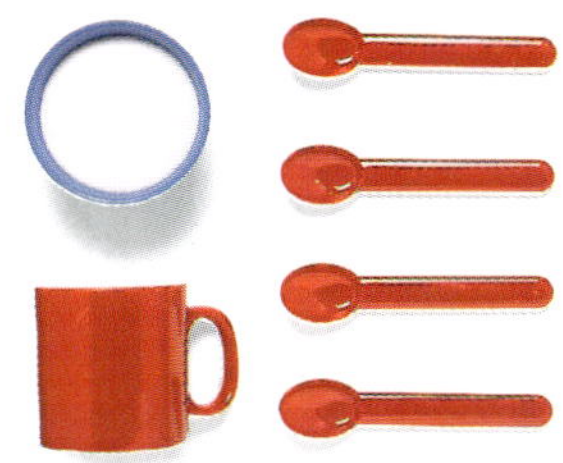

1 REMPLISSEZ UNE TASSE d'eau chaude jusqu'à ras bord. Ajoutez soigneusement les dernières gouttes pour que la surface soit bombée.

2 TRÈS DOUCEMENT, ajoutez une cuillerée de sucre et attendez qu'elle se dissolve. Ajoutez une autre cuillerée en veillant à ne pas faire déborder l'eau.

3 VOUS POUVEZ ajouter au moins deux cuillerées pleines. Si tous les espaces entre les molécules sont occupés, l'eau débordera si vous tentez encore d'ajouter du sucre.

EXPÉRIENCE

Viscosité

Tous les liquides coulent, mais certains plus facilement que d'autres.
L'huile, par exemple, coule plus lentement que l'eau, et la mélasse encore plus lentement. La résistance d'un liquide à couler s'appelle la *viscosité*. Un liquide très visqueux coule très lentement, et il est beaucoup plus difficile d'y mouvoir quelque chose. Ainsi, vous pouvez mesurer la viscosité en étudiant la facilité de déplacement d'un objet dans le liquide.

On peut même remarquer que plus l'objet est poussé fort, plus le liquide résiste, car la pression augmente la viscosité. En effet, la pression diminue les espaces dans le liquide, et les molécules ont plus de mal à bouger.

La viscosité diminue quand la température augmente, car les espaces deviennent plus grands.

IL VOUS FAUT
- *des billes*
- *des pots de confiture*
- *des liquides tels que du lait, de l'huile de cuisine, de la glycérine, du vin, de l'eau*

EXPÉRIENCE
Point d'ébullition

La présence d'un adulte est recommandée: les liquides bouillants peuvent être très dangereux.

De même que chaque solide a une température de fusion, chaque liquide pur a sa température d'ébullition. Mais alors que les solides ne fondent qu'à une seule température, les liquides peuvent se transformer en gaz ou s'évaporer quasiment à toute température. Le *point d'ébullition* est en fait la température la plus élevée atteinte par le liquide, et non pas celle où il se transforme en gaz. Quand le liquide atteint sa température d'ébullition, il ne peut pas devenir plus chaud. Le point d'ébullition de l'eau est 100 °C, mais cette température s'élève avec la pression, comme d'ailleurs la température de fusion des solides.

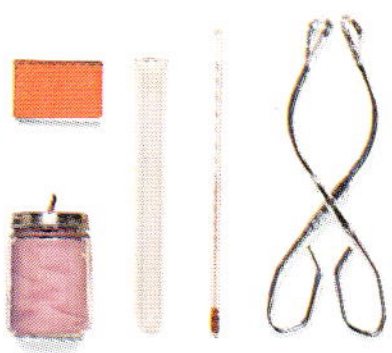

Il Vous Faut
- *une lampe à alcool*
- *un tube à essai*
- *une pince à barbecue*
- *un thermomètre* (*p.8*)
- *des liquides*

Attention ! les liquides bouillants sont dangereux à manipuler. N'essayez que des liquides alimentaires et ne faites bouillir que de très petites quantités d'huile, car elle peut atteindre des températures élevées. Votre thermomètre doit aller jusqu'à 360 °C.

Comment trouver le point d'ébullition ?
Versez une petite quantité de liquide dans un tube à essai, juste assez pour couvrir le réservoir du thermomètre. Puis, en tenant le tube avec les pinces, chauffez sur le réchaud à alcool, en observant la température sur le thermomètre. Quand le liquide commence à bouillir, la température reste fixe: c'est le point d'ébullition.

1 Remplissez les pots avec des quantités égales de liquides différents, et placez-les sur un fond blanc. Mettez deux pots côte à côte, prenez une bille dans chaque main et tenez-les au-dessus des pots. Lâchez-les exactement au même moment.

2 Regardez bien pour voir quelle bille arrive la première au fond. Celle qui met le plus de temps pour tomber se trouve dans le liquide le plus visqueux. En changeant un des liquides à chaque fois, vous pouvez classer les liquides par ordre de viscosité.

Les gaz

CONTRAIREMENT AUX SOLIDES et aux liquides, on ne peut généralement pas voir les gaz, ni les toucher; certains gaz, comme l'ammoniac, ont cependant une forte odeur. Les gaz sont formés d'atomes ou de molécules qui sont très éloignés les uns des autres. Ils se déplacent dans toutes les directions à grande vitesse. Si l'on refroidit suffisamment un gaz, les molécules ralentissent et le gaz se condense pour devenir un liquide, comme la vapeur d'une bouilloire se condense en fines gouttelettes d'eau sur les surfaces froides. La plupart des gaz se condensent à très basse température. L'oxygène, par exemple, devient liquide à –183 °C.

Molécules en mouvement
Secouez violemment des perles dans un bocal et vous verrez comment les molécules se déplacent dans un gaz.

Molécules en mouvement

Même avec le microscope le plus puissant, il est impossible de voir les molécules d'un gaz. Pourtant, nous sommes certains qu'elles existent à cause du comportement des gaz. La facilité avec laquelle les gaz se mélangent en est un bon exemple. Quand on ouvre un flacon de parfum dans une pièce, les molécules des deux gaz, le parfum et l'air, se mélangent rapidement et l'on peut sentir l'odeur dans toute la salle. Ce mélange rapide s'appelle *diffusion*.

La diffusion existe aussi dans les liquides, mais elle y est plus lente; dans les solides, elle prend des années. Les gaz peuvent aussi diffuser à travers les minuscules trous de parois apparemment étanches.

L'oxygène passe dans notre sang grâce au phénomène de diffusion qui se produit au niveau des poumons. Les ballons finissent par retomber parce que l'air qu'ils contiennent s'échappe peu à peu par diffusion à travers le caoutchouc.

EXPÉRIENCE

Gaz et volume

Cette expérience montre qu'un gaz prend beaucoup plus de place que la quantité équivalente de liquide ou de solide, car les molécules sont plus éloignées les unes des autres. Mélanger du bicarbonate de soude avec du vinaigre produit par réaction chimique du gaz carbonique.

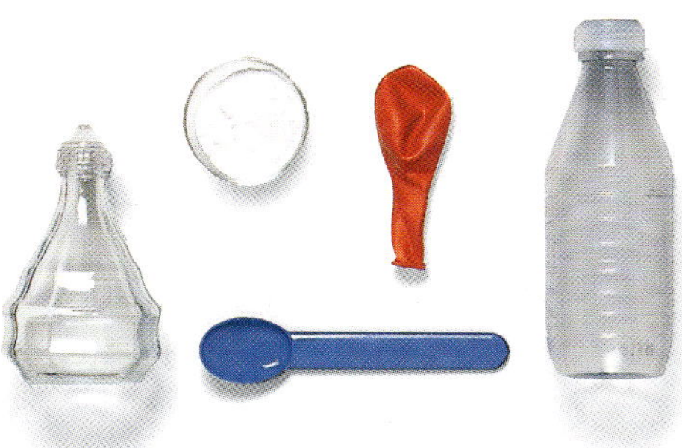

IL VOUS FAUT
● *du vinaigre* ● *du bicarbonate de soude* ● *un ballon* ● *une cuillère* ● *une bouteille à goulot étroit*

1 PRENEZ UNE PETITE bouteille à goulot étroit et versez-y le vinaigre jusqu'au quart de sa hauteur. Faites tiédir le vinaigre pour accélérer la réaction.

2 VERSEZ LE BICARBONATE de soude dans le ballon à l'aide d'un entonnoir. Remplissez complètement le ballon.

La diffusion à l'œuvre
Ces photos, à gauche et à droite, illustrent une célèbre expérience de diffusion des gaz. Deux bocaux, séparés par une plaque de verre, sont placés ouverture contre ouverture. L'un contient de l'air, l'autre de la vapeur de brome. Quand la plaque de verre est retirée, les vapeurs de brome se répandent lentement vers le haut, bien que le brome soit plus lourd que l'air. Simultanément, l'air se répand vers le bas, jusqu'au moment où tout le volume est rempli d'un mélange homogène d'air et de brome. Il faut à peu près une heure pour arriver à ce résultat, bien que chaque molécule se déplace si rapidement qu'elle parcourt 400 fois la hauteur du récipient en une seconde. Le mélange prend du temps, car les molécules ne cessent de se heurter et de changer de direction.

■DÉCOUVERTE■

Robert Boyle

Robert Boyle est un savant irlandais du XVIIe siècle qui étudia la pression dans les gaz. Cette pression est le résultat de tous les chocs des molécules au cours de leurs mouvements. Boyle montra que si l'on diminue le volume d'un gaz, sa pression augmente dans la même proportion, à condition que la température reste constante: un plus grand nombre de molécules est alors enfermé dans un plus petit volume.
Le Français Edme Mariotte énonça cette loi à la même époque.

3 LE BALLON PENDANT toujours vers le bas, fixez-le sur l'ouverture de la bouteille, puis relevez le ballon rapidement pour que tout le bicarbonate tombe d'un coup dans le vinaigre, secouez si nécessaire.

Ça gonfle!
Dès que le bicarbonate réagit avec le vinaigre, il y a une effervescence et un dégagement de gaz carbonique qui gonfle le ballon.

Au cœur de l'atome

TOUS LES OBJETS DE L'UNIVERS, des petits pois aux plus lointaines planètes, sont constitués de particules minuscules qu'on appelle *atomes*. Les atomes sont si petits qu'on ne peut les photographier qu'avec des microscopes à «effet tunnel» extrêmement puissants. A lui tout seul, le point à la fin de cette phrase contient sans doute plus de 2 milliards d'atomes. Pourtant, en dépit de leur petite taille, les atomes sont pleins de vide, car ils contiennent un assortiment de particules encore plus petites, comme de minuscules planètes dans l'espace. Ces particules «subatomiques» sont rarement isolées, les atomes étant les plus petits édifices qui peuvent exister tout seuls. Cassez un atome, et la matière n'existe plus – comme si en cassant une brique il ne vous restait rien pour reconstruire un mur.

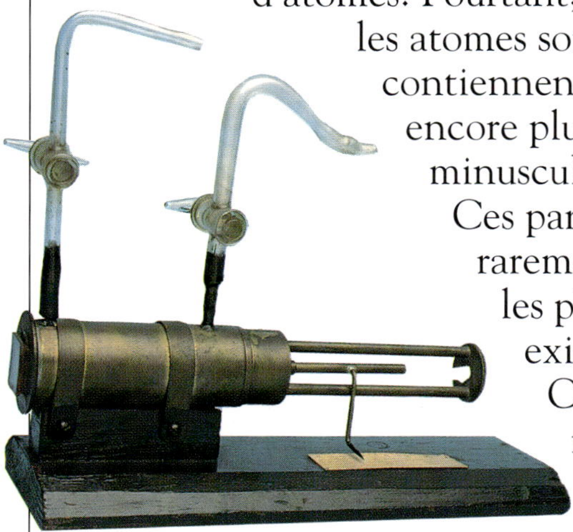

Briser l'atome
Les atomes ne sont pas les plus petites particules. En 1919, Ernest Rutherford fit éclater un atome avec ce canon à radium.

Le zoo des particules

En 1920, on pensait que les atomes ne contenaient que trois sortes de particules: les protons et les neutrons dans le noyau, et les électrons à l'extérieur. Depuis, des centaines de particules ont été découvertes en cassant les atomes en morceaux. Ces nouvelles particules sont très fugitives, mais elles prouvent que neutrons et protons ne sont pas les particules élémentaires de l'univers, comme on l'a longtemps cru.

On pense actuellement qu'il y a seulement deux sortes de particules élémentaires: les *quarks* et les *leptons*. Les neutrons et les protons sont faits de quarks. Les électrons et les particules similaires sont des leptons. Tous ces quarks et leptons sont maintenus ensemble par une troisième sorte de particules, les *bosons*.

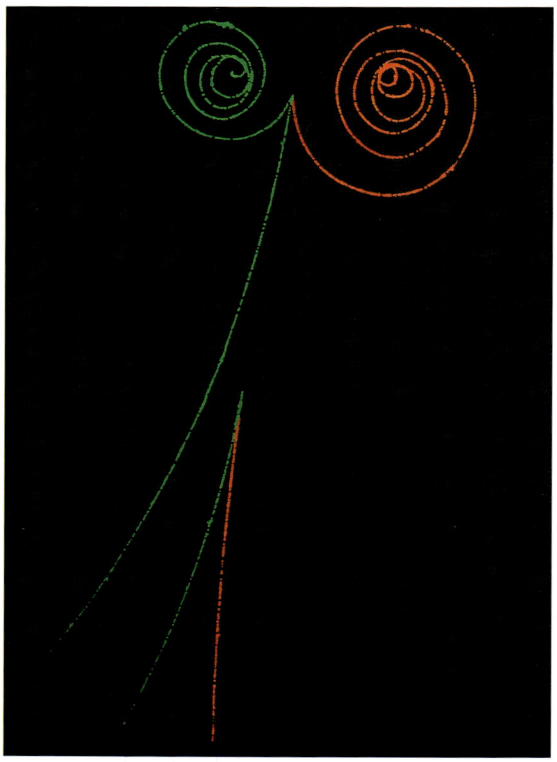

Chaque particule a son antiparticule *qui se comporte comme son image dans un miroir, mais est tout aussi réelle. Après une collision dans un accélérateur, on voit les trajectoires d'un électron (vert) et d'un* positron, *son antiparticule (rouge).*

EXPÉRIENCE

Le modèle atomique

Ce modèle atomique avec ses couches électroniques va vous aider à comprendre la structure des différents atomes. Les perles représentent les électrons et sont ajoutées ou retirées selon l'élément représenté (p. 28 et 186). Bien sûr, les atomes ne sont pas réellement comme cela; c'est seulement une façon pratique de les imaginer.

IL VOUS FAUT

• du papier de couleur • une planche • un crayon et un compas • des perles • un tube de plastique • de la colle

1 COUPEZ LE TUBE en 37 rondelles qui serviront de supports pour les perles. Coupez ces rondelles aussi plates que possible pour qu'elles tiennent bien sur la planche.

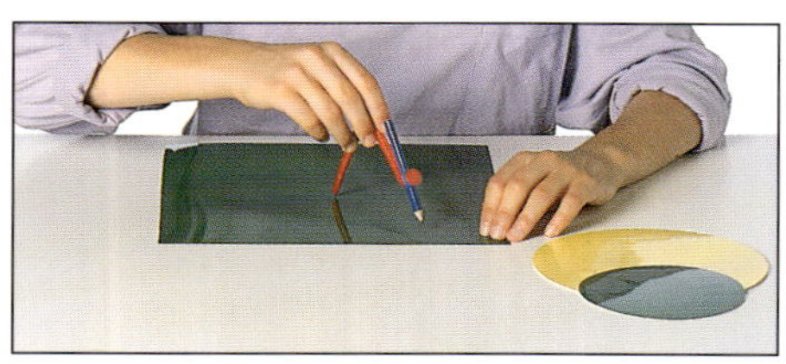

2 TRACEZ QUATRE CERCLES sur les papiers de couleur, comme ceux montrés dans la photo ci-dessus. Découpez-les avec précaution avec des ciseaux. Ils forment les différentes couches électroniques. Alternez les couleurs pour chacune des couches.

3 Collez les cercles sur la planche en commençant par le plus grand. Il est plus facile de les coller l'un sur l'autre. Mais ce sera plus joli si vous évidez l'intérieur de chaque cercle.

4 Collez les rondelles de tube comme indiqué ci-dessous. Il faut 1 rondelle au centre, 2 sur le premier cercle, 8 sur le deuxième, 18 sur le suivant, et 8 sur le cercle extérieur.

Pour utiliser le modèle
Mettez une grosse bille rouge au centre: elle représente le noyau de l'atome. Les billes bleues représentent les électrons. Pour représenter un élément, vous devez placer un nombre d'électrons égal au numéro atomique de l'élément, en remplissant toutes les places sur la planche à partir du centre, sans en oublier.

Couches électroniques
Les atomes ont au maximum 7 couches électroniques et chacune ne peut contenir qu'un nombre limité d'électrons: la première, 2 électrons; la deuxième, 8; la troisième, 18. Ensuite, cela devient très compliqué. Mais la couche extérieure ne peut jamais avoir plus de 8 électrons.

Les différentes parties d'un atome

Au centre de chaque atome se trouve un noyau minuscule mais très dense. Il contient deux sortes de particules: les *protons* et les *neutrons*. Les protons ont une charge électrique positive, les neutrons n'ont pas de charge. Chaque atome d'un élément chimique a un nombre précis de protons, que l'on appelle *numéro atomique*.

Autour du noyau, tournent des particules beaucoup plus petites et chargées négativement, les *électrons*. Mais les électrons ne sont pas des objets compacts, ce sont des paquets d'énergie se déplaçant à la vitesse de la lumière.

Dans chaque atome, il y a toujours autant d'électrons que de protons, de sorte que leurs charges électriques s'annulent, ce qui rend l'atome neutre. Mais c'est l'attraction électrique entre la charge négative de l'électron et la charge positive du proton qui maintient la structure de l'atome (p. 148).

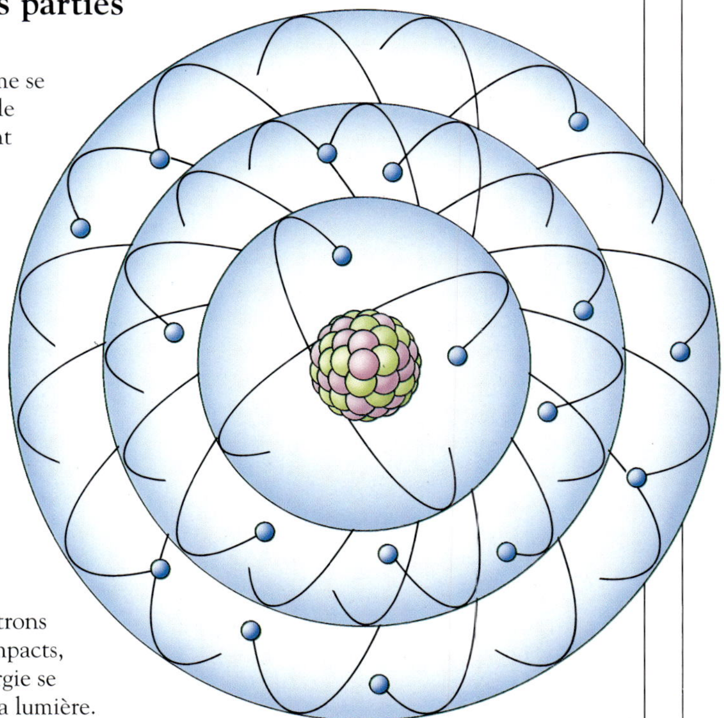

Les électrons
Les électrons tournent autour du noyau sur différentes couches, et souvent deux par deux. Ils se déplacent n'importe où dans leur couche et peuvent même parfois sauter d'une couche à l'autre. S'ils sautent vers une couche interne, ils perdent de l'énergie. Pour sauter vers l'extérieur, ils doivent gagner de l'énergie.

Éléments et composés chimiques

IL EST DIFFICILE D'IMAGINER que les substances de la nature, dans leur infinie variété, puissent avoir quelque chose en commun. Et pourtant, tout ce qui existe est fait à partir d'un peu plus d'une centaine de corps chimiques, les *éléments*, qui ont chacun leur propre type d'atomes et leur caractère bien particulier. Seuls les nombres de protons, de neutrons et d'électrons différencient les atomes, mais cela a un effet très important sur leurs propriétés. Certaines matières, comme l'or, contiennent un seul élément. D'autres en contiennent deux ou plus. Ce sont des *composés chimiques;* le sel de table, par exemple, est composé des éléments sodium et chlore. Les composés chimiques ont des propriétés différentes de celles des éléments qui les constituent; le sodium brûle quand on le met dans l'eau et le chlore est un gaz lourd et verdâtre !

Les molécules

Certains atomes peuvent exister seuls; mais la plupart se lient à d'autres pour former des *molécules,* les plus petits morceaux d'une substance. Les corps composés sont faits de molécules identiques, chacune avec la même combinaison d'atomes.

Certaines molécules sont constituées de centaines d'atomes. Voici quelques molécules simples représentées avec des boules de couleur à la place des atomes.

Eau
Toutes les molécules d'eau sont formées de 2 atomes d'hydrogène liés à 1 atome d'oxygène.

L'hydrogène est le plus léger des atomes (seulement 1 proton et 1 électron). Il a une place libre sur sa couche extérieure et réagit donc facilement avec les autres éléments.

L'hélium est aussi un gaz, avec seulement 2 protons et 2 neutrons dans son noyau, et 2 électrons, il est lui aussi très léger.

Les éléments

On a aujourd'hui identifié 109 éléments différents. Leurs propriétés dépendent en grande partie du remplissage de leurs couches électroniques. Par exemple, ceux qui ont seulement un électron sur leur couche extérieure ont beaucoup de caractères chimiques communs.
Ces éléments, dont le lithium, le sodium et le potassium, ont tendance à se combiner facilement avec d'autres. De la même façon, les éléments à qui il manque seulement un électron pour compléter leur couche extérieure, comme le fluor, le chlore et le brome, se ressemblent beaucoup: on les appelle les *halogènes*.

Quelques éléments comme l'hélium, l'argon, le néon et le krypton ont leur couche extérieure complètement remplie. Cela les rend particulièrement stables et ils ne réagissent que très lentement avec les autres éléments. Ce sont pour la plupart des gaz appelés *gaz nobles,* et ils émettent de la lumière quand ils sont traversés par un courant. Les tubes au néon, par exemple, donnent une lumière rouge vif.

Tous les éléments ont été groupés en familles comme celles-là et rangés dans l'ordre de leurs numéros atomiques – le nombre de protons dans leur noyau (p. 26). C'est la *Classification périodique des éléments* (p. 186). En voyant la place d'un élément dans la Classification périodique, les chimistes peuvent déduire beaucoup d'informations sur ses propriétés; ils peuvent même prédire les propriétés d'éléments qui ne sont pas encore découverts.

On trouve le carbone dans tous les êtres vivants. Avec 4 électrons sur sa couche extérieure, il a 4 places libres pour former de nombreux composés.

L'oxygène, un des gaz que nous respirons, est un des éléments les plus courants. Il se combine à l'hydrogène pour former de l'eau.

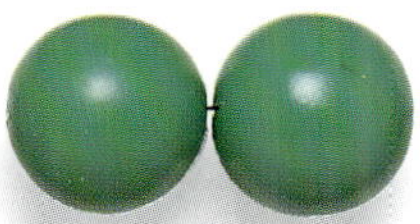

Chlore
Les molécules de chlore sont formées de 2 atomes de chlore liés par une liaison de covalence, c'est-à-dire la mise en commun d'électrons de leurs couches extérieures.

Gaz carbonique
Les molécules de dioxyde de carbone sont formées de 1 atome de carbone lié à 2 atomes d'oxygène.

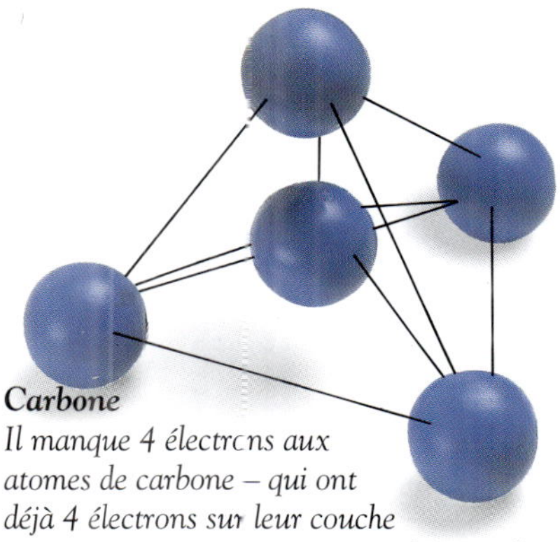

Carbone
Il manque 4 électrons aux atomes de carbone – qui ont déjà 4 électrons sur leur couche extérieure – pour avoir une couche complète à 8 électrons. Dans le diamant, qui est une variété de carbone, chaque atome de carbone est lié à 4 autres dans une disposition tétraédrique (une pyramide à 3 côtés).

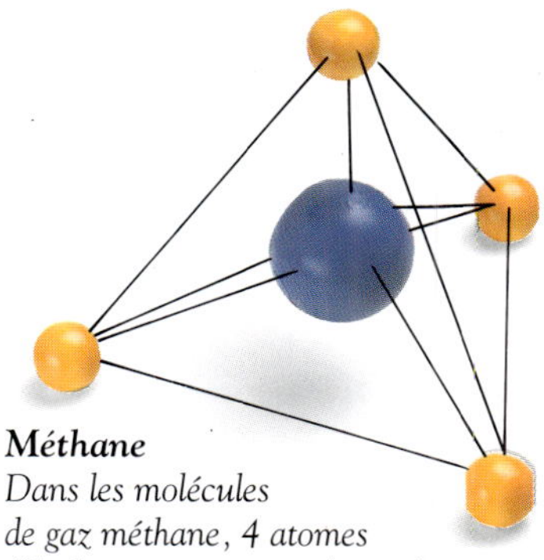

Méthane
Dans les molécules de gaz méthane, 4 atomes d'hydrogène partagent leurs électrons pour compléter la couche extérieure du carbone. La formule chimique du méthane est donc CH_4. C pour carbone, H pour hydrogène, et 4 parce qu'il y a 4 atomes d'hydrogène. Les formules indiquent ainsi les nombres d'atomes.

EXPÉRIENCE

Mesurer une molécule

Cette expérience permet de faire une mesure très approchée de la taille d'une molécule d'huile. Toutes les sortes d'huiles sont formées de grosses molécules compliquées constituées d'hydrogène, d'oxygène et de carbone. L'huile de cuisine est généralement une molécule nommée *triglycéride*.

IL VOUS FAUT

- *des ciseaux*
- *un fil de métal fin*
- *un carton*
- *de l'huile de cuisine*
- *du talc*
- *du ruban adhésif*
- *une petite assiette*
- *une soucoupe ou un verre large*
- *une calculatrice*
- *une règle*
- *une loupe*

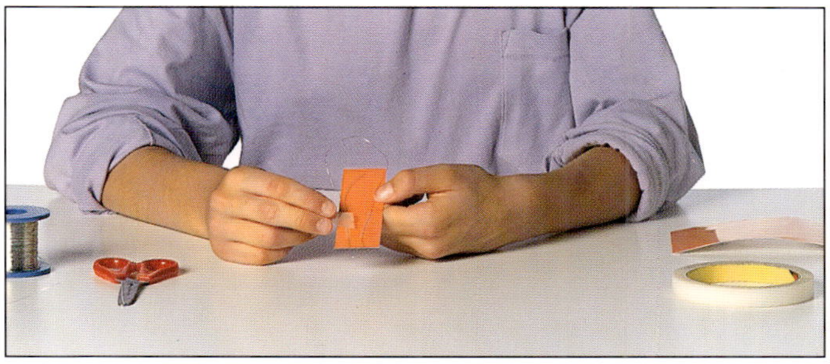

1 COUPEZ UN PETIT BOUT de fil et collez-le sur le carton avec le ruban adhésif pour faire une boucle d'un demi-millimètre.

2 REMPLISSEZ LE VERRE d'eau et soupoudrez-le d'une fine couche de talc. Soufflez doucement pour faire partir ce qui est en trop.

3 AVEC LA BOUCLE, prenez une goutte d'huile de 0,5 mm de diamètre. Entraînez-vous pour obtenir une goutte de la bonne taille. Vérifiez avec la loupe.

4 ABAISSEZ LA GOUTTE jusqu'à l'eau. Ouvrez la boucle pour laisser l'huile s'étaler sur l'eau. Mesurez le rayon de la tache.

Pour obtenir la taille d'une molécule en mm, divisez par 0,4 la surface de la tache d'huile

Les réactions chimiques

Quand vous regardez une bougie brûler, un clou en train de rouiller, ou un gâteau gonfler dans le four, vous observez des réactions chimiques. Il ne cesse de s'en produire dans le monde qui nous entoure; certaines sont naturelles, d'autres sont l'œuvre de l'homme. Parfois, il n'y a que deux produits qui réagissent; d'autres fois, il y en a beaucoup plus. Mais, chaque fois qu'une réaction a lieu, un des corps au moins est modifié, en général de façon irréversible, et des composés nouveaux sont formés.

Des corps chimiques peuvent se rencontrer sans réagir, mais l'apparition d'un composé nouveau prouve qu'il y a eu réaction. Les expériences suivantes vont vous montrer quelques réactions ordinaires.

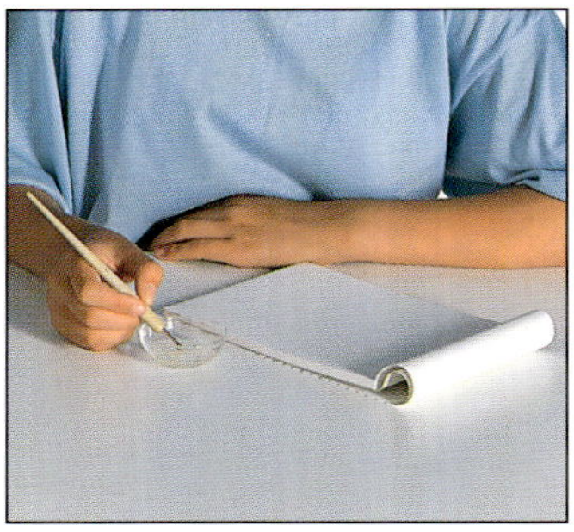

Si vous écrivez avec du jus de citron, le message apparaîtra en passant la feuille au-dessus d'une flamme, car le citron brûle avant le papier.

Les liaisons ioniques
La facilité à réagir des produits chimiques dépend de leur structure atomique. Les modèles ci-contre montrent les couches électroniques du sodium (en bas) et du chlore (en haut), les deux constituants du sel de cuisine.
Le chlore a 7 électrons sur sa couche extérieure, il lui en manque donc 1; le sodium n'en a qu'1 sur cette même couche. Quand ils se rencontrent, l'atome de chlore prend l'électron du sodium. Cela donne une charge négative de plus au chlore (p. 27) alors qu'il manque un électron au sodium, ce qui lui donne une charge positive. Ces édifices atomiques sont appelés des ions. Les deux ions sont attirés l'un par l'autre à cause de leurs charges opposées; c'est la liaison ionique.

EXPÉRIENCE

Combustion

La combustion est une des réactions chimiques les plus communes. Quand une substance brûle, elle se combine avec l'oxygène de l'air en produisant de la chaleur et, en général, de l'eau et du carbone, ou du dioxyde de carbone. La substance qui brûle est le *carburant*.

Cette expérience montre que des substances différentes brûlent avec des flammes de couleurs différentes.

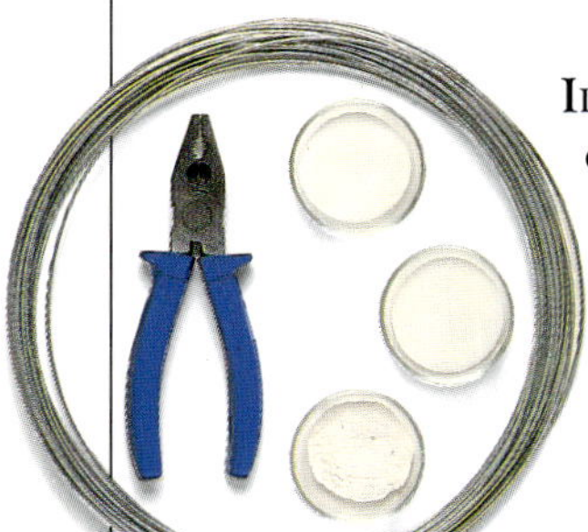

Il Vous Faut

● *du sel de cuisine* ● *de l'acide borique* ● *de l'acide tartrique* ● *un fil de fer* ● *des pinces* ● *un bouchon ou un tissu pour isoler* ● *du sucre ou de la limaille de fer*

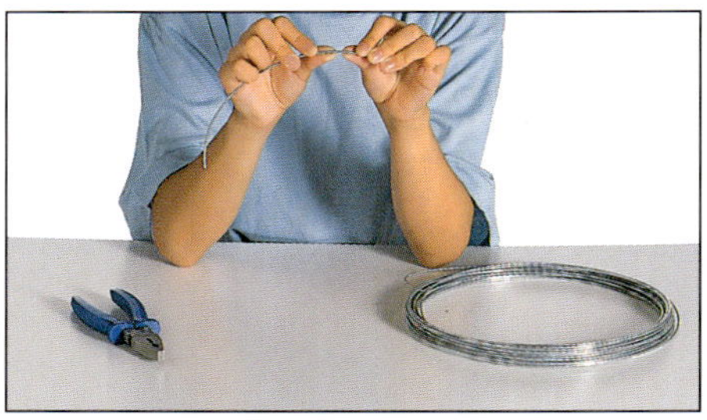

1 Avec les pinces, coupez un morceau de fil de fer de 35 cm et faites une petite boucle à une extrémité.

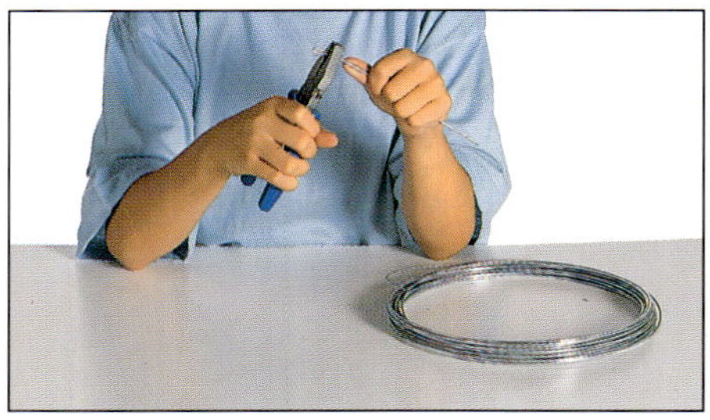

2 Pincez la boucle pour que la boucle n'ait pas plus de 3 mm de diamètre.

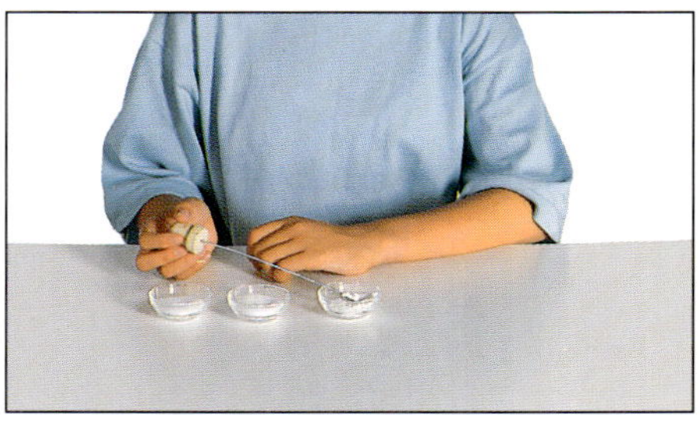

3 Plongez la boucle dans les poudres à tester; en la mouillant d'abord, les poudres tiennent mieux.

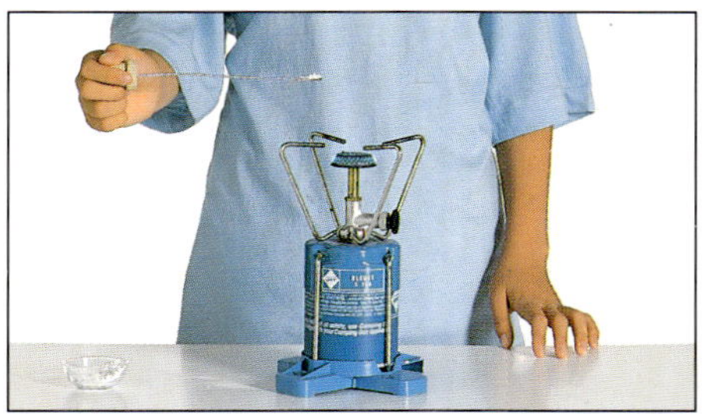

4 Tenez la boucle dans la flamme d'un réchaud à gaz et observez la combustion. Éloignez-vous bien de la flamme.

EXPÉRIENCE

Une réaction volcanique

Pour le plaisir, réalisez une éruption volcanique à domicile. Son secret est que le bicarbonate de soude réagit vivement avec le vinaigre et donne des bulles de gaz carbonique.

Il Vous Faut

• *une bouteille en plastique* • *un colorant rouge* • *du vinaigre* • *du bicarbonate de soude* • *du sable et du gravier*

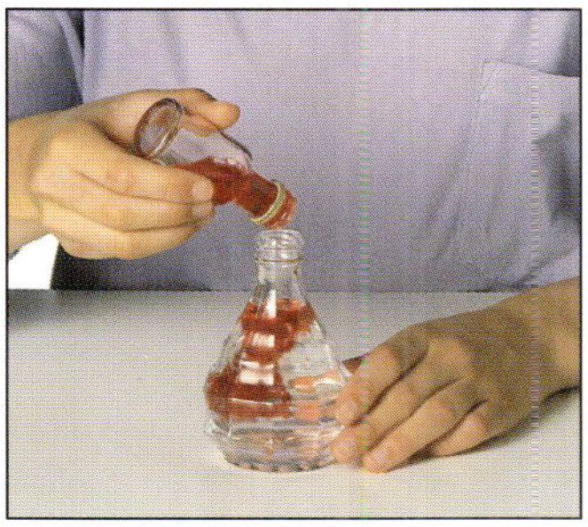

1 Ajoutez le colorant rouge (ou de l'encre rouge) au vinaigre. pour donner à la «lave» sa couleur.

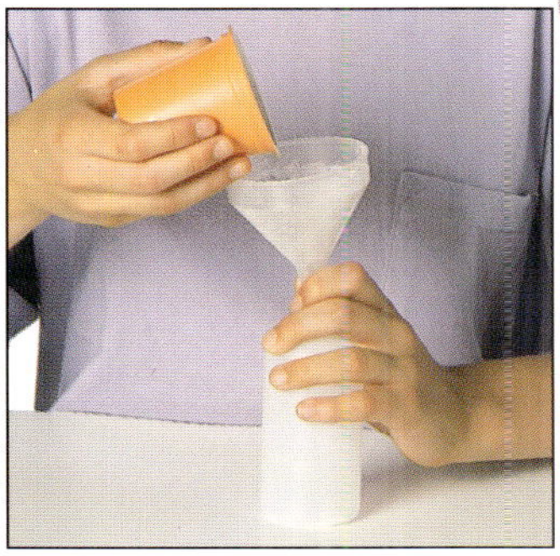

2 Remplissez la bouteille à moitié de bicarbonate de sodium et placez-la au centre du plat.

3 Entassez le gravier puis le sable autour de la bouteille, seul le goulot doit dépasser. Égalisez le sable en forme de volcan. Versez alors rapidement le vinaigre dans la bouteille et assistez à l'éruption!

Acide borique
L'acide borique brûle avec une flamme verte, car il contient l'élément bore.

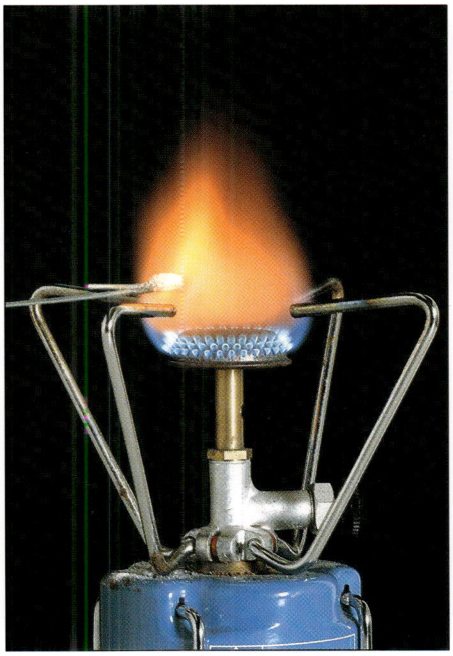

Sel
Le sel, ou chlorure de sodium, brûle avec une flamme orange, car il contient du sodium.

Acide tartrique
L'acide tartrique (tartrate acide de potassium), brûle avec la flamme violette du potassium.

Les mélanges

QUELQUES SUBSTANCES usuelles sont faites d'un seul élément ou composé chimique, comme l'eau pure ou le sel. Mais la plupart des substances sont des mélanges, y compris les aliments, le lait, le pétrole et l'air. Même l'eau du robinet est un mélange: elle contient de nombreuses substances dissoutes.
Les corps chimiques d'un mélange peuvent être mélangés soigneusement, mais ils ne réagissent pas ensemble, et, comme des billes dans une boîte, leurs molécules demeurent intactes. On peut souvent, en employant la bonne technique, séparer les composants d'un mélange. Les expériences ci-dessous montrent quelques-unes de ces techniques.

Distillation du calvados
Cet alcool est fait à partir du cidre, qui contient 95 % d'eau et 5 % d'alcool. Le cidre est chauffé à 70 °C, point d'ébullition de l'alcool. L'alcool s'évapore et se condense en haut de l'alambic.

EXPÉRIENCE

Séparer des solides

Pour séparer les composants d'un mélange, vous devez utiliser une propriété qu'un seul des composants du mélange possède. Quand les orpailleurs cherchent de l'or dans le sable avec une battée, ils le lavent soigneusement. Puisque l'or est plus dense que le sable, ce lavage ne laisse que l'or dans la battée. Cette expérience montre comment un mélange de sable et de limaille de fer peut être séparé grâce aux propriétés magnétiques du fer.

IL VOUS FAUT
● *de la limaille de fer* ● *du sable* ● *un aimant*

Minerais

Les métaux comme le fer ou l'aluminium sont extraits du sol sous forme de minerais qui contiennent beaucoup d'autres substances.
Pour obtenir du fer pur, on chauffe le minerai dans des hauts fourneaux jusqu'à la fusion du fer qui tombe au fond et laisse les impuretés en surface.

1 VERSEZ LA LIMAILLE DE FER dans le sable. Utilisez des quantités égales de limaille et de sable.

2 MÉLANGEZ LE FER ET LE SABLE soigneusement. Il paraît désormais impossible de les séparer.

3 POUR LES SÉPARER, mettez simplement un aimant dans le mélange; ramassez la limaille et déposez-la dans un plat.

EXPÉRIENCE

Distillation

La distillation est le moyen le plus simple pour séparer deux liquides. C'est une des techniques chimiques les plus anciennes, toujours utilisée pour raffiner le pétrole ou fabriquer de l'alcool. Cette expérience montre comment extraire le sel de l'eau.

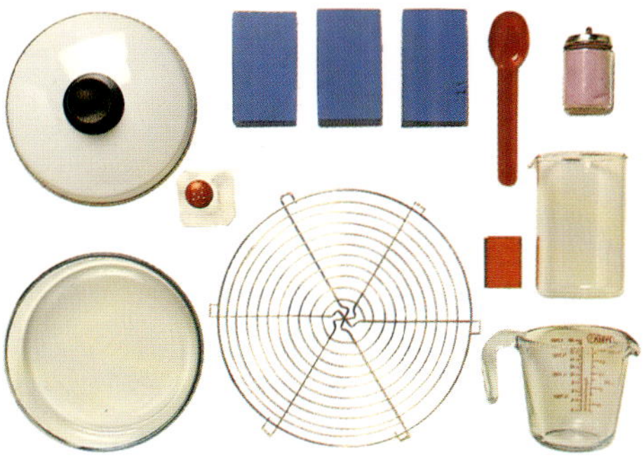

1 FAITES une solution salée en dissolvant du sel dans de l'eau. Goûtez pour constater que la solution est bien salée. Installez le réchaud à alcool (p. 8) et versez la solution dans une petite casserole. Couvrez la casserole avec un grand couvercle placé en biais comme sur la photo suivante.

2 PLACEZ UN PLAT sous le bord du couvercle pour recueillir les gouttes et allumez le réchaud. Quand l'eau salée chauffe, l'eau s'évapore et se condense sur le couvercle en abandonnant le sel. Le liquide qui coule du couvercle est de l'eau pure. Goûtez-la.

EXPÉRIENCE

Chromatographie

La chromatographie a été inventée pour séparer les pigments des plantes. Mais il existe maintenant de nombreuses techniques qui permettent de séparer un grand nombre de substances. Celles-ci sont dissoutes dans l'eau ou un autre solvant (p. 33), et elles migrent dans un matériau absorbant, papier, craie ou huile, à des vitesses différentes.

IL VOUS FAUT

● *de petits pots* ● *des pinces à papier* ● *du papier buvard* ● *un compte-gouttes* ● *des encres et des colorants alimentaires* ● *une baguette de bois*

1 MÉLANGEZ 2 OU PLUSIEURS des encres et des colorants dans des récipients séparés.

2 FIXEZ DES BANDES de papier buvard sur la baguette de bois et déposez près de leur extrémité une goutte prise dans chacun des récipients.

3 SUSPENDEZ LES BANDES, les extrémités dans l'eau. Les encres se dispersent le long du papier en bandes de couleur.

Les solutions et les cristaux

SI VOUS REGARDEZ UN VERRE d'eau du robinet, vous pouvez croire que c'est de l'eau pure. Mais l'eau du robinet est un mélange qui contient des traces de nombreuses substances qui sont toutes, en principe, inoffensives. Cette sorte particulière de mélange est appelée *solution*. Dans une solution, les molécules d'un solide, le *soluté*, sont complètement mélangées avec les molécules d'un liquide, le *solvant*. Quand vous dissolvez de la poudre de café dans l'eau, vous faites une solution dont l'eau est le solvant et le café le soluté. L'eau de mer est une solution, les sauces et bien d'autres liquides aussi.

Si l'on dissout de plus en plus de soluté, la solution se concentre jusqu'à être *saturée*, et le solide ne se dissout plus. Chauffer la solution permet d'en dissoudre davantage. Mais si une solution saturée refroidit, ou si on la laisse s'évaporer, alors elle devient plus que saturée: les molécules de soluté commencent à se lier et à former des cristaux.

Chaleur et solubilité
Vous pouvez montrer que la solubilité augmente avec la température: comptez combien de morceaux de sucre vous pouvez dissoudre dans un thé froid, puis dans un thé chaud.

EXPÉRIENCE

Faire un cristal

Il est très facile de faire croître un cristal à partir d'une solution. Ici, nous avons fait grossir un cristal de sulfate de cuivre (qui est un poison), mais vous pouvez de la même façon fabriquer des cristaux à partir de diverses solutions, de sel ou d'alun.

IL VOUS FAUT
- *des cristaux* ● *de l'eau* ● *du fil de coton*
- *un bristol* ● *un pot*

Cristallisation
Quand une solution s'évapore, elle se concentre jusqu'à saturation, et le cristal commence à se former. Un petit cristal peut être nécessaire pour démarrer le processus; sinon, la solution devient «sursaturée» avant que la cristallisation ne démarre.

Le cristal après trois semaines

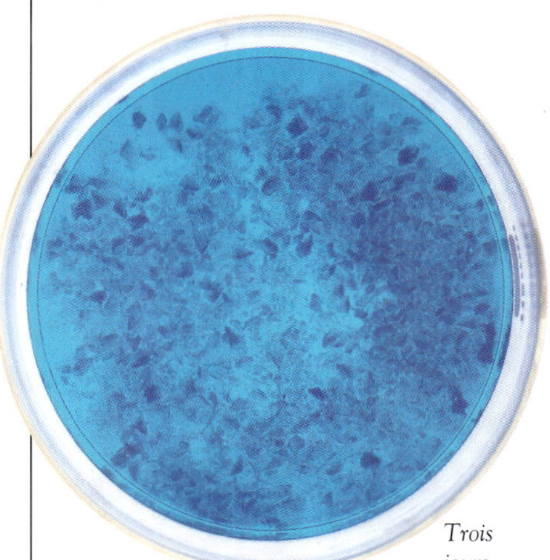

Trois jours

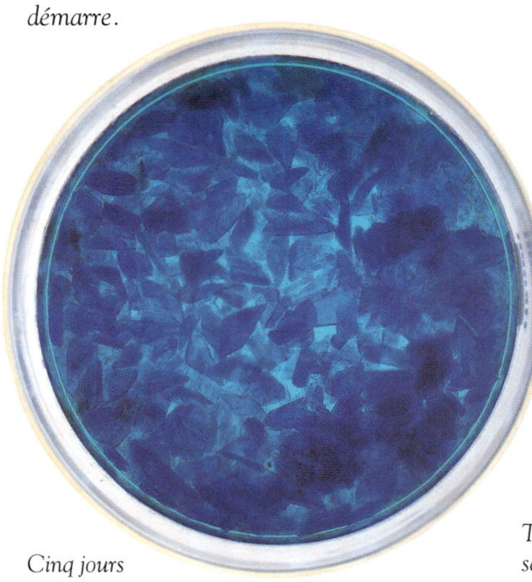

Cinq jours

Trois semaines

Comment faire croître un cristal
Faites d'abord une solution très concentrée en dissolvant le produit dans l'eau. Versez un peu de cette solution dans une assiette et laissez évaporer. Le lendemain, l'eau aura presque disparu et de petits cristaux commenceront à grandir au fond de l'assiette. Au bout d'une semaine, choisissez le plus gros cristal et attachez-le par un fil de coton au bristol. Mettez-le dans le pot de la solution de départ. Il sera le germe de la cristallisation. En quelques semaines, vous devriez obtenir un gros cristal aux formes régulières.

EXPÉRIENCE

L'huile et l'eau

Les liquides qui se dissolvent l'un dans l'autre sont dits *miscibles*, les autres sont *non miscibles*, comme le montre cette expérience.

IL VOUS FAUT
- *de l'huile* • *un colorant*
- *de l'eau* • *un compte-gouttes*

1 VERSEZ UN PEU D'EAU dans le pot, puis ajoutez l'huile. L'huile et l'eau ne sont pas miscibles et se superposent. On peut en faire un mélange de fines gouttelettes, mais elles se séparent rapidement si l'on cesse de les remuer.

2 AVEC LE COMPTE-GOUTTES, placez délicatement une ou deux gouttes du colorant alimentaire dans l'huile. Vous observez que la couleur fait de petites billes, car elle est non miscible avec l'huile.

3 AVEC UN MANCHE de cuillère, poussez les billes de colorant dans l'eau. Dès qu'elles touchent l'eau, elles éclatent en formant un nuage de couleur parce qu'elles sont solubles ou miscibles avec l'eau.

La structure des cristaux

Presque toutes les substances solides sont cristallines, mais les cristaux peuvent être trop petits pour être vus. Les poudres, les métaux et les roches sont presque tous des cristaux. Paradoxalement, le «cristal» des verres n'est pas cristallisé, puisque le verre est un liquide particulier. Les cristaux semblent avoir des formes et des tailles diverses, mais cela vient du fait qu'ils grossissent en s'amassant les uns sur les autres. En réalité, les cristaux individuels ne peuvent avoir que sept formes régulières. Dans une substance donnée, ils ont tous la même forme.

Cristaux de quartz
Ce sont les plus abondants de tous les cristaux. Comme ils sont piézo-électriques, un faible courant les fait entrer en résonance (p. 108). Ils vibrent d'une façon si régulière qu'ils sont utilisés dans les montres.

Cristaux de bismuth
Le bismuth est un des rares métaux où la structure cristalline est assez grande pour être vue. Les cristaux sont «tétragonaux»; ils ressemblent à deux pyramides collées base contre base.

Cristaux complexes
Les cristaux verts sont des cristaux de tourmaline, qui contiennent de l'alun et du bore; les cristaux roses sont de la lépidolithe, un type particulier de mica.

Les acides et les bases

SI VOUS METTEZ UN PEU DE CITRON sur votre langue, le goût est acide, de même pour du vinaigre. Ce sont deux *acides faibles*. Le jus de citron est de l'acide citrique, et le vinaigre, de l'acide acétique. Les *acides forts* comme l'acide sulfurique sont très corrosifs, ils brûlent, et attaquent les métaux. Tous les acides ont une chose en commun: ils contiennent de l'hydrogène. Quand on met un acide dans l'eau, les atomes d'hydrogène perdent leur unique électron et deviennent des ions chargés positivement (p. 30).

L'opposé d'un acide est une *base*. Les *bases faibles*, comme la levure, ont un goût amer et paraissent savonneuses au toucher. Les *bases fortes*, comme la soude caustique, sont aussi dangereuses que les acides. Les bases en solution contiennent des ions négatifs, constitués d'hydrogène et d'oxygène, nommés ions *hydroxydes*. Quand on ajoute une solution basique à une solution acide, cela neutralise l'acidité. L'acide et la solution de base réagissent pour former de l'eau et un *sel* (p. 38).

Les pluies acides
Les sulfates des fumées industrielles réagissent avec l'humidité de l'air pour former de l'acide sulfurique. La pluie acide qui en résulte abîme les plantes et les arbres.

EXPÉRIENCE

La force des bases

La surveillance d'un adulte est nécessaire: les bases fortes ne doivent jamais être touchées, ni avalées.

Les solutions de bases fortes sont des nettoyants puissants. Les fours, par exemple, sont nettoyés avec de l'hydroxyde de potassium. L'action d'un produit pour nettoyer l'argenterie est une bonne illustration du pouvoir des bases fortes.

IL VOUS FAUT
- *un objet en argent noirci*
- *un bol*
- *un produit à nettoyer l'argenterie*
- *un chiffon doux*
- *une cuillère, des pinces (ou des gants en caoutchouc)*

1 L'ARGENT SE TERNIT, car il réagit avec l'oxygène de l'air. Pour le nettoyer, plongez-le dans le produit pour l'argenterie. N'en mettez pas sur votre peau.

2 TRÈS RAPIDEMENT, le produit enlève la couche oxydée, en laissant l'argent intact. Une fois nettoyé, sortez l'objet du produit avec un outil ou des gants.

Enlevez les traces de produit avec un chiffon et faites briller. L'argent est comme neuf.

EXPÉRIENCE

Un indicateur coloré

Les chimistes utilisent des *indicateurs* colorés (qui changent de couleur) pour déterminer si une solution est acide ou basique.
Vous pouvez faire vous-même un indicateur coloré avec du chou rouge, des baies de sureau ou des mûres.

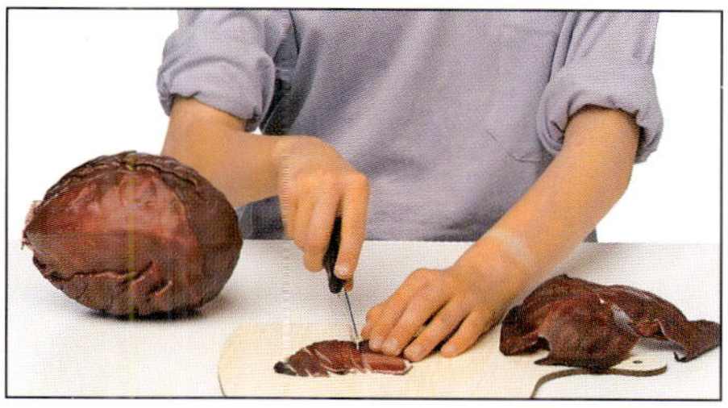

1 POUR FABRIQUER VOTRE INDICATEUR, prenez un chou rouge (il doit être rouge) et coupez-le finement sur la planche. Faites bouillir un demi-litre d'eau distillée dans la casserole.

2 METTEZ LE CHOU ROUGE HACHÉ dans l'eau bouillante et enlevez la casserole du feu. Laissez reposer une bonne demi-heure jusqu'à ce qu'il soit bien refroidi.

IL VOUS FAUT
● *du chou rouge* ● *de l'eau distillée* ● *un couteau et une planche à découper* ● *une casserole* ● *une passoire* ● *un grand pot* ● *des petits pots* ● *des produits à tester*

3 VERSEZ LE LIQUIDE dans un pot en utilisant la passoire, puis jetez le chou. Le liquide obtenu doit être rouge foncé. Sa couleur va changer quand vous y ajouterez des solutions acides ou basiques.

4 POUR SAVOIR SI UNE SOLUTION est acide, mettez un peu de votre indicateur dans un petit pot. Puis ajoutez la solution à tester: un changement de couleur vous donne le résultat, comme indiqué ci-dessous.

Acide
L'indicateur devient rouge avec les solutions acides, d'autant plus que l'acide est plus fort. Le jus de citron, le vinaigre, l'acide tartrique sont des acides. Essayez le jus d'orange.

Neutre
L'eau distillée n'a aucun effet sur l'indicateur parce qu'elle est neutre – ni acide, ni basique. Cela constitue une démarcation bien utile entre acides et bases.

Base faible
L'eau du robinet est rarement neutre à cause des impuretés qui la rendent légèrement basique: l'indicateur devient bleu. Le bicarbonate de soude est un sel *(p. 38)**.*

Base forte
Les solutions basiques font virer l'indicateur au vert. Les nettoyants à l'ammoniaque ou le carbonate de soude sont des solutions basiques. Essayez la magnésie ou la chaux.

Citron

Vinaigre

Acide tartrique

Eau distillée

Eau du robinet

Bicarbonate de soude

Nettoyant ammoniaqué

Carbonate de soude

Sels et savons

LE SEL DE TABLE, LE SEL MARIN, les sels de bain sont quelques-uns des nombreux composés que les chimistes appellent *sels*. En fait, la plupart des minéraux sont des sels qui se forment quand un acide réagit avec une base. Les ions métalliques de la solution basique prennent la place des ions hydrogène de l'acide, et il ne reste plus que de l'eau et un sel. Deux sels peuvent aussi réagir pour former un nouveau sel. Tous les sels ne sont pas solubles, mais quand ils le sont (surtout les sels de calcium), ils rendent l'eau «dure», c'est-à-dire qu'elle laisse une sensation de craie sur les mains quand elle s'évapore et qu'il faut beaucoup de savon pour la faire mousser. Pourtant, bien des «adoucissants» sont aussi des sels, y compris le savon.

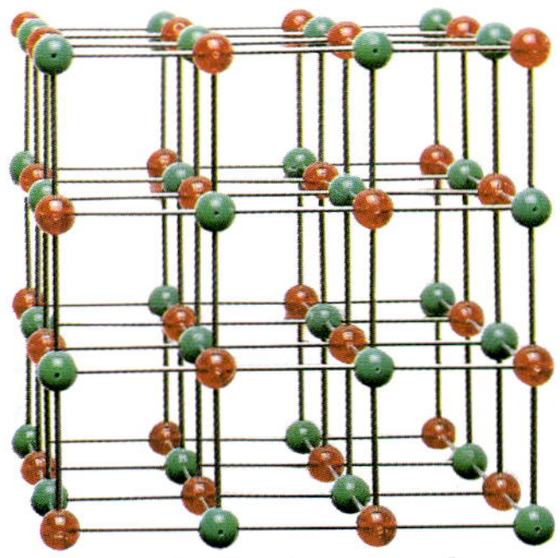

Le réseau régulier des ions sodium et chlorure dans un cristal de sel de cuisine est caractéristique des sels.

■ Isoler un sel

La plupart des comprimés pour la digestion, comme le carbonate de magnésium, contiennent un acide et une base. Quand on les met dans l'eau, la base en solution réagit avec l'acide pour donner des bulles de gaz carbonique (comme le vinaigre avec le bicarbonate de soude, p. 24) et un sel de magnésium, dissous dans l'eau. Vous pouvez récupérer ce sel en chauffant la solution jusqu'à ce qu'elle s'évapore.

EXPÉRIENCE

Fabriquez des sels de bain

Une façon commode d'adoucir l'eau est de lui ajouter des cristaux de carbonate de soude: dissous dans l'eau, ils «précipitent» le calcium et les autres sels responsables de la dureté. Vous pouvez aussi utiliser du carbonate de sodium pour faire des sels de bain.

IL VOUS FAUT
- *des cristaux de carbonate de sodium*
- *un pilon et un mortier, ou un rouleau à pâtisserie et une planche à découper*
- *de l'eau de Cologne*
- *un pot*

1 ÉCRASEZ LES CRISTAUX de carbonate de sodium avec le mortier et le pilon, ou avec le rouleau et la planche, pour en faire une poudre fine.

2 METTEZ LA POUDRE dans l'eau et remuez jusqu'à dissolution complète. Ajoutez de la poudre jusqu'à ce que la solution soit saturée.

3 AJOUTEZ DE L'EAU DE COLOGNE pour donner une odeur agréable et versez votre solution dans une jolie bouteille. Deux cuillères à soupe de votre décoction vous donneront un bain doux et mousseux.

EXPÉRIENCE

Mesurer la dureté de l'eau

Voici une expérience simple pour mesurer la dureté de l'eau du robinet chez vous.

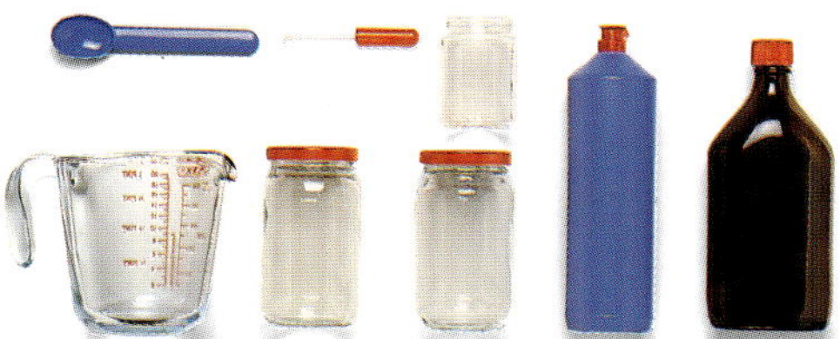

Il Vous Faut

- *de l'eau du robinet* ● *de l'eau distillée* ● *du savon liquide* ● *deux bocaux* ● *un petit pot*

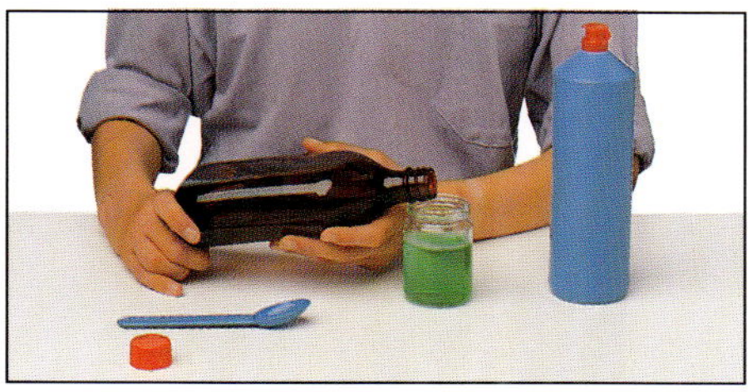

1 Mélangez le savon liquide et l'eau distillée en quantités égales. L'eau distillée ne contient aucun sel et n'est donc pas «dure».

2 Versez la même quantité d'eau distillée et d'eau du robinet dans chacun des deux pots. L'eau distillée sera le «témoin».

3 A l'aide d'un compte-gouttes, ajoutez dans l'eau du robinet la solution fabriquée en 1. Vissez le couvercle et agitez. Ajoutez une goutte à la fois jusqu'à ce que vous obteniez de la mousse.

Comment agit le savon ?

Pour fabriquer du savon, on chauffe de la soude (de l'hydroxyde de sodium) avec des huiles végétales. Les acides de l'huile réagissent avec la solution basique de soude pour former des sels de sodium, comme le stéarate de sodium. Dans les molécules de ces sels, le sodium est accroché à une longue chaîne d'atomes d'hydrogène et de carbone. C'est grâce à cette chaîne que vous pouvez vous laver les mains: les chaînes des molécules de savon tendent à se dissimuler dans les graisses… qui sont dès lors faciles à éliminer.

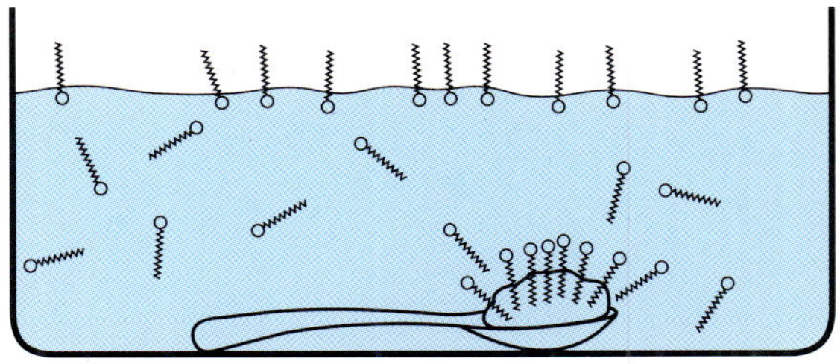

Les longues chaînes des molécules de savon sont « hydrophobes » : elles ne supportent pas l'eau. Elles se dirigent vers les graisses, facilitant leur élimination.

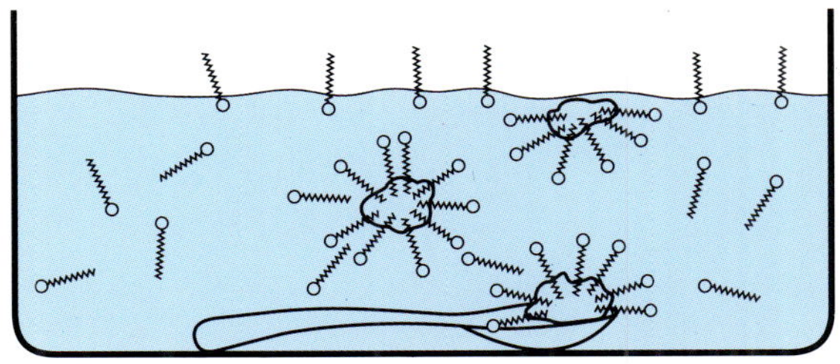

Quelle est sa dureté ? *Comptez le nombre de gouttes que vous avez ajoutées pour obtenir de la mousse dans l'eau distillée, puis dans l'eau du robinet. Plus il faut de gouttes, plus l'eau est dure. Essayez ce test avec des eaux différentes.*

La chimie organique

LE CARBONE est le plus remarquable de tous les éléments. Sa structure atomique particulière (p. 29) lui permet de former de longues chaînes ou des anneaux d'une grande variété – si grande qu'un domaine entier de la chimie, la *chimie organique*, est consacré à l'étude des composés du carbone. De fait, le carbone est à la base de toute vie, et tous les organismes vivants, du lichen à l'homme, contiennent du carbone.

Beaucoup de ces composés ne contiennent que de l'hydrogène. Ces *hydrocarbures* comprennent tous les carburants fossiles (charbon, huile, pétrole, gaz), qui se sont formés à partir du carbone des végétaux morts il y a 200 millions d'années. D'autres composés, comme l'alcool et les sucres, contiennent en outre de l'oxygène. Les molécules les plus grosses et les plus compliquées sont des *polymères*. Ils constituent les matières plastiques et beaucoup d'autres matériaux d'usage courant.

EXPERIMENT

Faire du plastique

Beaucoup de plastiques sont fabriqués à partir de pétrole ou de gaz naturel. Mais vous pouvez faire vous-même du plastique en laissant prendre de la caséine (du lait caillé) dans un moule..

IL VOUS FAUT

- *une mousseline* ● *des pots* ● *du lait* ● *du vinaigre* ● *une cuillère* ● *une casserole* ● *un élastique* ● *un réchaud* (p.8)

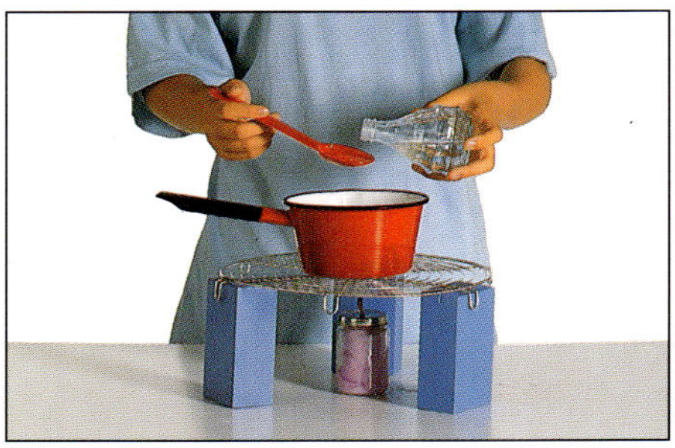

1 CHAUFFEZ 1/3 DE LITRE de lait dans la casserole, sans faire bouillir. Ajoutez une cuillerée de vinaigre et mélangez.

2 IL SE FORME UNE MATIÈRE BLANCHE, de la caséine. Passez le liquide à travers la mousseline maintenue au-dessus du récipient.

3 FORCEZ LE LAIT CAILLÉ à passer à travers la mousseline pour obtenir toute la caséine qui est caoutchouteuse.

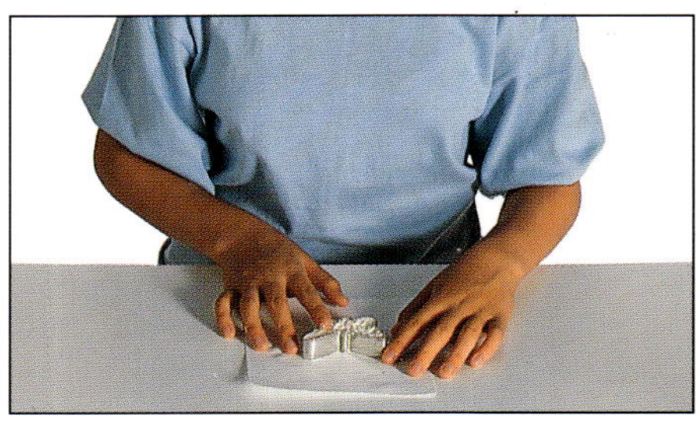

4 METTEZ LA CASÉINE dans un moule à biscuit ou modelez-la à la main. Laissez reposer.

Du ski sur plastique

Depuis qu'ils ont été inventés, à la fin du XIXe siècle, les plastiques et les polymères artificiels ont été adaptés à de multiples usages. L'équipement sportif, en particulier, a été révolutionné, au cours des dernières années, grâce aux matériaux synthétiques qui allient légèreté, solidité et souplesse. Les skieurs sont chaussés de plastique, ont un casque de plastique et sont vêtus de fibres artificielles légères et chaudes. Leurs skis aussi sont faits de fibres spéciales, comme le Kevlar, si solides, légères et incorruptibles qu'elles sont utilisées aussi bien pour l'aviation légère que pour les prothèses de hanche. Les skieurs peuvent même pratiquer leur sport pendant l'été, sur de la «neige» artificielle faite de fibres de plastique.

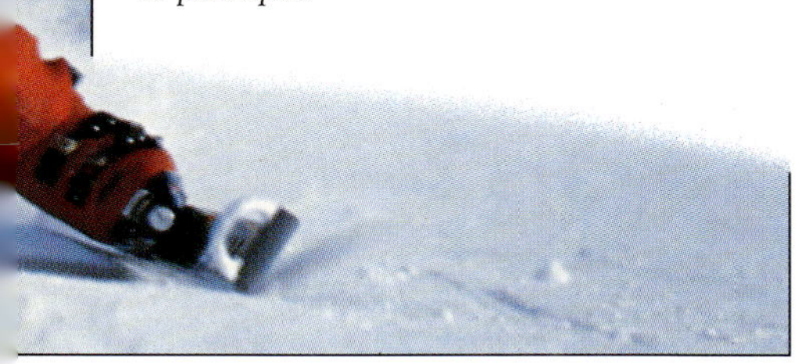

Une broche en plastique

En quelques jours, la caséine sèche et durcit au fur et à mesure que les molécules de protéines s'attachent solidement les unes aux autres. Vous pouvez accélérer le processus en la laissant sur un radiateur. Si vous voulez faire une broche, enfoncez une épingle de sûreté au dos de l'objet quand il est encore mou. Lorsqu'il est sec, vous pouvez le peindre.

Les polymères et les plastiques

Certains polymères sont naturels, par exemple la laine, le coton, mais les plastiques et la plupart des polymères sont l'œuvre de l'homme. Il s'agit de longues chaînes formées d'une multitude de molécules plus petites appelées *monomères*. Le polyéthylène par exemple est une chaîne de 50 000 molécules d'éthylène. Ces longues molécules s'emmêlent comme des spaghetti et la façon dont elles sont emmêlées donne aux matières plastiques leur solidité. Si les brins adhèrent fortement les uns aux autres, on a un plastique rigide comme le Formica. S'ils peuvent glisser l'un par rapport à l'autre, cela forme un plastique souple comme le polyéthylène. En forçant les molécules à passer à travers des petits trous, on les oblige à s'aligner et à former une fibre, comme le Nylon.

Il existe des milliers de plastiques et de polymères, et on en trouve de nouveaux tous les jours. Beaucoup de spécialistes pensent que les matières plastiques seront un jour assez solides pour faire des ponts, et assez transparentes pour remplacer les vitres; même les moteurs de voiture pourraient bientôt être en plastique !

EXPÉRIENCE

Du savon biologique

Cette expérience montre la différence entre une lessive «biologique» et une poudre habituelle.

REMPLISSEZ D'EAU les deux pots et mettez une lessive dans chacun d'eux. Épluchez les deux œufs et placez un œuf dans chaque pot

IL VOUS FAUT
- *une lessive ordinaire et une lessive biologique*
- *deux pots*
- *deux œufs durs*

Le pouvoir des enzymes

Après six heures environ, l'œuf placé dans la lessive biologique a été rongé alors que l'autre œuf est intact. Ce sont les enzymes contenus dans la lessive biologique qui ont brisé les molécules de protéines de l'œuf.

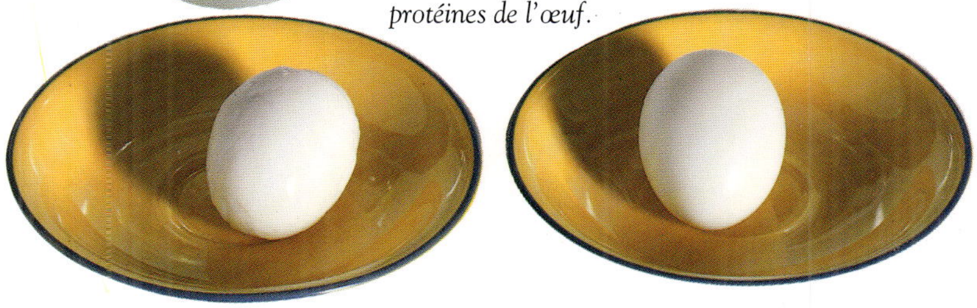

Énergie, force ET *mouvement*

RIEN NE PEUT SE PASSER sans énergie. Il faut de l'énergie pour qu'une chose bouge ou se modifie – pour faire fondre du beurre, pour faire décoller une fusée, pour faire tourner un grand huit ou pour vivre. C'est l'énergie qui crée toutes les forces, et les forces sont responsables de tous les mouvements dans l'univers.

Le grand huit qui monte et qui descend avec fracas le long de ses rails, est une excellente démonstration des lois de Newton.

L'ÉNERGIE

L'ÉNERGIE EXISTE SOUS DE NOMBREUSES FORMES. L'énergie *thermique* fait bouillir l'eau et nous chauffe. L'énergie *chimique* des carburants fait marcher les voitures, les avions et les fusées. L'énergie *électrique* alimente les machines, trains électriques ou calculettes; elle fait aussi briller les lampes et jouer les électrophones. Mais, quelle que soit la forme qu'elle prend, l'énergie est la capacité de faire que quelque chose se passe, de produire du *travail* – qu'il s'agisse de déplacer un objet, de le chauffer, ou de le modifier.

Le Soleil est la source de presque toute l'énergie dont nous disposons. Les piles solaires transforment directement l'énergie du Soleil en énergie électrique – procédé qui sera utilisable tant que le Soleil brillera.

Une centrale hydroélectrique où l'eau courante fait tourner les turbines pour fabriquer de l'électricité constitue une source d'énergie presque intarissable. Mais construire de grands barrages comme celui-ci peut créer des problèmes sociaux et écologiques.

Les scientifiques distinguent deux sortes d'énergies fondamentales: l'énergie *potentielle* et l'énergie *cinétique*.

L'énergie potentielle est l'énergie qui ne fait rien, mais qui est emmagasinée et prête à l'emploi. Il y a de l'énergie potentielle dans le bois, le charbon et les autres combustibles, et aussi dans la nourriture où elle est stockée sous forme chimique. Il y a aussi de l'énergie potentielle dans un élastique tendu, dans un ressort comprimé, dans le noyau d'un atome (énergie nucléaire). Et tout objet situé au-dessus du sol a de l'énergie potentielle parce que la gravité (p. 66) peut le faire tomber à tout moment. L'énergie cinétique est celle que possède un objet à cause de son mouvement. En grec, *kine* signifie mouvement. Une bicyclette qui avance, une balle qui roule, un projectile lancé ou un rocher qui tombe ont de l'énergie cinétique.

Transformer l'énergie

On peut transformer presque toutes les formes d'énergie en d'autres formes. Appuyez sur l'interrupteur et vous avez de l'énergie lumineuse. Mais comment cela se fait-il?

Le filament de l'ampoule brille car il est chauffé par l'énergie électrique du courant électrique. Le courant vient de la centrale électrique. La centrale, quant à elle, produit de l'énergie électrique en brûlant du combustible, charbon ou fuel. Cette combustion transforme l'énergie chimique en chaleur, qui est employée à faire tourner les turbines, lesquelles produisent l'électricité.

On peut même remonter plus loin en arrière en suivant ces transformations. Le charbon, par exemple, doit son énergie chimique aux vastes forêts qui poussaient il y a 300 millions d'années. Le charbon est ce qu'il reste de ces forêts fossilisées. Ces forêts ont poussé en utilisant l'énergie solaire pour leur *photosynthèse*, procédé utilisé par les plantes pour transformer l'énergie lumineuse en énergie chimique, et grandir.

La conservation de l'énergie

Pour chaque type d'énergie, on peut trouver des séries de transformations analogues, s'étendant vers le passé (et vers l'avenir). En fait, on ne peut jamais créer de l'énergie, ni la détruire, on peut seulement la convertir d'une forme en une autre. C'est la *loi de conservation de l'énergie*: lorsqu'on transforme une forme d'énergie en une autre, la quantité totale d'énergie à la fin est exactement la même qu'au départ. Souvent, il semble qu'une partie de l'énergie se perde. Dans l'ampoule, par exemple, très peu d'énergie électrique devient de la lumière, mais le reste n'est pas vraiment perdu; il se transforme en chaleur. En fait, la chaleur est une «perte» dans presque toutes les transformations d'énergie. Les moteurs de voitures, le corps des hommes ou des animaux, les centrales électriques, les usines, les ampoules électriques et des millions d'autres objets gaspillent de la chaleur. Les voitures et bien d'autres machines produisent aussi de l'énergie sonore… du bruit.

Les moulins à vent transforment l'énergie du vent en énergie mécanique.

De gigantesques « fermes » éoliennes peuvent exploiter l'énergie du vent pour produire de l'électricité.

Le rendement

Certaines machines gaspillent beaucoup d'énergie; d'autres très peu. La part d'énergie qu'elles perdent dépend de leur *rendement*. Les tubes fluorescents, par exemple, ont un meilleur rendement que les ampoules, car ils transforment davantage d'énergie électrique en lumière, et en perdent moins sous forme de chaleur. Les voitures modernes et les avions ont des formes *aérodynamiques* (p. 128) pour diminuer autant que possible les pertes d'énergie dues aux frottements de l'air. La pénurie probable d'énergie dans un avenir proche incite à l'utiliser de façon plus efficace, comme de construire des centrales à cycle combiné.

Dans les centrales ordinaires, seulement 35 % du combustible est réellement transformé en électricité, le reste étant perdu sous forme de chaleur. Dans les pays industrialisés, la chaleur ainsi gaspillée serait suffisante pour chauffer toutes les habitations ! Les centrales à cycle combiné permettent de récupérer cette chaleur pour chauffer les maisons et les usines.

Un générateur Van de Graaf utilise les frottements d'une courroie pour créer de grandes étincelles d'électricité statique (p. 148).

Les sources d'énergie

Dans la vie quotidienne, des voitures aux brosses à dents électriques, nous utilisons de nombreux appareils pour économiser notre peine. Mais ces machines n'économisent que *notre* énergie; en réalité, elles en consomment beaucoup.

Le monde moderne exploite une grande variété de sources d'énergie, mais plus de 80 % de l'énergie provient de la combustion du pétrole, du gaz naturel et du charbon. Ce sont les *combustibles fossiles*, formés il y a des millions d'années à partir des animaux et des plantes fossilisés. Nous brûlons de plus en plus de ces combustibles, alors qu'ils ne pourront pas être remplacés. Les estimations varient, mais beaucoup de spécialistes pensent qu'au rythme actuel de consommation les réserves de charbon ne dureront pas plus de 200 ans, et celles de pétrole, à peine 40 ans. On trouve continuellement de nouveaux gisements, mais cela ne durera plus très longtemps.

La chaleur peut créer des mouvements, les courants de convection par exemple.

Pour préserver le futur, nous devons à la fois améliorer le rendement des machines pour ménager nos réserves plus longtemps, et nous convertir à des sources d'énergie alternatives plus durables ou renouvelables. Certains pensent que la solution est l'énergie nucléaire. L'énergie nucléaire est l'énergie qui lie les protons et les neutrons pour former le noyau de l'atome (p. 27). Aujourd'hui, cette énergie peut être libérée par *fission*, c'est-à-dire en cassant les noyaux des atomes d'uranium, les plus gros des atomes. Mais les chercheurs espèrent parvenir un jour à réaliser la *fusion* – c'est-à-dire à fusionner de petits noyaux comme ceux de deutérium (une forme particulière de l'hydrogène). Contrairement à la fission, la fusion devrait produire un minimum de déchets radioactifs. 20 % de l'énergie électrique mondiale est produite dans 350 ou 400 centrales nucléaires, et certains s'attendent à voir cette proportion augmenter dans l'avenir. Malheureusement, le problème du stockage des déchets radioactifs n'a pas encore été résolu, et les accidents nucléaires peuvent avoir des résultats catastrophiques.

Une conversion de chaleur en énergie mécanique: la chaleur des bougies crée des courants d'air qui font tourner les mobiles.

Des solutions alternatives plus sûres pourraient être l'énergie des océans (celle des vagues ou des marées, p. 135), l'énergie éolienne, l'énergie solaire et l'énergie de la *biomasse*, c'est-à-dire celle contenue dans la matière de toutes les plantes et de tous les animaux, morts ou vivants.

L'énergie et la matière

La plupart de nos énergies – combustibles fossiles, énergie solaire, énergie éolienne – viennent du Soleil. Mais d'où vient l'énergie du Soleil ?

La fusion nucléaire dans le cœur du Soleil transforme l'hydrogène en hélium et en d'autres éléments. Pendant cette réaction, de la matière disparaît et d'énormes quantités d'énergie sont créées, sous forme de lumière et de chaleur.

Au départ, l'énergie nucléaire semblait une source d'énergie bon marché, propre, et durable. Mais il reste le problème du stockage des déchets radioactifs produits par la réaction de fission, et les accidents comme celui de Tchernobyl, en 1986 en URSS, sont toujours possibles.

Cela suggère que la matière peut être transformée en énergie. Et c'est bien le cas. La matière et l'énergie sont interchangeables – la masse est une forme d'énergie, et vice versa. Albert Einstein a formulé cette relation dans sa célèbre équation $E = mc^2$. *E* représente l'énergie, *m* la masse et *c* est la vitesse de la lumière. Comme *c* est un nombre très grand (et son carré encore plus), une très petite quantité de matière doit créer une énergie énorme.

Les centrales nucléaires fonctionnent selon ce principe, en transformant de minuscules noyaux en énormes quantités d'énergie thermique. La réaction nucléaire est la seule façon de créer de l'énergie, mais comme la masse diminue, on peut dire que l'ensemble énergie-masse ne change pas.

La chaleur

La chaleur n'est pas simplement cette douce sensation qui émane d'un feu ou du Soleil; ce sont des molécules qui bougent. Plus vite vibrent les molécules d'une substance, plus cette substance est chaude. Quand vous mettez la main au-dessus d'un radiateur, la chaleur que vous ressentez est simplement due au choc des milliards de molécules d'air accélérées au contact du radiateur. L'air se réchauffe (et l'air vous réchauffe) parce que la chaleur se propage. Si un objet est chaud, il communique toujours sa chaleur à son environnement, le réchauffant et se refroidissant lui-même. La température d'un objet est la mesure de sa chaleur, mais attention! la température est différente de la chaleur. La chaleur, c'est de l'énergie, l'énergie globale de toutes les molécules en mouvement. La température mesure seulement la vitesse de déplacement de ces molécules.

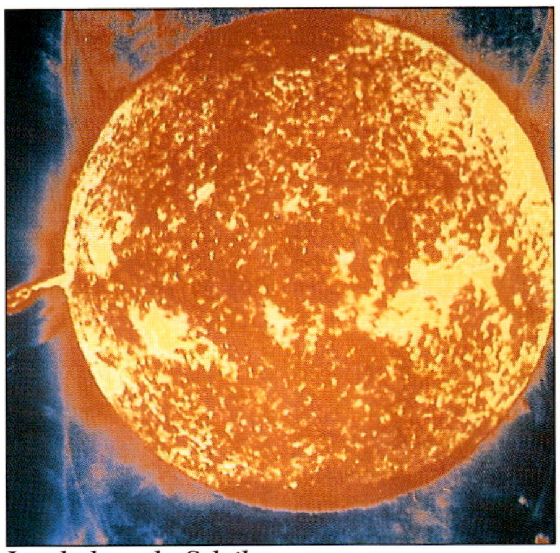

La chaleur du Soleil
Le Soleil est notre principale source de chaleur. Dans son centre, les réactions nucléaires font monter la température jusqu'à 14 000 000 de degrés. A la surface, elle est encore de 6 000 degrés.

EXPERIMENT

Chauffer des liquides

Chauffer a le plus souvent pour effet d'augmenter la température. Pourtant, en chauffant de la même façon des substances différentes, elles atteindront des températures différentes. Chauffez pareillement la même quantité d'eau et de cuivre: le cuivre deviendra dix fois plus chaud, car sa *capacité calorifique* est supérieure à celle de l'eau. Faites cette expérience avec de l'eau, de l'huile et du lait, en chauffant la même quantité de chaque liquide avec la même source de chaleur durant le même intervalle de temps. Lequel devient le plus chaud? Laissez les liquides reposer pendant une heure environ avant de commencer, afin qu'ils partent tous de la même température.

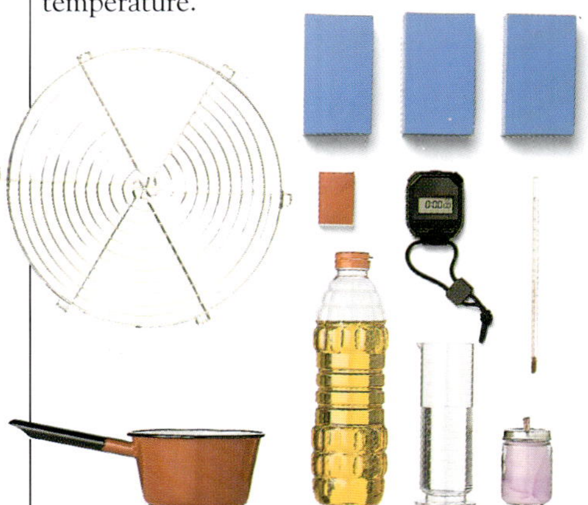

Il Vous Faut
● *un réchaud* ● *un verre gradué* ● *un thermomètre (p.8)* ● *une montre ou un chronomètre*

1 Mesurez une certaine quantité d'huile de cuisine avec un verre gradué. Notez le volume.

2 Installez la grille pour la lampe à alcool sur ses trois supports. Versez l'huile dans une casserole propre et remuez.

3 Prenez la température de l'huile. Allumez le réchaud puis glissez-le sous la grille.

4 Chronométrer. Chauffez pendant cinq minutes et prenez la température. Refaites l'expérience pour d'autres liquides.

EXPÉRIENCE

Échange de chaleur

La chaleur passe des objets les plus chauds aux plus froids. Mesurez cet échange entre un boulon de métal et de l'eau.

Il Vous Faut
● *un verre d'eau* ● *un réchaud* ● *des boulons* ● *un thermomètre (p.8)* ● *des pinces*

1 Versez de l'eau dans le verre et laissez-la reposer pendant une heure. Prenez alors sa température.

2 Chauffez un boulon dans la flamme du réchaud en le tenant avec les pinces. Mettez-le doucement dans le verre.

3 Voyez comment la température de l'eau s'élève à mesure que le boulon lui cède sa chaleur. L'eau devient-elle plus chaude avec plus de boulons ? Observez ensuite l'effet d'un boulon qui a passé la nuit dans le congélateur, sur la température de l'eau.

Les échelles de température

Nous mesurons en général les températures en degrés centésimaux, ou Celsius (°C). Sur l'échelle Celsius, le 0 °C correspond à la température de fusion de la glace, et 100 °C à la température d'ébullition de l'eau. Les scientifiques utilisent pourtant l'échelle absolue, ou Kelvin (K). Sur cette échelle, 0 K est le zéro absolu. Pour des raisons théoriques, c'est la température la plus basse possible. A cette température (–273,15 °C), les molécules s'arrêtent de bouger. Les Kelvin et les degrés Celsius sont identiques, mis à part ce déplacement du zéro; ainsi 0 °C est 273,15 K, et 100 °C vaut 373,15 K. Le domaine de températures possibles dans l'univers est immense: du voisinage du zéro absolu dans l'espace jusqu'à 20 000 000 K à l'intérieur d'une étoile. La température de l'air la plus basse enregistrée sur Terre est 184 K (–89 °C), et la plus haute, 332 K (59 °C).

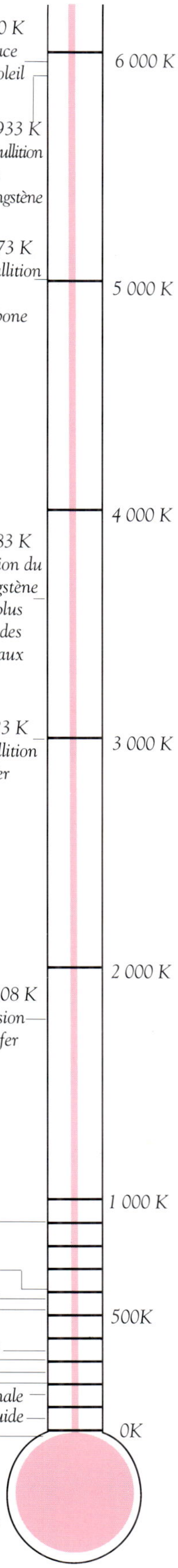

6 000 K Surface du Soleil
5 933 K Ébullition du tungstène
5 073 K Ébullition du carbone
3 683 K Fusion du tungstène (le plus dur des métaux
3 023 K Ébullition du fer
1 808 K Fusion du fer
933 K Fusion de l'aluminium
630 K Ébullition du mercure
600 K Fusion du plomb
557 K Combustion du papier
373 K Ébullition de l'eau
273 K: Fusion de la glace
184 K Température minimale
75 K: L'air devient liquide
0 K: Zéro absolu
234 K Le mercure (des thermomètres) "gèle"
332 K Température maximale de l'air atmosphérique

L'énergie thermique

LA CHALEUR EST L'ÉNERGIE des molécules et des atomes en mouvement. Quand vous chauffez un objet, ses molécules vont plus vite. Il faut de l'énergie pour les accélérer, mais les molécules en mouvement ont elles-mêmes de l'énergie. Puisque la chaleur est une forme d'énergie, elle peut chauffer mais aussi être transformée en d'autres formes d'énergie. En brûlant, les combustibles (charbon, pétrole) transforment leur énergie chimique en chaleur; la chaleur peut faire avancer des voitures, des avions, tourner des turbines pour fabriquer de l'électricité et bien d'autres

■ DÉCOUVERTE ■

James Joule

LE PHYSICIEN anglais James Joule (1818-1889) montra vers 1840 que la chaleur est une forme d'énergie, et que chaleur et énergie mécanique sont interchangeables. Il réalisa une machine avec des ailettes tournant dans un cylindre d'eau, qu'elles réchauffent par leur mouvement. Les ailettes sont actionnées par la chute d'un poids. Joule montra que l'élévation de température mesurée est directement reliée au poids.

EXPÉRIENCE

Le bateau à vapeur

Ce bateau à vapeur montre que la chaleur peut être transformée en mouvement.

IL VOUS FAUT
● *du balsa et las outils nécessaires* ● *un tube de cuivre de 460 x 3 mm* ● *un tube de plastique* ● *de la colle* ● *une bougie* ● *un couvercle* ● *une feuille d'aluminium* ● *de la peinture* ● *un crayon*

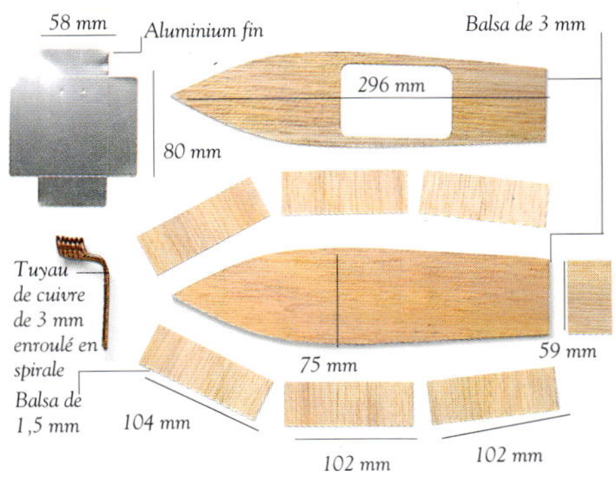

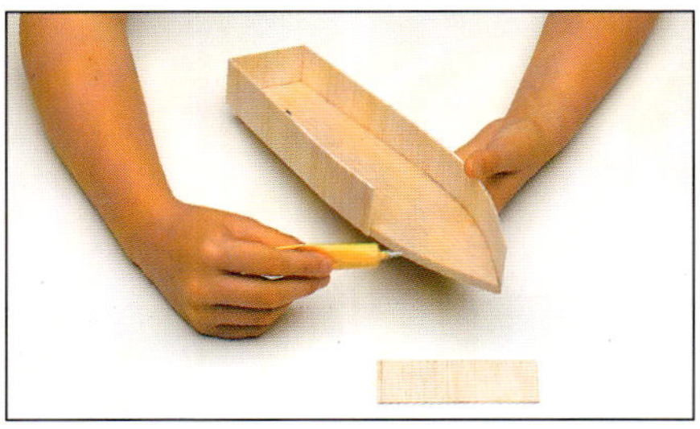

1 COUPEZ LE BALSA et collez les côtés sur la base en ajustant bien. Vérifiez que les côtés soient bien verticaux – mettez des épingles si nécessaire.

2 COLLEZ LE PONT et testez l'étanchéité dans l'eau, colmatez avec de la colle. Collez une longue bande de balsa – la quille – sous la coque.

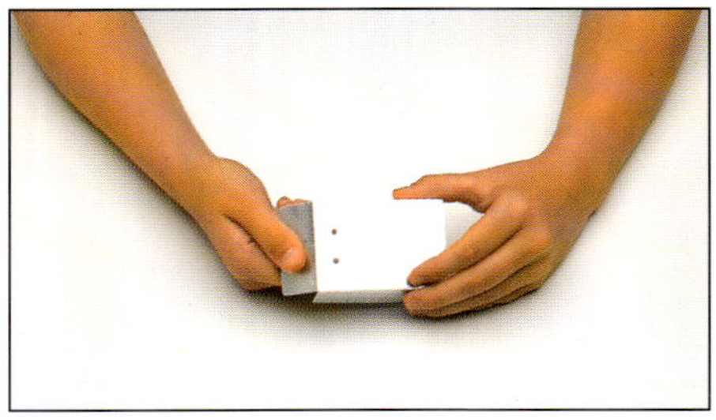

3 PLIEZ LA FEUILLE D'ALUMINIUM en forme de boîte ou utilisez une petite boîte de conserve. Percez deux trous pour le tube de cuivre.

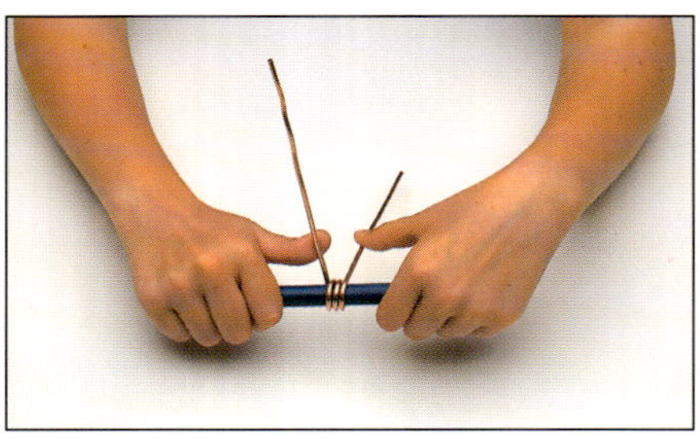

4 ENROULEZ LE TUYAU de cuivre six fois autour du crayon. Percez deux trous dans le fond du bateau, alignés avec ceux de la boîte.

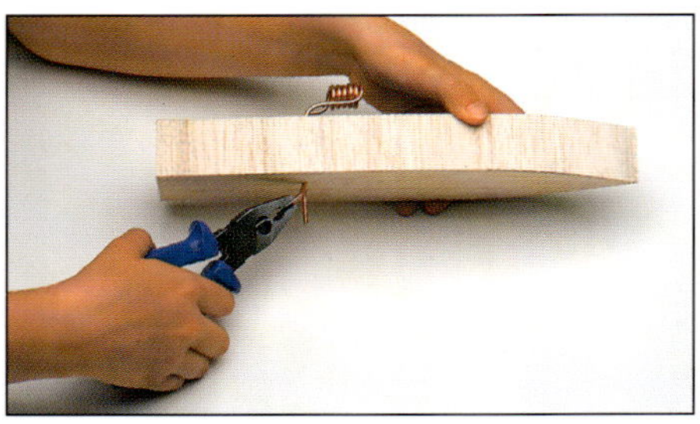

5 COURBEZ les deux extrémités du tube à angle droit et passez-les dans les trous. Mettez de la colle autour des tuyaux et repliez les bouts vers l'arrière avec la pince.

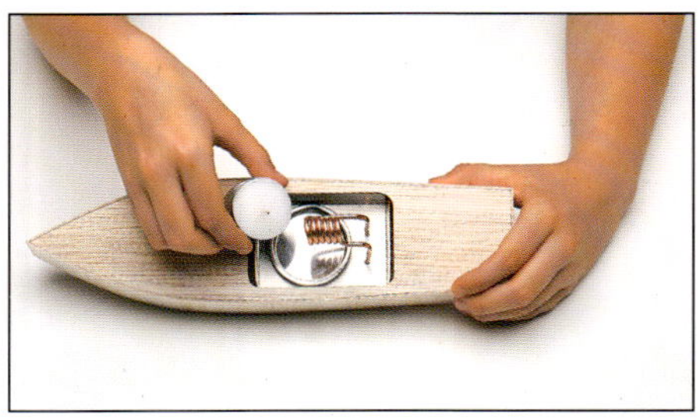

6 COLLEZ LE COUVERCLE dans la boîte métallique et placez la bougie de telle façon qu'elle chauffe le serpentin en cuivre. L'aluminium empêchera le bois de brûler.

Les moteurs thermiques

Il y a deux sortes de moteurs thermiques : les *moteurs à combustion externe* où, comme dans les machines à vapeur, le combustible est brûlé en dehors des parties mobiles du moteur; et les *moteurs à combustion interne*, comme les moteurs à réaction et les moteurs à essence, où le combustible est brûlé à l'intérieur.

Dans la turbine à vapeur ci-contre, le combustible est brûlé pour vaporiser de l'eau. La vapeur fait tourner les pales de la turbine, ce qui fait tourner l'axe de la turbine. Cet axe peut aussi bien entraîner un générateur électrique que l'hélice d'un bateau.

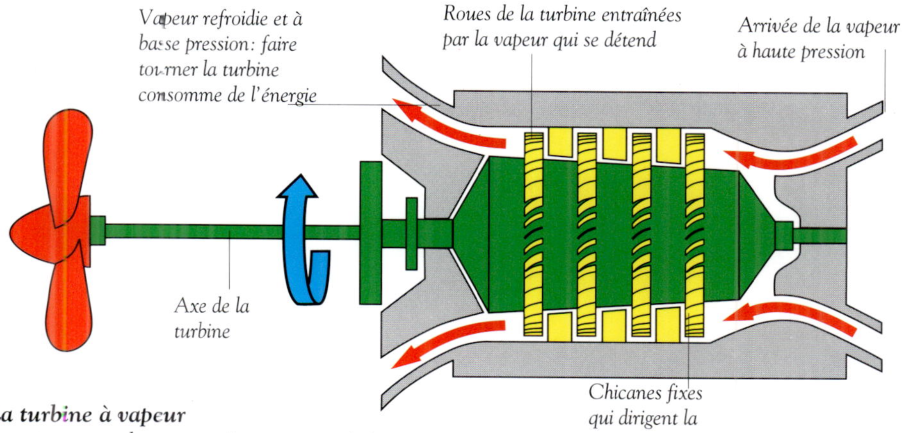

La turbine à vapeur
La vapeur sous haute pression est envoyée à travers une série de chicanes sur la roue de la turbine. La vapeur se détend et fait tourner la turbine.

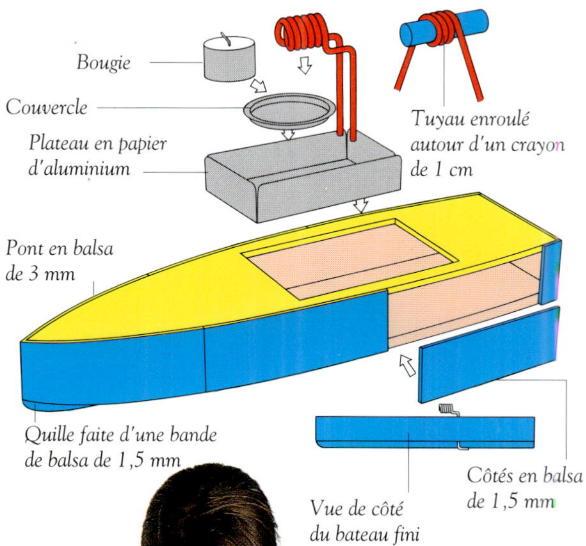

7 Fixez le tube de plastique à une des extrémités du tube de cuivre, mettez le bateau à l'eau et aspirez pour remplir d'eau le tube de cuivre. Enlevez le tube de plastique.

8 Allumez la bougie. Au bout de quelques instants, le bateau avance en faisant un petit «pout pout» digne d'un vrai bateau à vapeur. Vous avez réalisé un «moteur à eau pulsée».

Comment ça marche ?
La flamme chauffe l'eau dans le serpentin et la transforme en vapeur. La vapeur chasse l'eau du tube, ce qui fait avancer le bateau. Puis, la vapeur se condense et l'eau remplit le tube pour être chauffée à nouveau. Le bateau avance grâce à cette série d'à-coups.

La dilatation

EN ÉTÉ, QUAND IL FAIT CHAUD, les câbles électriques se détendent, les portes se coincent, et les rails des trains se déforment. Tous ces problèmes sont dus à la *dilatation*. Quand des solides ou des liquides se réchauffent, ils se dilatent, car leurs molécules vibrent davantage. En se refroidissant, ils se contractent à nouveau. Avec les solides, cette dilatation est trop faible pour être perçue: une barre d'acier s'allonge de 0,0001 % par degré Celsius (p. 47). Mais les forces d'expansion sont si puissantes que les ingénieurs doivent prévoir la place pour ces dilatations quand ils construisent des ponts et des toits. Pour fixer fermement deux poutres de métal ensemble, on utilise des rivets chauffés au rouge qui se contractent en se refroidissant. Les gaz se dilatent beaucoup plus que les liquides et les solides, mais avec moins de force. S'ils sont contenus dans un récipient rigide, leur pression augmente (p. 25) mais ils ne se dilatent pas.

Des câbles qui pendent
Si l'on installe des câbles aériens pendant l'été, il faut les laisser pendre un peu entre les pylônes, sinon ils casseront en se contractant pendant les froides nuits d'hiver. De même, on laisse un espace entre deux rails de chemin de fer.

EXPÉRIENCE

Dilatomètre

Certaines matières comme le bois et le plastique se dilatent à peine; d'autres beaucoup, surtout les métaux. Cette expérience montre la dilatation d'un fil de métal épais. Essayez différentes sortes de fils pour voir s'ils se dilatent de la même façon.

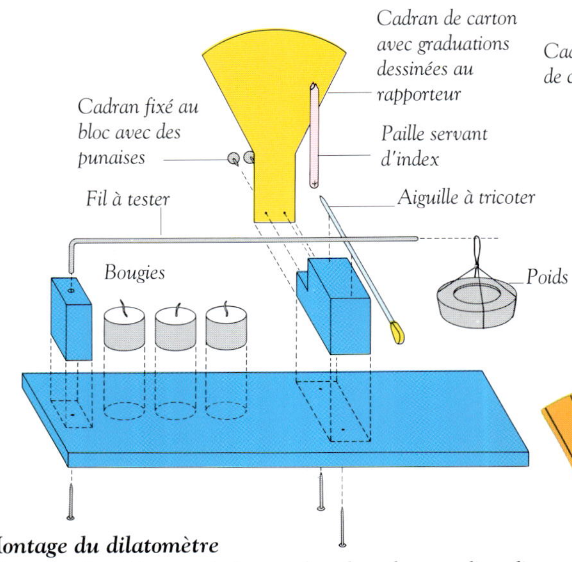

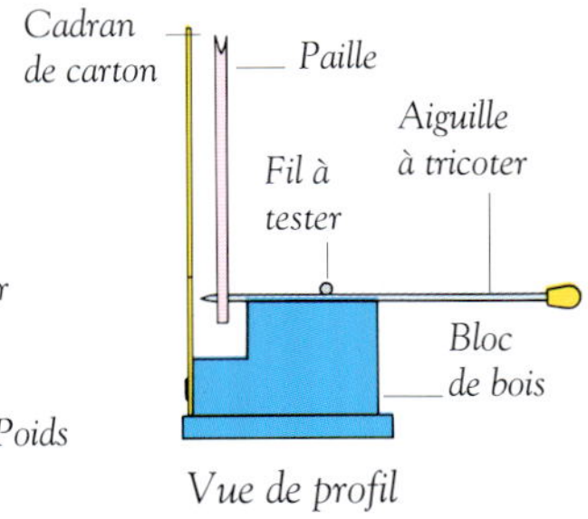

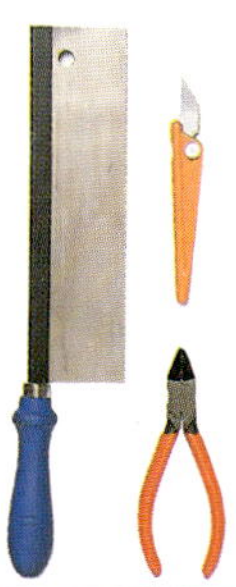

IL VOUS FAUT
● *une planche de bois et deux blocs-supports* ● *une scie* ● *un carton* ● *une paille* ● *un crayon* ● *un rapporteur* ● *une aiguille à tricoter* ● *des bougies* ● *des allumettes* ● *un poids et de la ficelle* ● *des punaises* ● *un couteau* ● *des pinces* ● *un fil de fer*

Montage du dilatomètre
Clouez les deux blocs sur la base et fixez le cadran sur l'un d'eux. Plantez une paille dans l'aiguille et posez-la sur le bloc. Fixez le fil de métal dans un trou pratiqué dans l'autre bloc. Suspendez un "poids"

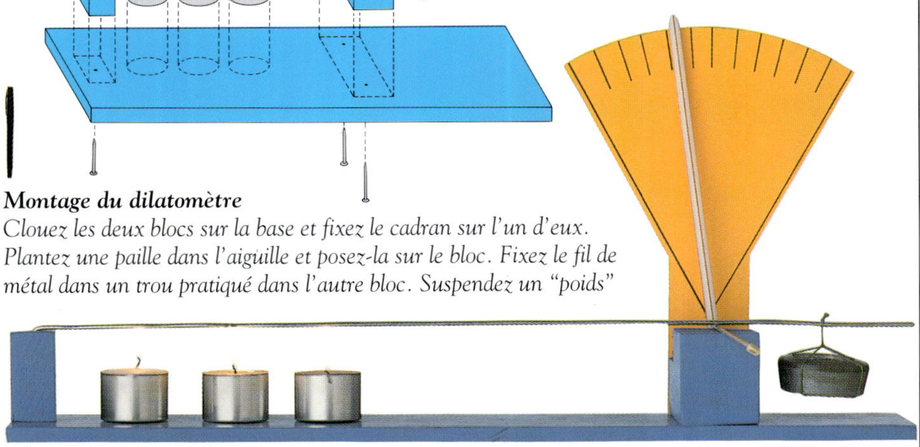

Utilisation du dilatomètre
Allumez les bougies. Quand le fil chauffe et s'allonge, il roule sur l'aiguille et fait tourner l'index, ou la paille qui en tient lieu, devant le cadran.

EXPÉRIENCE

Le ballon à air chaud

Quand l'air ou un autre gaz se réchauffe et se dilate, il devient moins dense (ou plus léger pour le même volume): la même quantité occupe un volume plus grand. Les montgolfières s'envolent car elles sont remplies d'air plus chaud, et moins dense.

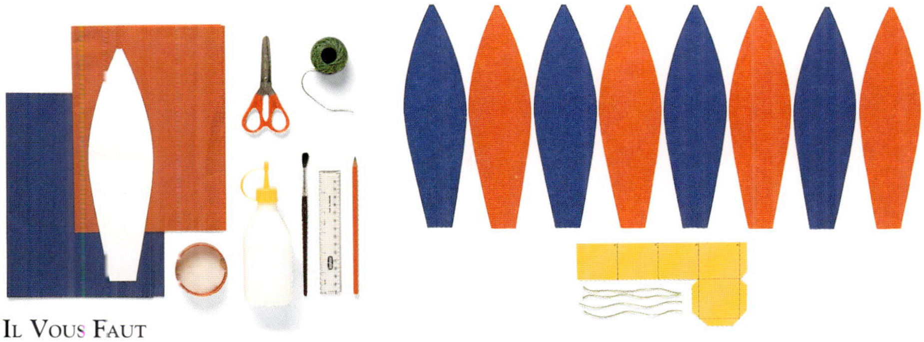

IL VOUS FAUT

● du papier de soie de couleur ● de la colle ● un pinceau ● des ciseaux ● de la ficelle ● du carton léger ● une règle ● un crayon ● un anneau de plastique ● un sèche-cheveux

1 FAITES LE PATRON de carton pour découper les panneaux. Découpez huit panneaux dans du papier de soie.

2 COLLEZ LES BORDS des panneaux pour former le ballon. Vous pouvez le faire sur un ballon de baudruche gonflé.

3 COUPEZ LE PATRON de la nacelle dans du carton léger. Marquez les lignes avec un crayon pour faciliter le pliage.

4 PLIEZ ET COLLEZ la nacelle en forme de boîte. Faites deux petits trous aux coins supérieurs avec le crayon.

5 PASSEZ UN FIL de coton léger dans chaque trou de la nacelle.

6 COLLEZ LES FILS à l'ouverture du ballon et laissez sécher l'ensemble.

7 TENEZ LE HAUT du ballon et remplissez-le d'air chaud avec un sèche-cheveux. Quand l'air à l'intérieur du ballon est vraiment chaud, laissez-le partir et s'élever en l'air.

Comment ça marche ?

L'air du ballon, chaud, est moins dense que l'air frais à l'extérieur: le ballon flotte vers le haut, comme un bouchon dans l'eau. Quand l'air refroidit, le ballon redescend à nouveau.

Patron des panneaux

Recopiez cette forme sur une grande feuille de papier en l'agrandissant à l'aide des carreaux. Dessinez un patron de 60 à 90 cm de hauteur, plus grand que celui-ci (celui-ci a été représenté petit, pour bien montrer comment il est fait).

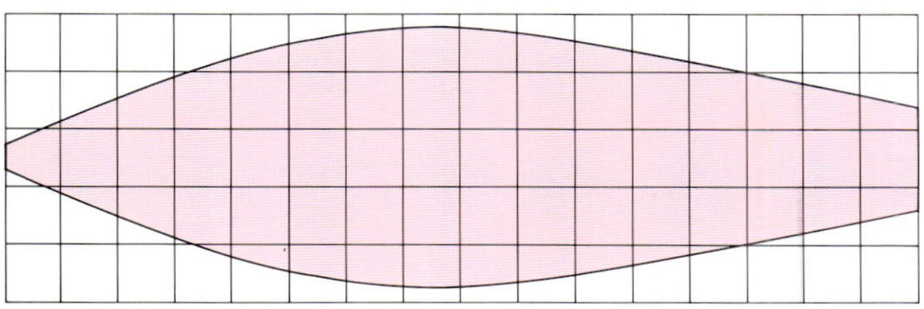

Conduction de la chaleur

MARCHEZ PIEDS NUS sur un tapis, vous aurez une impression de chaleur; marchez sur un sol carrelé et il vous paraîtra glacial. Les carreaux paraissent plus froids, car ce sont de bons *conducteurs* de la chaleur, et ils enlèvent rapidement la chaleur de votre corps – par vos pieds. Le tapis est un bon *isolant;* il conduit très peu la chaleur.

La conduction de la chaleur ressemble un peu à une course de relais. Quand l'extrémité d'un conducteur est chauffée, ses atomes et molécules vibrent plus rapidement, bousculant les molécules voisines et les obligeant à vibrer plus rapidement aussi. Ces molécules à leur tour bousculent leurs voisines, et la chaleur passe ainsi dans le conducteur d'une molécule à l'autre, perdant un peu d'énergie à chaque passage de relais. Les métaux sont de bons conducteurs de la chaleur, surtout l'aluminium et le cuivre: c'est pour cela qu'on les utilise pour faire des casseroles. L'air est un bon isolant, ainsi que les matériaux qui enferment de l'air comme, par exemple, le polystyrène expansé et les fibres naturelles telle la laine.

Manchots au chaud
Une bonne isolation permet aux manchots de la terre Adélie de survivre au froid de l'Antarctique. Ils ont une couche externe de plumes imperméabilisées recouvrant un duvet fourni, et une épaisse couche de graisse sous la peau. Ces différentes couches sont des isolants qui gardent la chaleur du corps.

EXPÉRIENCE

Isolants

Les manteaux vous tiennent chaud parce qu'ils sont isolants et empêchent la chaleur de votre corps de partir dans l'air environnant. Faites cette expérience très simple pour mesurer les qualités isolantes de divers matériaux. Si vous voulez compliquer les choses, vous pouvez mettre le pot dans une boîte et remplir la boîte de différentes matières. Vous pouvez essayer le sable, le polystyrène, les plumes, le coton hydrophile, le papier journal, etc.

IL VOUS FAUT
- *du papier millimétré*
- *un crayon*
- *une montre*
- *un thermomètre*
- *des pots à confiture*
- *de l'eau chaude*
- *de la pâte à modeler*
- *une serviette*
- *et divers matériaux*

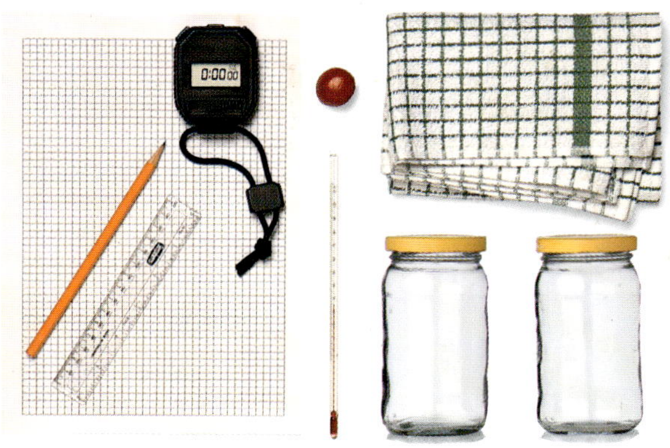

Évaluer l'isolation
Faites un trou (assez grand pour passer le thermomètre) dans les couvercles de deux pots. Remplissez les pots à moitié avec de l'eau chaude. Notez les températures. Enveloppez un des pots dans une serviette. Notez les températures des deux pots toutes les deux minutes, en laissant le thermomètre se stabiliser quelques secondes. Dessinez les graphes des résultats.

Chaque fois que vous sortez le thermomètre du pot, bouchez le trou avec une boule de pâte à modeler.

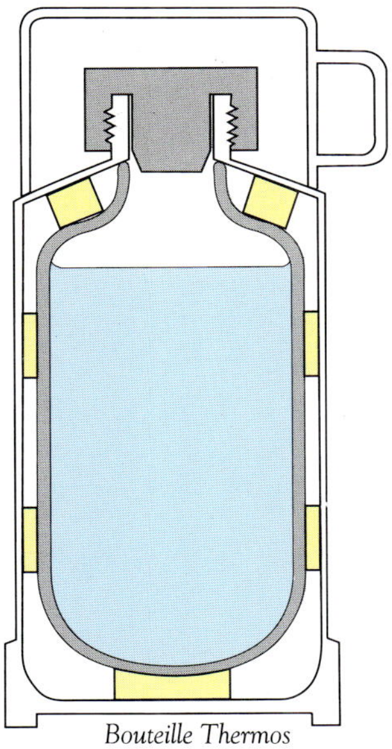

Bouteille Thermos

Conserver la chaleur

Les bouteilles Thermos sont faites pour garder chauds les aliments chauds (ou froids ceux qui sont froids). Elles empêchent le passage de la chaleur par tous les moyens. Dans l'étui, il y a une bouteille de verre ou de plastique à double paroi où l'on a fait le vide. Le vide est très efficace pour empêcher la chaleur de passer; s'il n'y a pas de molécules, la chaleur ne peut être ni conduite ni propagée par convection (p. 54). La chaleur peut néanmoins rayonner (p. 54) à travers le vide; c'est pour cela que le verre est argenté comme un miroir. Enfin, un bouchon épais empêche les pertes de chaleur dans cette direction.

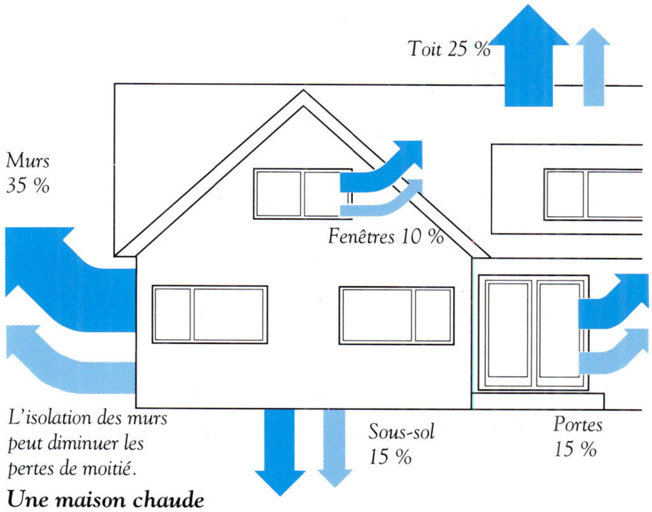

Une maison chaude

La nécessité d'économiser l'énergie a attiré l'attention sur l'isolation des habitations. Les pertes de chaleur d'une maison ordinaire ont plusieurs origines, comme le montre le diagramme, et peuvent être limitées par divers moyens, tels que les murs creux remplis de mousse ou l'isolation du toit par des fibres ou des granulés.

EXPÉRIENCE

Conducteurs

Voici une manière simple de tester la conductibilité thermique de différents matériaux.

Il Vous Faut

- *un grand verre* ● *des perles* ● *du beurre*
- *une casserole d'eau* ● *les objets à tester*

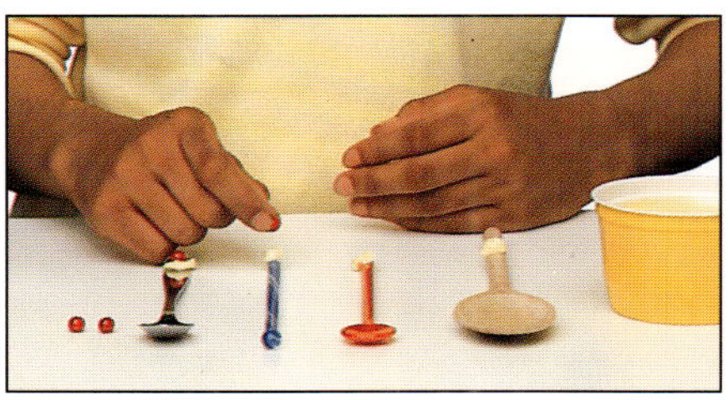

1 Collez une petite perle à un bout de chaque objet à testez avec un peu de beurre, toutes à la même distance de l'autre extrémité.

2 Mettez les objets dans le verre et versez de l'eau chaude (10 cm environ). La chaleur se propage dans les différents objets; quand elle atteint le beurre, elle le fait fondre et les perles tombent. Mais les matériaux conduisent la chaleur à des vitesses différentes, les perles tombent donc à des moments différents. La première perle qui tombe est celle du meilleur conducteur.

Convection et radiation

PLACEZ VOS MAINS au-dessus d'un radiateur: vous sentez la chaleur. Sur le côté, il fait plus froid. On dit que la chaleur monte, mais ce n'est pas tout à fait vrai. La chaleur se propage dans toutes les directions. C'est l'air chaud qui monte. Le radiateur chauffe l'air dans son voisinage par *conduction*. L'air se réchauffe, se dilate et devient moins dense ; il monte alors comme le ballon à air chaud. C'est la *convection*. De l'air froid remplace l'air qui monte ; il se réchauffe à son tour et commence à monter.

De cette façon, le radiateur crée un courant d'air chaud ascendant – un «courant de convection». La conduction (p. 52) propage la chaleur assez lentement ; les courants de convection peuvent transporter rapidement la chaleur à travers toute la pièce.

La chaleur peut aussi se propager par *radiation*. Quand vous vous tenez devant un feu, la douce chaleur que vous sentez est due au rayonnement. Le rayonnement thermique est, comme la lumière, une part du spectre électromagnétique (p. 78-79), appelée *infrarouge*. L'infrarouge est invisible, mais comme la lumière visible il peut traverser le vide.

Le Soleil chauffe la Terre par radiation, avec des rayons de chaleur qui se propagent à la vitesse de la lumière (p. 64).

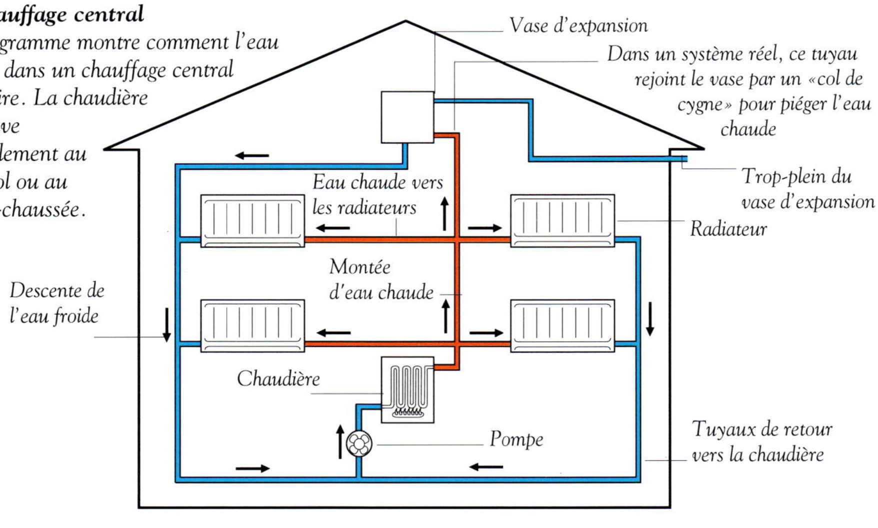

Le chauffage central
Ce diagramme montre comment l'eau circule dans un chauffage central ordinaire. La chaudière se trouve généralement au sous-sol ou au rez-de-chaussée.

Utiliser la convection

Dans un chauffage central, le travail de la pompe qui fait circuler l'eau chaude est facilité par les courants de convection.
La chaudière est au point le plus bas du système. L'eau chaude monte dans les tuyaux par convection aussi bien que par l'action de la pompe. Elle va dans les radiateurs, où elle se refroidit, et redescend par les tuyaux de retour jusqu'à la chaudière, pour être réchauffée à nouveau.

De la même façon, dans le système de refroidissement des voitures, les courants de convection aident la pompe à faire circuler l'eau autour du moteur.
L'eau chauffée par le moteur monte au radiateur, où elle se refroidit, descend et retourne au moteur.

EXPÉRIENCE

Courants de convection

Il y a des courants de convection chaque fois qu'un liquide ou un gaz est chauffé. Des bouts de papier suffisent à montrer les courants de convection de l'eau.

IL VOUS FAUT
● *des petits bouts de papier ou des confettis* ● *un verre en pyrex* ● *de l'eau* ● *un réchaud*

METTEZ LES CONFETTIS dans l'eau et chauffez doucement. L'eau chaude au-dessus de la flamme monte, emportant les confettis. Arrivée à la surface, elle se refroidit. L'eau chaude qui la suit la pousse vers les bords et elle redescend par les côtés.

EXPÉRIENCE

Mobiles thermiques

Ces mobiles mettent en évidence les courants de convection créés dans l'air par une source de chaleur.

Mus par la chaleur
Découpez des spirales ou des hélices dans une feuille métallique et suspendez-les au-dessus d'une flamme de bougie ou d'un radiateur. Elles tourneront avec les courants de convection.

Il Vous Faut
- *des bougies*
- *deux soucoupes*
- *des ciseaux* ● *un morceau de bois et une baguette*
- *du fil*
- *du fil de fer*
- *des feuilles de métal fin ou de papier d'aluminium*

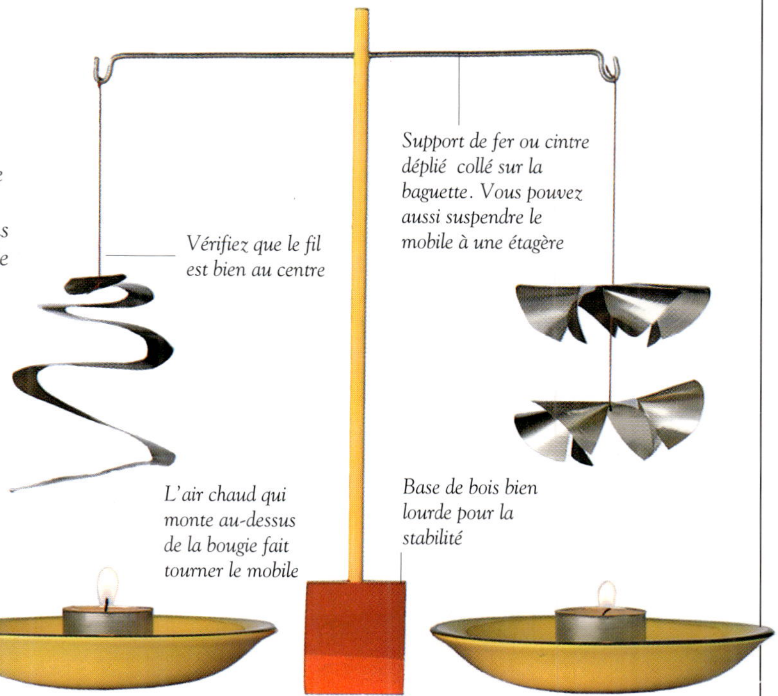

EXPÉRIENCE

Radiation et absorption

Avez-vous remarqué que, quand il y a beaucoup de soleil, vous vous sentez plus au frais dans des vêtements clairs? C'est parce que, de même que les surfaces claires réfléchissent plus la lumière que les surfaces sombres, elles renvoient aussi davantage les radiations thermiques du Soleil. Les surfaces foncées, quant à elles, les absorbent et se réchauffent, comme vous le montre cette expérience.

Il Vous Faut
- *des pots à confiture avec leurs couvercles*
- *une chignole*
- *un thermomètre* ● *du papier aluminium*
- *de la peinture noire et un pinceau* ● *un chronomètre*
- *de l'eau du robinet* ● *de la pâte à modeler*

Déroulement de l'expérience
Préparez trois pots à confiture: enveloppez-en un de papier aluminium et peignez un autre en noir mat. Faites un trou dans les couvercles pour passer le thermomètre. Mettez la même quantité d'eau à la même température dans chaque pot et placez-les en plein soleil. Prenez leur température toutes les trois minutes (entre deux mesures, bouchez les trous avec de la pâte à modeler). Quel pot se réchauffe le plus vite? Le pot noir devrait être le plus chaud et le pot métallisé le moins chaud.

Les surfaces foncées absorbant et perdant de la chaleur rapidement, le pot noir peut se refroidir par son côté à l'ombre aussi vite qu'il se réchauffe par l'autre. Un papier collé côté ombre réduira ces pertes.

FORCES ET MOUVEMENTS

FORCE ET MOUVEMENT SONT DEUX CONCEPTS essentiels de la science. Sans les forces, rien ne se passerait dans l'univers. Sans mouvement, l'univers cesserait d'exister. La *dynamique*, qui est l'étude des mouvements des objets sous l'action de forces, réunit ces deux notions.

Galilée a été le premier à comprendre que la gravité accélère de la même façon tous les objets qui tombent. La légende dit qu'il montra cela en lâchant deux billes de métal de masses différentes du haut de la tour de Pise.

Parmi les nombreuses réussites scientifiques du XVIIe siècle, aucune n'est aussi importante que la nouvelle interprétation du mouvement. Les philosophes de la Grèce ancienne savaient beaucoup de choses sur la *statique*, c'est-à-dire sur les objets immobiles, mais pour le mouvement, c'était une autre affaire. Une question du genre « pourquoi une flèche vole dans l'air ? » déroutait complètement les lettrés. Ils pouvaient évaluer la force de l'arc qui lançait la flèche, comme ils pouvaient saisir que la charrue bougeait quand les bœufs la tiraient. Mais ce qu'ils ne pouvaient comprendre, c'est comment la flèche continuait à voler alors qu'il n'y avait rien pour la maintenir en mouvement.

Faire de la bicyclette est une démonstration des lois du mouvement de Newton.

■ Galilée

Une raison pour laquelle ces savants avaient tant de mal à comprendre le mouvement est qu'ils ne disposaient pas d'horloges précises. Sans une bonne horloge, en effet, les positions successives d'un objet ne peuvent être repérées avec précision, et les observations exactes des mouvements sont difficiles. Mais un jour de 1583, le remarquable savant italien Galilée (1564-1642) – alors jeune étudiant en médecine – était assis dans une église quand son regard fut attiré par la corde d'une cloche qui se balançait. Galilée se mit à chronométrer de tels pendules en prenant son pouls et comprit que ces battements réguliers pouvaient servir à mesurer le temps. Plus tard, il conçut une horloge à balancier qui fut réalisée, après sa mort, par son fils.

Pendant le demi-siècle suivant, Galilée fit des expériences et des observations qui posèrent les fondements de la dynamique. Ses idées furent publiées en 1638 dans ses *Discours concernant deux sciences nouvelles* (l'autre était la résistance des matériaux), un des livres de science les plus importants jamais écrits.

Une de ses intuitions les plus importantes concernait la nature de l'accélération. Galilée fit la distinction essentielle entre l'accélération et la vitesse, ou plutôt le *vecteur-vitesse*. On confond souvent les deux, mais il y a une différence. La direction du mouvement n'a pas d'importance pour la vitesse. La vitesse d'une voiture mesure simplement sa rapidité, en kilomètres par heure, et la direction n'a pas d'importance. Les scientifiques disent d'une telle grandeur qu'elle est *scalaire*. Le vecteur-vitesse, par contre, est une grandeur *vectorielle*, ce qui signifie qu'en plus de la vitesse vous connaissez la direction. C'est important, car les forces agissent toujours dans une direction particulière.

Newton a montré que le gyroscope et tous les objets en rotation ont une quantité de mouvement, comme ceux qui se déplacent en ligne droite.

■ L'accélération

Comme la vitesse, l'accélération est un vecteur; c'est tout simplement un changement du vecteur- vitesse. Après une série d'expériences – en particulier des boules descendant des plans inclinés – Galilée conclut que les forces agissent sur l'accélération et non pas sur la vitesse. En d'autres termes, tirer ou pousser accélère les objets mais n'a pas d'effet direct sur la vitesse. Si cela vous surprend, imaginez deux fusées dans l'espace, l'une rapide, l'autre lente. Si vous leur donnez une poussée identique, chacune va accélérer de la même façon, mais l'une d'elles sera toujours plus rapide que l'autre.

La plupart des idées de Galilée sur les forces et les accélérations sont venues de l'observation d'objets roulant sur des plans inclinés. Cela reste aujourd'hui une très bonne façon de faire des expériences sur l'accélération (p. 65).

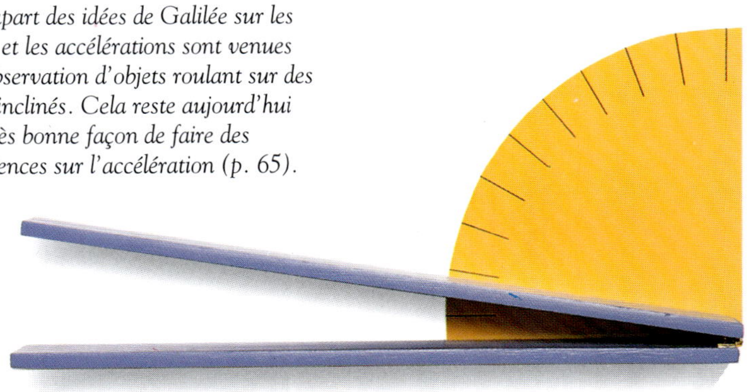

Galilée montra aussi qu'en l'absence de force, le vecteur-vitesse reste le même – répondant ainsi à la question de la flèche qui vole à travers l'air, même après avoir quitté l'arc. En fait, elle retombe au sol sous l'influence d'une force particulière, la *gravitation*. C'est le *principe d'inertie* (p. 58). Galilée montra encore qu'il n'y a pas de réelle différence entre un objet qui se déplace à vitesse constante et un objet immobile. Seule l'accélération compte.

Si vous vous enfermez avec un aquarium dans une cabine sous le pont d'un bateau qui navigue, disait Galilée, vous verrez des poissons nager dans un aquarium, dans toutes les directions, aussi facilement que lorsque le bateau est à quai. Pour les poissons, le mouvement du bateau n'a aucune importance. De même, quand nous marchons, nous ne nous rendons pas compte que le sol sous nos pieds fait partie d'une planète qui gravite autour du Soleil à la vitesse moyenne de 100 000 km/h! Quelque trois siècles plus tard, Albert Einstein développera cette idée, appelée *relativité galiléenne*, dans sa théorie de la relativité restreinte.

A quelle vitesse ?

D'autres expériences avec des pendules qui se balancent conduisirent Galilée à une deuxième découverte importante sur les forces et les mouvements. L'accélération d'un objet dépend de la grandeur de la force et de la masse de l'objet: une force importante accélère beaucoup un objet léger; une petite force accélère peu un objet lourd.

Les idées de Galilée avaient fait faire des pas de géant dans la compréhension des forces et des mouvements; ce fut Isaac Newton (1642-1727) qui rassembla ces idées et posa les bases de la dynamique. Dans son livre remarquable, *Les Principes mathématiques de la philosophie naturelle* (publié en 1684), il établit trois importantes «lois du mouvement» (p. 62).

Les grues, rendent le travail plus facile. En appliquant une force à un endroit déterminé, on en compense une autre.

Les fusées sont une application de la troisième loi de Newton (p. 62-63).

Les lois de Newton

Les deux premières lois correspondent aux intuitions de Galilée. D'abord, un objet n'accélère (ou ne décélère) que si une force lui est appliquée. Ensuite, l'accélération dépend de la grandeur de la force et de la masse de l'objet (p. 19). Dans sa troisième loi, Newton établit que chaque fois qu'une force pousse ou tire quelque chose, cette chose doit pousser ou tirer en retour dans la direction opposée; c'est pour cela, par exemple, qu'un fusil recule violemment quand on tire (p. 62-63). Les trois lois de Newton donnaient aux scientifiques une vision claire et efficace de la façon dont force et mouvement sont liés, ainsi qu'une manière de les analyser mathématiquement. En effet, associées aux découvertes de Newton sur la nature de la gravité, elles semblaient rendre compte de tous les mouvements, grands ou petits, dans l'univers, depuis les vibrations du plus minuscule atome jusqu'au mouvement des planètes et des étoiles. Des calculs basés sur les lois de Newton permettent aux ingénieurs de construire des ponts qui tiennent et aux chercheurs de guider leurs sondes spatiales à des milliards de kilomètres dans l'espace.

Les pesons à ressort permettent de mesurer facilement et précisément des forces.

Jusqu'au début du siècle, les lois de Newton paraissaient inattaquables et, pour les problèmes de tous les jours, elles marchent toujours très bien. Mais, dans les années 1920, les physiciens commencèrent à explorer de plus en plus profond le cœur des atomes (p. 15) et ils en apprirent de plus en plus sur la nature de la lumière, de l'électricité et du magnétisme (p. 79). Alors, ils s'aperçurent que les lois de Newton ne marchaient pas si bien que cela.

Une balle de base-ball continue sa course même quand elle a quitté la batte, parce que l'impact de la batte lui a communiqué une quantité de mouvement – un concept que Galilée a mis en évidence au XVIIe siècle.

La mécanique quantique

A l'intérieur de l'atome, les mouvements et les interactions des particules semblent obéir à des lois tout à fait différentes. Aussi, pour décrire le mouvement de particules subatomiques, comme le mouvement des électrons autour d'un noyau, des chercheurs comme Werner Heisenberg (1901-1976), Erwin Schrödinger (1887-1961) et Paul Dirac (1902-1984) développèrent le concept de *mécanique quantique*. Si la mécanique quantique n'explique pas pourquoi les particules subatomiques se déplacent comme elles le font, elle donne aux physiciens un outil mathématique pour décrire ces mouvements et leur évolution. De nos jours, les physiciens utilisent les lois de Newton pour la plupart des calculs sur les forces et les mouvements, mais ils se servent de la mécanique quantique quand ils travaillent sur les particules subatomiques.

La force explosive de la poudre dans un feu d'artifice accélère les éclats incandescents dans toutes les directions.

S'arrêter et démarrer

SI VOUS POSEZ CE LIVRE sur une table, il ne bougera pas tant que personne ne le déplacera. Cela paraît évident, mais c'est une des lois physiques les plus importantes. Tous les objets dans l'univers ont une *inertie*, c'est-à-dire qu'ils ne bougent pas tant que rien ne les y oblige. Ainsi, si un objet se met en mouvement, vous pouvez être sûr qu'il y a quelque chose qui le pousse, ou qui le tire. De la même façon, bien que ce soit moins évident, un objet en mouvement continue pour toujours ce mouvement, avec la même vitesse et dans la même direction, sauf, bien sûr, si quelque chose le pousse ou le tire, l'obligeant à ralentir ou à accélérer. On appelle cela la *quantité de mouvement*. S'il vous est arrivé d'être frappé par une balle, vous avez senti ce qu'est la quantité de mouvement. En fait, les lois de l'inertie ou de la quantité de mouvement signifient toutes les deux qu'en l'absence de force, un mouvement n'est pas modifié. Pour vaincre l'inertie d'un objet (p. 19) ou pour faire varier sa quantité de mouvement, une force est nécessaire.

Accident!
Les voitures sont lourdes et vont vite. Elles ont de grandes quantités de mouvement, suffisantes pour plier l'acier lors d'un accident. Les passagers ont aussi une quantité de mouvement: c'est pourquoi ils doivent avoir des ceintures de sécurité.

■ DÉCOUVERTE ■

Isaac Newton

L'œuvre de Newton
Son ouvrage Les Principes mathématiques de la philosophie naturelle *(1687) est considéré par beaucoup comme le livre scientifique le plus important jamais écrit. Malgré les controverses que ses travaux avaient soulevées, il fut fait chevalier en 1708. Il mourut en 1727*

Né en 1643 dans une famille de fermiers du Lincolnshire, en Angleterre, Sir Isaac Newton fut l'un des plus grands savants de tous les temps. Ses idées et ses découvertes en physique, mathématiques et astronomie ont été à l'origine de la science moderne. C'est Newton qui inventa le calcul infinitésimal. Pendant la Grande Peste de 1665, alors qu'il était chez lui, il fit de grandes découvertes sur la nature de la couleur et de la lumière (p. 94). Pourtant, ses travaux sur la gravité et le mouvement sont ses plus grandes réussites. Ses trois lois du mouvement (p. 62) sont encore utilisées par les scientifiques pour comprendre le mouvement de toute chose, du plus petit atome aux plus grandes planètes. On raconte que ses idées sur la gravité lui ont été inspirées par une pomme tombant d'un arbre, mais il n'est pas certain que cela soit vrai.

EXPÉRIENCE

Vaincre l'inertie

Les pesons à ressort sont des instruments simples pour mesurer des forces. Bien qu'ils soient destinés à peser des objets, ils peuvent mesurer des forces dans toutes les directions. Vous pouvez utiliser le même principe pour fabriquer un dynamomètre à élastique et évaluer la force nécessaire pour surmonter l'inertie d'une petite voiture, pour la faire démarrer, la maintenir en mouvement ou l'accélérer. Vous constaterez qu'il faut une force plus grande pour la faire démarrer que pour la maintenir en mouvement. Si vous voulez, vous pouvez calibrer votre appareil en repérant l'allongement de l'élastique quand on lui suspend des poids différents.

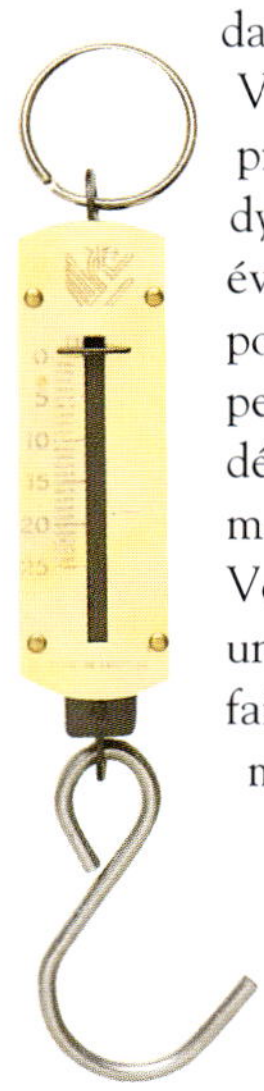

Le peson à ressort
Un dynamomètre simple: plus la force est grande, plus le ressort s'étire.

IL VOUS FAUT
● *une planchette de balsa* ● *un élastique* ● *un bristol* ● *des crochets* ● *des perles (rondes et plates)* ● *des punaises* ● *une ficelle* ● *un crayon et une règle* ● *un bristol gradué* ● *une petite voiture*

Mise en place
Ouvrez une pince à linge et maintenez-la ainsi en l'attachant avec un fil. Placez deux crayons contre la pince en les alignant avec une règle.

EXPÉRIENCE

Masse et mouvement

Une pince à linge projetant deux crayons permet de montrer comment la masse, la force et le mouvement sont liés. Vous allez évaluer la force nécessaire pour vaincre l'inertie des crayons en mesurant la distance à laquelle ils sont projetés. Des crayons identiques seront envoyés à la même distance. Des crayons de tailles et de masses différentes iront à des distances différentes.

Mise à feu
Brûlez le fil de coton. Le ressort expédie les crayons à travers la table. Marquez les endroits atteints et essayez des crayons différents.

1 FIXEZ SOLIDEMENT L'ÉLASTIQUE à une extrémité du balsa avec la punaise. Attachez-lui la ficelle avec un petit nœud qui puisse coulisser dans les crochets.

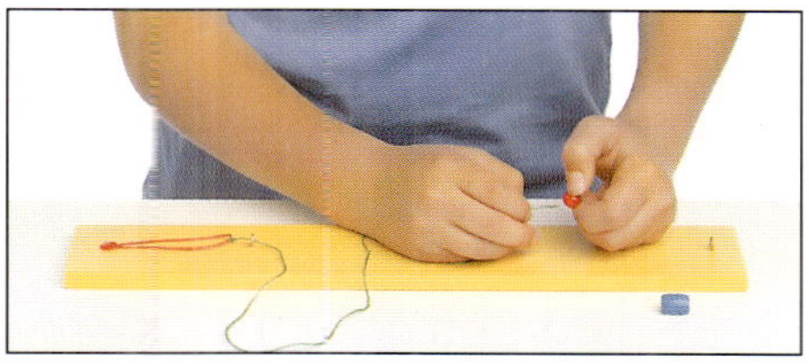

2 VISSEZ LES CROCHETS dans le balsa. Passez la ficelle dans un des crochets, enfilez la perle ronde, puis la perle plate, et passez dans l'autre crochet.

3 COLLEZ LA PERLE RONDE au fil et tendez l'élastique pour qu'il soit droit. Collez la graduation sur le balsa en mettant le zéro là où se trouve la perle ronde.

4 ATTACHEZ LA FICELLE à un jouet à roulettes un peu lourd, sur une table lisse. Tenez votre dynamomètre par le balsa et tirez doucement jusqu'au démarrage du jouet. Notez l'indication maximale de la perle plate sur la graduation. C'est la force nécessaire pour vaincre l'inertie du jouet.

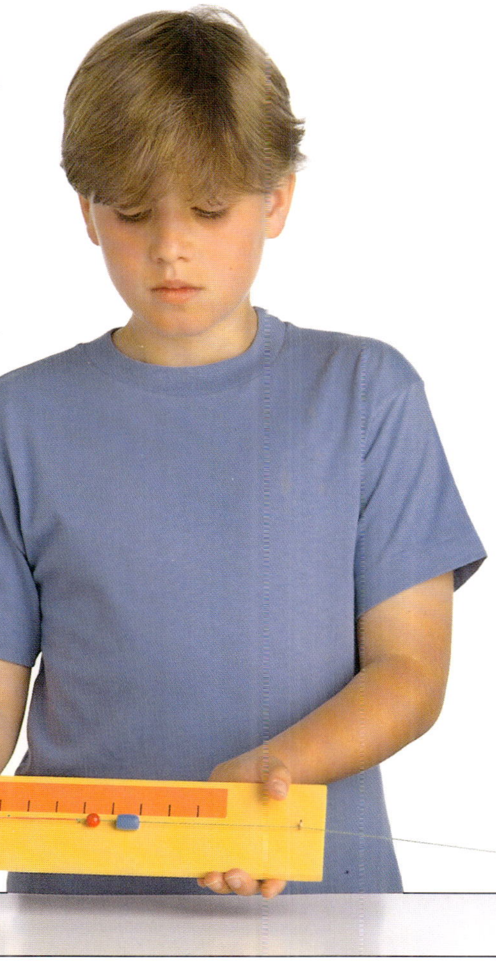

5 REMETTEZ LA PERLE face au zéro et tenez-la pendant le démarrage du jouet. Quand il roule à vitesse constante, lâchez la perle et continuez à tirer le jouet à la même vitesse. La force doit être beaucoup plus faible que celle qu'il a fallu pour le faire démarrer. Recommencez en essayant d'accélérer la voiture. La force sera encore plus forte.

Le frottement

PUISQU'UN OBJET EN MOUVEMENT continue sur sa lancée à vitesse constante, sauf si une force le ralentit, pourquoi ne continue-t-il pas pour toujours? Pourquoi, lorsque vous lancez une balle, ne vole-t-elle pas indéfiniment? Précisément parce qu'il y a des forces qui la ralentissent. L'une est la gravité, qui l'attire vers le sol; l'autre est le *frottement*. Le frottement est la force entre deux objets qui se touchent. Quand deux solides frottent l'un sur l'autre, des aspérités microscopiques sur chacune des surfaces s'accrochent. Quand une balle vole dans l'air, les frottements sont dus aux incessantes collisions avec les molécules d'air. En général, les frottements sur un objet se traduisent par un échauffement, car une partie de l'énergie cinétique de l'objet (p. 44) se transforme en chaleur. Frottez vos mains très fort l'une contre l'autre et vous en serez persuadé.

Roulements à billes
Les roulements à billes réduisent les frottements au minimum, car leur surfaces rondes et lisses roulent les unes sur les autres au lieu de frotter, surtout quand elles sont lubrifiées.

EXPÉRIENCE

Coussin d'air

Le frottement entre deux solides peut être diminué en les séparant par un *lubrifiant*. Dans les moteurs de voiture, le lubrifiant est l'huile, qui forme une fine pellicule entre les pièces mobiles pour qu'elles glissent facilement l'une sur l'autre. Vous pouvez fabriquer un véritable «hovercraft» avec un ballon, qui vous montrera qu'un coussin d'air agit comme un lubrifiant et diminue les frottements.

IL VOUS FAUT
- *un gros ballon*
- *une bouteille en plastique*
- *une chignole*

1 DÉCOUPEZ le haut de la bouteille. Vérifiez que le bord est bien plat. Faites un petit trou dans le bouchon.

2 GONFLEZ bien le ballon et, en le pinçant pour empêcher l'air de sortir, adaptez son ouverture au goulot.

3 QUAND LE BALLON est bien fixé, lâchez-le. Aussitôt, l'air du ballon s'engouffre dans le goulot de la bouteille, créant un coussin d'air qui le soulève au-dessus de la table. Poussez doucement votre «hovercraft», il glissera sur la table.

Les freins

Sans frottements, les voitures ne pourraient ni s'arrêter ni démarrer. Les frottements empêchent les roues de patiner sur la route. Quand le chauffeur freine, les frottements entre les freins et les roues, puis entre les roues et la route ralentissent la voiture.

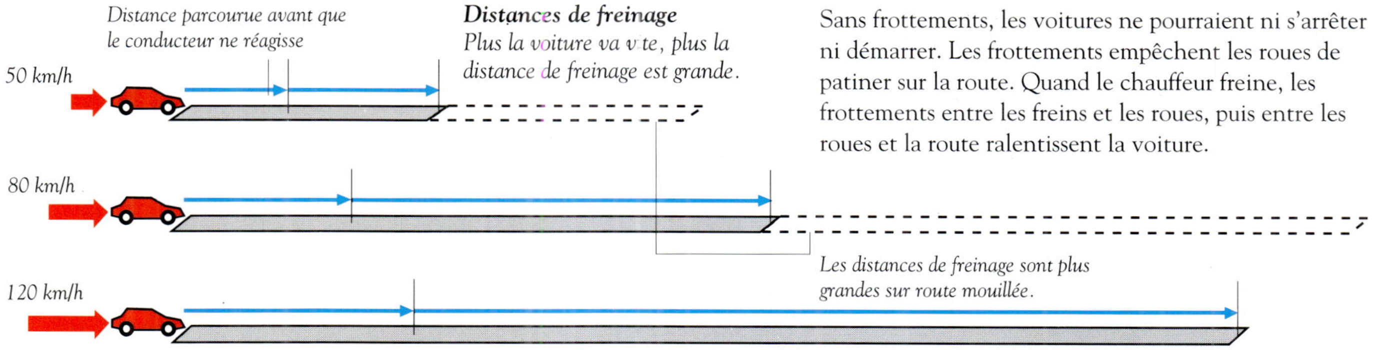

EXPÉRIENCE

Rampe d'essai

Étudiez les frottements de différentes surfaces avec cette rampe mobile.

Il Vous Faut

● *du bristol* ● *un crayon* ● *un rapporteur* ● *une règle* ● *un couteau* ● *un morceau de bois* ● *deux morceaux de balsa ou de contre-plaqué* ● *une charnière et des vis* ● *un tournevis* ● *des punaises* ● *des surfaces à tester*

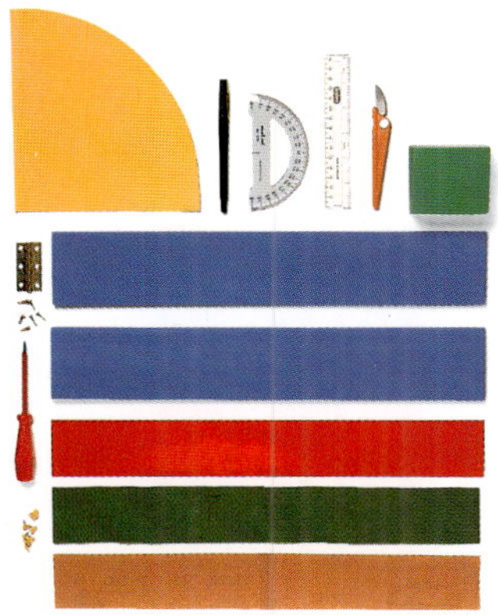

1 Vissez les deux planchettes sur la charnière pour faire une pente réglable. Si vous n'avez pas de charnière, vous pouvez clouer un petit morceau de tissu entre les deux morceaux de bois.

2 Avec le rapporteur, graduez le bristol et fixez-le avec des punaises sur la base, près de la charnière. Installez l'appareil sur une table pour les essais.

3 Placez le morceau de bois sur la rampe et inclinez-la jusqu'à ce que le bloc se mette à glisser. Notez l'angle correspondant. Essayez d'autres surfaces – feutre, plastique bien lisse, feuille de métal, papier de verre, etc. A quel angle le bloc commence à glisser avec ces matériaux? Puis essayez ensuite des lubrifiants comme l'eau ou l'huile.

L'action et la réaction

QUAND VOUS MARCHEZ, vous pensez peut-être que ce sont vos pieds qui travaillent, mais le sol travaille tout autant. Quand vos pieds poussent fort vers le bas, le sol pousse vers le haut avec *exactement la même force*. Si le sol poussait moins fort, votre pied s'enfoncerait comme il s'enfonce dans l'eau. Si le sol poussait plus fort, il vous enverrait dans les airs. En fait, chaque fois qu'un objet agit sur un autre avec une certaine force, le second agit sur le premier avec une force exactement égale et opposée. Quand une voiture avance, les pneus poussent la route vers l'arrière, et la route pousse les pneus vers l'avant. Quand vous poussez l'eau avec vos jambes et vos bras pour nager, l'eau réagit en vous repoussant avec la même force. Pour chaque action, il y a une réaction égale et opposée: c'est la troisième loi de Newton.

Les lois du mouvement

En 1665, Isaac Newton énonça trois lois sur le mouvement des objets qui sont encore, dans la plupart des cas, vraies aujourd'hui. Sa première loi concerne l'*inertie*. Elle dit essentiellement qu'un objet commence à bouger seulement si une force lui est appliquée; son mouvement continuera à la même vitesse et dans la même direction si aucune autre force ne lui est appliquée. Sa deuxième loi dit que la *variation de vitesse* d'un objet en mouvement dépend de sa masse (p. 19) et de l'intensité de la force. Sa troisième loi concerne *l'action et la réaction*, qui est décrite plus haut.

Prêts?… Poussez!
Vous pouvez vérifier la troisième loi de Newton avec cette expérience. Il faut un sol lisse, des patins à roulettes et un ami. Faites-vous face en mettant vos mains comme sur la photo. Repoussez votre ami doucement, en restant aussi raide que vous le pouvez. Si vous avez le même poids, vous constaterez qu'au lieu de pousser votre ami vous roulez tous deux en arrière de la même façon. Si vous êtes plus lourd, votre ami recule plus; si vous êtes plus léger, c'est vous qui reculez davantage.

La propulsion par fusée

Quand une fusée décolle, elle est propulsée vers l'avant par les gaz chauds qu'elle éjecte vers l'arrière. Dans l'espace, la fusée est propulsée par l'action et la réaction : la réaction s'exerce entre la fusée et les gaz violemment chassés vers l'arrière – ce qui projette la fusée vers l'avant.

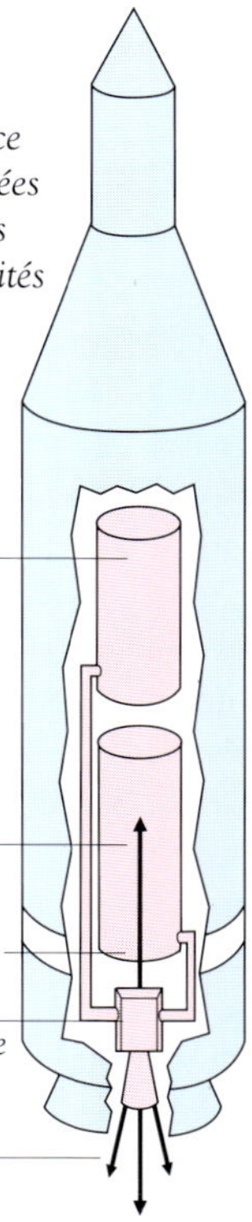

Une fusée
Des fusées de ce type sont utilisées pour lancer des satellites inhabités dans l'espace.

EXPÉRIENCE

Une fusée à eau

Une fusée est propulsée par l'action et la réaction entre le corps de la fusée et le carburant qui brûle, et non par le carburant lui-même. Cette fusée à eau fonctionne selon le même principe; elle est propulsée par la réaction entre l'eau et l'air que vous comprimez dans la bouteille. Cela marcherait aussi sans eau, mais l'eau permet d'obtenir une poussée plus forte.

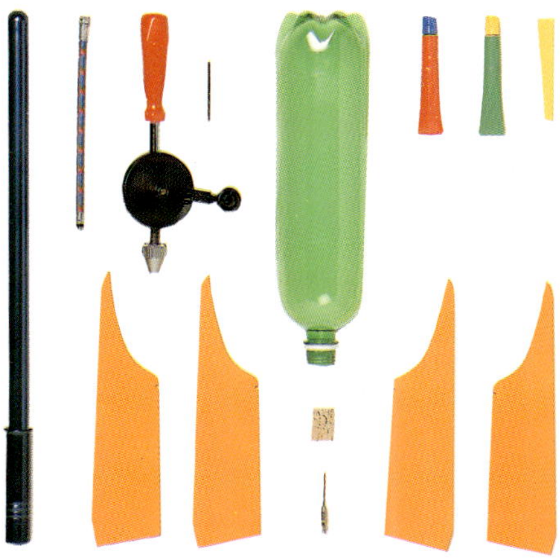

IL VOUS FAUT

● *une pompe de bicyclette* ● *une valve pour gonfler les ballons de basket* ● *une chignole* ● *une bouteille en plastique* ● *une colle forte de type époxy (pas du néoprène, qui dissout le plastique)* ● *des ailerons en balsa* ● *un bouchon*

1 PERCEZ UN TROU dans le bouchon pour y placer la valve de façon bien étanche. Poussez la valve par son bout le plus large. Attention aux doigts.

2 Découpez les ailerons dans le balsa, collez-les à la fusée et laissez sécher. Les ailerons feront tenir la fusée pendant que vous allez pomper et ils la feront voler droit.

3 REMPLISSEZ D'EAU le quart de la bouteille, enfoncez le bouchon et adaptez-y la pompe. Emportez votre fusée dehors, aussi loin que possible des immeubles et des fils électriques. «Gonflez» la fusée avec la pompe en vous tenant à distance. La pression de l'air va augmenter jusqu'à ce que le bouchon saute et alors... ÇA DÉCOLLE!

Les chocs

Une table de billard illustre bien les lois de Newton sur le mouvement. Une boule de billard a une quantité de mouvement qui dépend de sa masse et de la vitesse que lui a communiquée la queue de billard. Quand la boule en heurte une autre, immobile, la loi de l'action et de la réaction implique que les deux boules se repoussent avec des forces égales et de directions opposées. Le résultat est que la boule en mouvement perd de sa quantité de mouvement et que la boule immobile en gagne exactement autant. Si l'on considère l'ensemble des deux boules, il n'y a pas de variation de quantité de mouvement ou, en d'autres termes, la quantité de mouvement totale après le choc est la même qu'avant. Cela est vrai pour tous les chocs et s'appelle la *conservation de la quantité de mouvement.*

L'accélération

PEU DE MOBILES se déplacent à vitesse constante très longtemps. Les voitures, les avions, les bicyclettes et les personnes, tous finissent par accélérer ou ralentir. De fait, presque tous les objets dans l'univers accélèrent ou ralentissent, mais cette variation de vitesse dépend de deux facteurs: la masse de l'objet et l'intensité de la force qui le pousse ou le tire. Plus la force est grande et plus l'objet est léger, plus l'accélération est grande. C'est la deuxième loi de Newton (p. 62).

A quelle vitesse?
Les vitesses ordinaires, de celle d'un escargot à celle d'un jet supersonique, ne couvrent qu'une faible partie du «spectre des vitesses». Celui-ci va jusqu'à la vitesse de la lumière, que les scientifiques considèrent comme impossible à dépasser.

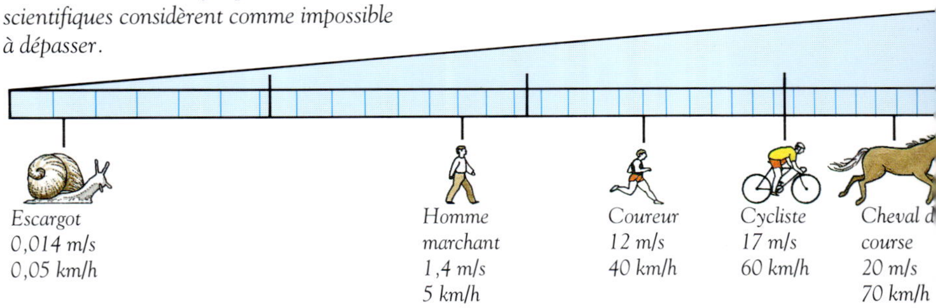

EXPÉRIENCE

Essais de vitesse

Pour montrer la différence entre la vitesse et l'accélération, faites ces tests avec un ami à vélo sur une route calme.

IL VOUS FAUT
- *un chronomètre*
- *des piquets plantés à 5 m d'intervalle*

1 Demandez à votre ami, initialement à l'arrêt, d'accélérer doucement et notez le temps de passage à chaque piquet.
2 Prenez les temps à chaque piquet en lui demandant d'accélérer très fort.
3 Faites de même en lui demandant de passer devant les piquets à vitesse constante.
4 Comparez les différents temps et calculez les vitesses et les accélérations.

Qu'est-ce que l'accélération?
Vous êtes sur une bicyclette et vous allez à 2 mètres par seconde (2 m/s). Vous prenez de la vitesse. Une seconde plus tard, vous allez à 3 m/s. Après une autre seconde, vous allez à 4 m/s. Vous gagnez 1 m/s à chaque seconde : votre accélération est 1 m/s par seconde ou 1 m/s/s.

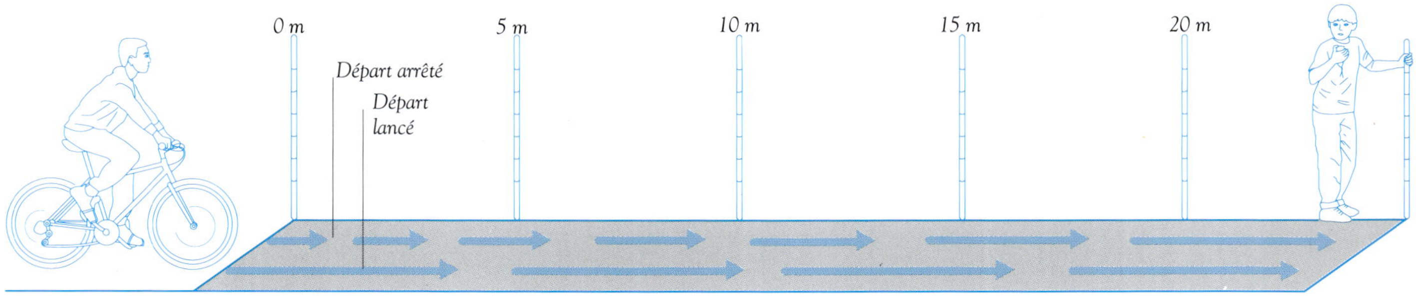

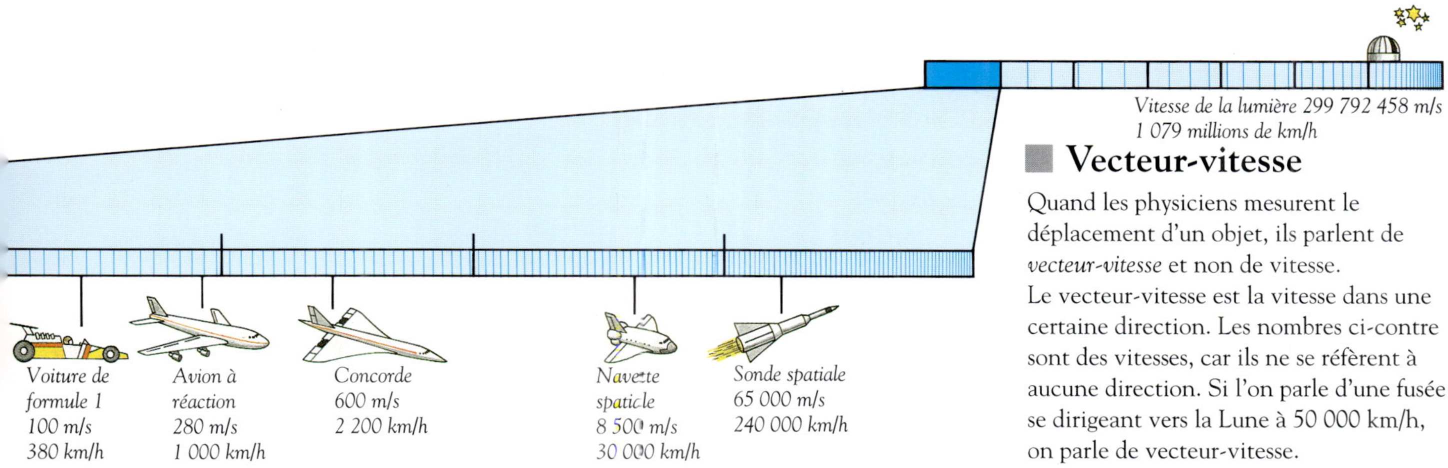

Vecteur-vitesse

Quand les physiciens mesurent le déplacement d'un objet, ils parlent de *vecteur-vitesse* et non de vitesse.
Le vecteur-vitesse est la vitesse dans une certaine direction. Les nombres ci-contre sont des vitesses, car ils ne se réfèrent à aucune direction. Si l'on parle d'une fusée se dirigeant vers la Lune à 50 000 km/h, on parle de vecteur-vitesse.

EXPÉRIENCE

Voir l'accélération

Accélérer signifie parcourir une distance plus grande dans un temps plus court. Vous pouvez le montrer avec un plan incliné réglable (p. 61) et un chariot-marqueur.

1 VOUS POUVEZ FIXER l'enregistreur sur un jouet à roues ou bien fabriquer le chariot. Vissez d'abord les bandes de bois au bloc pour lui faire des «jambes» et coupez la baguette pour faire les axes.

2 ENFILEZ LES BOBINES DE FIL sur les baguettes et mettez-les en place entre les jambes. Vérifiez que votre chariot roule droit et facilement. Coupez le haut de la bouteille de détergent et collez-le sur le chariot, l'ouverture en bas.

3 Mettez quelques gouttes d'encre dans la glycérine et versez dans le récipient. Faites un trou avec une épingle et réglez-le pour avoir environ 5 gouttes par seconde. Bouchez le trou avec de la pâte à modeler.

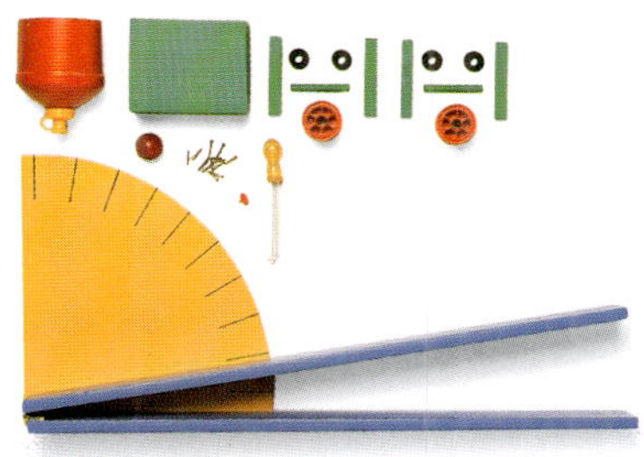

IL VOUS FAUT

- *la pente réglable (p.61)*

Pour le marqueur :

- *le haut d'une bouteille de produit à vaisselle* ● *de la glycérine* ● *de l'encre* ● *un compte-gouttes* ● *de la pâte à modeler* ● *une épingle*

Pour le chariot :

- *un bloc de bois* ● *des bandes de bois* ● *une fine baguette* ● *des vis* ● *une chignole* ● *des bobines de fil* ● *un tournevis*

4 POSEZ UNE BANDE DE PAPIER sur la pente réglable. Placez le chariot sur la pente, enlevez le morceau de pâte à modeler. Inclinez un peu la pente et laissez partir le chariot. Quand il arrive en bas, rebouchez le trou et posez une nouvelle bande de papier. Recommencez avec des angles différents.

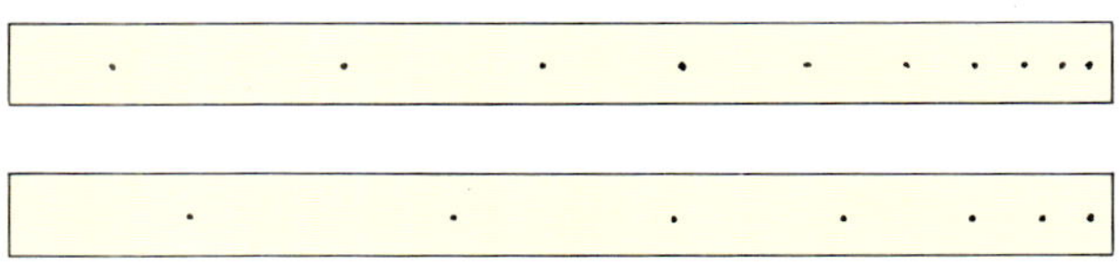

Enregistrements

Plus les gouttes sont espacées, plus le chariot va vite. Cela permet de voir l'accélération.

La gravité

QUAND VOUS FAITES TOMBER un objet, il accélère à mesure qu'il se rapproche du sol. Cette accélération est due à la *force de gravité*. C'est cette force qui vous maintient au sol et qui maintient la Lune en orbite autour de la Terre. On ne sait pas exactement comment agit la gravité, mais on sait que c'est une force d'attraction qui s'exerce sur la matière.

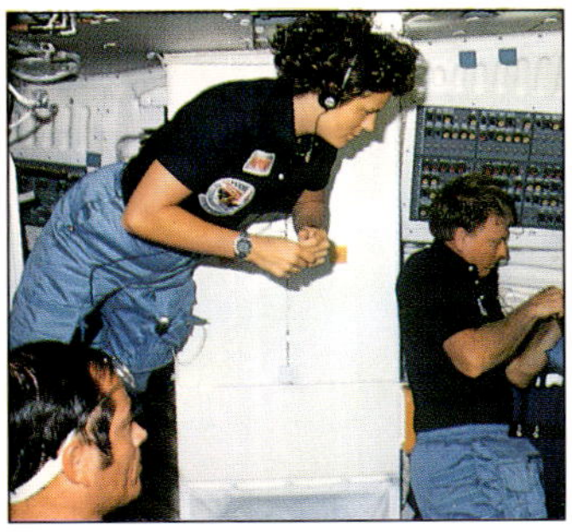

Ces astronautes semblent libérés de la gravité de la Terre parce qu'eux-mêmes et leur vaisseau sont en chute libre autour de la Terre.

N'importe quel objet dans l'univers, un atome ou une étoile, exerce sa propre gravitation sur les autres objets. L'intensité de cette attraction dépend de la masse : les gros objets exercent une force plus grande que les petits : l'attraction de la Terre est sensible, pas celle d'une brique...

Les parachutistes en chute libre peuvent réduire leur vitesse en écartant bras et jambes pour augmenter la résistance de l'air.

La chute libre

L'attraction terrestre accélère toute chose vers le bas avec l'«accélération de la chute libre» qui vaut 9,8 m/s/s. Mais, quand un objet tombe plus vite, le frottement de l'air augmente lui aussi. Il peut devenir si important qu'il équilibre exactement la force de gravité; alors, l'objet n'est plus accéléré. Il continue à tomber avec une vitesse constante, appelée *vitesse limite*.

DÉCOUVERTE

Galilée et la gravité

L'Italien Galilée (1564-1642) a sans doute été le premier savant moderne. Il inventa le télescope, observa les satellites de Jupiter et fit de nombreuses découvertes en astronomie et en physique. Il conçut des expériences pour montrer que la gravité crée une accélération constante et qu'elle fait tomber tous les objets en chute libre avec cette même accélération, quelle que soit leur masse. Mais ses idées le firent entrer en conflit avec l'Église catholique. Il fut assigné à résidence et dut renier tout son travail.

Elles tombent ensemble *Galilée observa que des boules de masses différentes lâchées de la tour de Pise tombent à la même vitesse.*

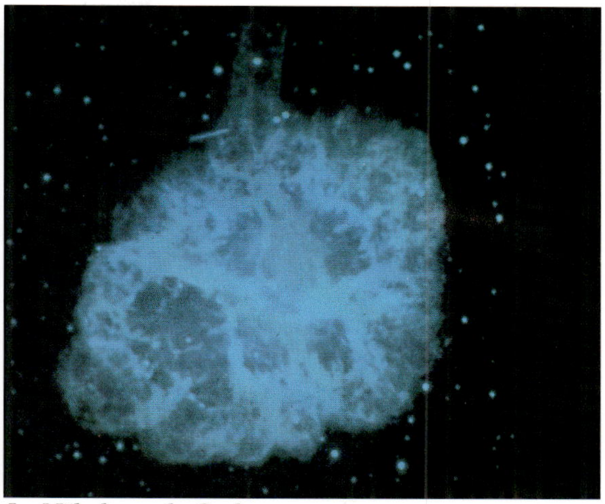

La Nébuleuse du Crabe
Le nuage de gaz de la Nébuleuse du Crabe est illuminé par un pulsar. Les pulsars sont des étoiles à neutrons si denses qu'elles tournent à des vitesses colossales – plus de 30 tours par seconde – en envoyant des éclairs ou des bouffées de radiations à la manière d'un phare.

La gravité dans l'univers

La gravité est une force très faible – même si ce n'est pas évident quand on grimpe un escalier. Elle n'est même pas assez forte pour rapprocher deux blocs de plomb placés côte à côte. Pourtant, dans l'espace, les forces de gravitation s'exercent sur de grandes distances et sont parfois si intenses que des choses bizarres se produisent. Lorsqu'une étoile, au bout de quelques millions d'années, a épuisé son combustible, elle s'effondre sous l'effet de sa propre gravité. Les plus petites étoiles deviennent des « naines blanches » ; les plus grosses explosent en « supernovas », dont le noyau hyperdense est une étoile à neutrons. En théorie, une étoile pourrait devenir si dense que rien, pas même la lumière, ne pourrait échapper à sa gravitation. C'est un « trou noir ».

Jupiter et ses lunes
La gigantesque planète Jupiter est 318 fois plus lourde que la Terre et son champ de gravitation très intense a capturé quatre grandes lunes, 10 plus petites, ainsi que des anneaux et des nuages de poussières. On voit ici les satellites Io et Europe.

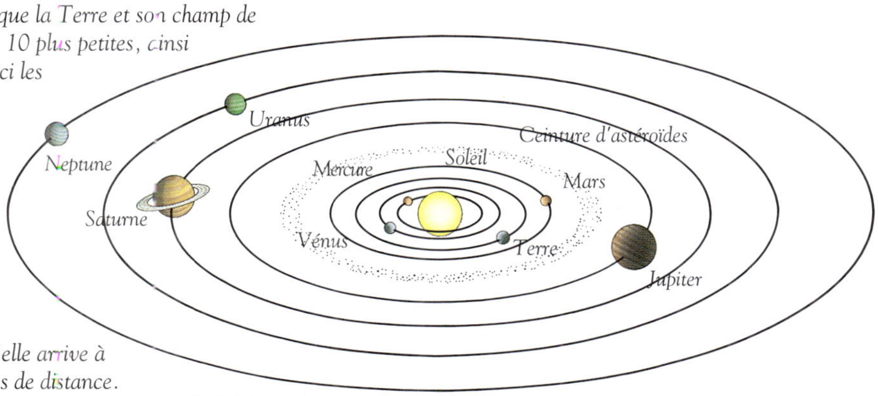

Le système solaire
L'énorme force de gravitation de notre étoile, le Soleil, maintient les neuf planètes qui constituent le système solaire, dont la Terre. Les planètes ont des vitesses qui compensent exactement l'attraction gravitationnelle du Soleil (p. 70), si bien qu'elles tournent sans fin sur une orbite autour du Soleil. La masse du Soleil est si grande – à peu près 2 millions de milliards de milliards de milliards de kilogrammes – qu'elle arrive à maintenir Pluton en orbite à 5,9 milliards de kilomètres de distance. Les satellites gravitent autour des planètes, et les vaisseaux spatiaux autour de la Terre de la même façon. Les satellites artificiels ne contredisent pas les lois de la gravité en tournant indéfiniment au-dessus de la Terre: leur vitesse est si grande que la gravité n'arrive pas à les rapprocher de la Terre.

La 9ᵉ et minuscule planète Pluton est si éloignée du Soleil qu'elle n'a pu être représentée ici.

Les forces de rotation

CHAQUE FORCE AGIT dans une direction particulière. La gravité tire toujours vers le bas, les balles de tennis partent toujours dans la direction où on les envoie, et ainsi de suite. Ainsi, les forces peuvent être représentées par des flèches rectilignes sur les schémas. Alors, pourquoi tant de choses tournent-elles? La réponse tient aux effets de la *rotation*. Si une force est appliquée à un objet dont un point est fixe (c'est l'*axe de rotation*), elle fait tourner l'objet autour de l'axe. Chaque fois que vous ouvrez une porte ou que vous dévissez un écrou avec une clé, vous utilisez les effets de la rotation. Pour la porte, l'axe est la charnière; pour la clé, c'est le boulon sur lequel est vissé l'écrou. L'efficacité d'une force de rotation dépend de sa distance à l'axe. La grandeur qui décrit cela est le *moment* de la force.

Équilibre d'une structure
Les forces de rotation de cette tribune de stade s'équilibrent de part et d'autre du support vertical: la structure appuie sur le support mais ne le tord pas: c'est un porte-à-faux.

Trouver le centre de gravité
Voici comment déterminer le centre de gravité (G) d'un objet plat. Suspendez-le à un axe pour qu'il pivote librement et suspendez au même axe un fil tendu par un poids. Tracez la direction du fil sur le carton. Recommencez avec deux autres axes. G est à l'intersection.

EXPÉRIENCE
Les leviers

Les leviers sont des moyens simples qui utilisent les moments pour multiplier l'efficacité de vos efforts. Plus une force est appliquée loin de l'axe de rotation, plus ses effets sont grands. Les leviers ont des applications innombrables, des ciseaux aux grues, mais ils sont tous d'un des trois types décrits ici.

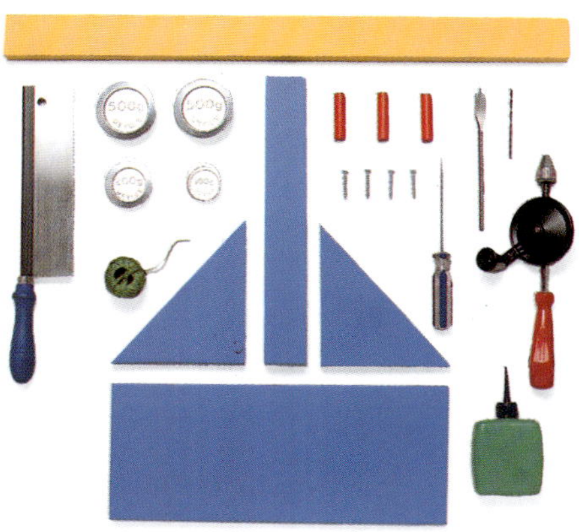

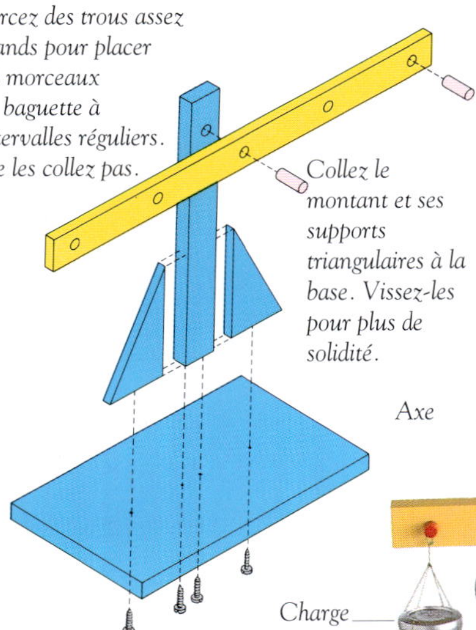

IL VOUS FAUT
- du bois découpé comme sur la photo
- une baguette
- des poids de balance
- de la ficelle
- des vis
- un tournevis
- une chignole
- de la colle à bois
- un peson à ressort

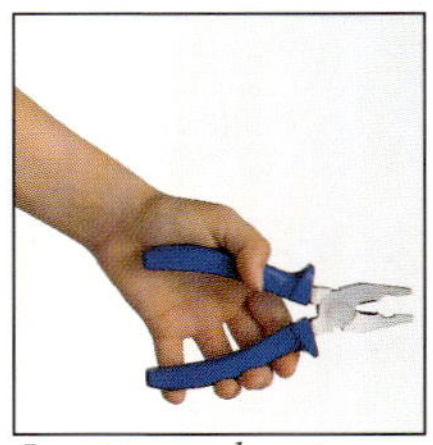

Les pinces, les ciseaux, les cisailles, les pieds de biche sont des leviers du premier type.

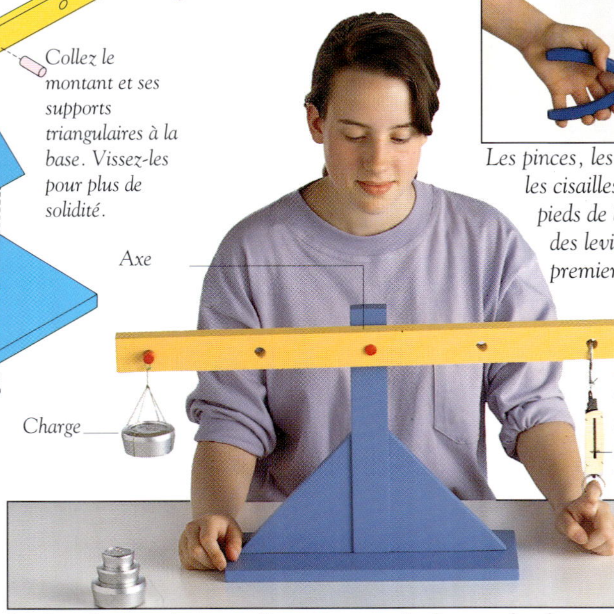

Leviers du premier type: l'axe est entre la force et la charge.
Quand la force et la charge sont à égale distance de l'axe, il n'y a pas d'effet de levier et la balance indique la masse réelle de la charge. Appliquer la force plus loin de l'axe, ou en rapprocher la charge, permet de diminuer la force.

EXPÉRIENCE

Le centre de gravité

Parce que la gravité s'exerce de la même façon sur chacun des atomes d'un objet, elle tire cet objet vers le bas comme si tout son poids était concentré en un seul point, le *centre de gravité*. Quand le centre de gravité n'est pas à l'aplomb de la base de l'objet, la base peut devenir un axe de rotation, et la gravité, une force de rotation: l'objet se renverse. C'est pour cela qu'une bouteille se renverse quand on la penche trop loin. Un objet ne peut être en équilibre que si son centre de gravité est au-dessus de sa base. Cette expérience vous montre comment déterminer le centre de gravité.

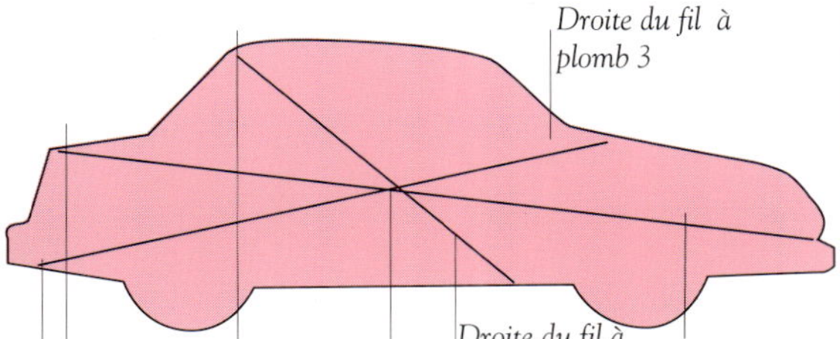

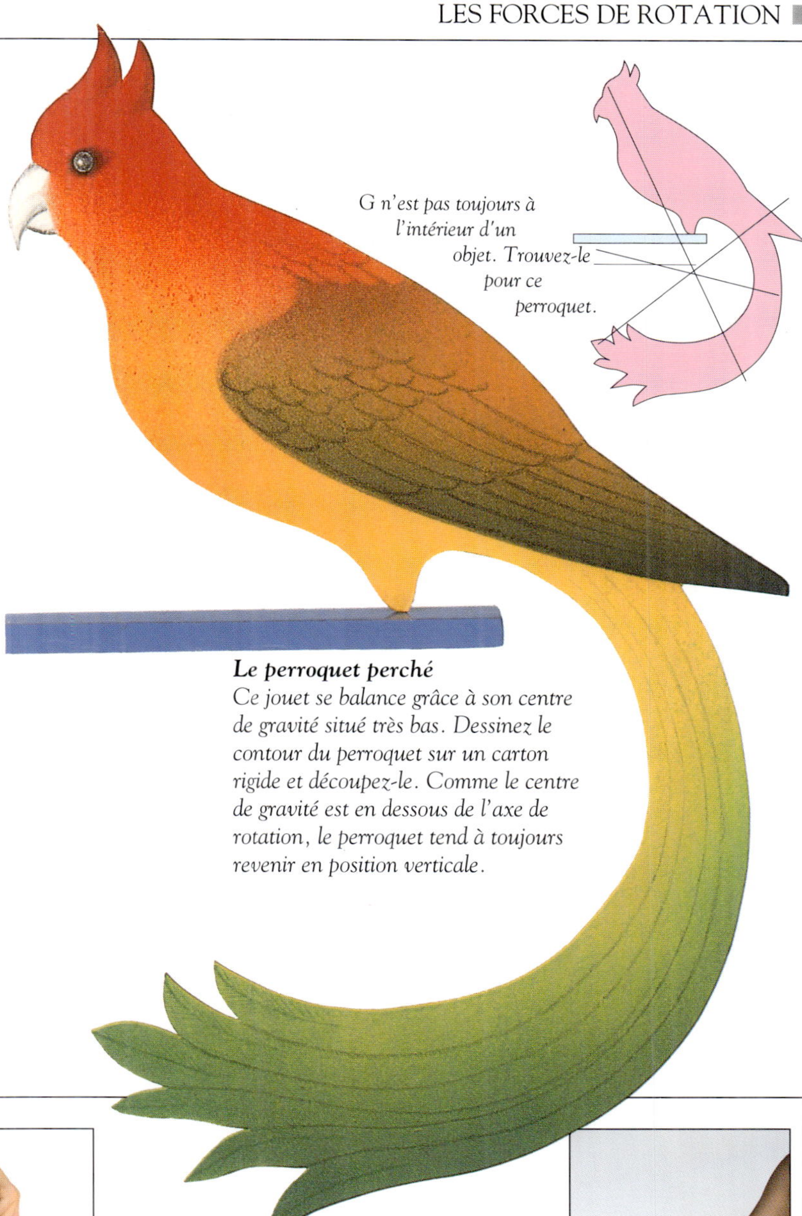

G n'est pas toujours à l'intérieur d'un objet. Trouvez-le pour ce perroquet.

Le perroquet perché
Ce jouet se balance grâce à son centre de gravité situé très bas. Dessinez le contour du perroquet sur un carton rigide et découpez-le. Comme le centre de gravité est en dessous de l'axe de rotation, le perroquet tend à toujours revenir en position verticale.

Les tournevis, les casse-noix et les brouettes sont des leviers du deuxième type.

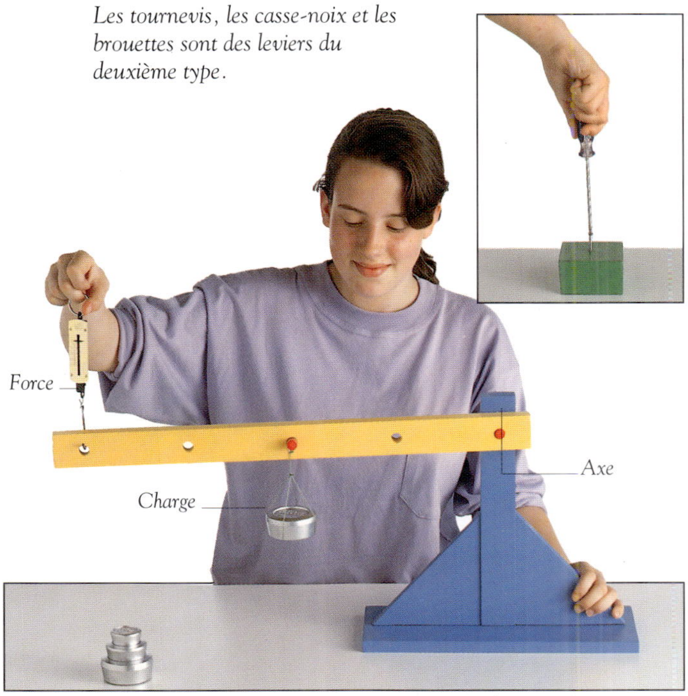

Leviers du deuxième type: la charge est entre la force et l'axe.
Bien qu'ici la charge, l'axe et la force soient séparés par des distances égales, la force est deux fois plus loin de l'axe que la charge, ce qui crée un effet de levier. Le peson à ressort indique une force plus faible.

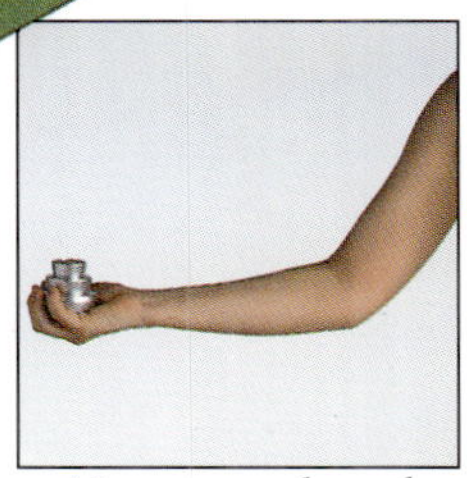

Votre avant-bras, les pinces à épiler et les pinces à sucre sont des leviers du troisième type.

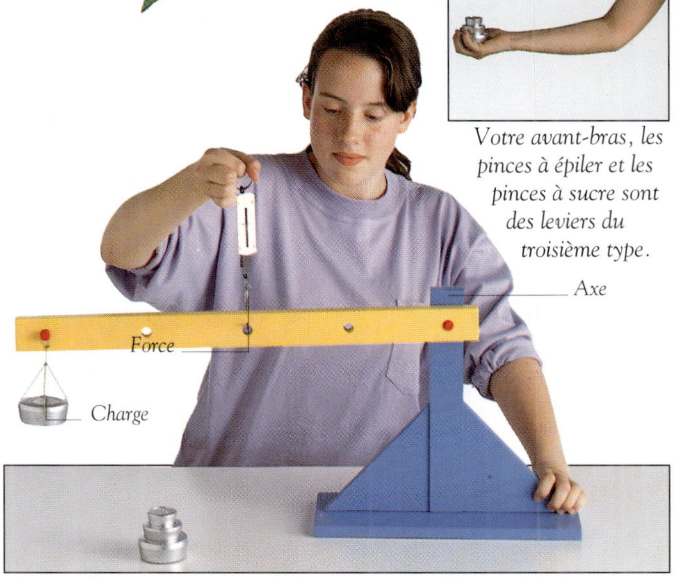

Leviers du troisième type: la force est entre l'axe et la charge.
Bien que la charge, la force et l'axe soient à des distances égales, la force est à mi-chemin entre la charge et l'axe, ce qui est défavorable. On utilise cette disposition dans les outils qui nécessitent une prise délicate.

Le mouvement circulaire

BEAUCOUP DE CHOSES ont un mouvement circulaire, les toupies, les roues, les ventilateurs, les disques, les hélices. Et pourtant, les forces agissent en ligne droite; comment ces objets peuvent-ils tourner? La réponse est qu'un objet qui tourne n'arrête pas de changer de direction. La force s'exerçant sur un objet en rotation agit toujours en ligne droite. Mais il y a aussi une autre force qui fait changer sa direction en le tirant vers le centre du cercle. C'est la *force centripète*. Elle peut être matérialisée par les rayons d'une roue de bicyclette, par exemple, ou être invisible, comme la gravité. Si la force centripète s'annule, il n'y a plus rien pour faire changer la direction de l'objet, et il part aussitôt en ligne droite. C'est pour cela que vous êtes projeté sur le côté quand une voiture tourne brusquement.

Ressentir le moment angulaire

Tout objet en rotation a un moment angulaire et résiste au changement de direction (voir ci-dessous à gauche). Comme un gyroscope, il va avoir un mouvement de précession (son axe va tourner) si vous le faites pivoter. Vous pouvez sentir à quel point cette force est grande en tenant une roue de bicyclette très fermement par son axe de rotation. Demandez à un ami de la faire tourner rapidement. Faites basculer l'axe lentement.

ATTENTION!

Les objets qui tournent peuvent être très dangereux. Ne faites cette expérience qu'en présence d'un adulte. *Quand la roue tourne, prenez bien soin de tenir fermement les extrémités de l'axe. Et ne vous prenez pas les doigts dans les rayons.*

EXPÉRIENCE

Les gyroscopes

De même qu'un objet en mouvement rectiligne a une quantité de mouvement et résiste au changement de direction (p. 58), un objet qui tourne a un *moment angulaire*. Il résiste, lui aussi, quand on essaie de l'orienter ou de l'arrêter.

Les gyroscopes, qui ressemblent à des toupies, utilisent ce phénomène. Il ont un lourd volant, monté dans un cadre pivotant. Le volant du gyroscope tend à rester toujours dans la même position quand vous bougez le cadre. S'il tourne assez vite, il a assez de moment angulaire pour résister à la gravité et refuse de basculer. Leur stabilité est telle que les avions, les bateaux et même les satellites utilisent des gyroscopes électriques pour le pilotage automatique. De même, les roues de bicyclette agissent comme des gyroscopes: la stabilité est meilleure si le vélo va vite. Si vous forcez un gyroscope à pivoter, il n'ira pas dans la direction où vous le poussez: il va tourner perpendiculairement à cette direction. On appelle cela la *précession*. Elle est due au fait que votre action change la direction du moment angulaire du gyroscope.

IL VOUS FAUT

- *une ficelle*
- *un gyroscope*

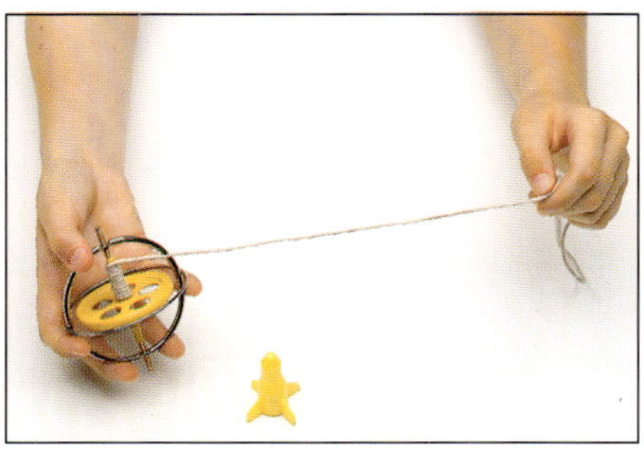

1 ENROULEZ LA FICELLE autour de l'axe, puis tirez brusquement pour mettre le volant en rotation.

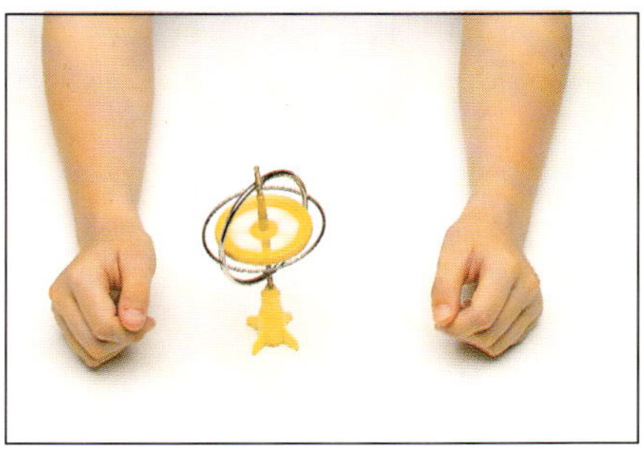

2 PLACEZ LE gyroscope sur son support et essayez de le pousser doucement dans différentes directions. Vous verrez qu'il garde toujours une grande stabilité.

EXPÉRIENCE
La force centripète

Un bouchon qui tourne au bout d'une ficelle est maintenu en mouvement circulaire par la *force centripète*, matérialisée par la tension du fil. Faites l'expérience suivante pour voir comment cette force varie avec la vitesse du bouchon.

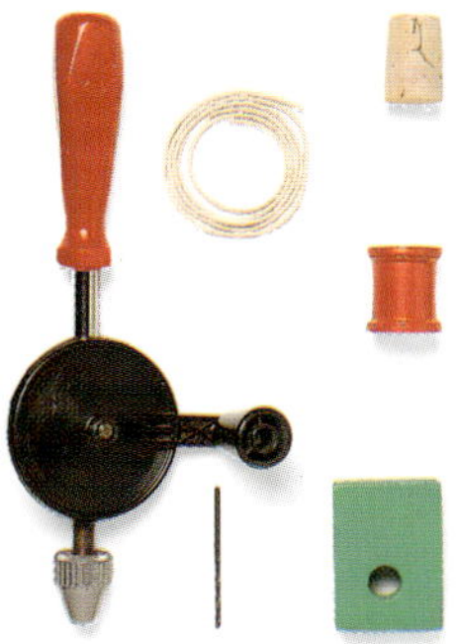

Il Vous Faut
- *une chignole*
- *une ficelle* ● *un bouchon* ● *une bobine de fil* ● *un morceau de bois ou un objet de masse comparable*

1 Percez un trou dans le bouchon. Attachez le bouchon à une extrémité. Enfilez l'autre extrémité dans la bobine, puis faites une boucle.

2 Attachez l'extrémité libre au morceau de bois à environ 40-50 cm du bouchon. Vérifiez que la ficelle coulisse librement dans la bobine.

Virage à moto

Une moto qui prend un virage est soumise à deux forces : son poids et la réaction de la route. Leur somme est la force centripète. Elle est plus grande si le pilote se penche, mais les frottements limitent cette inclinaison : si le pilote s'incline trop, il dérape.

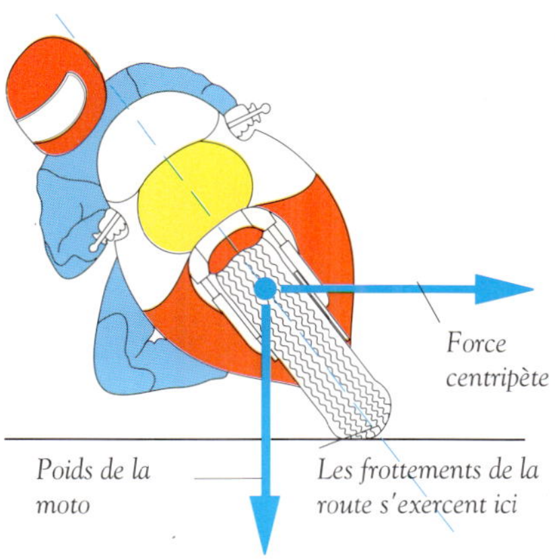

3 Tenez la bobine. Le morceau de bois étant en bas, faites tourner le bouchon d'abord lentement, puis de plus en plus vite. En faisant tourner le bouchon plus vite, vous augmentez la force centripète du mouvement circulaire. Cette augmentation se traduit par la montée de la masse de bois.

Engrenages et poulies

QUAND ON ESCALADE UNE PENTE À VÉLO, il est bien utile d'avoir des vitesses. Comme les leviers, les engrenages diminuent les forces et rendent le pédalage plus facile. Ils ne donnent pas plus de puissance, mais ils répartissent l'effort sur une plus grande distance: les pédales tournent plus vite à chaque tour de roue. A l'inverse, les engrenages peuvent aussi concentrer l'effort sur une petite distance. C'est ce qui se produit avec une roue de bicyclette qui est beaucoup plus grande que le pédalier. L'effort sur les pédales est plus grand, mais les roues vous emportent plus loin et plus vite. Les physiciens appellent *machines simples* les dispositifs qui modifient le rapport entre l'effort à fournir et la charge à déplacer. Les engrenages et les poulies sont d'autres machines simples.

EXPÉRIENCE

Rapport d'engrenages

Si les roues d'un engrenage sont de tailles différentes, l'une d'elles tourne plus vite, comme le montre cette expérience. Le nombre de tours de la roue motrice pour un tour de la roue menée s'appelle le *rapport d'engrenages*. Un rapport de 3:1 signifie que la roue entraînée ne tourne qu'une fois quand la roue motrice tourne 3 fois, mais elle a plus de force.

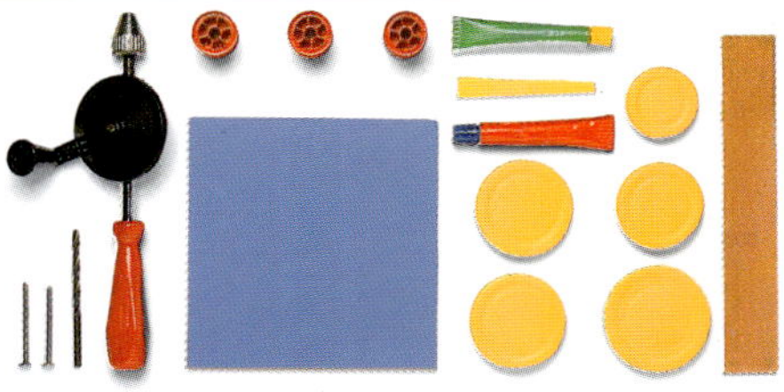

IL VOUS FAUT

● *des couvercles de tailles différentes* ● *des bobines de fil* ● *de la colle* ● *du bristol épais* ● *deux clous de 4 cm* ● *du papier de verre coupé en bandes destiné à être collé autour des couvercles et à les empêcher de glisser*

1 PLANTEZ LES DEUX CLOUS dans le bristol pour faire les axes des couvercles; l'un d'eux sera déplacé à chaque essai.

2 COLLEZ les bobines sous les couvercles et placez-les sur les clous. Les couvercles doivent se toucher.

Changement de vitesse
Recommencez avec d'autres paires de couvercles de tailles différentes.

3 FAITES TOURNER L'UN DES COUVERCLES, l'autre tourne aussi. Combien de tours fait chaque couvercle?

EXPÉRIENCE

Maquette de grue

Une machine grande et compliquée telle qu'une grue comporte plusieurs machines simples fonctionnant ensemble. Cette maquette comprend un système de poulies pour monter la flèche et la charge, et un engrenage démultiplicateur pour faire tourner la grue. Pour la réaliser, découpez les formes du diagramme ci-contre et de la photo ci-dessous, puis suivez les indications. Le balsa est plus facile à travailler, mais si vous utilisez du contre-plaqué fin, votre grue sera plus solide.

IL VOUS FAUT

● *du balsa* ● *une baguette* ● *un compas* ● *de la colle* ● *de la ficelle* ● *des bobines de fil* ● *des anneaux* ● *des punaises* ● *un élastique* ● *un crochet* ● *une perle de bois* ● *une chignole*

1 RÉALISEZ LE SOCLE et percez les trous pour les baguettes. Découpez la plaque tournante et le treuil d'après les patrons en jaune sur la page ci-contre.

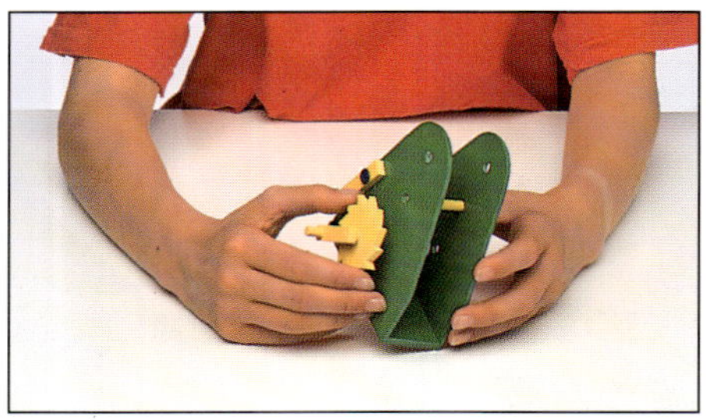

2 PERCEZ LES TROUS dans le cadre et collez la baguette. Enfilez la baguette du treuil dans une bobine.

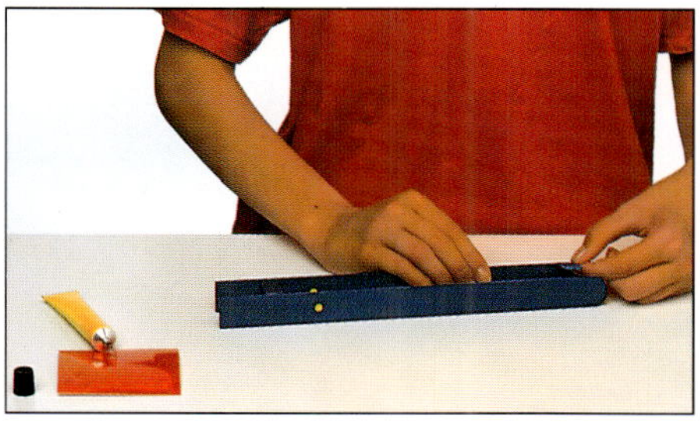

3 PERCEZ UN TROU sur les côtés de la flèche pour la rotule. Collez ensemble la flèche et les traverses en introduisant la tige pour la poulie avant dans la bobine.

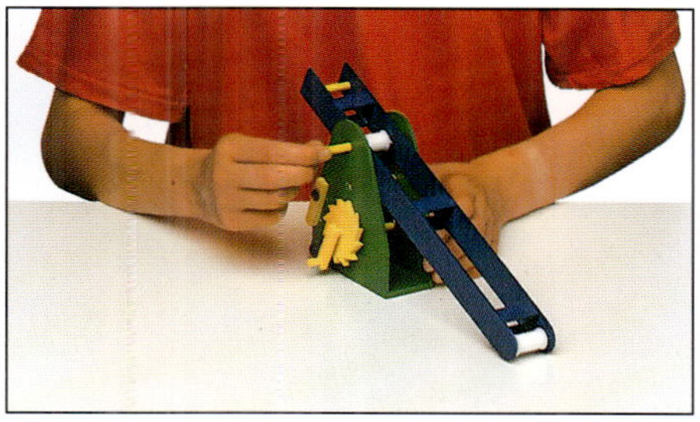

4 PLACEZ LA BAGUETTE sur laquelle pivote la flèche à travers le cadre et la bobine. Installez le treuil et la roue à cliquet comme indiqué ci-dessous.

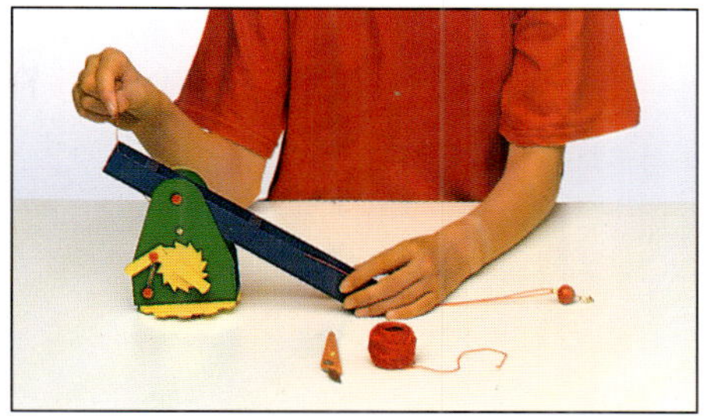

5 ATTACHEZ UN FIL à A et à la bobine B. Attachez un autre fil à C, faites-le passer sur D, sur E, et à travers l'anneau du crochet. Fixez son extrémité sur E.

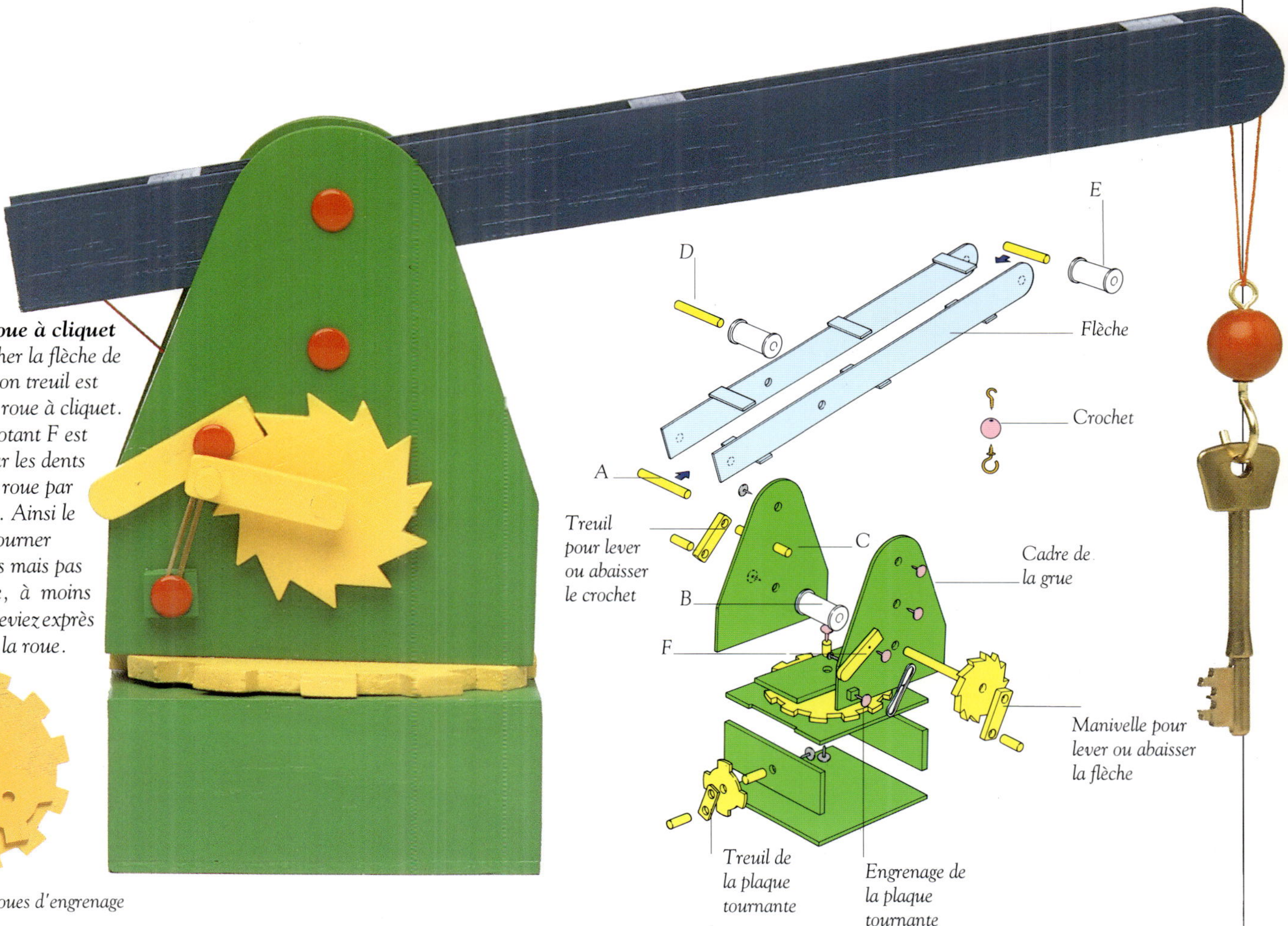

Treuil et roue à cliquet
Pour empêcher la flèche de descendre, son treuil est fixé sur une roue à cliquet. Un bras pivotant F est maintenu sur les dents de scie de la roue par un élastique. Ainsi le treuil peut tourner dans un sens mais pas dans l'autre, à moins que vous ne leviez exprès le cliquet de la roue.

Formes des roues d'engrenage

Avec des poulies

Les capacités de levage d'une grue ne dépendent pas seulement de la puissance de son moteur, mais aussi de la disposition de ses poulies. Utiliser des poulies supplémentaires a le même effet qu'allonger un levier.

Le moteur de la grue peut soulever des charges plus importantes, mais il les élève sur des distances plus courtes et doit enrouler plus de câble. Les dispositifs à plusieurs poulies réduisent la tension du câble, mais ajouter des poulies au crochet augmente la charge à soulever.

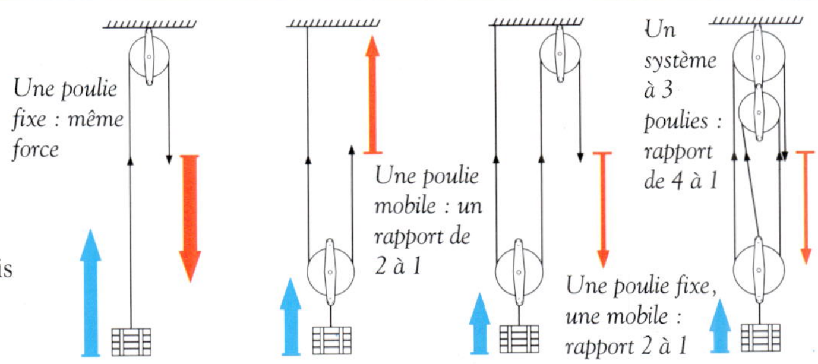

Étirer et comprimer

POUSSER OU TIRER sur un objet ne le met pas toujours en mouvement. Parfois, c'est sa forme qui change. Si vous donnez à de la pâte à modeler une nouvelle forme, elle la gardera. Écrasez un ballon et il retrouvera sa forme initiale dès que vous le relâcherez. De même, si vous étirez un ruban de caoutchouc, il revient à sa longueur originale dès que vous le lâchez. Les substances qui se comportent ainsi sont dites *élastiques*. Le caoutchouc est élastique. Certains métaux aussi, surtout quand on en a fait des ressorts. Mais on ne peut pas étirer indéfiniment les matières élastiques. Quand on les étire ou on les comprime au-delà de leur «limite d'élasticité» elles se brisent ou se déforment définitivement.

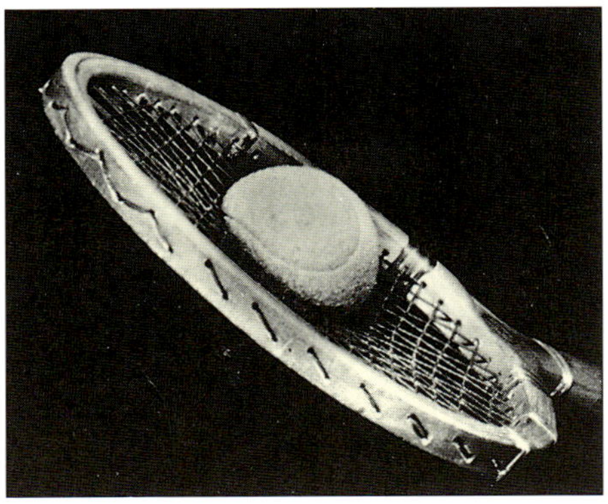

Une balle plate!
Quand une balle de tennis est heurtée par une raquette, un de ses côtés est aplati par le choc. Son élasticité lui redonne sa forme, mais en s'écrasant la balle absorbe une grande part de l'énergie cinétique, et cette énergie l'aide à repartir rapidement. Les cordes de la raquette se tendent un peu pour absorber de l'énergie, ce qui permet de mieux contrôler son coup.

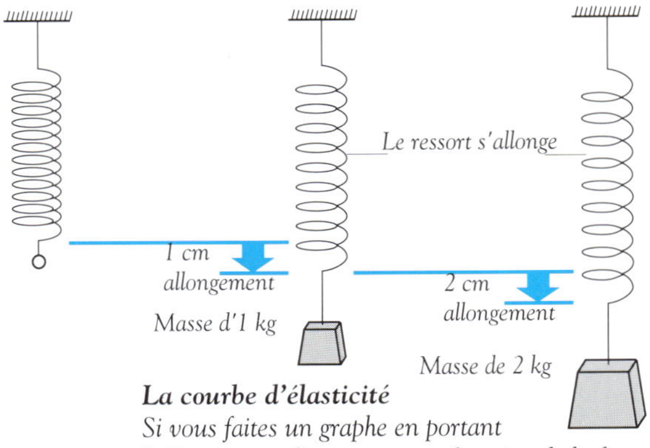

Allongement d'un ressort
Quand on suspend une masse à un ressort, l'«allongement» du ressort est proportionnel au poids. Une force deux fois plus grande produit un allongement double. Si vous avez un bon ressort, vous pouvez vérifier cela vous-même. Les pesons à ressort fonctionnent de cette façon.

La courbe d'élasticité
Si vous faites un graphe en portant l'allongement d'un ressort en fonction de la force appliquée, vous obtenez une droite… jusqu'à la limite d'élasticité. Le caoutchouc n'obéit pas à la loi de Hooke, et son graphe est bien différent.

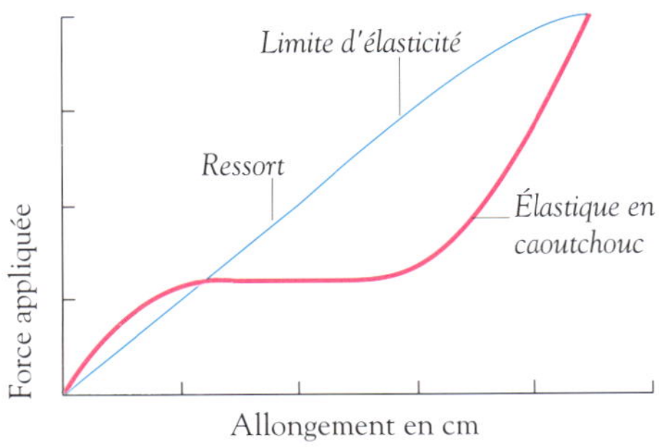

La loi de Hooke

De nombreuses substances élastiques s'étirent ou se compriment proportionnellement à la force appliquée. C'est la loi énoncée par le savant anglais Robert Hooke (1635-1703). Elle ne s'applique qu'en dessous de la limite d'élasticité. La loi de Hooke montre que la déformation d'une substance est proportionnelle à la contrainte qu'elle subit. La *contrainte* est l'intensité de la force rapportée à l'aire de la substance où elle s'applique.

EXPÉRIENCE

Un avion à moteur

Quand un objet est étiré, les forces qui le déforment lui communiquent de l'énergie. Utilisez l'énergie emmagasinée dans un élastique tendu pour faire tourner une hélice et propulser cette maquette d'avion.

IL VOUS FAUT

● *du balsa de 1,5 mm* ● *un élastique* ● *une hélice achetée dans un magasin de modélisme* ● *du fil de fer pour l'axe de l'hélice et le train d'atterrissage* ● *des perles* ● *des boutons pour les roues*

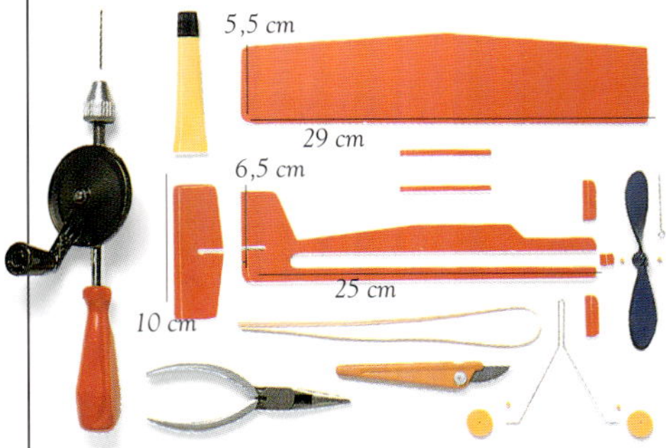

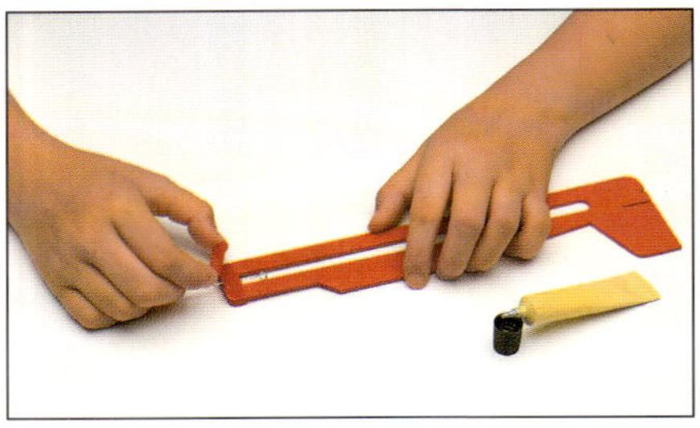

1 DÉCOUPEZ les formes ci-dessus dans le balsa. Passez l'élastique dans la fente du fuselage. Collez le petit morceau à l'avant. Percez-le pour y faire passer l'axe de l'hélice et collez les renforts de chaque côté.

2 COLLEZ DEUX COURTES BANDES de balsa en haut du fuselage pour soutenir les ailes. Cette partie sera très sollicitée si l'avion s'écrase; assurez-vous de sa solidité.

3 Collez les ailes en haut du fuselage, le côté rectiligne vers l'avant. Elles doivent absolument être à angle droit. Collez l'empennage à sa place.

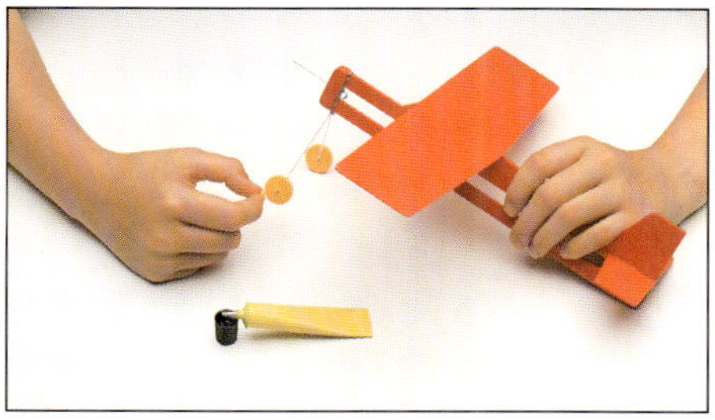

4 Formez le train d'atterrissage avec le fil de fer et collez-le en arrière du nez. Enfilez les roues et collez des perles pour les maintenir en place.

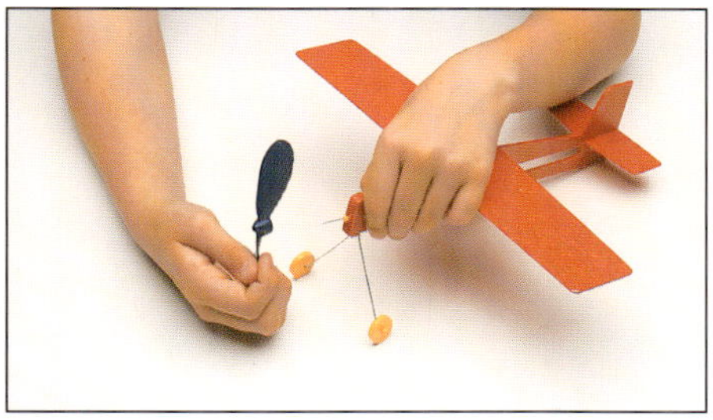

5 Glissez une perle, puis l'hélice, sur l'axe. Courbez l'extrémité de l'axe. Ne vous inquiétez pas si c'est lâche, l'élastique tendra le tout.

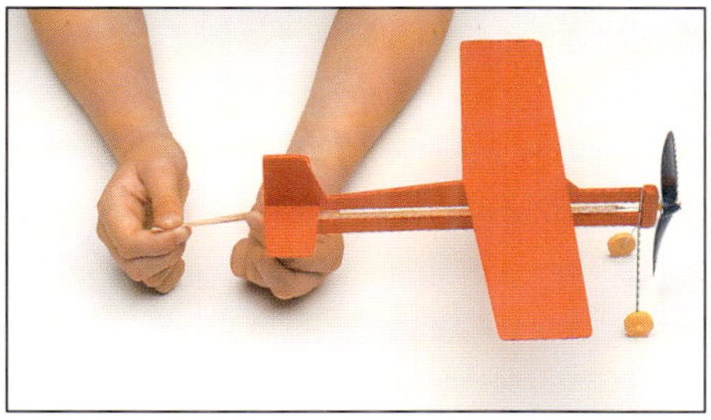

6 Passez l'élastique sur le crochet de l'axe de l'hélice. Tendez-le et coincez-le dans la petite entaille à l'arrière du fuselage, juste en dessous de la queue. L'avion est prêt pour les essais en vol.

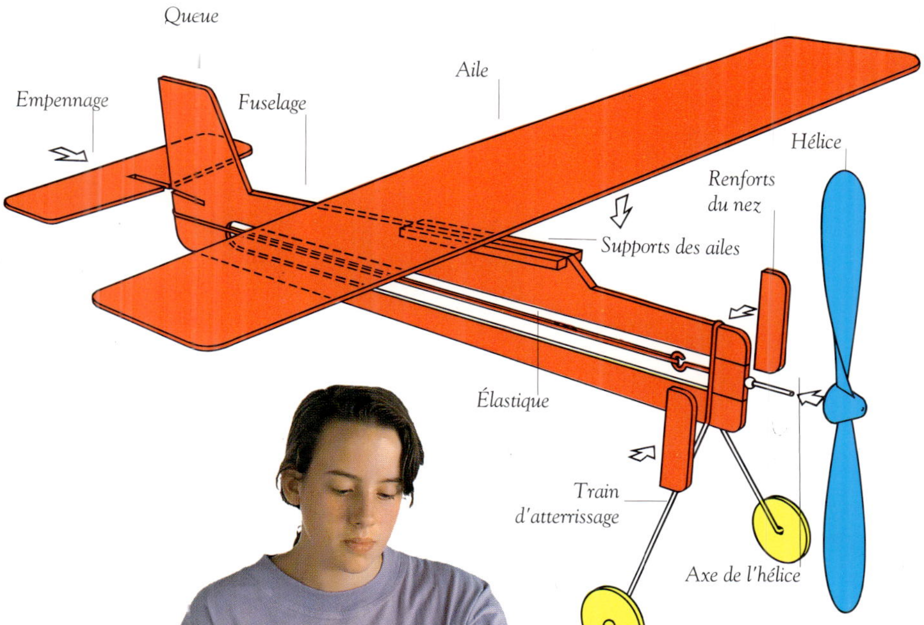

7 Lancez doucement l'avion sans remonter l'élastique. S'il pique du nez, collez une petite masse près de la queue. S'il se cabre, ajoutez un peu de poids près du nez. Une fois l'avion réglé pour le vol plané, remontez l'hélice d'une vingtaine de tours pour son premier vol à moteur. Vous pourrez augmenter le nombre de tours par la suite.

Baptême de l'air
Vous êtes prêt pour le premier vol. Choisissez un espace libre, lâchez l'hélice tout en lançant l'avion doucement et légèrement vers le haut. L'élastique enroulé revient à sa forme d'origine et fait tourner l'hélice.

La lumière ET le son

Le son et la lumière nous apportent la plupart de nos informations sur le monde. Tous deux sont des formes d'énergie, chacune avec ses qualités propres. Celles de la lumière nous permettent de nous voir dans un miroir, mais aussi de créer des images à trois dimensions, les hologrammes. Les sons ont une infinie variété, depuis le coup de tonnerre jusqu'à la douceur d'une flûte.

Quand une fusée de feu d'artifice explose au loin, vous pouvez voir les cascades de couleurs un peu avant d'entendre la détonation parce que la lumière se propage à travers l'air beaucoup plus vite que le son.

LA LUMIÈRE

SANS LUMIÈRE, la vie serait impossible. Nous avons besoin de la lumière pour voir, et les plantes grandissent en absorbant de la lumière. En fait, la lumière du Soleil est la source de presque toute notre énergie et notre chaleur. Mais la lumière n'est qu'une partie du *rayonnement électromagnétique*. Des ondes radio aux rayons cosmiques, il y en a bien d'autres.

Dans son livre Optique *paru en 1704, Isaac Newton fit l'hypothèse qu'un rayon de lumière est un faisceau de petites particules ou corpuscules. Il ouvrit ainsi une controverse qui dura jusqu'au début du XXe siècle.*

La nature de la lumière a intrigué depuis les temps les plus lointains. Les Grecs Anciens étudiaient la *réflexion* et la *réfraction* (la déviation de la lumière par un verre d'eau, par exemple p. 84-85). Les érudits arabes du Moyen Age comme Alhazen (965 env.-1038) en savaient assez sur la réfraction pour faire des verres de lunettes. Mais ce n'est qu'au XVIIe siècle qu'il y eut un réel progrès dans la compréhension de la lumière. A cette époque, dans les années 1670, et presque en même temps, les deux grands savants Isaac Newton (1642-1727) et Christian Huygens (1629-1695) apportèrent deux théories sur la lumière, tout à fait convaincantes mais complètement contradictoires, ouvrant un débat qui dura plus de deux siècles.

Si la lumière est une onde, se demandaient les savants du XIXe siècle, comment la lumière des étoiles peut-elle nous parvenir à travers le vide ?

Corpuscules et ondes

Newton affirmait qu'un rayon de lumière était formé de petites particules voyageant à grande vitesse, les *corpuscules*. Si, disait-il, la lumière est constituée de corpuscules, cela explique pourquoi elle se déplace en ligne droite et dessine des ombres nettes. Cela explique aussi pourquoi la lumière se réfléchit sur les miroirs: les corpuscules rebondissent simplement sur le miroir comme des balles de tennis sur un mur. Quant à la réfraction, selon Newton, elle était due au fait que les corpuscules allaient plus lentement dans l'eau et dans le verre que dans l'air. Plus important encore, les corpuscules expliquaient pourquoi la lumière peut traverser le vide (p. 102). Huygens, au contraire, pensait que la lumière se propageait sous forme d'*ondes*, comme des rides à la surface d'un étang. Avec cette hypothèse, Huygens montra qu'il est facile d'expliquer pourquoi la lumière blanche se décompose en un *spectre* de couleurs quand elle est réfractée par un prisme, ce que Newton avait lui-même découvert en 1666 (p. 94).

Newton montra que la lumière blanche est faite d'un spectre de couleurs.

Huygens suggéra que chaque couleur de lumière a une *longueur d'onde* particulière. Si la lumière se propage plus lentement dans l'eau et dans le verre que dans l'air, l'ampleur de la réfraction, c'est-à-dire de la déviation de la lumière, dépend de sa longueur d'onde: la longueur d'onde la plus courte est davantage déviée.

Les scientifiques étaient donc devant un dilemme. La *théorie ondulatoire* de Huygens expliquait très bien le spectre, mais n'expliquait pas pourquoi la lumière se déplace en ligne droite, alors que le son et les vagues de l'océan tournent autour des obstacles. Et comment la lumière pouvait-elle se propager dans le vide, où il n'y a rien qui puisse onduler? D'autre part, la *théorie corpusculaire* de Newton expliquait la propagation rectiligne et les ombres nettes mais ne pouvait pas interpréter le spectre. Pendant plus d'un siècle, la théorie corpusculaire fut la plus populaire, à la fois à cause de la notoriété de Newton et de la difficulté à expliquer la propagation des ondes dans le vide. Puis en 1801 le physicien anglais Thomas Young (1773-1829) réalisa une expérience qui, en générant des *interférences*, parut donner définitivement raison à la théorie ondulatoire (p. 100).
D'autres découvertes du XIXe siècle renforcèrent

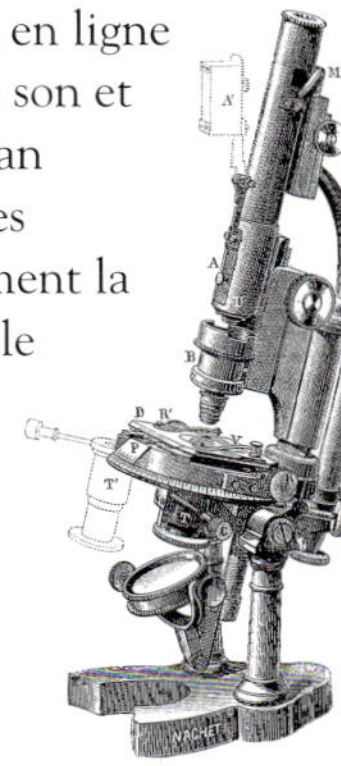

Antony Van Leeuwenhoek put développer le microscope au XVIIe siècle, grâce à sa compréhension de la réfraction de la lumière dans le verre.

Un crayon immergé dans l'eau nous paraît coudé parce que les ondes lumineuses se propagent moins vite dans l'eau.

Le spectre électromagnétique
La lumière visible n'est qu'une petite partie du rayonnement électromagnétique.

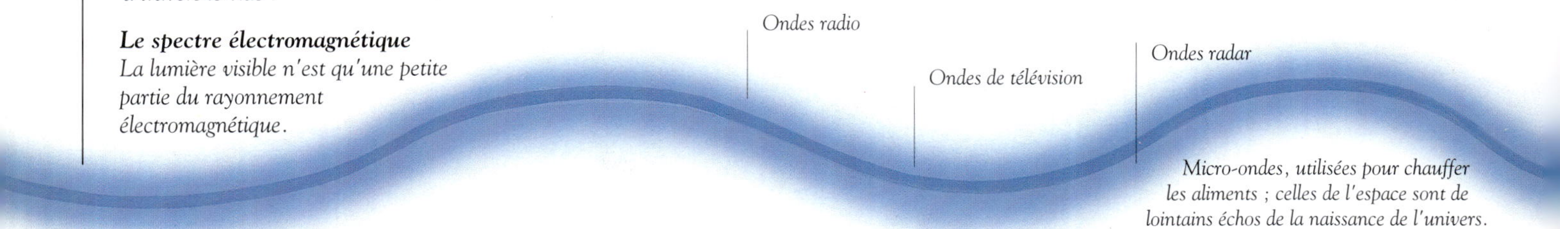

Micro-ondes, utilisées pour chauffer les aliments ; celles de l'espace sont de lointains échos de la naissance de l'univers.

l'hypothèse ondulatoire.
Mais alors, se demandaient les savants du XIXe siècle: comment la lumière peut-elle traverser le vide? Comment la lumière des étoiles situées à des milliards d'années-lumière nous parvient-elle? Pour résoudre ce problème, ils firent l'hypothèse d'un milieu particulier et invisible qu'ils nommèrent *éther*.

L'électromagnétisme

Puis, dans les années 1860, le brillant physicien écossais James Clerk Maxwell (1831-1879) fit un rapprochement essentiel entre la lumière, l'électricité et le magnétisme. Après avoir développé la notion de *champ électromagnétique* (p. 158), Maxwell montra que les perturbations de ce champ se propagent à une vitesse égale à celle de la lumière. Il émit alors l'hypothèse que la lumière n'était qu'une petite portion du vaste domaine des ondes électromagnétiques, ce que confirma Hertz quand il découvrit les ondes radio, en 1888. Nous savons à présent que la lumière est effectivement une partie de l'immense spectre des ondes électromagnétiques, qui va des rayons gamma jusqu'aux ondes radio. Dans les années 1880, il semblait donc presque certain que la lumière était une onde, mais il restait quelques détails gênants. Ce fut pire encore quand, en 1887, les physiciens américains Edward Morley (1838-1923) et Albert Michelson (1852-1931) montrèrent que l'éther n'existait pas. C'est alors, en 1900, qu'à partir de travaux sur l'émission de chaleur par les objets chauds, le physicien allemand Max Planck (1858-1947) fut amené à une étrange conclusion. Comme la lumière, les *radiations thermiques* sont un type d'onde électromagnétique et Planck cherchait une équation mathématique qui vérifierait ses observations. Mais la seule équation qui convenait était une équation qui supposait l'émission de petits paquets d'énergie ou *quanta* – ce qui signifie «combien?» en latin. Même Planck trouvait ce résultat difficile à accepter, car cela était en contradiction avec 100 ans de théorie ondulatoire. C'est le génial Albert Einstein (1879-1955) qui comprit la véritable signification de la théorie des quanta.

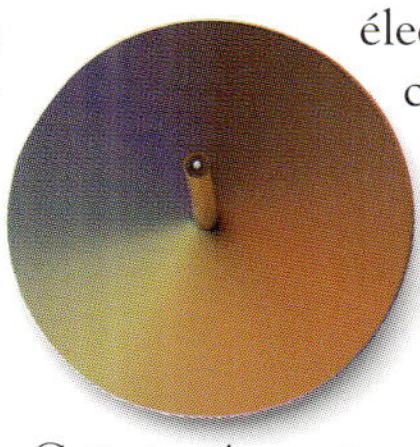

Cette toupie montre qu'en mélangeant toutes les couleurs on obtient du blanc.

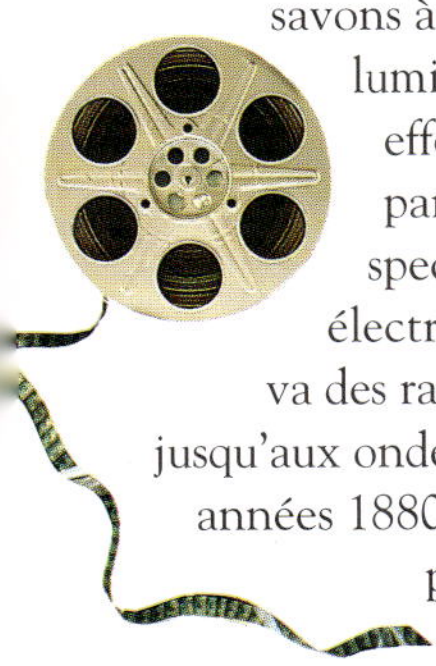

Les milliers d'images d'un film sont enregistrées grâce à l'action de la lumière sur les produits chimiques de la pellicule.

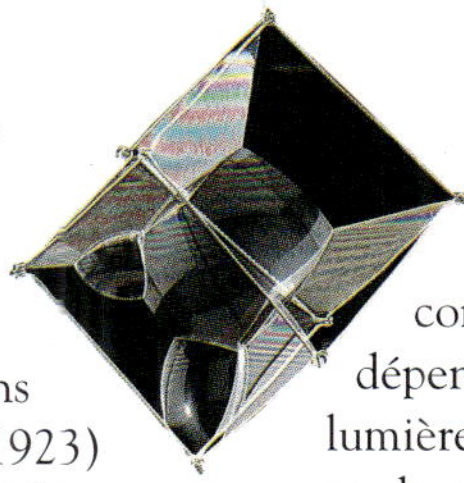

Les irisations des bulles de savon (p. 95) sont dues aux interférences lumineuses.

Les photons

En 1902, le physicien allemand Philipp Lénard découvrit l'effet photoélectrique. Quand la lumière frappe certains métaux, des électrons sont émis – comme si l'impact de la lumière les arrachait aux atomes du métal. C'est d'ailleurs comme cela que fonctionnent les cellules solaires.

Le physicien du XIXe siècle James Clerk Maxwell a montré que la lumière est une partie du vaste spectre des ondes électromagnétiques.

En étudiant cet effet photoélectrique, les physiciens furent surpris de constater que son intensité ne dépendait pas de l'intensité de la lumière, mais seulement de sa couleur. Einstein montra que ces mystérieux résultats pouvaient être facilement expliqués si l'on se représentait la lumière non pas comme une onde, mais comme de petits paquets d'énergie lumineuse, semblables aux quanta de Planck. Ces paquets d'énergie furent appelés plus tard des *photons*. D'une certaine façon Einstein ressuscitait la théorie corpusculaire de Newton. Mais les photons d'Einstein ne ressemblent pas du tout à de petites balles: ils peuvent aussi se comporter comme des ondes.
D'abord beaucoup de scientifiques furent hostiles à l'idée des photons. Il était difficile de croire que la lumière peut être à la fois une particule et une onde. Il était encore plus difficile de croire qu'elle n'est jamais les deux en même temps: parfois elle se comporte comme une particule, d'autres fois comme une onde. Pourtant, la notion de photon expliquait enfin pourquoi la lumière traverse l'espace vide, et beaucoup d'autres phénomènes.
La double nature de la lumière est aujourd'hui acceptée de tous.

Comme les lentilles ordinaires, les lentilles de Fresnel concentrent la lumière, mais elles sont assez puissantes pour être employées dans les phares.

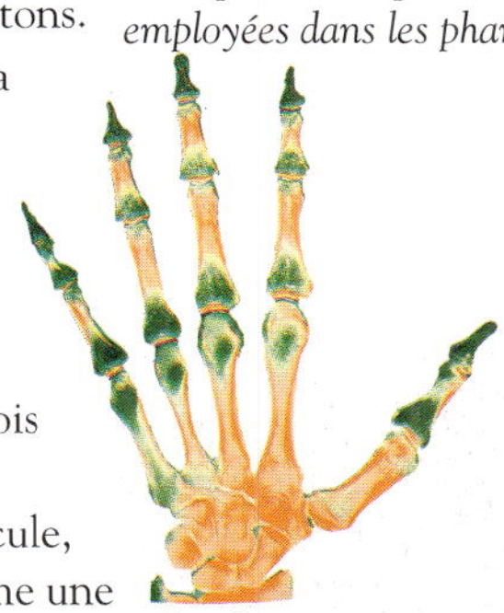

La chair est aussi transparente aux rayons X que le verre l'est à la lumière visible. Les rayons X ont été découverts par le physicien allemand Wilhelm Roentgen (1845-1923) en 1895.

Ombre et lumière

REGARDEZ LE FAISCEAU d'une lampe de poche dans l'obscurité et vous verrez que les rayons de lumière se propagent en ligne droite. S'ils rencontrent un objet sur leur chemin, ils le traversent, rebondissent sur lui ou sont absorbés, comme l'eau est absorbée par une éponge. Les substances comme le verre qui laissent passer la lumière sont dites *transparentes*; les substances qui arrêtent la lumière sont dites *opaques*. Quand la lumière frappe un objet opaque, cela crée une ombre – c'est-à-dire une zone que la lumière ne peut atteindre. Si vous mettez votre main sous une lampe, vous pouvez voir deux zones d'ombre sous votre main : au milieu, une partie très sombre et autour, une bande étroite et plus claire. La zone sombre est appelée l'*ombre* et peut être vue partout où les rayons lumineux sont arrêtés. La zone plus claire est la *pénombre*; elle est due aux quelques rayons lumineux qui passent autour de votre main. Le jour et la nuit ne sont en fait que de la lumière et de l'ombre. La Terre tourne sur son axe en même temps qu'elle gravite autour du Soleil. Ainsi, à chaque instant, la moitié de la Terre est face au Soleil: c'est le jour. L'autre moitié est dans l'ombre de la Terre: c'est la nuit.

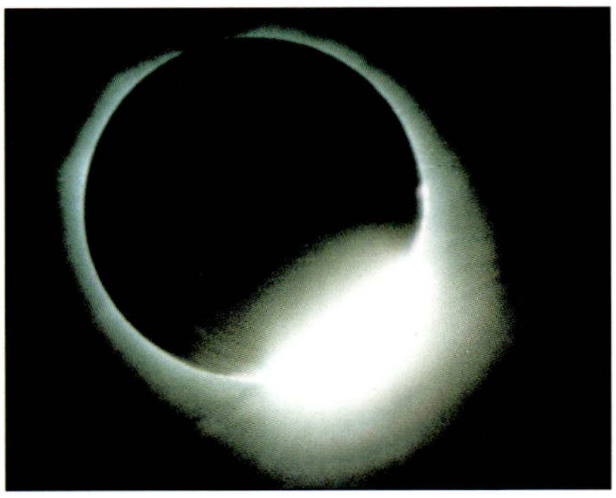

L'effet de perle
On peut le voir juste avant ou juste après une éclipse de Soleil totale: il est dû à un rayon du Soleil étincelant sur une vallée lunaire.

Une éclipse de Soleil (à droite)
Quand la Lune arrête les rayons du Soleil, elle crée sur la Terre une ombre et une pénombre. Si vous vous trouvez dans l'ombre, vous aurez une éclipse de Soleil totale. Dans la pénombre, vous aurez une éclipse partielle.

Éclipse: la dernière ombre

Quand la Terre se trouve exactement entre le Soleil et la Lune, la Lune passe dans l'ombre de la Terre et s'assombrit: c'est une éclipse de Lune. Une éclipse de Soleil se produit lorsque le Soleil, la Lune et la Terre sont exactement alignés – ce qui est rare. La Lune passe entre le Soleil et la Terre et projette une ombre sur une partie de la Terre. Cette ombre fait disparaître le disque solaire.

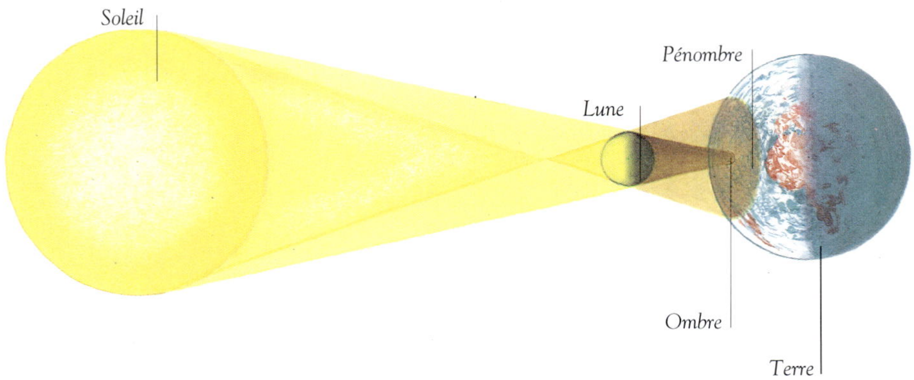

Ombres longues, ombres courtes
Par un beau soleil, mettez-vous toutes les heures à la même place et marquez la position et la longueur de votre ombre. Que se passe-t-il au cours de la journée? Essayez de faire l'expérience en été et en hiver.

DÉCOUVERTE

Le cadran solaire

PENDANT QUE LE SOLEIL se déplace d'est en ouest durant la journée, l'ombre qu'il porte se déplace aussi. Il y a 4000 ans, les Babyloniens mesuraient le temps grâce à ce phénomène, avec les premiers cadrans solaires. Tout cadran solaire comporte une aiguille appelée *gnomon*, dont l'ombre indique l'heure sur un cadran plat et gradué.

EXPÉRIENCE

Réaliser un cadran solaire

IL VOUS FAUT
- *un pot de fleur* • *un bâton (deux fois plus grand que le pot)* • *un feutre noir ou un crayon*

A condition qu'il y ait du soleil, vous pourrez lire l'heure sur ce cadran solaire fait d'un pot de fleur et d'un bâton. Le bâton est le gnomon; le pot est le cadran.

1 Retournez le pot et enfoncez le bâton dans le sol à travers le trou du pot.

2 Mettez le pot au soleil. Notez la position de l'ombre portée toutes les heures. Chaque fois qu'il y aura du soleil vous pourrez savoir l'heure en observant votre cadran solaire.

1 SIMULATION D'UNE ÉCLIPSE DE SOLEIL à l'aide d'un globe (la Terre), d'une lampe (le Soleil) et d'une petite balle (la Lune). La Lune passe devant le Soleil et le cache partiellement.

2 QUAND LA TERRE, LA LUNE et le Soleil sont alignés, il y a une éclipse totale. Pendant un court moment il fait nuit (en plein jour) dans les endroits du globe qui sont dans l'ombre.

La réflexion

SANS LUMIÈRE, nous ne pourrions pas voir le monde autour de nous. Pourtant, peu d'objets sont, comme le Soleil, capables d'émettre de la lumière. Nous voyons la plupart des objets à cause de la lumière qu'ils réfléchissent. Quand vous voyez une chaise le jour, ce que vous voyez, c'est en fait la lumière du Soleil qui se réfléchit sur la chaise. La quantité de *lumière réfléchie* dépend de la surface. Une surface lisse et blanche réfléchit davantage de lumière qu'une surface sombre et rugueuse. Les miroirs ont une surface si lisse et si brillante que la lumière rebondit sur eux, sans aucun changement, ce qui donne une image exacte de chaque objet. Dans un miroir plan vous voyez une image qui a la même taille que l'objet. Dans un miroir courbe, l'image peut être plus grande ou plus petite – comme vous pouvez vous en rendre compte en vous regardant dans une cuillère. Un miroir convexe (en forme de bosse) donne une image plus petite, un miroir concave (en creux) donne une image plus grande d'un objet proche et une image plus petite – et à l'envers – d'un objet éloigné.

Des miroirs à l'infini
Installez deux miroirs parallèles face à face. Mettez-vous au milieu. La lumière rebondit de l'un à l'autre et vous voyez une série d'images de vous-même. Les miroirs absorbant à chaque réflexion un peu de lumière, les dernières images de la série sont moins nettes.

EXPÉRIENCE

Pouvoir réflecteur

Les surfaces réfléchissent plus ou moins la lumière. Les surfaces blanches la réfléchissent très bien. Les surfaces noires et mates, très peu, car elles l'absorbent en grande partie. Avec cette expérience, vous pouvez évaluer la quantité de lumière réfléchie par des surfaces foncées ou claires. Utilisez une lampe de poche comme source de lumière et un carton blanc comme écran.

IL VOUS FAUT
● *une lampe de poche* ● *un petit miroir plan* ● *un bristol blanc* ● *un carton noir et mat*

Le miroir
Placez le miroir et le bristol blanc comme ci-dessus. Dirigez la torche vers le miroir. La lumière réfléchie par le bristol est très brillante.

EXPÉRIENCE

Un périscope

Le capitaine d'un sous-marin utilise un périscope pour observer les bateaux à la surface. Un périscope est un long tube avec un *prisme* (un morceau de verre de section triangulaire) réfléchissant la lumière à chacune de ses extrémités. On peut faire un périscope plus simple en remplaçant les prismes par des miroirs parallèles. Il vous permet de voir des objets qui ne sont pas directement dans votre ligne de vision.

IL VOUS FAUT
● *un carton noir raide, 60 cm x 32 cm* ● *2 petits miroirs plans, 10 cm x 7,5 cm environ* ● *un rapporteur* ● *du papier adhésif de couleur*

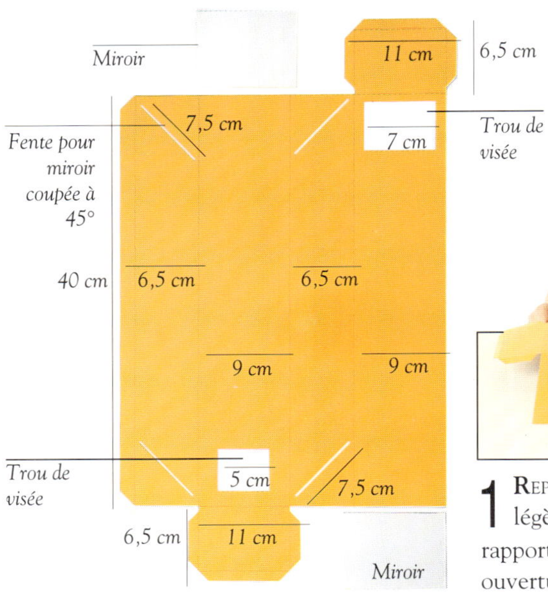

1 REPRODUISEZ LE PATRON CI-CONTRE. Incisez légèrement le long des lignes. Utilisez le rapporteur pour couper les fentes et les ouvertures.

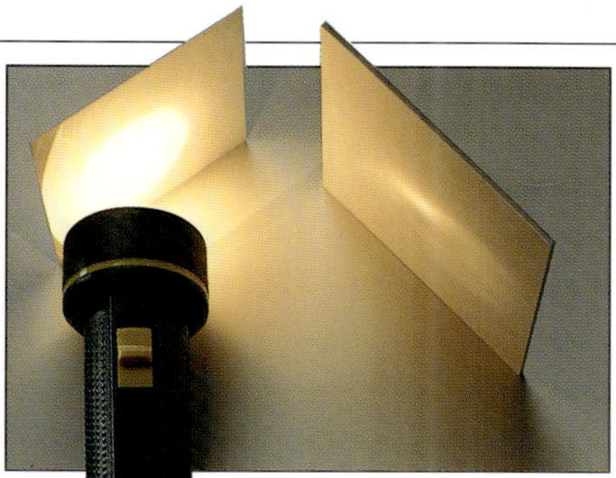

Essai avec le blanc
Remplacez le miroir par le bristol blanc. Le faisceau de la torche est réfléchi, mais pas aussi bien qu'avec le miroir.

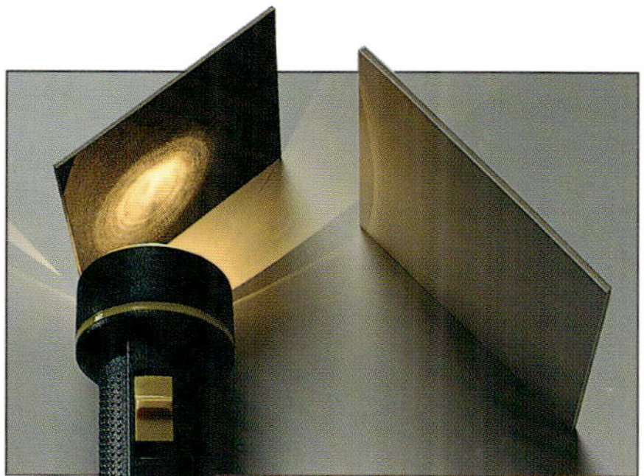

Essai avec le noir
Recommencez avec le carton noir. Vous verrez qu'il ne réfléchit pratiquement aucune lumière. La couleur noire absorbe presque toute la lumière qui l'atteint.

2 Pliez les faces pour faire le tube. Pliez et rentrez les languettes, puis fermez les extrémités avec du ruban adhésif.

3 Glissez les miroirs à travers les fentes. Ils doivent se faire face et être parallèles. Fixez les miroirs dans ces positions avec du ruban adhésif.

La loi de la réflexion

La lumière rebondit sur une surface de la même façon qu'une balle rebondit sur le sol. Quand la lumière arrive sur une surface avec un certain angle (l'*angle d'incidence*), elle est réfléchie avec le même angle (l'*angle de réflexion*). Le périscope est une bonne illustration de cette *loi de la réflexion*. La lumière qui provient d'un objet arrive sur le miroir du haut sous un angle de 45° et rebondit avec le même angle. Ceci envoie la lumière dans le tube sur le second miroir, qui à son tour l'envoie vers vous.

La réfraction

AVEZ-VOUS DÉJÀ REMARQUÉ qu'une piscine paraît toujours moins profonde qu'elle n'est, ou que vos jambes paraissent tordues quand vous vous tenez debout dans la baignoire? Cela est dû à la déviation des rayons lumineux quand ils passent d'un milieu transparent à un autre, dans ce cas de l'eau à l'air. Cet effet, la *réfraction*, est dû à la différence des vitesses de la lumière dans des milieux différents. La lumière se propage à 300 000 kilomètres par seconde à travers l'air. Quand elle pénètre dans l'eau, elle ralentit, ce qui la force à changer de direction. Cette réfraction est très utile: les lentilles sont des morceaux de verre taillés spécialement pour réfracter la lumière d'une façon très précise. Par exemple, les lentilles de lunettes corrigent la lumière qui entre dans un œil myope pour lui donner une image nette.

Le crayon tordu
Placez un crayon dans un verre d'eau et reculez-vous. Le crayon paraît tordu ou en deux morceaux parce que la lumière est réfractée quand elle passe de l'eau à l'air.

Différentes lentilles

On utilise des lentilles dans la plupart des appareils d'optique, des appareils photos aux télescopes. Il y a deux types de lentilles: convergentes (convexes) et divergentes (concaves). Une *lentille convergente* est plus épaisse au milieu que sur les bords. Elle fait converger les rayons de lumière qui la traversent en un point appelé *le foyer* et elle peut faire voir les objets plus grands qu'ils ne sont. Une *lentille divergente* est plus fine au milieu que sur les bords. Elle fait diverger les rayons qui la traversent et fait voir les objets plus petits.

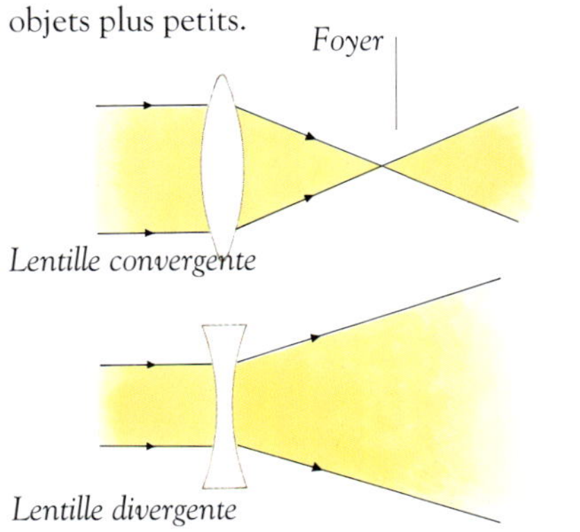

EXPÉRIENCE

Lumière courbe

Avec cette expérience, vous pourrez voir comment l'eau réfracte les rayons lumineux. L'angle de réfraction dépend de l'angle d'incidence des rayons qui arrivent sur la bouteille. En tournant la bouteille, vous obtiendrez des angles de réfraction différents.

IL VOUS FAUT
- *une bouteille à faces carrées avec son bouchon*
- *2 morceaux de bristol blanc (10 x 8 cm)*
- *une feuille de papier blanc*
- *une lampe de poche*
- *quelques gouttes de lait*

1 REMPLISSEZ LA BOUTEILLE d'eau, mettez un peu de lait et remettez le bouchon. Découpez des fentes fines (1 mm) dans les deux bristols et placez-les devant la lampe.

2 POSEZ LA BOUTEILLE sur le papier. Éteignez la lumière et faites passer la lumière de la lampe à travers les fentes : un faisceau de lumière arrive sur la bouteille.

3 LE LAIT dans l'eau vous aide à voir les rayons déviés dans la bouteille. Remarquez que ces rayons sont déviés en sens contraire quand ils ressortent.

EXPÉRIENCE

Faites un microscope

Une loupe (qui est une lentille convergente) est le plus simple des microscopes, mais ceux-ci ont souvent plusieurs lentilles – au moins deux – pour grossir davantage. La plus proche de l'objet à observer est l'«objectif». L'autre, l'«oculaire», est la lentille à travers laquelle on regarde. L'oculaire est en général plus grand. Vous pouvez fabriquer un microscope rudimentaire avec une loupe comme oculaire et une lentille convergente puissante (telle celle qu'on peut trouver dans un vieil appareil photo) comme objectif.

Il Vous Faut

● *une loupe* ● *une forte lentille convergente* ● *un objet à observer (par exemple une fleur)*

1 Tenez la loupe près de votre œil et placez la lentille convergente juste au-dessus de l'objet qui doit être à environ 60 cm de votre œil.

2 Réglez la position des lentilles jusqu'à voir une image agrandie et nette.

■ DÉCOUVERTE ■

Le microscope de Hooke

Robert Hooke, physicien anglais du XVIIe siècle, écrivit qu'avec un microscope on peut «regarder à la fenêtre» de la nature. Hooke, qui fut un pionnier du développement des lentilles, construisit un microscope à plusieurs lentilles pour étudier les êtres vivants dans leurs plus petits détails. Les échantillons étaient éclairés par une lampe à huile munie d'un réflecteur circulaire et d'une lentille (appelée *condenseur*) pour concentrer la lumière. Grâce à son microscope, Hooke découvrit que les plantes et les animaux sont constitués de minuscules cellules. Son livre *Micrographia*, publié en 1665, contient les dessins détaillés d'insectes vus au microscope.

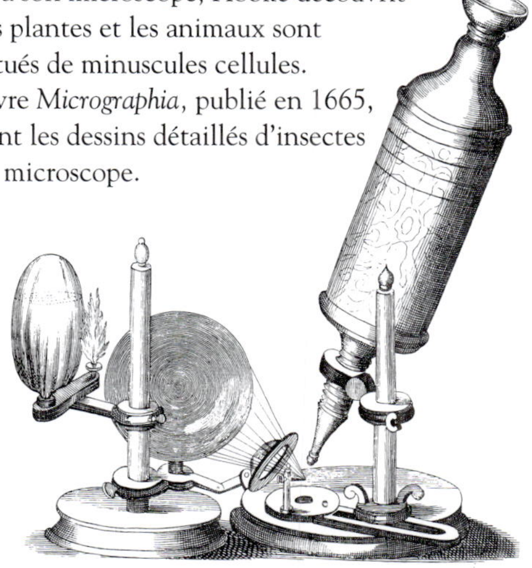

Le dessin du microscope de Hooke dans son livre Micrographia.

Expériences avec la lumière

LES SCIENTIFIQUES ONT TOUJOURS été intrigués par le comportement de la lumière. A la suite des découvertes du grand Isaac Newton et d'autres, nous savons que certaines lois gouvernent la façon dont la lumière se réfléchit, se réfracte ou se condense. Quelques expériences simples vont vous faire découvrir ces lois.

EXPÉRIENCE

La maison des rayons

Vous allez voir comment la lumière est réfractée quand elle passe à travers des objets transparents tels que des bouteilles ou des lentilles. Avec des miroirs ou d'autres objets brillants, vous allez comprendre la loi de la réflexion.

IL VOUS FAUT

● *du bristol noir (30 x 30 cm)* ● *du bristol blanc (40 x 40 cm)* ● *un cutter* ● *un ruban adhésif ou de la colle* ● *une pile* ● *2 fils électriques avec des pinces crocodiles* ● *une ampoule et un support* ● *une bouteille de verre* ● *un miroir* ● *un gobelet de verre* ● *une lentille convergente* ● *un petit peigne*

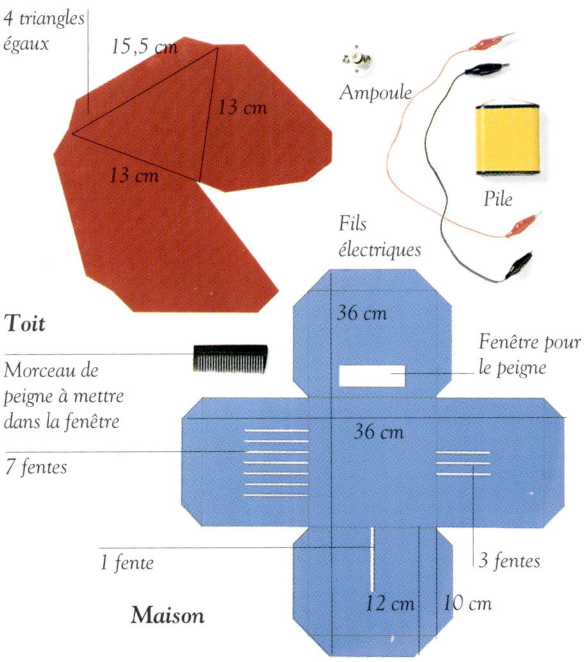

1 DÉCOUPEZ LA MAISON selon le patron ci-dessus. Faites des fentes étroites dans trois des côtés comme indiqué. Découpez une fenêtre dans le quatrième côté. Marquez les lignes et pliez pour former la boîte.

La bouteille
Remplissez d'eau la petite bouteille et placez-la sur le passage de deux rayons lumineux. La bouteille agit comme une lentille convergente, réfractant les rayons et les faisant converger en un point appelé le foyer. Essayez des bouteilles de différents diamètres pour voir les modifications que cela entraîne.

La lentille convergente
Placez la lentille sur le trajet des rayons provenant du peigne. La lentille fait converger la lumière plus loin que la bouteille parce que sa courbure est moins forte. Plus sa courbure est accentuée, plus une lentille est puissante. Remplacez par une lentille divergente et regardez la manière dont les rayons divergent.

Le miroir
Mettez le petit miroir sur le chemin du rayon solitaire. Changez l'angle d'incidence et, avec le rapporteur, mesurez chaque fois les angles d'incidence et de réflection. Quelle est la relation entre ces deux angles? Faites l'expérience avec des miroirs courbes, par exemple avec une bouteille entourée de papier aluminium.

Le gobelet-lentille
Remplissez le gobelet avec de l'eau et placez-le devant les trois fentes. Marquez la position du foyer. Videz le verre et remplissez-le cette fois avec de l'huile. Le foyer est plus près du gobelet parce que l'huile réfracte plus la lumière que l'eau.

Installation de la maison

Placez la maison au milieu de la feuille de bristol blanc. Dans une pièce sombre, vous pourrez voir comment la lumière change de direction quand elle rencontre un miroir ou un objet transparent.

2 Collez les bords de la boîte et pliez les pans du toit selon les lignes comme indiqué ci-dessus.

3 Collez le petit peigne derrière la fenêtre. Installez la pile, l'ampoule et le support à l'intérieur de la boîte.

4 Reliez les languettes de la pile aux petites vis du support de la lampe. Vissez l'ampoule pour qu'elle s'allume. Placez le toit sur la maison.

Images et illusions

L'ŒIL EST UN EXTRAORDINAIRE instrument d'optique. Il est sensible aux couleurs, se met au point automatiquement et s'adapte rapidement aux variations de luminosité. Il y a 150 ans les pionniers de la photographie réussirent à capter les images qu'ils voyaient. Ils réalisèrent des appareils-photo qui fonctionnaient comme un œil simplifié et ils inventèrent la pellicule photo pour enregistrer les images. Aujourd'hui, les appareils-photo sont très sophistiqués, mais seuls les plus récents sont dotés d'automatismes analogues à ceux de l'œil.

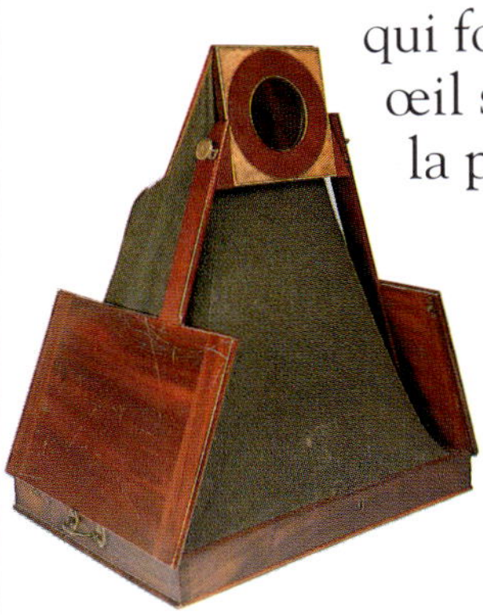

La chambre noire
La première chambre noire utilisait une lentille pour projeter l'image d'un objet sur un écran.

DÉCOUVERTE

Les débuts de la photographie

AU XVIe SIÈCLE, on apprit à projeter l'image d'un objet en utilisant une chambre noire, mais jusqu'au XIXe siècle il n'y eut aucun moyen de l'enregistrer. En 1826, un inventeur français, Nicéphore Niepce (1765-1833), prit la première photographie. Il projeta, à l'aide d'une chambre noire, une image sur une plaque de métal recouverte de produits chimiques sensibles à la lumière. Il fallut à peu près huit heures pour enregistrer la photo qui était floue et peu visible. En 1837, le Français Jacques Daguerre (1787-1851) améliora le procédé de Niepce qui devint le «daguerréotype». En 1839, l'Anglais William Fox Talbot (1800-1877) inventa une méthode pour prendre des photos sur un négatif qui permettait de faire d'innombrables copies (en positif). C'est toujours ainsi qu'on tire les photos.

L'œil et l'appareil-photo

L'appareil-photo est très semblable à l'œil humain. Tous deux ont trois éléments essentiels: un trou qui s'ouvre et se ferme pour laisser entrer la bonne quantité de lumière, une lentille pour focaliser la lumière et un système qui enregistre l'image. Dans le cas de l'œil, un muscle, l'iris, ouvre et ferme la pupille qui se trouve sur le devant de l'œil. Derrière la pupille se trouve une lentille entourée de muscles qui changent sa forme de façon à mettre au point sur des objets lointains ou sur des objets proches. La lentille focalise la lumière sur les cellules de la rétine qui double le fond de l'œil. Quand ces cellules sont éclairées, elles envoient un message au cerveau qui le décode et reconstitue l'image. Un appareil-photo a un trou de taille variable appelé *ouverture* et un *obturateur* qui s'ouvre un court instant pour laisser entrer la lumière dans l'appareil. La vitesse de l'obturateur et la taille de l'ouverture contrôlent tous deux la quantité de lumière qui impressionne le film. Une série de lentilles se déplace pour focaliser la lumière sur la pellicule qui se trouve à l'arrière de l'appareil. Quand le film est développé et fixé, une image négative apparaît sur le film. Cette image impressionne le papier photographique qui est à son tour développé et fixé pour donner l'image finale.

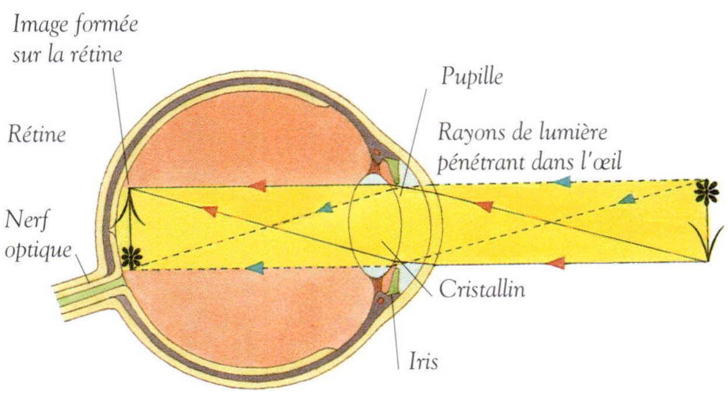

L'œil
L'œil forme sur la rétine une image renversée des objets. Très tôt au cours de son développement, le cerveau d'un bébé apprend à redresser l'image et à l'interpréter

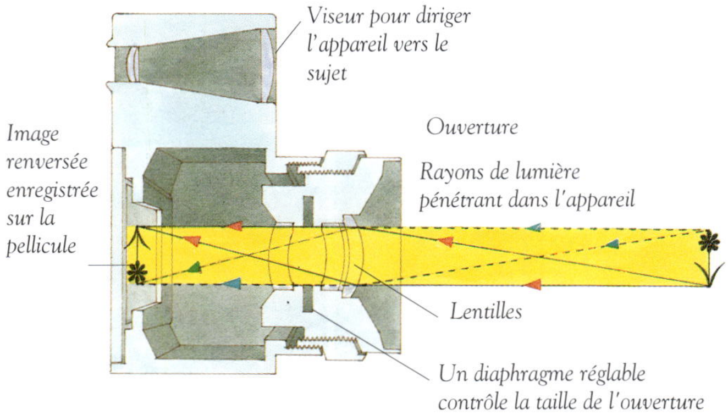

L'appareil-photo
L'image formée sur la pellicule est un négatif. Lorsqu'il est développé, les parties sombres du sujet apparaissent claires. En tirant le négatif sur un papier photographique on obtient une image normale (positive).

Les illusions d'optique

Notre cerveau peut être induit en erreur par ce que nous voyons. Ce sont des illusions d'optique. Par exemple si vous marchez sur une route un jour de grande chaleur, vous voyez parfois un mirage. L'image d'une flaque d'eau apparaît sur la route et recule à mesure que vous l'approchez. Ce mirage est dû à la réflexion de la lumière du ciel sur une couche d'air chaud au voisinage du sol. Le cerveau interprète abusivement la couleur bleue du ciel comme étant de l'eau.

L'impossible triangle

Ceci est un autre exemple d'illusion d'optique. La structure semble normale. Mais quand elle redessinée de telle façon que tous les morceaux se joignent, il se passe quelque chose d'étrange.

Le triangle paraît être formé de trois morceaux à angle droit. Votre cerveau sait que cela est impossible pour un objet à trois dimensions, si bien que le dessin paraît représenter un objet d'une forme impossible.

Images animées

Les images en mouvement du cinéma ou de la télévision reposent sur une illusion d'optique. Quand vous voyez deux images qui se suivent rapidement, l'image paraît bouger car vos yeux n'ont pu percevoir que l'image avait changé. Quand vous regardez une image, votre cerveau garde l'image pendant environ un dixième de seconde après qu'elle ait disparu. On appelle cela la *persistance rétinienne*. Ainsi, si l'on vous montre plus de dix images immobiles par seconde, votre cerveau va assembler la série d'images séparées pour en faire un mouvement continu. Vous pouvez le vérifier en dessinant un personnage sur chaque page d'un carnet, chaque dessin étant légèrement différent du précédent. Quand vous feuilletez rapidement les pages, le personnage semble bouger. Les films de cinéma nous montrent 24 photographies par seconde. Un projecteur les éclaire à travers le film et une lentille les met au point sur un écran. Le film passe rapidement devant le projecteur, amenant sans cesse de nouvelles images. Une image de télévision est constituée d'une série de lignes horizontales tracées l'une après l'autre jusqu'au bas de l'écran. Les lignes sont tracées plusieurs fois par seconde afin de donner une nouvelle image.

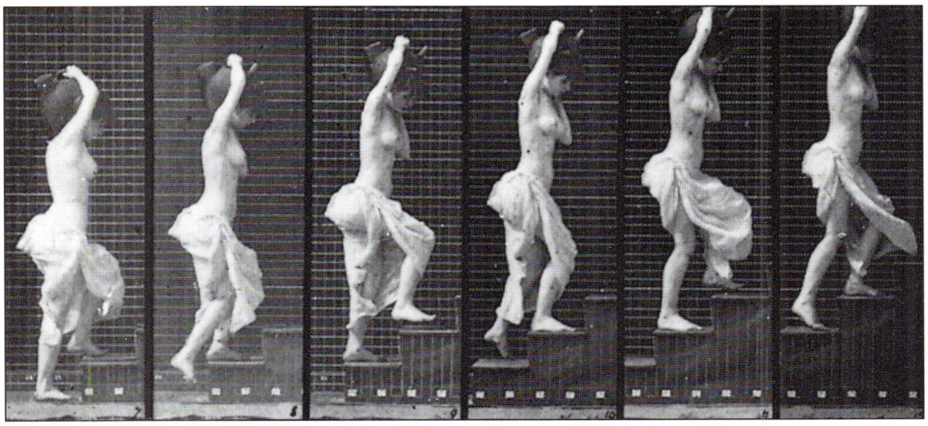

Enregistrer le mouvement

Pendant tout le XIXe siècle les inventeurs ont cherché le moyen de faire des images en mouvement. En 1877 Eadweard Muybridge (1830-1904) a été le premier à photographier le mouvement. Il prenait des photos de personnes ou d'animaux en mouvement avec une batterie d'appareils-photo. Ensuite il montait les images sur un disque de verre en rotation qu'il regardait à travers les fentes d'un disque tournant en sens inverse. Il photographia ainsi des chevaux au galop avec des appareils que les chevaux déclenchaient eux-mêmes en rompant une série de fils.

Projecteur

A la fin du siècle dernier, de nombreux foyers possédaient leur «théâtre optique». Le Français Émile Reynaud (1844-1918) développa ces «cylindres optiques» ou «praxinoscopes» qui projetaient des séquences de photographies ou de dessins animés.

Enregistrer des images

POUR PRENDRE UNE PHOTOGRAPHIE, vous n'avez besoin que d'un appareil-photo et d'un matériau sensible à la lumière. L'appareil peut être une simple boîte étanche à la lumière avec un petit trou qui tiendra lieu de lentille. Le matériau sensible peut être un film ou un papier recouvert d'une «émulsion» contenant des cristaux de sel d'argent.
Quand le trou est ouvert, les cristaux touchés par la lumière se modifient et, lorsque le film est développé, se transforment en argent. Après «fixation», l'image se retrouve sous forme de grains d'argent.

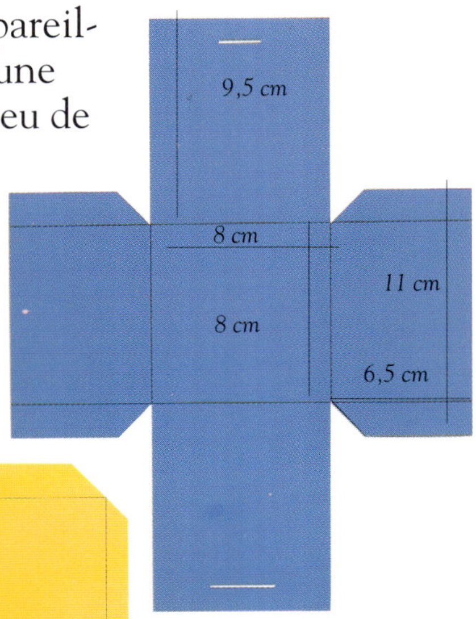

Boîte extérieure

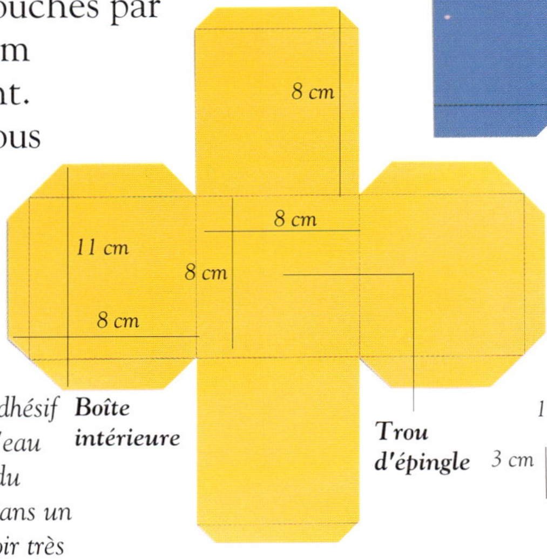

Boîte intérieure

Trou d'épingle

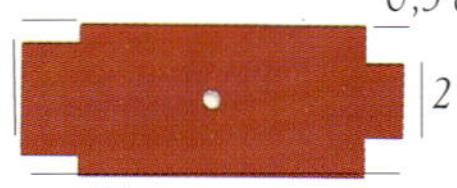

Obturateur coulissant

EXPÉRIENCE

La chambre noire

IL VOUS FAUT

● *une boîte ou du bristol noir (voir ci-contre)* ● *du ruban adhésif pour moquette* ● *du papier aluminium* ● *une épingle* ● *de l'eau* ● *3 récipients plats* ● *un récipient gradué* ● *du révélateur, du fixateur, du papier photo et une lampe rouge inactinique (dans un magasin de produits photo)* ● *du plexiglas* ● *du plastique noir très épais et opaque* ● *une lampe de poche* ● *des pinces en plastique*

1 DÉCOUPEZ DANS DU BRISTOL épais les patrons jaune et bleu pour faire la boîte ainsi que l'obturateur rouge. Incisez les lignes, pliez et collez les côtés. Collez l'adhésif à moquette à l'intérieur sur toutes les coutures pour assurer l'étanchéité.

2 VÉRIFIEZ QUE LA BOÎTE jaune entre aisément dans la boîte bleue extérieure, ouverture vers le bas. Peignez l'intérieur en noir mat. Découpez un petit trou au centre de la base de la boîte jaune et collez au-dessus (à l'intérieur) un papier d'aluminium.

3 PERCEZ UN TROU dans l'aluminium avec l'épingle et égalisez les bords avec du papier de verre. Faites un petit trou dans l'obturateur aligné avec le trou d'épingle.

4 DANS VOTRE LABO-PHOTO (voir page de droite), déballez le papier sensible, prenez une feuille et refermez le paquet. Placez la feuille, côté brillant vers le haut, contre la base à l'intérieur de la boîte bleue. Glissez la boîte jaune par-dessus, assurez-vous que l'obturateur est fermé et scellez les joints avec l'adhésif. Mettez l'appareil dans un sac épais et allumez la lumière.

5 CHOISISSEZ VOTRE SUJET – il doit être bien éclairé – et placez votre appareil sur une surface plane face à lui. Ouvrez alors l'obturateur pour découvrir le trou d'épingle et impressionner la pellicule. Le temps d'exposition peut varier beaucoup mais essayez à peu près quatre minutes. Fermez l'obturateur, remettez l'appareil dans le sac et retournez dans votre labo-photo.

Labo-photo et développement

Il vous faudra l'aide d'un adulte pour le développement.

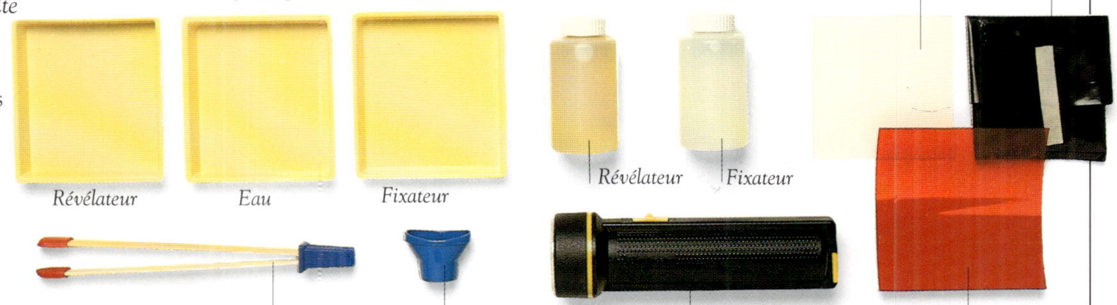

Une cuisine ou une salle de bains font un bon labo-photo car il vous faut de l'eau courante. Rendez la pièce complètement obscure en collant du plastique noir épais sur les fenêtres et suspendez une couverture au cadre de la porte. Vérifiez qu'il n'y a aucune fuite de lumière en attendant quelques minutes pour que vos yeux s'habituent à l'obscurité. Branchez la lampe rouge inactinique, ou placez une ampoule de 15 watts dans une lampe de bureau en la recouvrant de papier rouge inactinique. Mélangez les produits chimiques en lumière ordinaire en suivant soigneusement le mode d'emploi du fabricant. Installez les trois récipients côte à côte dans l'ordre indiqué ci-dessus. Placez les pinces, un couteau pointu et la lampe de poche à proximité. Allumez la lampe inactinique et enfermez-vous dans votre labo.

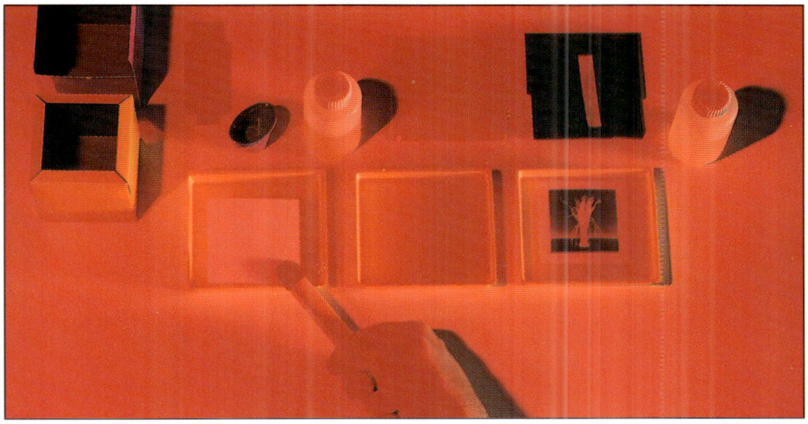

1 DÉLICATEMENT, pour pouvoir réutiliser l'appareil, découpez le ruban adhésif qui scelle les deux boîtes. Enlevez le papier sensible et glissez-le dans le révélateur, côté brillant sur le dessus. Vérifiez qu'il soit complètement immergé. Une image négative devrait apparaître. Laissez-la foncer pendant 2 à 3 minutes. Puis, à l'aide des pinces, mettez le papier dans l'eau pendant 1 minute. Ensuite, dans le fixateur pendant 5 minutes. Enfin, lavez-le abondamment dans l'eau courante et suspendez-le pour qu'il sèche.

2 POUR PROCÉDER AU TIRAGE, placez le négatif face vers le bas sur un papier photographique (côté brillant vers le haut) et recouvrez-le avec le plexiglas transparent pour le garder bien plat.

3 DIRIGEZ LA LAMPE de poche sur le négatif pendant environ 10 secondes. Enlevez le papier-photo et recommencez les opérations de développement: révélateur, eau, fixateur, lavage, et séchage.

Après le premier développement vous obtenez un négatif (zones foncées et claires inversées). Il doit maintenant être «tiré».

La photo finale. Peut-être faudra-t-il faire plusieurs essais de temps d'exposition et de développement pour obtenir une bonne image.

Images animées

AU XIXe SIÈCLE, à défaut de pouvoir regarder une cassette vidéo, on pouvait jouer avec un zoétrope. C'est un tambour où sont ménagées des fentes, et où l'on glisse une bande de dessins. Quand le tambour tourne, les dessins semblent bouger! Comme le cinéma d'aujourd'hui, le zoétrope utilise la persistance rétinienne. Quand une fente passe devant l'œil, on voit une image pendant une fraction de seconde. Avant que cette image ne soit effacée dans le cerveau, le tambour continue à tourner et donne à voir une autre image. Si le tambour tourne assez vite, les images se mélangent et donnent l'impression du mouvement.

Le zoétrope (à gauche)
L'appareil montré sur ces pages a été fait d'après le modèle original. Le mot zoétrope vient du grec et signifie «roue de la vie».

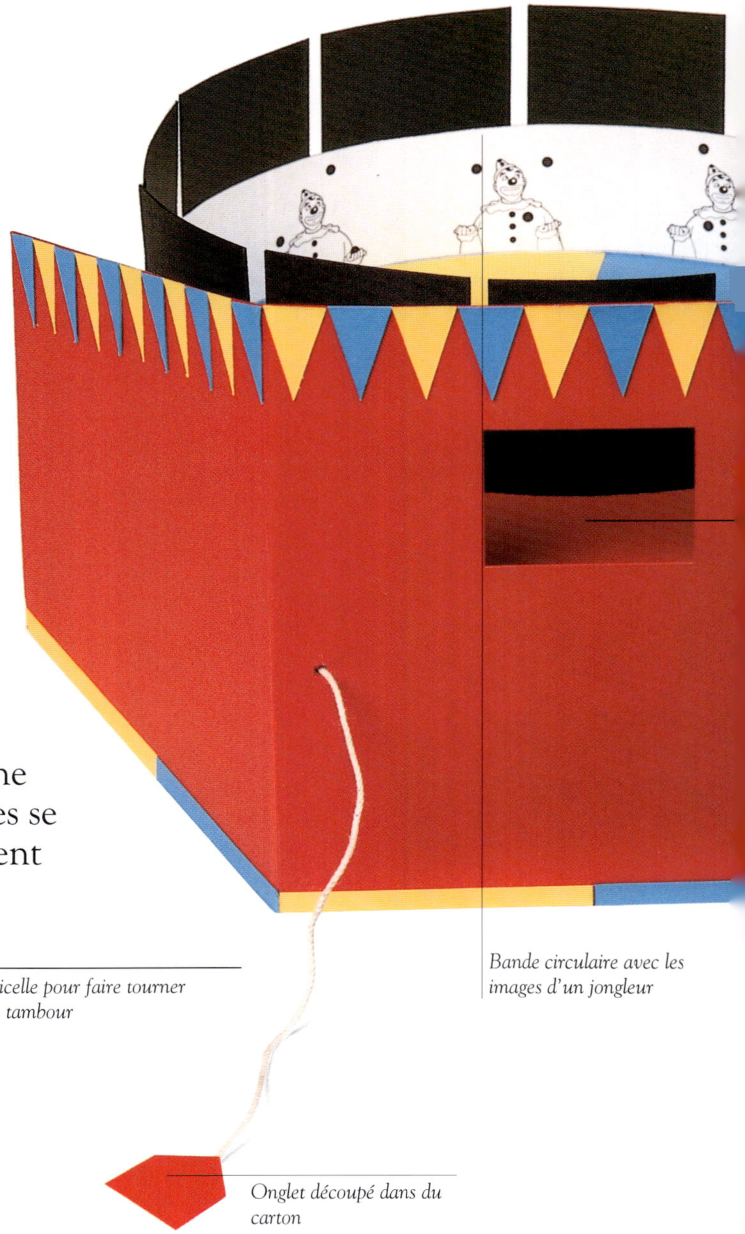

Ficelle pour faire tourner le tambour

Bande circulaire avec les images d'un jongleur

Onglet découpé dans du carton

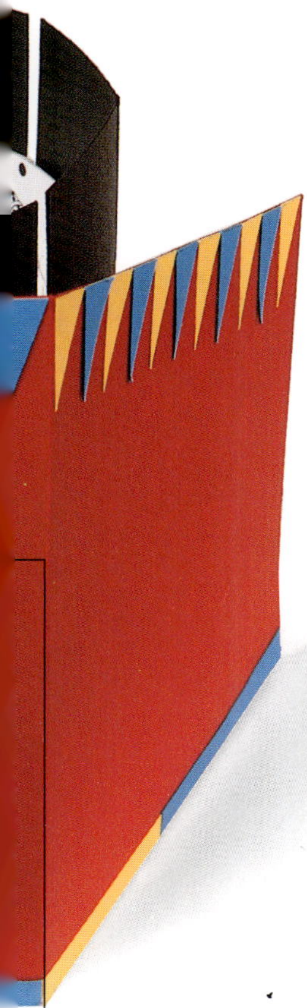

Fenêtre de visée dans laquelle la base du tambour est ajustée (voir l'éclaté).

EXPÉRIENCE

Fabriquer un zoétrope

Il faut de l'attention et de l'habileté pour construire un zoétrope, mais vous serez fier du résultat, et pourrez le garder longtemps. L'éclaté (en bas à droite) vous montre comment les différentes pièces sont assemblées. Pour les images animées, recopiez les clowns ci-dessous ou créez votre propre séquence.

Il Vous Faut

● *du bristol raide de couleur (51 x 71 cm)* ● *de la colle à papier* ● *une petite baguette ou une pique à cocktail* ● *une ficelle ou un fil* ● *du ruban adhésif* ● *du papier de couleur pour les décorations*

1 Courbez la pièce B et collez-la à la pièce F. Marquez les centres des pièces E, K et J.

2 Collez ensemble J, G et K. Insérez la baguette en mettant un peu de colle au bout et beaucoup de colle autour du trou de la pièce K. Collez J sur le dessous de F, en alignant les marques des centres.

3 Pliez D et collez-le à C. Courbez H et ajustez-le sur C. Collez E en position. Mettez l'ensemble du tambour en place en mettant l'axe dans la pièce D.

4 Assemblez la fenêtre de visée en collant A et L ensemble, puis en insérant I.

5 Collez une longueur de ficelle sur l'axe du tambour. Enroulez-le autour de l'axe, mais laissez assez de ficelle pour la faire passer par la fenêtre de visée. Tirez sur la ficelle et regardez: les silhouettes bougent !

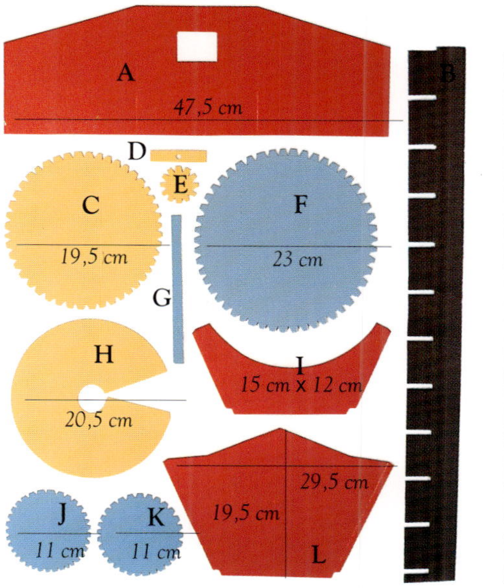

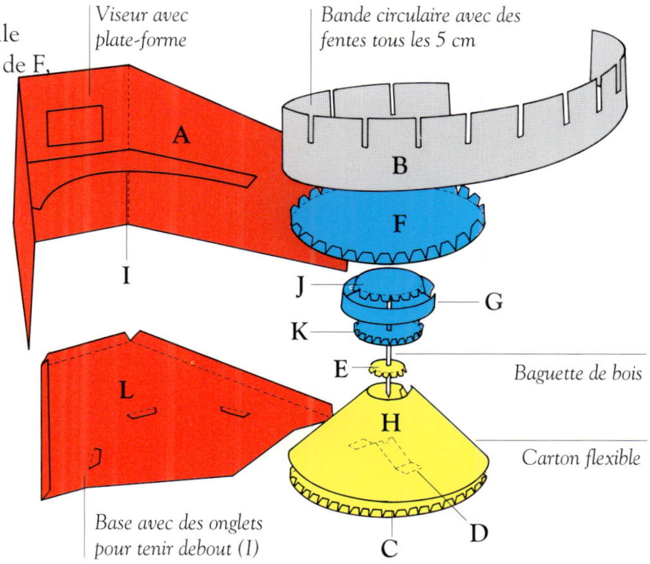

Le clown qui jongle

Les images montrent différents instants du mouvement d'un clown qui jongle.

Le mécanisme (ci-dessous)

Quand on tire, la ficelle, enroulée autour de l'axe, fait tourner le tambour.

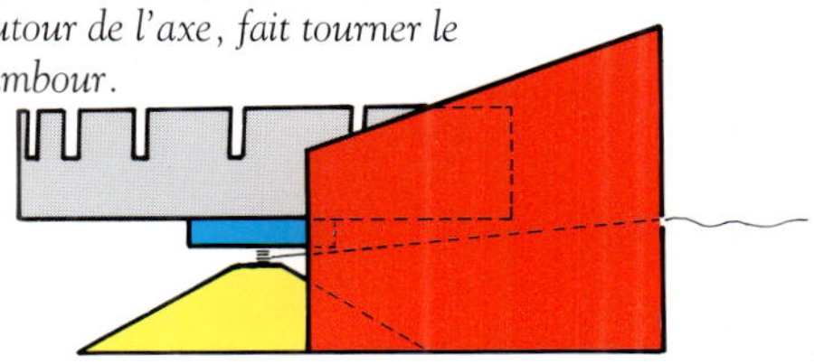

Les couleurs de la lumière

LA LUMIÈRE EST UNE SÉRIE d'ondes minuscules, et toutes ces ondes n'ont pas la même taille. Certaines sont courtes; d'autres longues. Quand nous voyons des couleurs nous voyons des lumières de différentes longueurs d'ondes. La lumière du Soleil paraît sans couleur – c'est de la lumière blanche – mais, en fait, c'est un mélange de lumières de diverses couleurs, ou longueurs d'ondes. Vous pouvez voir quelques-unes de ces couleurs dans un arc-en-ciel après la pluie. La lumière du Soleil est déviée ou réfractée par les gouttes d'eau. Les grandes longueurs d'ondes, comme le rouge, sont un peu plus déviées que les courtes, comme le violet. C'est donc un éventail de couleurs qui émerge de la goutte d'eau.

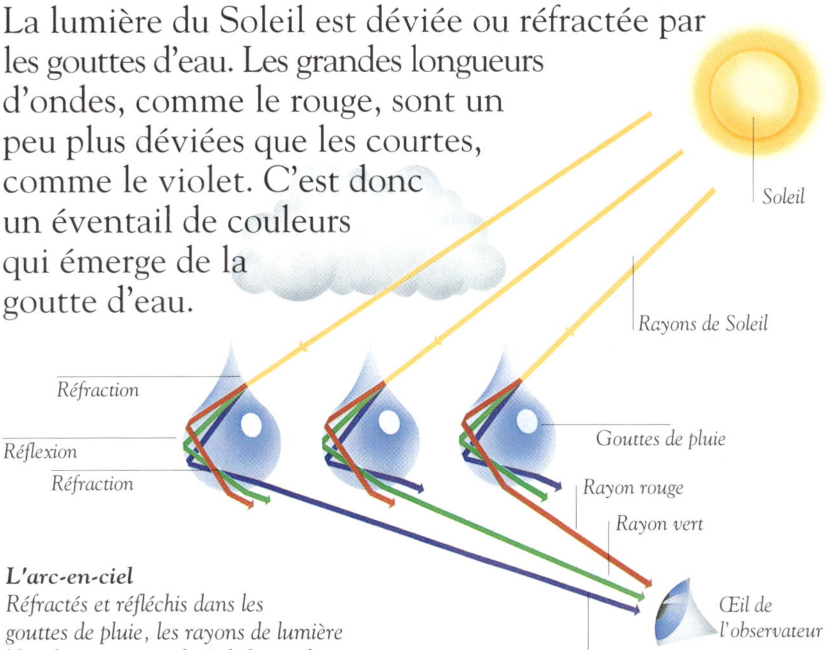

L'arc-en-ciel
Réfractés et réfléchis dans les gouttes de pluie, les rayons de lumière blanche provenant du Soleil sont dispersés en rayons colorés. Les rayons provenant de gouttes d'eau à différents endroits du ciel atteignent notre œil de telle façon que nous voyons un arc de couleurs. Ces couleurs sont le spectre de la lumière blanche.

EXPÉRIENCE

Bulles de couleurs

Les brillantes couleurs que l'on voit sur les bulles de savon sont dues à un phénomène nommé interférence. Les rayons de lumière se réfléchissent sur les faces interne et externe de la bulle. Un rayon réfléchi par la face interne parcourt un chemin légèrement plus long que celui réfléchi par la face extérieure. Ainsi les ondes des deux rayons sont légèrement décalées quand elles se rencontrent et «interfèrent» entre elles. Certaines couleurs se compensent et disparaissent; d'autres se mêlent, et créent des zones de couleurs à la surface de la bulle.

IL VOUS FAUT
● *une solution de savon concentré (faite avec du liquide pour vaisselle)* ● *une bassine* ● *un morceau de fil de fer flexible* ● *deux ou trois cuillerées à café de sucre*

1 Faites des boucles de formes quelconques avec le fil de fer. Vous pouvez essayer des boucles à deux dimensions (en haut à droite) ou des figures géométriques à trois dimensions (en bas à droite). Courbez l'extrémité du fil pour en faire un crochet.

2 Remplissez la bassine à moitié avec la solution savonneuse, ajoutez le sucre et mélangez soigneusement (le sucre rend la solution plus épaisse et plus visqueuse).

3 Plongez les boucles de fil de fer dans la solution. Sortez-les doucement et observez les couleurs. Remarquez que les couleurs changent quand le liquide descend vers le bas de la boucle.

■ DÉCOUVERTE ■

Newton et le spectre des couleurs

IL Y A 300 ANS le physicien anglais Isaac Newton dirigea un rayon de Soleil à travers une fente – dans une pièce sombre – sur un prisme de verre triangulaire. Le prisme réfracta la lumière en la dispersant en un spectre de couleurs. Quand Newton plaça un second prisme derrière le premier, les couleurs se recomposèrent pour redonner de la lumière blanche. Newton avait prouvé que la lumière blanche est faite de différentes couleurs. Il publia ses résultats en 1704 dans son célèbre livre *Optique*.

Pliez le fil de fer pour faire des films de savon à deux dimensions.

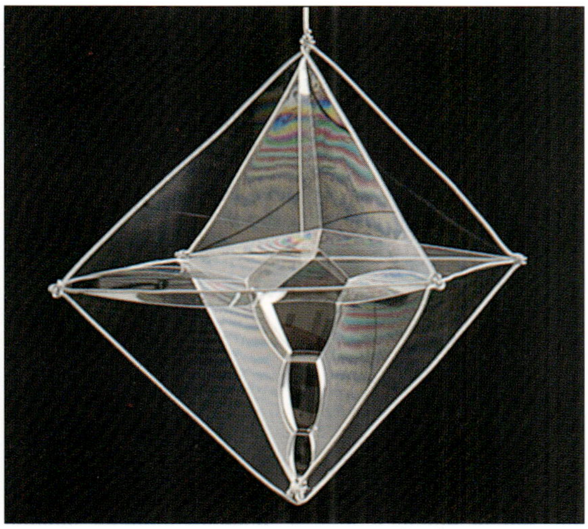

Une forme géométrique comme cet octaèdre donne une bulle à trois dimensions.

EXPÉRIENCE

Obtenir un spectre sur papier

Par un jour ensoleillé, vous pouvez réaliser l'expérience de Newton, et observer le spectre de la lumière.

IL VOUS FAUT

● *un gobelet droit* ● *un morceau de bristol avec une fente de 1 cm* ● *une feuille de papier blanc* ● *du ruban adhésif*

1 Remplissez le gobelet d'eau et collez le bristol comme indiqué sur la photo.

2 Mettez le papier blanc près d'une fenêtre et placez le verre dessus. La lumière du Soleil qui passe à travers la fente est réfractée par l'eau du verre, ce qui produit un spectre sur le papier blanc.

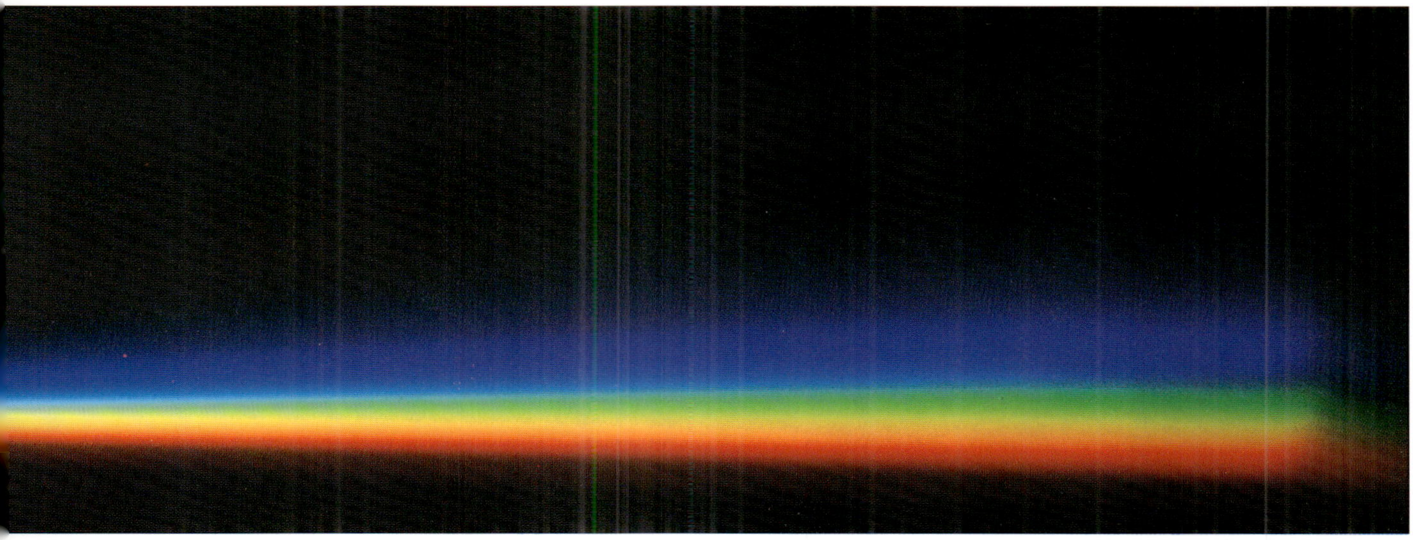

Mélanger les couleurs

VOUS ÊTES-VOUS JAMAIS DEMANDÉ comment des milliers de couleurs pouvaient apparaître sur un écran de télévision ? En fait, toutes ces couleurs résultent du mélange de trois couleurs seulement: le rouge, le vert et le bleu, qui sont les couleurs primaires. En mélangeant ces trois couleurs, on obtient de la lumière blanche, et en variant leurs proportions on obtient toutes les autres couleurs. C'est ce qu'on appelle la synthèse additive des couleurs. Cependant, nous voyons la plupart des objets grâce à la lumière réfléchie, et leur couleur résulte d'une synthèse soustractive. L'objet absorbe ou soustrait certaines couleurs de la lumière qui l'éclaire, et réfléchit le reste. Ce sont ces couleurs réfléchies qui donnent à l'objet sa couleur.

La synthèse additive
En mélangeant les trois couleurs primaires (rouge, vert, bleu), on obtient du blanc; en les mélangeant par paires, cela donne les couleurs secondaires: jaune, magenta (rose vif) et cyan (bleu-vert).

Éclairage de scène

Pour obtenir sur scène des effets surprenants on utilise des projecteurs colorés. Par exemple, faire passer l'éclairage du jaune brillant au bleu change une chaude ambiance de jour d'été en une autre, nocturne et surnaturelle. Pour créer ces effets, les techniciens de l'éclairage utilisent de puissants projecteurs de lumière blanche et un jeu de filtres colorés. Un filtre ne laisse passer qu'une seule couleur. En plaçant différents filtres devant les projecteurs, on obtient des lumières colorées, et ces lumières peuvent être mélangées pour en produire d'autres. Vous pouvez fabriquer des filtres avec du papier cellophane de couleur et vous essayer à l'éclairage de théâtre.

Ambiance lumineuse (à droite)
Un bon éclairage améliore une mise en scène en créant une ambiance chaude ou froide, avec des couleurs dures ou douces. Ici l'effet de ville en nocturne est créé par une lumière bleue avec un peu de magenta.

EXPÉRIENCE

Une boîte à voir les couleurs

La couleur d'un objet dépend de la lumière qui l'éclaire. Une tomate est rouge parce qu'elle réfléchit la lumière rouge du spectre et qu'elle absorbe les autres couleurs. Mais dans un faisceau de lumière qui ne contient pas de rouge, la tomate paraît noire. Un objet blanc réfléchit toutes les couleurs de la même façon. C'est pourquoi il a la même couleur que la lumière qui l'éclaire. Testez vous-même cette théorie de la couleur.

IL VOUS FAUT
- *une boîte à chaussures avec une grande ouverture dans le couvercle et une petite à un bout*
- *de la cellophane rouge et verte*
- *des ciseaux*
- *une lampe de poche*
- *une pomme verte*
- *une banane*
- *une carte à jouer (cœur ou carreau)*

Voir en vert
Collez la cellophane verte sous le couvercle de la boîte. Placez les fruits et la carte à l'intérieur et installez la lampe.

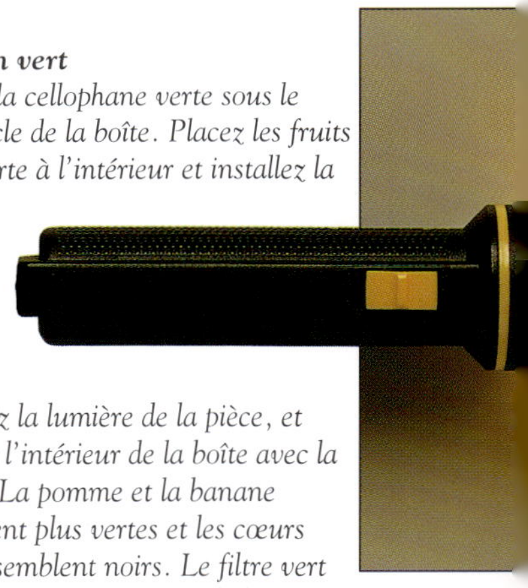

Éteignez la lumière de la pièce, et éclairez l'intérieur de la boîte avec la lampe. La pomme et la banane paraissent plus vertes et les cœurs rouges semblent noirs. Le filtre vert ne permet le passage que de la lumière verte. Il supprime la lumière rouge réfléchie par les cœurs.

Voir en rouge
Remplacez la cellophane verte par la rouge et allumez la lampe.

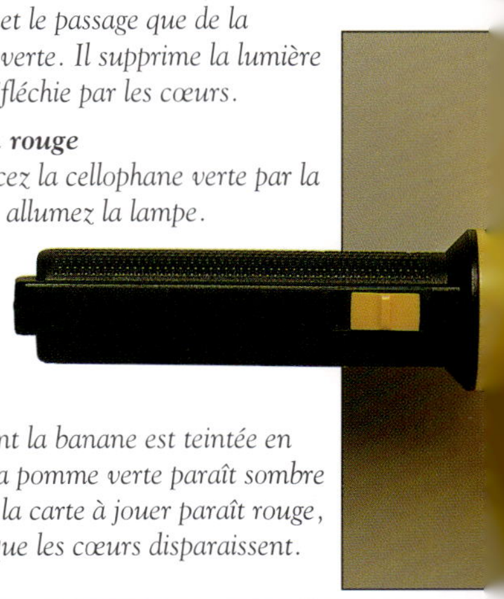

A présent la banane est teintée en rouge, la pomme verte paraît sombre et toute la carte à jouer paraît rouge, si bien que les cœurs disparaissent.

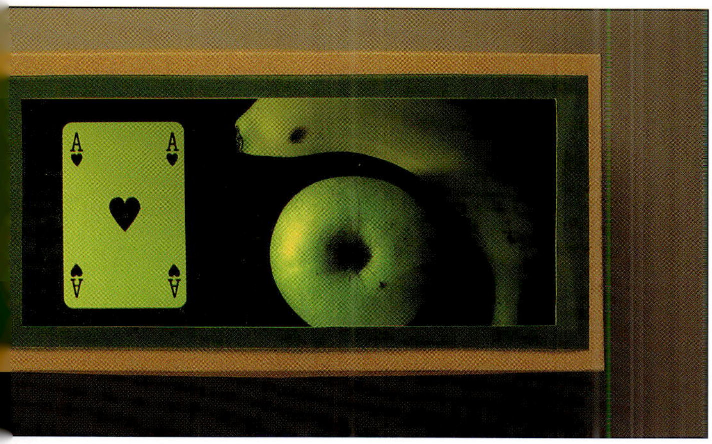

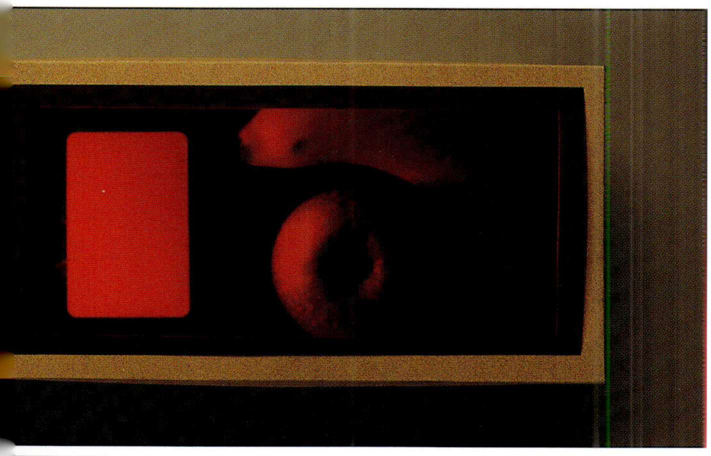

EXPÉRIENCE

Des couleurs qui virent au blanc

Cette expérience montre que la lumière blanche est un mélange de couleurs. Chaque secteur du disque réfléchit une lumière de couleur différente. Quand le disque tourne, vos yeux mélangent les couleurs et voient du blanc.

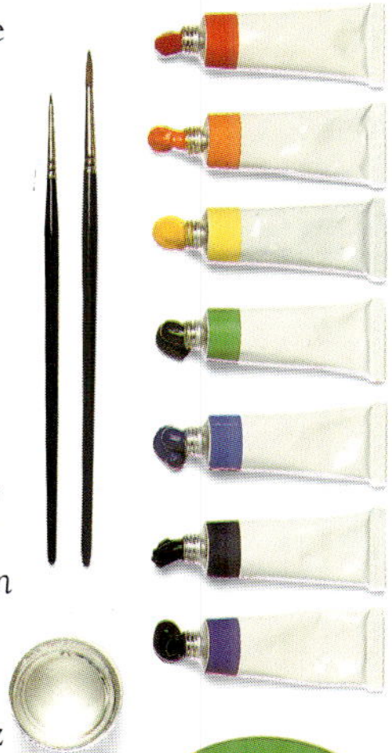

Il Vous Faut

- *du bristol blanc*
- *des ciseaux*
- *des peintures à l'eau : rouge, orange, jaune, vert, bleu de cobalt, violet*
- *des pinceaux*
- *un rapporteur*
- *un crayon*

1 Découpez le disque et divisez-le en sept secteurs avec le rapporteur. Peignez les sept couleurs du spectre sur le disque.

2 Faites un petit trou au centre du disque pour y enfoncer le crayon. Faites tourner le disque sur la pointe du crayon: les couleurs disparaissent !

La roue tourne
Quand le disque tourne vite, vos yeux n'arrivent plus à distinguer les différents secteurs et les couleurs se mélangent. Si les couleurs étaient parfaitement pures et dans les bonnes proportions, le disque paraîtrait blanc. Mais comme cela est peu probable, vous obtiendrez sans doute du gris pâle.

Pigments et peintures

VOUS PENSEZ PEUT-ÊTRE que les couleurs au cinéma sont obtenues de la même façon qu'à la télévision – en additionnant le rouge, le vert et le bleu dans les bonnes proportions (p. 96). En réalité, c'est le contraire. Le film est revêtu de colorants qui, comme des filtres, absorbent ou soustraient le rouge, le vert et le bleu de la lumière blanche. Là où vous voyez du rouge, par exemple, il y a des colorants qui absorbent le vert et le bleu de la lumière du projecteur, ne laissant passer que le rouge. Les films, les livres, les peintures et tout ce qui est imprimé utilisent des colorants et des pigments qui soustraient les couleurs de cette façon.

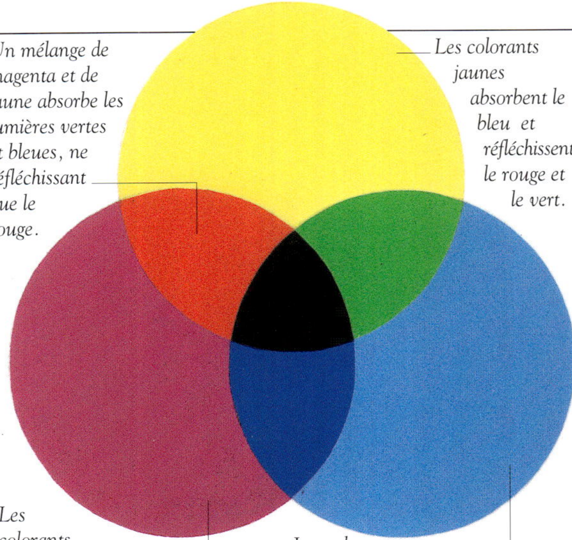

Les couleurs primaires
De même qu'en ajoutant les trois couleurs primaires – rouge, vert et bleu – on obtient toutes les autres, en mélangeant trois couleurs de base des peintures, colorants ou pigments, on peut produire toutes les couleurs. Mais les pigments primaires absorbent les couleurs: ils ne sont pas rouge, vert et bleu, mais jaune, magenta et cyan, chacun d'eux absorbant une des couleurs primaires et réfléchissant les deux autres.

Les noirs
Il est facile d'obtenir des noirs profonds. Le noir de fumée est le carbone obtenu par combustion de l'huile de lin. Les fusains sont des tiges carbonisées.

Le bois du Brésil
Cette laque orange est faite à partir de copeaux de bois du Brésil.

Les laques
A l'origine, la laque était le pigment rouge d'une substance cireuse sécrétée par certains insectes. Par la suite, on a obtenu de meilleures laques avec des oxydes de métaux.

Le «sang du dragon» (daemonorops-draco)
Résine rouge extraite de certains palmiers.

Le réséda des teinturiers
On peut obtenir une laque jaune à partir de cette plante.

Le genêt des teinturiers
On peut aussi en tirer une laque jaune.

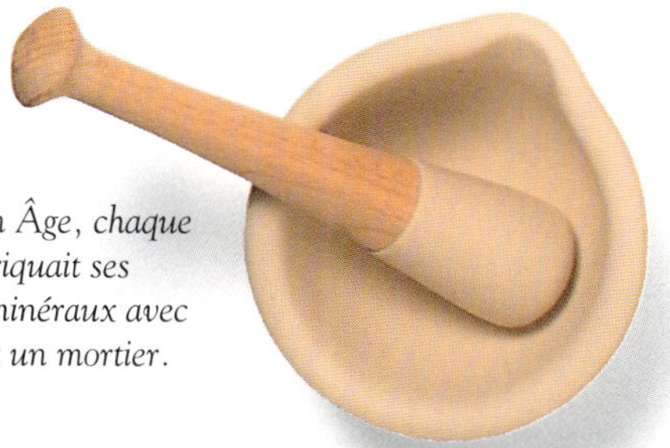

Pilon et mortier
Au Moyen Âge, chaque artiste fabriquait ses pigments minéraux avec un pilon et un mortier.

Terre rouge
Un des pigments naturels les plus anciens, cet ocre rouge-brun est obtenu en pilant de l'oxyde de fer trouvé dans la terre.

Terre verte
Elle provient d'une argile verte contenant du «vert de Guignet».

Terre jaune
Comme la terre rouge, cet ocre est un oxyde de fer. Il devient jaune lorsqu'on le mélange avec de l'eau.

Outremer
Ce pigment bleu intense très apprécié provient d'une pierre semi-précieuse, le «lapis-lazuli».

Malachite
Ce pigment vert provient d'un minerai de cuivre: «la malachite» (carbonate basique de cuivre).

Azur
Ce pigment de couleur bleu turquoise vient d'un minerai de cuivre, l'«azurite» (carbonate de cuivre).

Minium
Ce pigment, obtenu en chauffant de l'oxyde de plomb à 400 °C, est de moins en moins utilisé car il est toxique

Vermillon
Ce rouge vif, utilisé dès la Préhistoire en Chine, est obtenu à partir du «cinabre» (sulfure de mercure) que l'on trouve dans les roches volcaniques.

Liant
Pour obtenir une couche unie, les pigments sont mélangés avec un liant. Le jaune d'œuf en est un exemple.

Blanc de plomb
Les artistes ont autant besoin de blanc que d'autres couleurs. Ceci est le blanc habituel des peintres.

La palette de l'artiste

Les pigments sont utilisés depuis l'âge de pierre, il y a 12 000 à 30 000 ans quand les cavernes ont été peintes avec des terres et des argiles colorées comme l'oxyde de fer et l'ocre jaune – souvent mélangés à de la graisse animale pour les rendre imperméables. Mais les colorants qu'utilisaient les artistes du néolithique, surtout des rouges et des bruns, étaient peu nombreux.

Au cours des siècles, on a découvert de plus en plus de pigments naturels et au Moyen Âge, les artistes disposaient d'une vaste gamme de pigments, et les teinturiers de nombreuses nuances, du bleu profond obtenu à partir du lapis-lazuli au vert vif de la malachite. Certains pigments provenaient de minéraux, d'autres de plantes ou d'animaux.

Les liens commerciaux entre l'Europe et l'Orient élargirent encore cette gamme. La première teinture synthétique, la «mauvéine» ne fut fabriquée qu'en 1856. Depuis, des centaines de colorants et de pigments artificiels ont été créés.

Les peintures de la Renaissance

Les peintures du début de la Renaissance italienne (XIVe et XVe siècles) étaient généralement des émulsions à l'œuf (tempéra), déjà utilisées par les Égyptiens. Plus tard, les maîtres italiens peignirent à l'huile avec des pigments en poudre dispersés dans de l'huile de lin.

Ondes lumineuses

IL Y A DEUX SIÈCLES, deux théories de la lumière s'affrontaient. Certains, suivant en cela Isaac Newton, pensaient que la lumière était formée de petites particules ou corpuscules. D'autres, comme Thomas Young, pensaient que la lumière était une onde. Young apporta un argument convaincant en 1801 avec son expérience de la double fente. Il dirigea un faisceau de lumière vers deux fines fentes pratiquées dans un écran. Il obtint ainsi deux faisceaux qui, en se recombinant, donnèrent sur un écran une figure faite de bandes alternées sombres et lumineuses. Seule la théorie de Young pouvait rendre compte de ce résultat. La figure est due à l'*interférence* entre les ondes des deux faisceaux. Beaucoup de savants acceptèrent cette interprétation et la théorie ondulatoire de la lumière fut largement acceptée. De nos jours les scientifiques pensent qu'il est impossible de déterminer réellement la nature de la lumière. Elle se comporte parfois comme des ondes, et parfois comme des particules. Mais, dans de nombreux cas, on peut, comme Young, considérer qu'elle est constituée d'ondes.

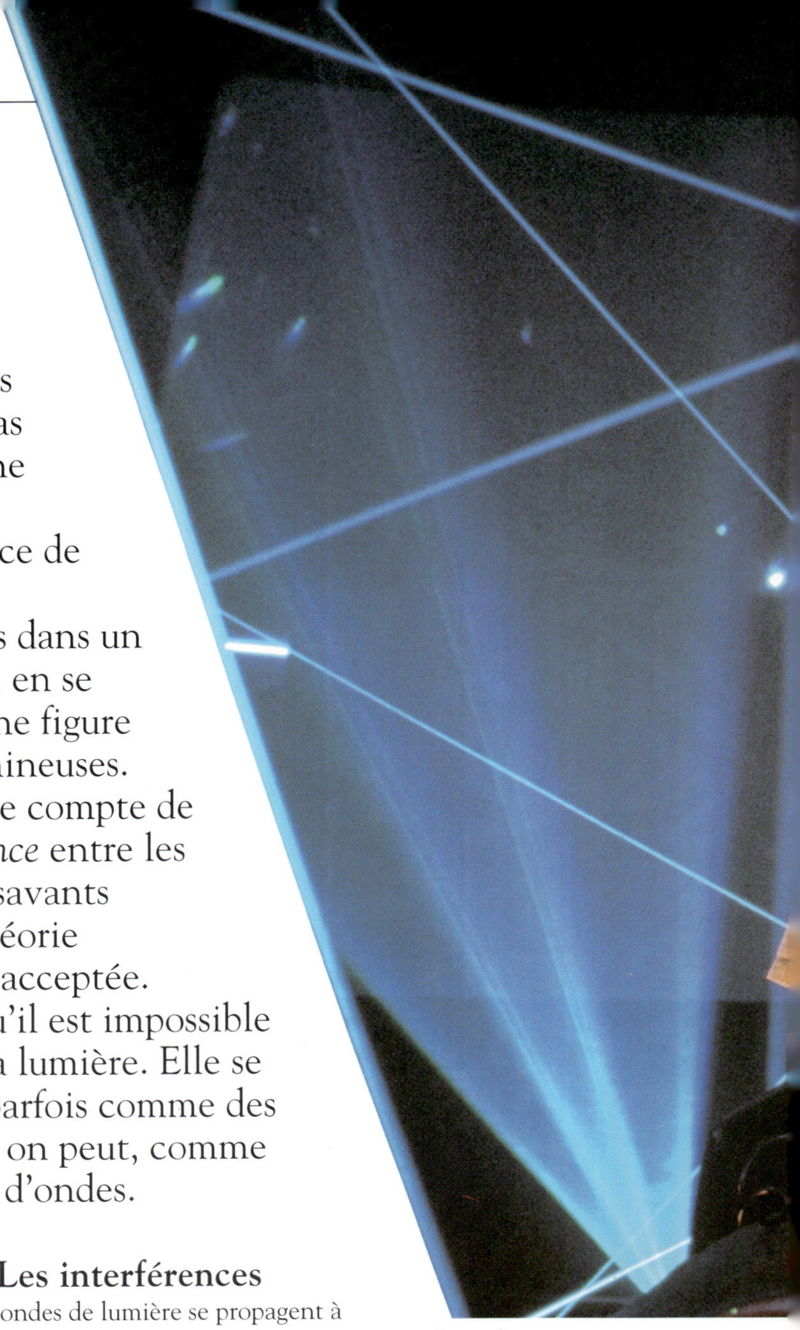

Art et laser
Les films et les concerts de rock utilisent des lasers pour produire de surprenants effets spéciaux.

Les interférences

Les ondes de lumière se propagent à partir de leur source en cercles croissants, comme les rides sur l'eau. Quand deux ondes se rencontrent elles s'ajoutent en certains points et s'annihilent en d'autres. Ce phénomène, nommé interférence, produit les bandes sombres et lumineuses observées par Young. Pour les ondes provenant de chaque fente qui ont parcouru la même distance, les creux et les crêtes sont en phase : ils s'ajoutent et donnent une bande brillante. Quand une crête rencontre un creux, les ondes s'annihilent, donnant une bande sombre.

Sur la crête d'une onde (à gauche)
Le faisceau de lumière rouge d'un laser passe à travers un réseau de diffraction – surface comportant des centaines de microscopiques traits parallèles. Ces traits, comme des fentes, divisent la lumière en de nombreux faisceaux qui se dispersent (se diffractent). Ces faisceaux interfèrent lorsqu'ils se rencontrent.

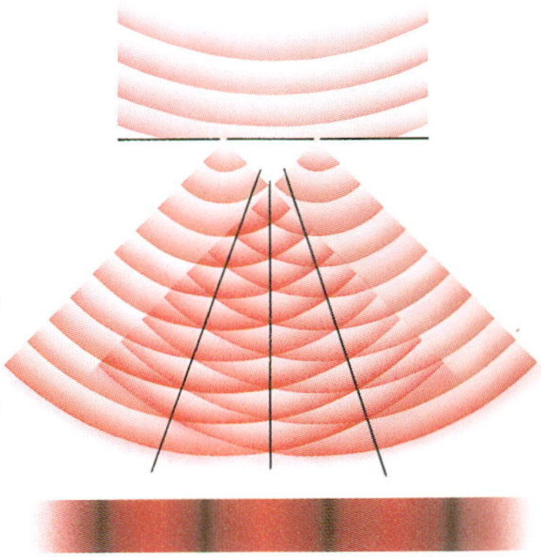

L'expérience de la double fente
Dans l'expérience de Young, une seule source de lumière est divisée en deux faisceaux qui interfèrent pour donner des bandes sombres et lumineuses alternées.

■ La lumière du laser

Les lasers produisent un fin pinceau de lumière qui se propage sur de grandes distances sans s'élargir. L'énergie lumineuse étant concentrée dans un tout petit espace, les lasers peuvent découper des métaux et d'autres matériaux. Le tube d'un laser contient un mélange de gaz comme l'hélium et le néon, ou un cristal comme le rubis. Une source d'énergie électrique «excite» les atomes (leur donne de l'énergie). Les atomes réémettent cette énergie sous forme d'impulsions lumineuses. Les ondes lumineuses font des allées et venues dans le tube, excitant d'autres atomes. Finalement, un rayon de lumière laser est émis.

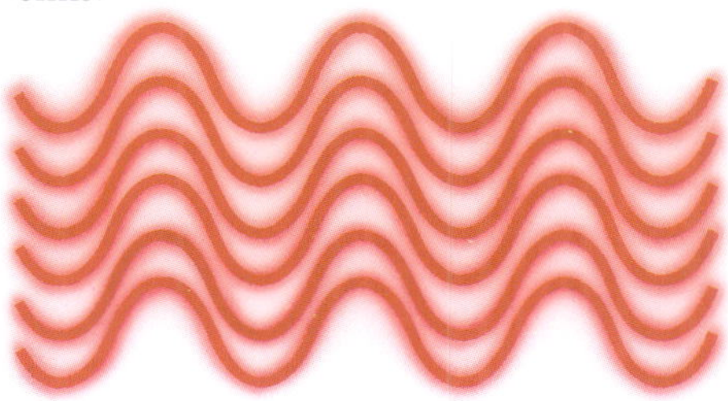

Qu'est-ce que la lumière laser?
La lumière ordinaire est un fouillis de longueurs d'ondes. La lumière laser, au contraire, est cohérente : les ondes ont toutes la même longueur, et leurs crêtes coïncident.

■ Lumière polarisée

La lumière d'une source ordinaire, une ampoule par exemple, est constituée d'ondes qui vibrent dans toutes les directions. Des filtres spéciaux peuvent produire de la lumière polarisée dans laquelle les ondes ne vibrent que dans une seule direction. La lumière polarisée peut mettre en évidence les contraintes subies par un morceau de plastique: les molécules du plastique divisent la lumière en deux rayons qui sont polarisés dans des directions légèrement différentes. Les deux ondes interfèrent et produisent une figure de bandes colorées.

Sous tension
Quand on place entre deux filtres polariseurs une règle et un plat en plastique, les bandes d'interférence colorées révèlent les zones de contrainte dans ces objets.

LE SON

LE MONDE OÙ NOUS VIVONS est un monde sonore. Près de la piste d'un aéroport, le niveau de bruit peut être assez fort pour endommager les oreilles. Même dans les moments les plus calmes, certains sons nous parviennent inévitablement, qu'il s'agisse du bruissement des feuilles ou de notre propre respiration.

Les gens ont deviné très tôt – dès l'époque de la Grèce antique, il y a 2 500 ans – que le son est dû à des vibrations de l'air. Le célèbre philosophe grec Aristote (384-322 av. J. -C.) pensait que la lumière et le son se propageaient dans l'air comme les vagues dans la mer. S'il en est bien ainsi, raisonnait-il, ni l'un ni l'autre ne peuvent se propager dans le vide où il n'y a pas d'air pour les transmettre.

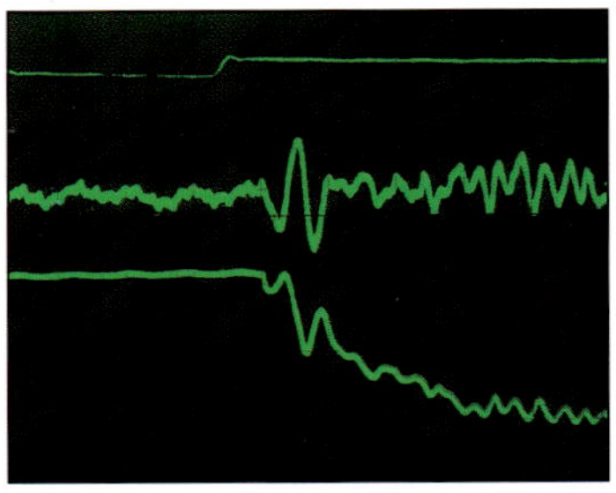

Les ondes sonores se propagent dans l'air en le comprimant et le dilatant sur leur passage. On voit très bien sur l'écran de cet oscilloscope les crêtes où l'air est comprimé et les creux où il est dilaté. Les pics les plus importants correspondent aux sons les plus forts.

Cependant, il fallut près de 2 000 ans pour que l'on sache faire le vide et que l'on puisse vérifier si Aristote avait raison. Il était d'ailleurs convaincu qu'on ne pourrait jamais faire le vide. Au début du XVIIe siècle, les scientifiques essayèrent de vider l'air d'un bocal pour savoir si l'on pouvait entendre une cloche sonner à l'intérieur, mais ils ne parvinrent jamais à enlever tout l'air du bocal.

La cloche silencieuse

Finalement, vers 1640, Evangelista Torricelli (1608-1647) réussit à créer du vide (p. 117). Il apparut aussitôt qu'Aristote s'était trompé à propos de la lumière: elle pouvait traverser le vide sans aucune difficulté.

Par contre, Aristote avait vu juste en ce qui concerne le son. En 1654, Otto von Guericke (1602-1686), maire de Magdebourg en Allemagne, inventa une pompe à vide et put faire avec succès l'expérience de la cloche dans le vide. Quand la pompe eut aspiré tout l'air du bocal, Guericke put voir la cloche tinter silencieusement dans le vide.

Le grand savant irlandais Robert Boyle (1627-1691) confirma les résultats de Guericke. En utilisant une version améliorée de la pompe de Guericke – due à l'inventif Robert Hooke (1635-1703) –, Boyle pompa doucement l'air d'une cloche de verre contenant une pendule bruyante. Au fur et à mesure que Boyle pompait, le bruit de la montre devenait plus faible, puis il vit les aiguilles de la pendule tourner sous la cloche sans entendre le moindre son. Il laissa alors entrer l'air dans la cloche et entendit à nouveau le tic tac de la pendule. Ainsi, il était clair que le son a besoin d'air pour se transmettre. En fait, le son se propage encore mieux dans les solides ou les liquides que dans l'air, mais la plupart des sons nous parviennent en se propageant dans l'air. Ce que prouve l'expérience de Boyle, c'est que le son est transmis par le matériau où il se propage.

De quelle façon? Voyez p. 104.

Les vibrations qui produisent les ondes sonores sont visibles quand on frappe un gong de grandes dimensions.

La forme d'une cloche amplifie les mouvements de l'air déclenchés par l'impact du battant sur le métal.

La vitesse du son

Il y a 1 900 ans, l'écrivain romain Pline (23-79) concluait que la lumière se propageait plus vite que le son, puisqu'il pouvait voir la lumière d'un éclair avant d'entendre le fracas du tonnerre.

Vous pouvez vérifier cela vous-même: la prochaine fois qu'il y aura un orage, essayez de chronométrer le temps que mettent les coups de tonnerre pour vous parvenir. La lumière se propage si vite que vous voyez l'éclair quasiment au moment où il se produit. Mais le son se propage plus lentement et il faut un certain temps pour que le tonnerre nous parvienne. Puisque nous connaissons la vitesse du son, nous pouvons évaluer la distance de l'orage en mesurant l'intervalle de temps entre l'éclair et le tonnerre. Le son parcourt 340 m en une seconde, soit à peu près 1 km en trois secondes.

La première tentative sérieuse pour mesurer la vitesse du son date du début du XVIIe siècle. Un moine franciscain nommé Marin Mersenne (1588-1648) essaya deux méthodes. L'une consistait à se placer à une distance donnée face à un mur, à crier et à mesurer le temps mis par l'écho pour revenir. L'autre consistait à demander à un assistant de tirer un coup de feu à une distance connue. Frère Mersenne mesurait alors le temps entre le moment où il voyait l'éclair du coup de feu et celui où il entendait le

Les chauves-souris se dirigent dans le noir total grâce à l'écho des cris ultrasonores qu'elles émettent.

bruit. A cette époque il n'existait pas de moyen pour mesurer les secondes avec précision et le Frère fit une estimation en comptant ses battements de cœur.
De cette façon, il obtint une vitesse d'environ 450 m par seconde. Un siècle plus tard, en 1738, les membres de l'Académie des sciences de Paris firent tirer deux canons à 18 km de distance et mesurèrent le temps entre l'éclair et le son. Ils en déduisirent une vitesse du son de 332 m par seconde (m/s). Comme la température était de 0 °C le jour de l'expérience, ce résultat est en très bon accord avec les mesures les plus modernes.

Des vitesses variables

En 1740, un Italien, le comte Brianconi, montra que le son se propage plus vite dans l'air chaud. On estime actuellement que la vitesse du son est de 344 m/s à 20 °C.
Le son se propage beaucoup plus vite encore dans les solides et les liquides. La vitesse du son dans l'eau pure est environ 1 500 m/s ; dans l'acier massif elle atteint presque 6 000 m/s. Mais contrairement à ce qu'on a longtemps pensé, les sons aigus et les sons graves se propagent exactement à la même vitesse.

Dans les vieux gramophones, les vibrations sonores étaient enregistrées sous forme de bosses sur des cylindres de plastique.

Les ultrasons

Au cours du XXe siècle, les savants ont découvert toute une gamme de sons que nous ne pouvons entendre, même avec une ouïe parfaite. Il y a des sons plus hauts que les sons audibles les plus aigus, et que l'on nomme les ultrasons. Il y a aussi des sons trop graves pour être audibles, les infrasons.

Bien que ces sons nous soient inaudibles, ils peuvent être entendus – et émis – par d'autres créatures. Les chauves-souris et les dauphins, par exemple, peuvent entendre des ultrasons dont la fréquence (p. 106) est six fois plus élevée que la plus haute fréquence audible. La limite supérieure pour les humains est autour de 20 000 Hz (hertz : ondes par seconde), mais les chauves-souris et les dauphins peuvent pousser des cris à 120 000 Hz ou plus, et peuvent aussi les entendre. Une des caractéristiques des ultrasons est d'être très directifs, presque comme un rayon de lumière. C'est pourquoi les ultrasons permettent aux chauves-souris de «voir» dans l'obscurité totale et aux dauphins de se diriger sous l'eau. Quand elle vole dans le noir, une chauve-souris pousse continuellement des cris ultrasoniques. Ces ultrasons se réfléchissent (rebondissent) sur les objets qu'ils rencontrent et sont captés par l'animal.

A partir du temps nécessaire pour percevoir l'écho, et de la direction de cet écho, la chauve-souris construit une image sonore de son environnement qui lui permet de se diriger dans des cavernes complètement obscures.

Le sonar des bateaux et des sous-marins (p. 110) utilise l'écho des ultrasons d'une façon similaire, et l'on découvre toutes sortes de nouvelles applications de ce repérage par ultrasons.

Dans l'industrie, par exemple, les ultrasons permettent de détecter des défauts invisibles dans les pièces métalliques. Le défaut réfléchit les ultrasons exactement comme le ferait un objet sous l'eau, et l'on peut ainsi détecter dans les réacteurs nucléaires des craquelures de la taille d'un cheveu qu'il serait désastreux de ne pas repérer.

En médecine, les ultrasons donnent une «échographie» du ventre des futures mères, permettant aux docteurs de surveiller la croissance du bébé avant sa naissance. Contrairement aux rayons X, les ultrasons n'ont pas d'effets néfastes connus, et ils donnent de superbes images en temps réel.

Dans les équipements de détection, les ultrasons utilisés sont de faible puissance. Mais les «canons à ultrasons» de grande énergie peuvent fracasser des poutres métalliques.

En médecine, des appareils appelés lithotripteurs sont utilisés pour pulvériser les calculs rénaux sans intervention chirurgicale.

Le lithotripteur émet de courtes rafales d'ultrasons centrées sur le rein.

Le tissu sain n'est pas touché par le son car il est élastique et se déforme à chaque impact. Mais les calculs sont trop rigides pour se déformer, et les vibrations à haute fréquence les réduisent en miettes.

Un avion supersonique comme le Concorde vole plus vite que la vitesse du son. Quand il accélère pour atteindre de telles vitesses, il passe le mur du son, comprimant l'air et créant un «bang» sonore (p. 107).

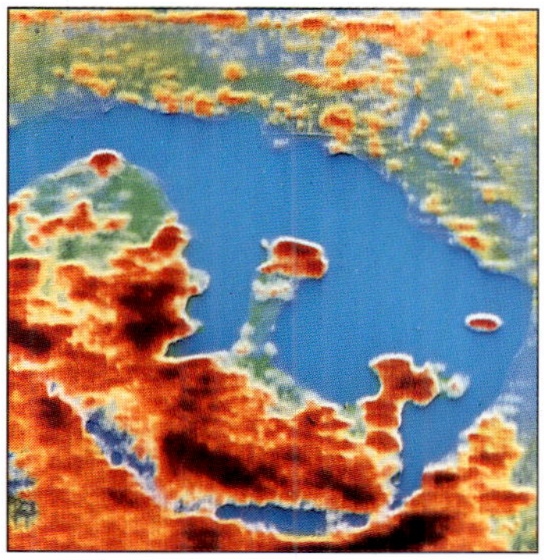

L'échographie donne une image saisissante du fœtus dans le ventre de sa mère. Les images sont souvent colorées artificiellement par ordinateur.

Qu'est-ce que le son ?

LES SONS QUE VOUS ENTENDEZ sont produits par des vibrations. Parfois, vous pouvez voir ces vibrations. Pincez un élastique tendu; il bourdonne et vous pouvez le voir vibrer rapidement. Tapez dans vos mains, vous ne verrez rien : mais il y a quand même des vibrations. Ce ne sont pas seulement l'élastique ou vos mains qui vibrent, vous entendez un son car l'air vibre lui aussi. Quand une source sonore vibre, elle bouscule les molécules d'air alentour; celles-ci à leur tour font vibrer les molécules voisines – et le son se propage à travers l'air jusqu'à vos oreilles sous forme de petites vibrations, ou ondes sonores. Les ondes sonores peuvent se propager dans les solides et les liquides comme dans l'air et même plus rapidement, car les molécules y sont plus proches. Le véritable silence n'existe que dans le vide, car le son ne peut se propager sans molécules.

Crash, boum !!
Quand vous heurtez une cymbale, elle vibre rapidement, envoyant des séries de vibrations – les ondes sonores – dans l'air.

Les ondes sonores

Les ondes sonores ne ressemblent pas aux vagues de la mer. Les vagues montent et descendent faisant des creux et des crêtes à la surface: ce sont des ondes transversales. Les ondes sonores, elles, sont longitudinales. Cela signifie qu'elles compriment et dilatent l'air alternativement, comme le ressort ci-dessous.

Quand un son est produit, les molécules d'air près de la source sont comprimées. Elles bousculent à leur tour les molécules situées devant elles, puis sont tirées en arrière par les molécules situées derrière. C'est ainsi que se propagent dans l'air les compressions et les dilatations.

Comment entendons-nous ?

Sans nos oreilles les sons ne seraient que des vibrations de l'air. Les oreilles captent les milliers de vibrations différentes et envoient – via le nerf auditif – des signaux au cerveau qui les interprète.
Avec nos deux oreilles nous pouvons localiser assez précisément l'origine des sons: un son arrive à nos deux oreilles avec un petit décalage. Le cerveau interprète ce décalage pour identifier la source du son. La plus grande partie de l'oreille se trouve à l'intérieur de la tête.

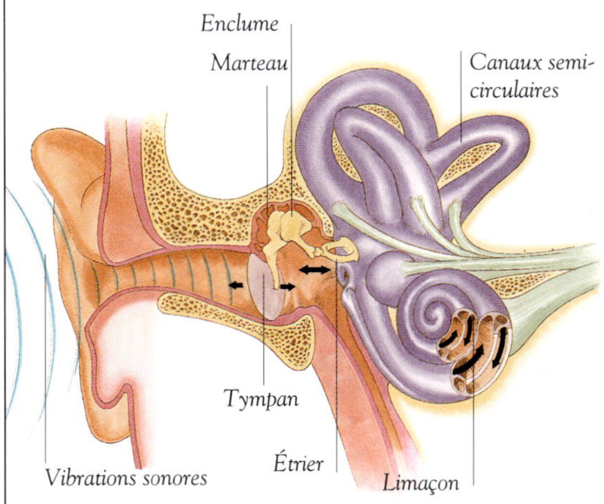

Les pavillons situés à l'extérieur canalisent les sons par un conduit jusqu'au tympan – une peau tendue comme la peau d'un tambour.

Le tympan est si fin que même les sons les plus faibles le font vibrer, et quand il vibre, il fait bouger un tout petit os, le marteau, contre un autre os, l'enclume. L'enclume à son tour actionne un troisième os, l'étrier.

De cette façon, les vibrations sont amplifiées et transmises à l'oreille interne ou limaçon. Le limaçon (ou cochlée) est enroulé comme la coquille d'un escargot et tapissé de minuscules poils. Il est rempli d'un liquide où les sons se propagent facilement. Quand les ondes sonores vibrent dans le limaçon, elles agitent les poils qui stimulent des cellules nerveuses, lesquelles envoient alors des signaux par le nerf auditif jusqu'au cerveau.

Les molécules d'air sont comprimées à certains endroits…

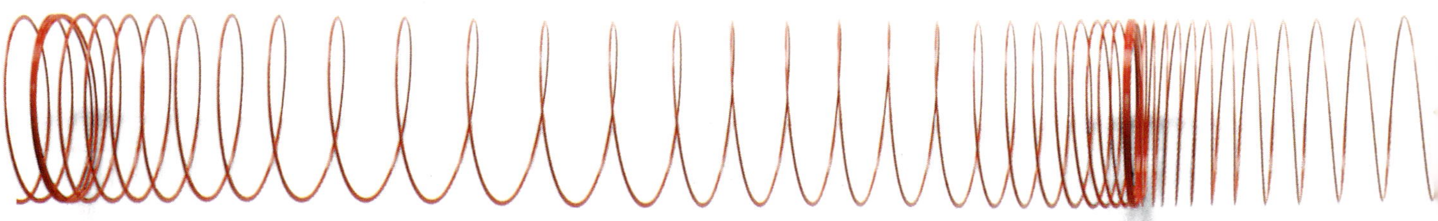

EXPÉRIENCE

Voir les vibrations

Vous ne pouvez pas voir les ondes sonores dans l'air mais vous pouvez voir leurs effets. Cette expérience où des grains de sucre dansent sur la membrane d'un tambour fait maison montre bien que le son est une vibration.

Il Vous Faut

- *le couvercle d'une grande boîte à biscuits*
- *une feuille de plastique*
- *un gros élastique*
- *un moule à gâteau rond*
- *une cuillère en bois*
- *du sucre brun*

1 Fabriquez un tambour en étirant une feuille de plastique sur un moule à gâteau rond.
2 Mettez l'élastique autour du moule pour maintenir le plastique.
3 Saupoudrez une cuillerée de sucre brun sur la membrane du tambour.
4 Tenez le couvercle près du tambour et frappez-le fortement avec la cuillère en bois.

Vous voyez le sucre sautiller sur la peau du tambour.

Comment ça marche ?

Quand vous tapez sur le couvercle, le métal continue à vibrer après le choc. Quand il vibre, il fait vibrer l'air alentour.
Ces petites vibrations de l'air (les ondes sonores) se propagent rapidement dans toutes les directions. Quand elles atteignent la membrane du tambour, elles la font vibrer aussi et les grains de sucre se mettent à sauter. L'onde sonore qui atteint votre oreille vous transmet le bruit.

... étirées à d'autres... *... et comprimées à d'autres endroits...* *... et c'est comme cela que le son se déplace.*

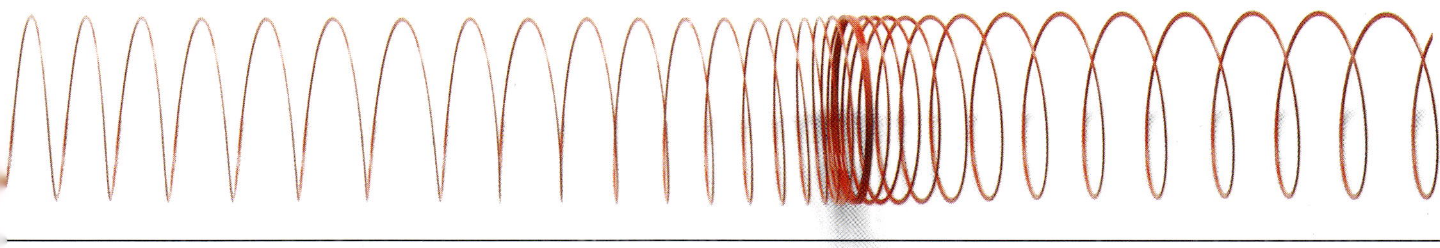

Hauteur et timbre

QUAND UNE GROSSE CAISSE VIBRE, vous entendez un son grave. Quand une mouette crie, vous entendez un son aigu. La différence entre les deux est essentiellement la fréquence de leurs ondes sonores. Si les vibrations se succèdent lentement, le son est grave, si leur succession est rapide, le son est aigu. On mesure les fréquences en hertz (Hz) – vibrations par seconde. Nos oreilles ne peuvent entendre que les sons de 20 Hz à 20 kHz (20 000 Hz) environ. Les sons de fréquence supérieure à 20 kHz sont appelés des ultrasons, et même si nous ne pouvons les entendre, ils peuvent être détectés par les chauves-souris et les dauphins. Les échos d'ultrasons peuvent être utilisés pour construire des images sur un écran ; on détecte ainsi les fissures dans les immeubles ou encore les malformations d'un fœtus.

Très peu de sons ne contiennent qu'une seule fréquence. La plupart ont une fréquence de base ou « fondamental » et toute une série d'« harmoniques » plus faibles. Ce sont ces harmoniques qui nous permettent de distinguer un même son émis par divers instruments.

L'écholocation
Une chauve-souris qui cherche sa nourriture envoie des ultrasons qui se réfléchissent sur sa proie. Elle la localise grâce à l'écho.

L'orchestre de bouteilles
Mettez en rang plusieurs bouteilles et remplissez-les avec des quantités décroissantes d'eau. Soufflez dans chaque bouteille pour faire vibrer la colonne d'air qu'elles contiennent. Ecoutez le son produit par chaque bouteille. Laquelle émet le son le plus grave ? le plus aigu ? Plus la colonne d'air est courte plus le son est aigu; c'est donc la bouteille la plus pleine qui donne la note la plus élevée.

Ondes et fréquences

Les hautes fréquences ne se propagent pas plus vite que les basses: elles se propagent toutes à la vitesse du son. Bien que les ondes des hautes fréquences se succèdent rapidement, elles sont bien plus courtes que les ondes de basse fréquence. Imaginez un adulte et un enfant marchant côte à côte. S'ils marchent à la même vitesse, l'enfant doit faire davantage de pas parce que ses pas sont plus courts.

La hauteur, cependant, ne dépend pas que de la fréquence. Les notes très graves paraissent encore plus graves quand elles sont fortes, et il en va de même avec les notes aiguës.

EXPÉRIENCE

L'effet Doppler

Si vous écoutez attentivement la sirène d'une voiture de police passant près de vous, ou le fracas de deux trains qui se croisent vous pouvez entendre un curieux phénomène affectant la hauteur du son. Au lieu de rester constant, le son paraît plus aigu quand la voiture s'approche, puis plus grave quand elle s'éloigne. En fait, la hauteur du son ne change pas; cette impression tient à ce que les ondes vous parviennent plus vite quand la voiture se rapproche. On appelle cela l'effet Doppler du nom du physicien autrichien Christian Doppler qui le décrivit le premier il y a 150 ans. Vous pouvez facilement le mettre en évidence vous-même.

IL VOUS FAUT
- *un ami sur une bicyclette*
- *un sifflet*

Passer le mur du son
Quand un avion vole plus vite que les ondes sonores qu'il crée, il les rattrape et comprime l'air fortement, créant une onde de choc que nous entendons comme un bang.

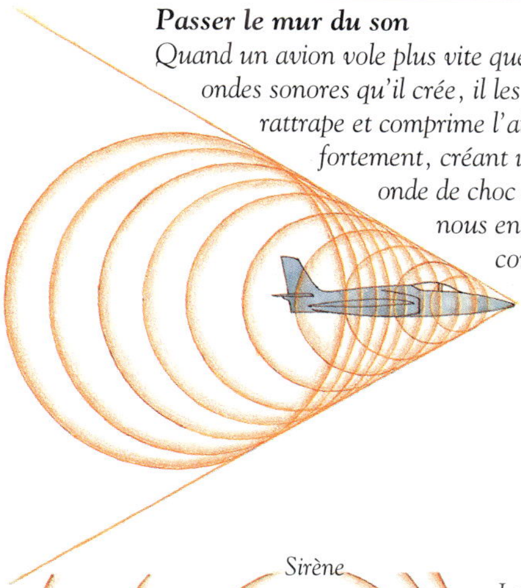

Le son monte et descend
Quand une voiture de police vient vers vous, elle comprime les ondes sonores émises par la sirène: elles paraissent plus aiguës qu'elles ne sont. Quand la voiture s'éloigne, les ondes s'étirent et le son paraît plus grave.

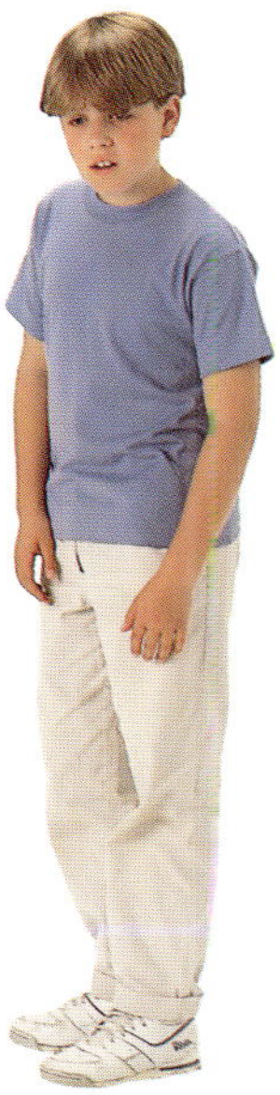

1 DEMANDEZ À UN AMI de passer lentement devant vous à bicyclette en sifflant.

2 ÉCOUTEZ SOIGNEUSEMENT : y a-t-il un changement de hauteur du son?

3 MAINTENANT demandez-lui de passer à toute vitesse, toujours en sifflant. Cette fois vous devriez entendre la note monter puis descendre.

Le timbre

Une flûte et un violon donnent des sons très différents même quand ils jouent exactement la même note. En effet chaque instrument de musique émet, en plus du fondamental, des harmoniques caractéristiques. Les ondes sonores émises par un instrument de musique peuvent être représentées par des lignes ondulées présentant des crêtes et des creux qui montrent les variations de pression de l'air quand le son atteint votre oreille. Chaque instrument produit un motif particulier.

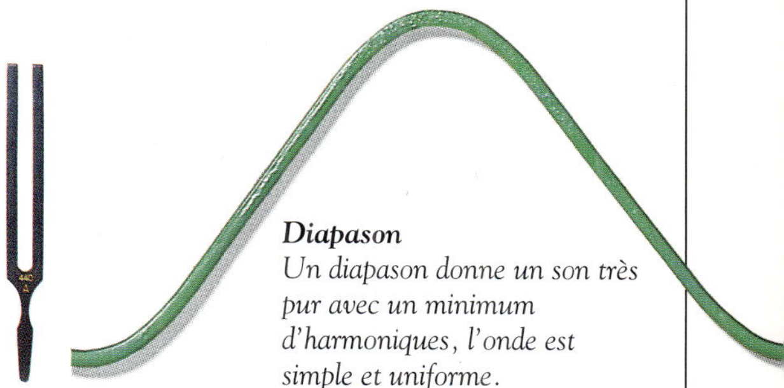

Diapason
Un diapason donne un son très pur avec un minimum d'harmoniques, l'onde est simple et uniforme.

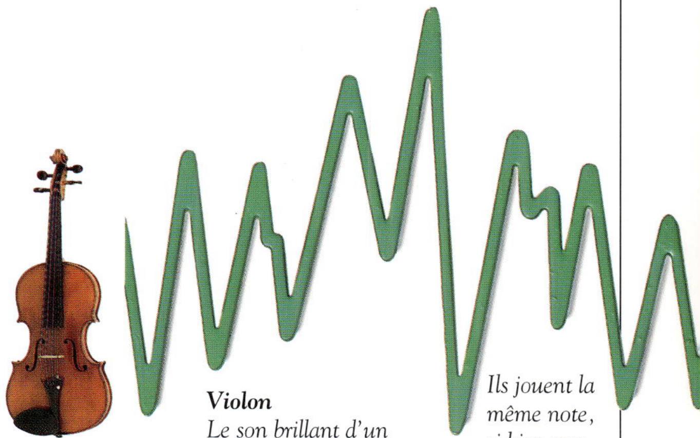

Violon
Le son brillant d'un violon donne une forme d'onde plus compliquée.

Ils jouent la même note, si bien que les principaux pics et creux coïncident.

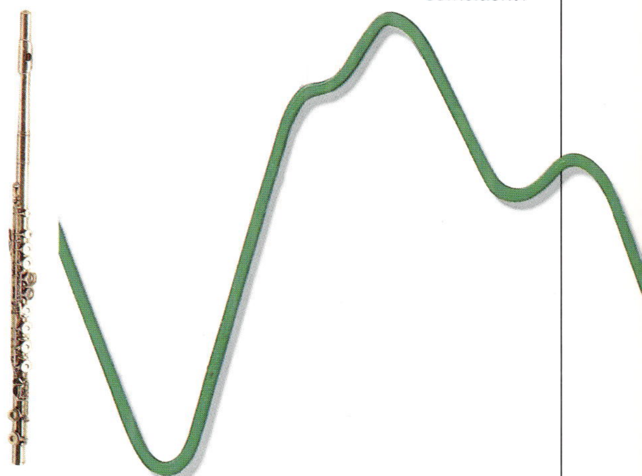

Flûte
La flûte produit un son plus pur et plus doux que le violon avec seulement quelques harmoniques régulières.

Gong
Frapper un gong le fait vibrer d'une façon irrégulière. La forme des ondes est embrouillée. Nous entendons cela comme un bruit sans hauteur bien définie.

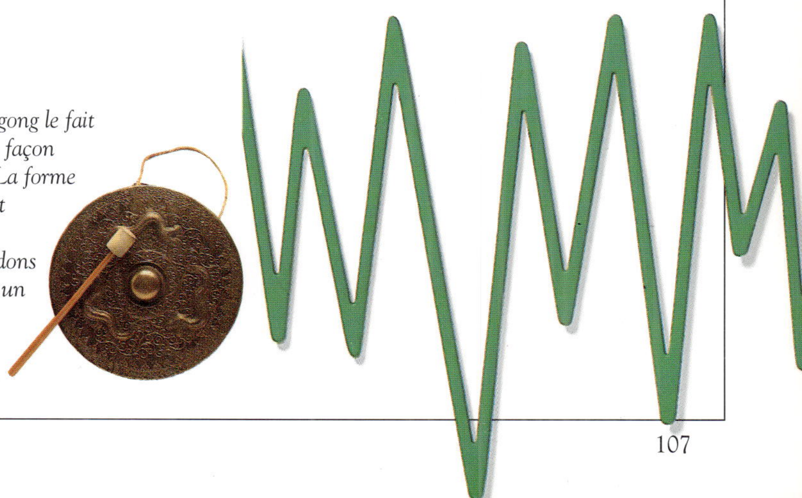

La résonance

CHAQUE OBJET possède sa fréquence propre. En d'autres termes, si on le laisse vibrer librement, il vibre toujours à la même fréquence. Si vous frappez une cloche, par exemple, elle donne toujours la même note. Pareillement, le pendule d'une horloge ancienne se balance toujours au même rythme. En les poussant au bon moment, vous pouvez faire vibrer les objets plus vite ou plus lentement que leur fréquence naturelle. Ce sont des «vibrations forcées». Mais quand un objet est poussé exactement au même rythme que sa fréquence propre, les vibrations s'amplifient. On appelle cela la résonance. Une balançoire en est un bon exemple : si vous poussez trop tôt ou trop tard vous aurez du mal à maintenir le balancement. Si vous poussez au bon moment, cela se fera sans effort. C'est pour cela que les trains ralentissent souvent sur les ponts – pour éviter que la vibration ne soit à la fréquence propre du pont et ne le mette en morceaux. C'est aussi pour cela qu'un chanteur d'opéra peut briser un verre en chantant une note à la fréquence propre du verre.

Sonner à toute volée
Chaque cloche a sa fréquence propre; donc elle sonne toujours avec la même note.

Mesurer le son

L'intensité d'un son dépend de la quantité d'énergie qu'il y a dans les ondes sonores. Des ondes fortes et énergétiques font vibrer fortement vos tympans; des ondes plus faibles les stimulent moins et donnent un son doux. L'énergie sonore ou intensité est mesurée en «bels» (du nom de l'inventeur américain Graham Bell, 1847-1922), mais plus souvent en décibels (0,1 bel). L'échelle des décibels est une échelle logarithmique. Cela signifie qu'un son de 20 décibels (dB) est dix fois plus intense qu'un son de 10 décibels (et non deux fois) et qu'un son de 30 dB est mille fois plus intense qu'un son de 10 dB. Les sons de plus de 120 dB produisent une douleur intense et peuvent rendre sourd.

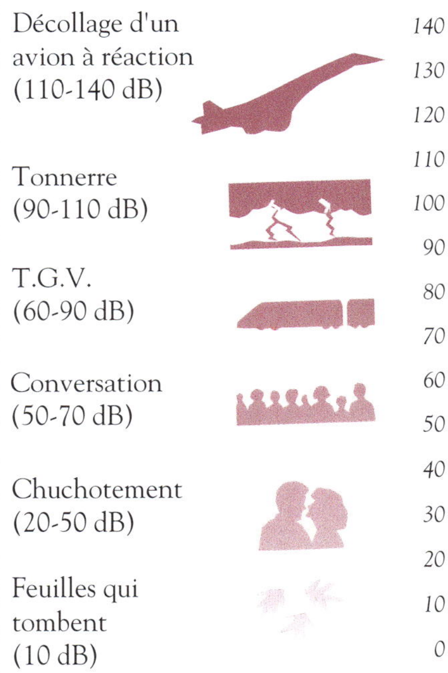

Jouer de la flûte

Quand un musicien souffle dans une flûte ou un autre instrument à vent, il fait résonner l'air à l'intérieur selon sa fréquence propre. Les bois ont une anche pour mettre l'air en mouvement; les cuivres une embouchure métallique. La fréquence de vibration de l'air – et la note jouée – dépendent de la longueur de la colonne d'air dans le tuyau. Si elle est courte, l'air vibre rapidement, en donnant une note aiguë. Si elle est longue, l'air vibre lentement et la note est grave. L'instrumentiste peut changer la note en bouchant des trous avec ses doigts ou en actionnant des clés, modifiant ainsi la longueur de la colonne. La vibration est maximale à chaque extrémité de la colonne: ce sont les ventres de vibration. Les vibrations s'annulent au milieu: ce sont les nœuds.

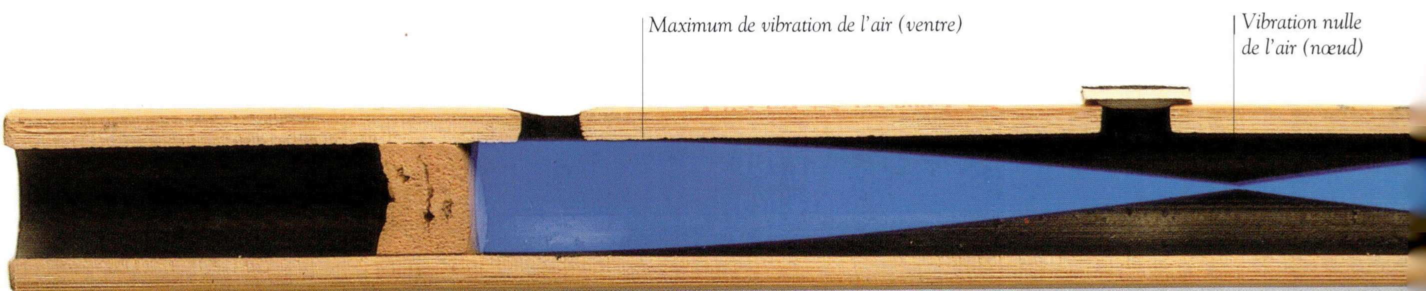

EXPÉRIENCE

La puissance de la résonance

Vous pouvez faire une expérience pour montrer l'apparition de la résonance

Il Vous Faut

- *de la ficelle* • *trois poids identiques*

1 Fabriquez trois pendules en attachant des longueurs différentes de ficelle à chaque poids et attachez-les à égales distances sur une ficelle bien tendue entre deux points fixes. Poussez successivement chaque pendule et regardez ce qu'il se passe.

2 Faites à nouveau l'expérience en suspendant cette fois deux pendules de même longueur. Dès que vous lancez l'un des pendules, l'autre démarre aussi: il entre en résonance.

3 Répétez l'expérience avec les trois pendules de même longueur. Ils résonnent tous les trois et oscillent ensemble.

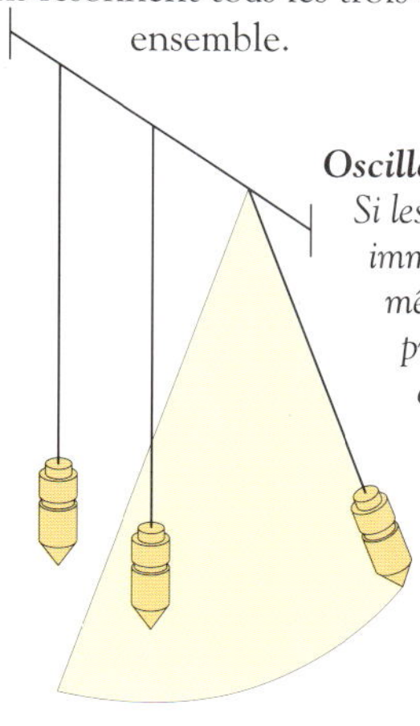

Osciller de concert
Si les pendules immobiles ont la même fréquence propre que celui qui oscille – c'est-à-dire s'ils ont des ficelles de même longueur – ils se mettront aussi à osciller.

Échos et acoustique

SI VOUS CRIEZ dans un hall vide ou dans un tunnel, vous pouvez parfois entendre, un moment après, le son qui vous revient. Le son de votre voix est tout simplement réfléchi par les parois comme de la lumière. Une petite pièce résonne tout autant qu'un grand hall, mais vous ne pouvez percevoir l'écho que s'il revient au moins 0,1 seconde après le son initial. Comme le son parcourt 34 m en 0,1 seconde, vous n'entendrez l'écho qu'avec des surfaces situées au moins à 17 m (la moitié). Les surfaces lisses et dures donnent les meilleurs échos, car elles diffusent peu les ondes sonores.

Écho en rond
Dans la galerie des murmures de la cathédrale St Paul, à Londres, vous pouvez entendre un murmure à l'autre bout, car le dôme concentre tous les échos.

Sonar

Le son se propageant très bien dans l'eau, les bateaux utilisent des échos sonores pour dresser la carte du fond des océans. Les ondes sonores sont réfléchies par le fond, et la profondeur est estimée par le sondeur à partir du temps mis par l'écho pour revenir au bateau.

Le sonar peut de la même façon repérer sous l'eau aussi bien les bancs de poissons que les sous-marins ennemis. Il envoie des faisceaux d'ultrasons et en analyse l'écho.

Acoustique

Dans une salle de concert, la qualité du son qui parvient au public dépend de l'acoustique, c'est-à-dire de la façon dont les sons se réfléchissent sur les parois de la salle. Aussi, avant de construire une nouvelle salle, réalise-t-on une maquette que l'on teste dans l'eau. Les ondes dans l'eau se comportent comme les ondes sonores, et les rides de l'eau donnent une bonne idée de ce que sera l'écho dans la salle.

Il ne s'agit pas d'éliminer l'écho, mais de l'utiliser pour produire le meilleur son possible. Sans écho, la musique paraîtra plate et sans vie. C'est pourquoi, dans les bonnes salles de concert, on peut souvent entendre le son s'atténuer doucement après que l'orchestre a fini de jouer: c'est le temps de réverbération. Les salles sont conçues pour que le temps de réverbération soit d'environ 2 secondes. Dans les grandes églises ou les cathédrales, il peut atteindre 8 secondes, ce qui donne un son plus doux.

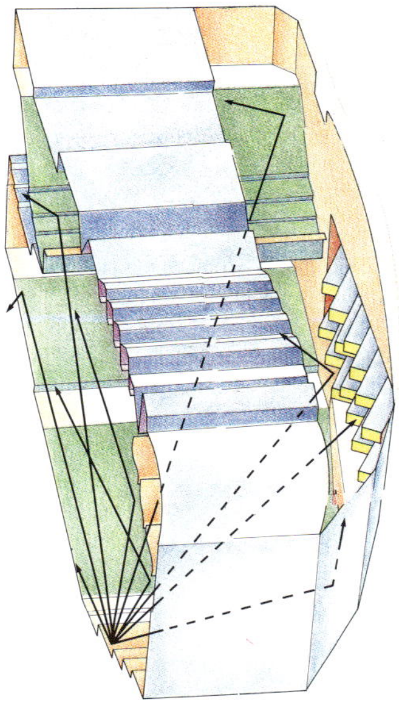

Acoustique d'une salle de concert (ci-dessus)
Cette vue éclatée d'une salle de concert montre le plafond suspendu et les parois à facettes qui dirigent le son vers le public avec une faible distorsion. Les concepteurs de salles de concert limitent l'emploi des matériaux mous, qui absorbent le son, et évitent d'utiliser trop de surfaces dures et plates.

EXPÉRIENCE

Quand le son rebondit

IL VOUS FAUT

• *deux tubes de carton fort* • *un réveil ou une montre bruyante* • *une grande plaque de carton lisse (40 cm de côté), et des morceaux de tissu et de mousse*

Cette expérience montre comment les surfaces lisses ou dures réfléchissent le son, comme des miroirs la lumière, alors que le tissu et la mousse le réfléchissent peu.

1 Tenez la plaque verticalement sur une grande table et placez les tubes pour qu'ils fassent un angle avec la plaque comme indiqué sur la photo. Laissez un espace d'environ 6 cm entre les tubes et la plaque.

2 Mettez le réveil au bout d'un des tubes. Demandez à un ami d'écouter à l'extrémité de l'autre tube. Le tic-tac du réveil s'entend clairement bien que les deux tubes ne se joignent pas. Le son qui se propage le long d'un tube est réfléchi par la plaque dans l'autre tube.

La bande incurvée représente le mur situé derrière la scène.

Les rides représentent les ondes sonores émises en cercles concentriques à partir de la source.

Quand les ondes sonores rencontrent la bande courbe, elles sont réfléchies en ondes planes, qui s'éloignent du mur.

EXPÉRIENCE

La cuve à ondes

Les ondes sonores se propagent en cercles à partir de leur source. Mais une surface convenablement courbée peut les réfléchir en ondes planes, dont tous les points sont alignés. Dans les salles de concert, l'arrière de la scène a souvent une forme courbe de façon à produire cet effet. Vous pouvez visualiser cela avec une cuve à ondes.

IL VOUS FAUT

• *un grand moule à gâteau* • *une bande longue et fine de formica ou de métal* • *une pipette (ou un compte-gouttes)* • *de l'encre noire* • *de l'eau*

1 Remplissez le moule avec l'eau mélangée d'encre.
2 Courbez la bande pour représenter l'arrière de la scène.
3 Faites tomber au centre de la cuve une série de gouttes aussi régulièrement et précisément que possible. Observez les rides réfléchies par la surface courbe.

Le son de la musique

TOUS LES SONS sont émis par des objets en vibration, et les instruments de musique ne font pas exception. Mais ils ont une qualité particulière qui les distingue des bruits. Les vibrations de l'air d'une flûte sont régulières, pas celles d'un moteur de voiture. C'est la régularité des vibrations qui différencie la musique du bruit. Les instruments de musique produisent ces vibrations régulières de bien des façons. Les instruments à cordes ont des cordes tendues qui vibrent quand on les pince ou quand on les frotte. Dans un instrument à vent les vibrations sont produites par le souffle du musicien dans un orifice, une anche ou une embouchure.

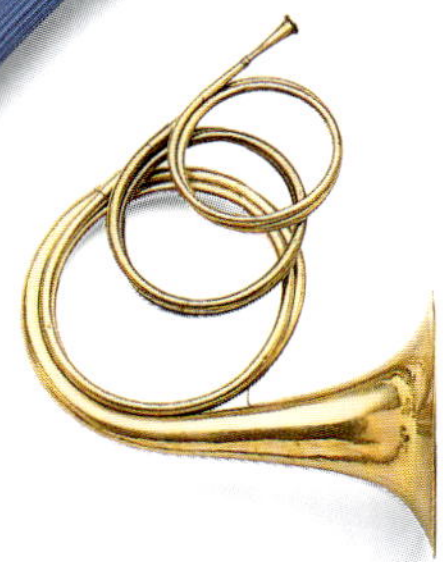

Un cor du XVIIIe siècle avec deux tubes détachables, les corps de rechange, qu'on ajoute pour jouer des notes plus basses.

Orchestre amateur
Tous ces instruments peuvent être fabriqués à la maison.

■ Les cuivres

Dans les instruments comme la trompette et le cor, le son est produit par la vibration des lèvres de l'instrumentiste sur l'embouchure. Quand les lèvres vibrent, des pulsations sont transmises par l'embouchure à la colonne d'air à l'intérieur. On peut obtenir différentes notes avec des cors ou des bugles en changeant la forme de la bouche et en soufflant plus ou moins fort.

■ Les cordes

On joue des instruments à cordes depuis des milliers d'années, et c'est autour de 500 av. J. -C. que Pythagore a établi la théorie des cordes vibrantes. Il comprit que le son dépendait de la longueur de la corde et de sa tension. On peut obtenir des sons différents en modifiant la longueur de la corde ou en la pressant en divers points. Plus on appuie près d'une extrémité fixe, plus courte est la longueur vibrante, et plus haute est la note émise.

Fabriquer une guitare (à droite)
Faites un trou rond dans une boîte à chaussures. Pliez un carton pour faire le «chevalet» et fixez-le au-dessus du trou comme sur la photo. Introduisez six attaches parisiennes à chaque extrémité de la boîte et tendez six élastiques solides au-dessus de la boîte et du chevalet en les enroulant autour des attaches. Pincez les cordes pour produire un son. Tendez-les davantage, et vous verrez qu'elles donnent un son plus aigu.

Fabriquer un cor
Vous pouvez fabriquer un cor très simple en enfilant un entonnoir à l'extrémité d'un morceau de tuyau d'arrosage. Le plus difficile est d'obtenir un son correct. Essayez d'abord, en pinçant les lèvres, de les faire vibrer rapidement pour faire un bruit de trompette. Ensuite, passez le tuyau autour de votre épaule et tenez l'entonnoir vers le haut. En pinçant vos lèvres, appliquez-les sur l'extrémité du tuyau et soufflez fort. Entraînez-vous.

Les instruments à vent

Il existe beaucoup d'instruments à vent, des anciennes flûtes de Pan aux saxophones modernes. Mais tous émettent un son en faisant vibrer une colonne d'air à l'intérieur d'un tube.
Les notes sont obtenues en changeant la longueur de la colonne d'air. Les flûtes de Pan et les orgues ont un tube différent pour chaque note. Avec les cuivres et les bois, les instrumentistes obtiennent des notes plus aiguës en soufflant plus fort. Les notes intermédiaires sont obtenues en fermant les trous du tube, ce qui modifie la longueur de la colonne d'air.
Dans les flûtes, les deux extrémités du tube sont ouvertes. Dans les tuyaux d'orgue, une extrémité est fermée. Un tube fermé donne une note à l'octave inférieure (8 notes plus bas) par rapport à un tube ouvert de même longueur.

Fabriquer une flûte de Pan
Prenez sept pailles (les plus grosses possible) et alignez-les à des intervalles de 1,3 cm. Reliez-les avec du plastique adhésif. Accordez-les en les coupant de façon régulière, chacune un peu plus courte que la précédente. Soufflez doucement dans les pailles.

Flûtes de Pan
Elles sont formées de tuyaux qui produisent chacun une note. D'après la légende grecque, le dieu Pan fabriqua cette flûte quand la nymphe qu'il aimait fut changée en roseau.

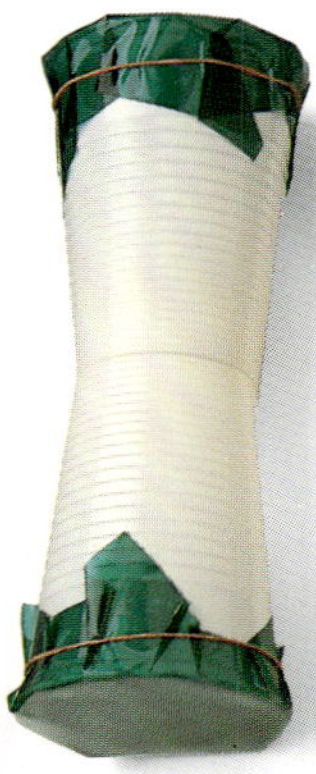

Maracas
Mettez des graines ou des perles dans des pots de yaourts vides. Fermez les extrémités avec de la cellophane de couleur.

Gong
Un gong est une plaque de métal suspendue et frappée au centre. Les vibrations se propagent du centre vers le bord. Essayez avec un bol de métal et une cuillère en bois.

Tambourin
Un tambourin comporte des petites pièces métalliques qui sonnent quand l'instrument est secoué. Vous pouvez vous faire un bâton qui fait le même bruit en fixant des capsules de bouteilles sur un morceau de bois.

Les percussions

Les instruments les plus anciens sont sans doute les percussions, qui produisent un son quand ils sont secoués ou frappés.
Ils ont tous un espace creux (même s'il s'agit d'un pot de yaourt) où le son peut résonner (p. 108). Le premier de tous fut probablement un tronc creux frappé par un bâton. Plus tard on tendit des peaux d'animaux sur des objets et on les fit vibrer avec les mains.

Vous pouvez adjoindre toutes sortes d'instruments à percussion à votre orchestre en utilisant des matériaux divers, bois, métal, cailloux dans un pot, etc.

L'air ET *l'eau*

L'AIR ET L'EAU sont parmi les substances les plus importantes sur Terre. L'eau couvre à peu près 70 % de la surface terrestre, et se trouve dans notre corps dans la même proportion. L'air est l'invisible mélange de gaz dans lequel nous bougeons, vivons et respirons.

La spirale nuageuse d'un ouragan dans l'Atlantique Nord brasse l'air et l'eau avec une puissance et une énergie redoutables.

L'AIR

L'AIR EST SI TRANSPARENT qu'on finit par oublier sa présence. Pourtant, il existe bel et bien. Sans air, la vie sur la Terre serait impossible. Il est non seulement un élément majeur de notre environnement, mais il contient aussi l'oxygène que les êtres humains et tous les animaux respirent. L'atmosphère qui entoure notre planète nous protège aussi contre les effets néfastes des rayons cosmiques ou des météorites, et tient au chaud la surface de la Terre comme un édredon douillet.

Les couchers et levers de Soleil les plus rouges et les plus colorés sont dus aux particules de l'air qui dispersent les autres couleurs de la lumière du Soleil. Il y eut des couchers de Soleil splendides dans l'hémisphère Nord après l'éruption du Mont St Helen aux États-Unis, car d'immenses nuages de poussière furent dispersés autour du monde par les vents de la haute atmosphère.

Pour le philosophe grec Aristote (384-322 av. J.-C.) il y a 2 500 ans, l'air était l'un des quatre éléments (p. 12). Mais jusqu'au XVIIe siècle, on n'en savait guère plus. Beaucoup de gens imaginaient que c'était une substance simple et uniforme – et non le mélange compliqué de divers gaz et particules que nous connaissons à présent.

Ce fut sans doute l'alchimiste belge Jan Baptista Van Helmont (1577-1644) qui soupçonna cela le premier. D'ailleurs, on dit que Van Helmont aurait inventé le mot «gaz» autour de 1620, à partir du mot grec *chaos*. Les Grecs pensaient que le chaos était la substance à partir de laquelle l'univers avait été créé.

De l'air pur ?

La vapeur d'eau est présente en quantités variables dans les couches les plus basses de l'atmosphère. Quand l'air est assez froid et humide, l'humidité se condense en gouttes d'eau formant des nuages, comme cette traînée d'avion à réaction.

Comme Aristote et les autres alchimistes, Van Helmont croyait que l'air était un des quatre éléments. Mais il s'aperçut que le gaz formé par la fermentation des jus de fruit était un corps chimique particulier, bien différent de l'air. En fait c'était du gaz carbonique, mais il fallut attendre encore 100 ans pour que le chimiste écossais Joseph Black (1728-1799) le prouve.

Un demi-siècle après Van Helmont, autour de 1670, un docteur anglais nommé John Mayow (1641-1679) fit une expérience célèbre sur la respiration et les combustions. Il fit brûler une bougie dans l'air d'un pot retourné sur une cuve à eau. Au fur et à mesure que la bougie se consumait, il observa que l'eau montait dans le pot et en déduisit que la combustion consommait de l'air. Il obtint des résultats analogues lorsqu'il remplaça la bougie par une souris.

Qu'est-ce qui brûle ?

Dans l'expérience de Mayow (p. 119) l'eau monte dans le pot quand la bougie brûle, ce qui montre que de l'air est consommé.

Mayow conclut à juste titre que l'air contenait une substance nécessaire aux combustions et à la respiration, qu'il appela l'esprit nitro-aérien. Quand cette substance était consommée, la bougie ne pouvait plus brûler et la souris (ou les humains) ne pouvait plus respirer. L'expérience de Mayow est montrée p. 119.

Malheureusement les idées de Mayow furent oubliées car, alors qu'il faisait ses expériences avec les souris et les bougies, le chimiste allemand Johann Becher émit une autre hypothèse sur les combustions. Il suggéra que tous les combustibles contenaient une substance spéciale qu'ils libéraient en brûlant. Il appela cette substance *terra pinguis* ou «terre combustible». Le bois, pensait Becher, contenait de la *terra pinguis* et des cendres – quand il brûle, la *terra pinguis* est libérée et il ne reste que des cendres.

Quarante ans plus tard le chimiste allemand Georg Stahl proposa d'appeler la *terra pinguis* le «phlogistique», du mot grec qui signifie «brûler». Le nom resta, et pendant presque un siècle les savants pensèrent que la théorie du phlogistique expliquait complètement les combustions et d'autres réactions chimiques comme l'oxydation.

L'oxygène

On ne commença à douter de la théorie du phlogistique qu'aux environs de 1770. Le 1er août 1774, le ministre anglais et chimiste amateur Joseph Priestley fit une autre expérience célèbre, à Bowood dans le Sud de l'Angleterre. Priestley fit chauffer de l'oxyde mercurique et découvrit qu'il donnait un gaz incolore qui ravivait la combustion d'une bougie. Quelques mois plus tard, il écrivit: «deux souris et moi-même avons eu le privilège de le respirer». Priestley avait découvert l'oxygène. Mais il ne saisit pas pleinement la portée de sa découverte et continua à croire au phlogistique. En octobre, il parla de l'oxygène au brillant chimiste français Antoine Lavoisier. Lavoisier refit immédiatement

La pression de l'air est capable d'écraser un bidon métallique. (p. 123).

l'expérience de Priestley en l'améliorant et détruisit définitivement la théorie du phlogistique, bien que certains savants ne se soient pas laissé convaincre facilement.

Lavoisier affirma que l'air était constitué d'au moins deux gaz. Un cinquième de l'air était le gaz découvert par Priestley, que Lavoisier appela oxygène. Le reste était le gaz que Lavoisier appela *azote* – «inerte» en grec. Lavoisier montra que l'oxygène était nécessaire pour les combustions, et non le phlogistique. Ce qui est consommé, c'est l'oxygène de l'air, et pas le phlogistique de la substance.

Combustion

Nous savons aujourd'hui que Lavoisier avait raison: quand quelque chose brûle dans l'air, il se combine avec l'oxygène de l'air, dans un processus appelé *oxydation*. Mais l'oxygène ne vient pas forcément de l'air; il peut être combiné chimiquement à la substance, dans un *oxyde* par exemple. Les combustions peuvent être très rapides, comme dans une bombe qui explose. Elles peuvent aussi être très lentes et ne produire aucune flamme; la respiration est une combustion lente: quand nous respirons, nous consommons l'oxygène de l'air. Il réagit chimiquement avec le glucose (sucre) de notre corps pour créer de l'énergie.

Pendant plus d'un siècle après les expériences de Lavoisier, la plupart des savants ont cru que l'air était seulement un mélange d'oxygène et d'azote. En outre, le chimiste français Henri Regnault (1810-1878) montra que l'air est le même partout autour du globe. Mais dans les années 1890, le chimiste écossais

La chaleur du Soleil est responsable du mouvement continuel de l'air autour de la Terre, qu'il s'agisse des brises douces ou des plus terribles ouragans. Vous pouvez construire vous-même cette girouette-anémomètre (p. 126-127).

William Ramsay (1852-1916) découvrit que l'air contenait aussi des traces de gaz inertes (des gaz qui réagissent très difficilement) – d'abord l'argon, puis l'hélium, le krypton, le xénon, le néon et le radon.

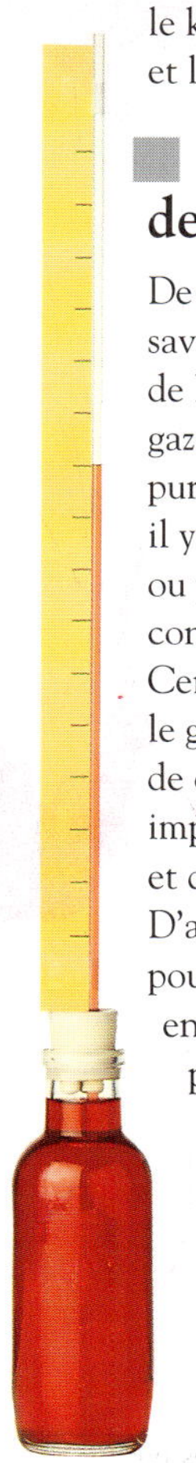

Vous pouvez mesurer la température de l'air avec ce thermomètre fait maison (p. 125)

La pollution de l'air

De nos jours les scientifiques savent que l'air pur contient de l'oxygène, de l'azote, tous les gaz inertes. Mais l'air est rarement pur. Mélangées avec ces gaz, il y a toujours d'autres substances ou polluants dont la concentration varie selon le lieu. Certaines sont des gaz comme le gaz carbonique (ou dioxyde de carbone), qui joue un rôle important dans la vie des animaux et des plantes (p. 119, 121). D'autres sont de minuscules poussières, assez légères pour rester en suspension dans l'air, telles les poussières projetées à haute altitude par les éruptions volcaniques.

L'air est de plus en plus pollué par les déchets de l'activité humaine – surtout les voitures et les industries lourdes. Les voitures et les camions, par exemple, rejettent des particules de suie, mais émettent aussi des gaz toxiques comme le dioxyde d'azote et le monoxyde de carbone.

A court terme, la pollution est responsable de maladies et crée d'épais brouillards. A long terme, beaucoup d'experts craignent que les conséquences soient désastreuses, à moins que nous n'agissions rapidement pour assainir l'air (p. 120, 121).

Le vide et la pression

Pendant des milliers d'années les savants ont cru, à la suite d'Aristote, que le vide – un espace ne contenant rien, pas même des gaz – ne pouvait exister. Mais en 1640, peu après que Van Helmont eut découvert le gaz carbonique, un jeune Italien nommé Evangelista Torricelli (1608-1647) parvint à créer du vide.

Torricelli, un élève du célèbre Galilée (p. 66), remplit complètement d'eau un long tube fermé à une extrémité, et le retourna sur un bol d'eau. Aussitôt, le niveau de l'eau dans le tube tomba, laissant un espace qui, selon Torricelli, ne pouvait être que du vide. Mais pourquoi l'eau descendait-elle jusqu'à une hauteur bien précise dans le tube ? Torricelli pensa qu'elle était retenue par le poids des quelque 80 km d'air qui appuyaient sur la surface de l'eau du bol. Ainsi, Torricelli n'avait pas seulement démontré la réalité du vide mais il avait aussi suggéré que l'air est assez réel pour exercer une pression. Il se trompait pourtant en disant que la pression de l'air était simplement due à son poids. Comme Robert Boyle le montra 20 ans plus tard, en 1662, la pression de l'air est liée à sa densité (p. 25). La découverte de Boyle permit d'autres découvertes sur la nature de la matière, qui conduisirent à la théorie atomique (p. 13).

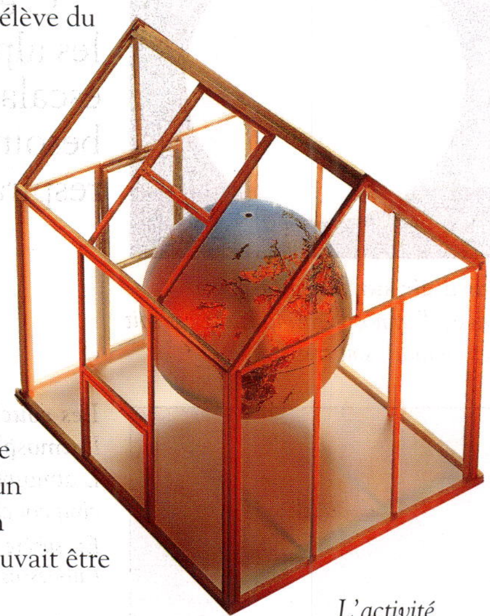

L'activité humaine modifie l'équilibre des gaz de l'air. On sait à présent que les gaz «à effet de serre», tels le gaz carbonique et les CFC (fréons), vont entraîner un réchauffement de la planète, mais on ne connaît pas encore son amplitude exacte (p. 120).

Dans l'air

UNE ÉPAISSE COUVERTURE de gaz – l'atmosphère – entoure la Terre. Sans sa protection, nous rôtirions au Soleil pendant le jour et gèlerions pendant la nuit, quand toute la chaleur s'échappe vers l'espace. L'atmosphère s'étend jusqu'à plusieurs centaines de kilomètres au-dessus de nous, mais la majeure partie des gaz s'entasse dans les 15 premiers kilomètres, la troposphère. Seule la troposphère contient assez d'air pour notre respiration et notre survie. Même dans la troposphère, l'air se raréfie en altitude.

C'est pour cela que les alpinistes qui escaladent l'Everest ont besoin d'appareils respiratoires.

Pas d'air sur la Lune
Privée d'atmosphère, la Lune est soit très chaude, soit très froide.

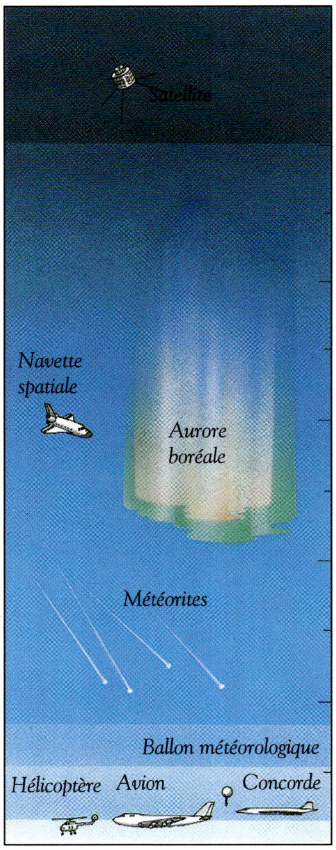

Les couches de l'atmosphère
L'atmosphère terrestre a cinq couches

Exosphère (au-dessus de 500 km)

Ionosphère (jusqu'à 500 km)

Mésosphère (jusqu'à 85 km)

Stratosphère (jusqu'à 50 km)

Troposphère (jusqu'à 15 km)

De quoi est faite l'atmosphère ?

Les gaz de l'atmosphère proviennent des éruptions volcaniques qui se sont produites il y a très longtemps, mais ce mélange a été modifié par les créatures vivantes au cours de milliards d'années. Plus des trois quarts (78 %) de l'atmosphère sont constitués d'azote, le reste étant surtout de l'oxygène (21 %), dont tous les animaux ont besoin pour respirer. Le gaz carbonique, la vapeur d'eau et des traces d'autres gaz comme le néon, l'hélium, l'ozone, et le krypton constituent moins de 1 %. Mais les faibles quantités de gaz carbonique et de vapeur d'eau sont indispensables à la vie sur Terre. Tous deux gardent la chaleur en l'empêchant de s'échapper vers l'espace. La vapeur d'eau se condense aussi pour former des nuages et donner de la pluie. Sans vapeur d'eau il n'y aurait pas de climats (p. 124).

Les gaz de l'air
Ce bouquet de ballons montre les proportions des différents gaz dans l'atmosphère: les ballons bleus sont l'azote, les rouges l'oxygène, et le ballon blanc représente les autres gaz.

EXPÉRIENCE

Eteindre un feu avec du gaz carbonique

L'aide d'un adulte est nécessaire pour cette expérience.

Chacun des gaz de l'atmosphère a des propriétés particulières. Bien que présent en très faible quantité, le gaz carbonique joue un rôle important dans l'effet de serre (p. 120). Mais il est aussi responsable des bulles dans les boissons gazeuses et – sous forme de neige carbonique – des effets de brouillard au théâtre (p. 16).

Cette expérience montre que le gaz carbonique peut aussi être utilisé pour combattre les feux.

Il Vous Faut

- *du bicarbonate de soude* ● *du vinaigre* ● *une grande bouteille de verre* ● *une bougie* ● *une soucoupe* ● *de la pâte à modeler*

1 FIXEZ LA BOUGIE dans la soucoupe avec de la pâte à modeler. Placez-la sur une table, loin de tout ce qui pourrait prendre feu. Allumez la bougie. Mettez une cuillerée de bicarbonate de soude dans la bouteille en utilisant un morceau de papier comme entonnoir, et versez trois cuillerées de vinaigre. La réaction démarre et il se forme du gaz carbonique.

2 LE GAZ CARBONIQUE, plus lourd que l'air, ne sortira pas de la bouteille. Mettez votre pouce sur l'ouverture et approchez-la de la bougie.
Attention à votre pouce. Retirez-le et versez le gaz carbonique sur la flamme sans renverser de liquide.
Le gaz carbonique invisible qui sort de la bouteille éteint la flamme immédiatement.

EXPÉRIENCE

L'oxygène de l'air

L'aide d'un adulte est nécessaire pour cette expérience.

Pour découvrir ce qui était nécessaire à la respiration des animaux et aux combustions, les savants du XVIIIe siècle firent des expériences en enfermant de l'air dans un récipient retourné sur de l'eau.

Cette expérience montre que l'oxygène occupe un cinquième du volume de l'air.

Il Vous Faut

- *une bougie* ● *un grand pot (gradué, si possible)* ● *un coquetier* ● *un plat creux* ● *des allumettes*

1 FIXEZ LA BOUGIE dans le coquetier avec un peu de cire fondue et placez-le au milieu du plat. Remplissez le plat aux trois quarts avec de l'eau. Vérifiez que la bougie est bien au-dessus de l'eau et allumez-la.

2 LAISSEZ BRÛLER la bougie durant deux minutes. Retournez doucement le pot sur la bougie et marquez le niveau de l'eau sur le pot.

3 PENDANT QUE LA BOUGIE BRÛLE, l'eau monte dans le pot, prenant la place de l'oxygène. La flamme s'éteint quand tout l'oxygène a été utilisé. Vous verrez que le niveau de l'eau est monté à un cinquième environ de la hauteur du pot, ce qui indique que l'oxygène, dans l'air initial, occupait environ un cinquième du volume.

L'équilibre rompu

SANS CERTAINS GAZ de l'atmosphère, la Terre serait très, très froide et la vie impossible. Ces gaz, particulièrement le gaz carbonique, piègent la chaleur du Soleil et l'empêchent de repartir vers l'espace, exactement comme le verre piège la chaleur dans une serre ; d'où le nom d'« effet de serre ». Pendant des millions d'années, l'effet de serre a maintenu sur Terre une température modérée car le taux de gaz carbonique dans l'atmosphère est resté stable. Aujourd'hui, les scientifiques s'inquiètent car les activités humaines ont dramatiquement augmenté le taux de gaz carbonique et des autres gaz à effet de serre, ce qui pourrait entraîner le réchauffement de la Terre.

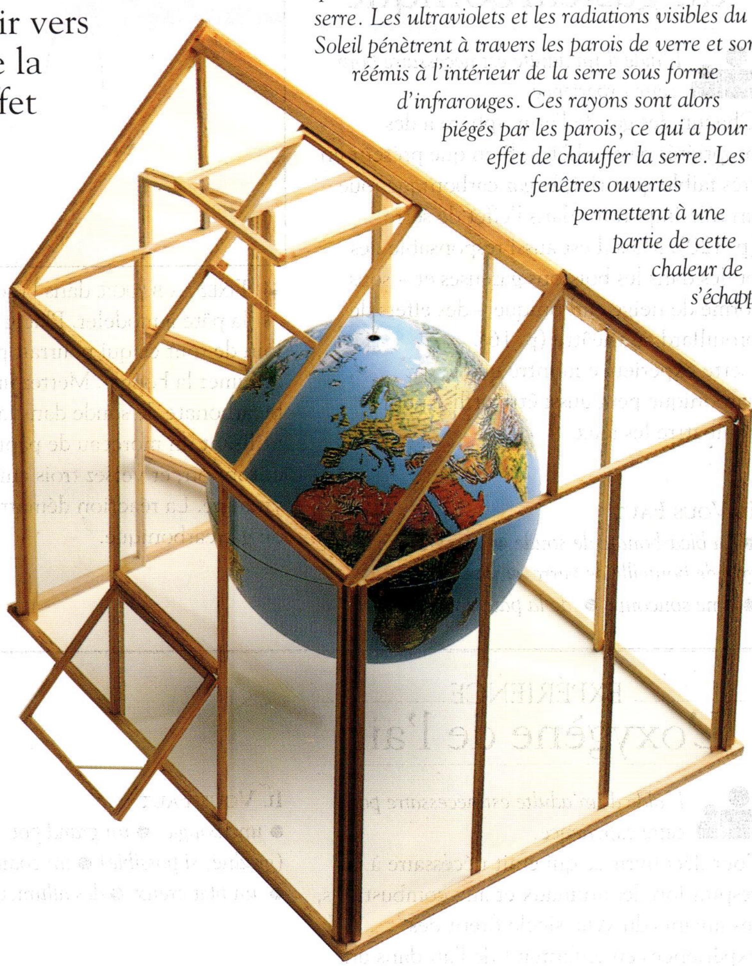

La serre aérée
L'atmosphère maintient les conditions convenables pour la vie sur Terre. Elle piège juste la bonne quantité de chaleur, comme le fait le verre d'une serre. Les ultraviolets et les radiations visibles du Soleil pénètrent à travers les parois de verre et sont réémis à l'intérieur de la serre sous forme d'infrarouges. Ces rayons sont alors piégés par les parois, ce qui a pour effet de chauffer la serre. Les fenêtres ouvertes permettent à une partie de cette chaleur de s'échapper.

La couche d'ozone

Une autre source d'inquiétude pour l'avenir de l'atmosphère terrestre est la diminution de la couche d'ozone. L'ozone (O_3) est un composé de l'oxygène (O). C'est un gaz bleu pâle qui se trouve en petites quantités dans la haute atmosphère. Ces petites quantités nous protègent des rayons ultraviolets nocifs provenant du Soleil, qui peuvent causer des cancers de la peau et interrompre la croissance des plantes. Les chercheurs s'inquiètent depuis un certain temps de l'amincissement de la couche d'ozone. Au milieu des années 80, des photos-satellite mirent en évidence un grand trou dans la couche d'ozone apparaissant à chaque printemps au-dessus de l'Antarctique. Les principaux responsables de la destruction de la couche d'ozone sont les CFC (chlorofluorocarbures) produits par l'homme. Ces gaz sont utilisés dans les bombes aérosols et dans les réfrigérateurs. Ils sont difficiles à détruire chimiquement, mais dans la haute atmosphère la lumière du Soleil en libère le chlore qui réagit avec les atomes d'oxygène de l'ozone, menant à sa destruction.

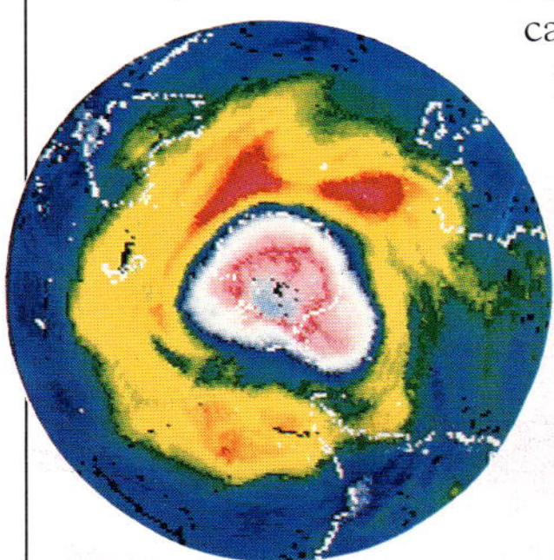

Le trou de la couche d'ozone
Image-satellite montrant le trou de la couche d'ozone qui apparaît chaque année au-dessus de l'Antarctique.

Réchauffement global

Les chercheurs sont convaincus que la Terre se réchauffe à cause de l'augmentation continuelle des gaz à effet de serre, mais ils ne peuvent dire exactement de combien. Beaucoup prédisent un réchauffement de 2 à 4 °C d'ici 2 030, à moins que nous ne prenions des mesures énergiques pour enrayer cette augmentation. D'autres craignent un réchauffement plus important. Des températures élevées ne signifient pas forcément un temps plus agréable. En certains endroits, cela apportera la sécheresse. En d'autres, des climats orageux parce que la chaleur excessive fait croître la pluie et le vent (p. 124). Mais cette chaleur peut aussi faire monter le niveau des océans et entraîner des inondations. Si le réchauffement dépasse 5 °C, il peut même faire fondre la calotte glaciaire : l'eau recouvrirait des villes côtières.

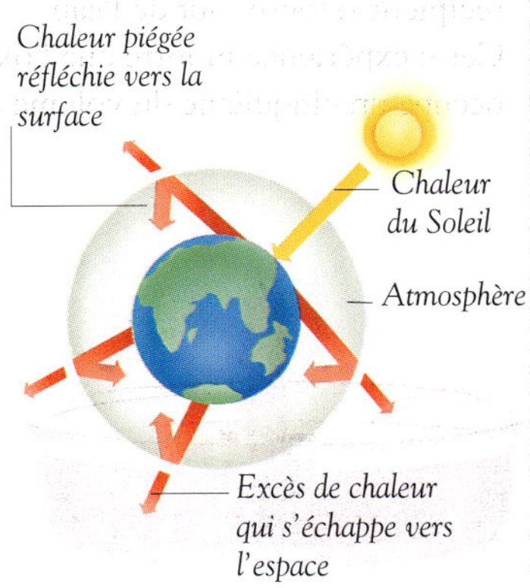

La Terre chaude
Les rayons du Soleil réchauffent la surface de la Terre qui émet de la chaleur dans l'atmosphère. Les gaz à effet de serre piègent une partie de cette chaleur et la renvoient vers la surface.

La serre fermée
Accroître les gaz de l'effet de serre dans l'atmosphère revient à fermer les fenêtres de notre serre planétaire. Elle garde davantage de chaleur, et la température de la Terre augmente.

Les coupables
Le gaz carbonique est le principal responsable de l'effet de serre, avec les combustions du charbon et du pétrole. L'industrie et les voitures sont aussi à blâmer. Mais le défrichage de la forêt équatoriale – pour l'agriculture et l'élevage – est particulièrement catastrophique, car les arbres absorbent une partie du gaz carbonique de l'air; quand ils brûlent ils ajoutent du gaz carbonique. Néanmoins, ce gaz n'est pas le seul responsable de l'effet de serre. Il y a le méthane dégagé par les rizières et les tas d'ordures, et les CFC qui détruisent la couche d'ozone.

Peut-on l'arrêter ?

L'effet de serre est un problème planétaire, et il doit être affronté de façon globale. Cela signifie que les hommes politiques dans le monde entier doivent décider d'un programme commun pour réduire l'usage des combustibles fossiles par des économies d'énergie et encourager la conversion à des énergies plus propres comme l'énergie solaire, l'énergie éolienne et les marées. L'utilisation des CFC doit aussi être restreinte et il faudrait attribuer une aide économique aux pays tropicaux pour qu'ils sauvent leurs forêts de la destruction.

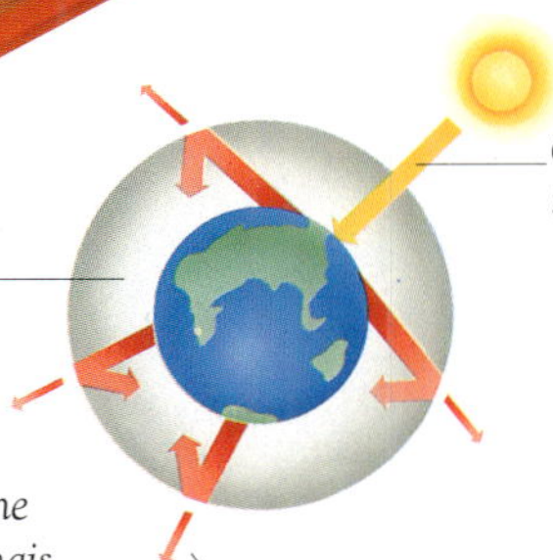

La Terre surchauffée
La Terre reçoit toujours la même quantité de chaleur du Soleil, mais l'augmentation de l'effet de serre signifie qu'à présent l'atmosphère retient trop de chaleur.

La pression atmosphérique

QUAND VOUS NAGEZ sous l'eau, vous sentez que la pression sur votre corps augmente avec la profondeur. L'air lui aussi crée une pression, mais vous ne la sentez pas. La pression de l'atmosphère est même très forte, et vous écraserait si les fluides à l'intérieur de votre corps n'exerçaient pas une pression égale et opposée, qui l'équilibre. Les savants ont d'abord pensé que la pression atmosphérique était due au poids des kilomètres d'air qui appuient sur la Terre. Mais la pression atmosphérique s'exerce dans toutes les directions – vers le haut, le bas, les côtés – et correspond au bombardement incessant des molécules d'air (p. 24).

Elle décroît quand vous vous élevez dans l'atmosphère: ainsi, l'altimètre d'un avion mesure simplement la pression pour indiquer l'altitude.

Les cabines des avions doivent être pressurisées car la diminution de pression en altitude rend la respiration impossible : la pression interne de votre corps empêche l'air d'entrer.

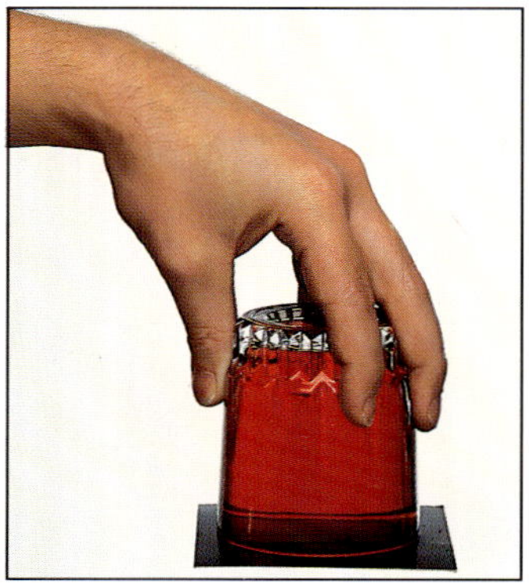

La force de la pression
Pour montrer que la pression de l'air pousse aussi bien vers le haut que vers le bas, remplissez un gobelet d'eau à ras bord, puis posez une carte postale au-dessus et retournez le gobelet en tenant la carte; retirez votre main, la carte restera en place, maintenue par la pression atmosphérique!

EXPÉRIENCE

L'ascenseur à air

Les ventouses fonctionnent grâce à la pression atmosphérique. Si on les presse sur une surface plane, l'air est éjecté: la pression interne est plus faible que la pression atmosphérique, et la ventouse adhère solidement. Cette expérience montre que la pression de l'air est suffisante pour soulever un tabouret.

IL VOUS FAUT

- *un tabouret avec une surface bien lisse*
- *un crochet et une ventouse*

1 Attachez une ficelle à la ventouse. Ecrasez-la sur le haut du tabouret.

2 Essayez de soulever la ventouse.

■ DÉCOUVERTE ■

Les hémisphères de Magdebourg

En 1664, Otto von Guericke, bourgmestre de la ville allemande de Magdebourg, imagina une expérience pour mettre en évidence la pression atmosphérique. Il utilisa deux hémisphères métalliques, parfaitement adaptés l'un à l'autre avec un joint étanche. Quand l'air fut enlevé de l'intérieur de la sphère par une pompe, il fallut 16 chevaux pour séparer les hémisphères. Cette gravure du XVIIe siècle montre l'expérience de Magdebourg réalisée en présence de l'empereur Ferdinand III.

EXPÉRIENCE

Le bidon écrasé

La présence d'un adulte est recommandée.

Cette expérience spectaculaire montre ce qui arrive quand on extrait l'air d'un bidon métallique.

IL VOUS FAUT

● *un bidon métallique avec un bouchon étanche* ● *une demi-tasse d'eau* ● *un réchaud à gaz*

1 Nettoyez soigneusement le bidon. Versez une petite quantité d'eau dans le bidon et chauffez doucement sur le réchaud. NE METTEZ PAS LE BOUCHON.

2 Quand l'eau bout et que de la vapeur sort du bidon, mettez-le sur une table.

3 Vissez le bouchon fermement avec un torchon pour ne pas vous brûler. ATTENTION A VOS DOIGTS, et observez le bidon qui s'écrase.

Comment ça marche? *Le bidon garde habituellement sa forme car sa pression interne est égale à sa pression atmosphérique extérieure.*

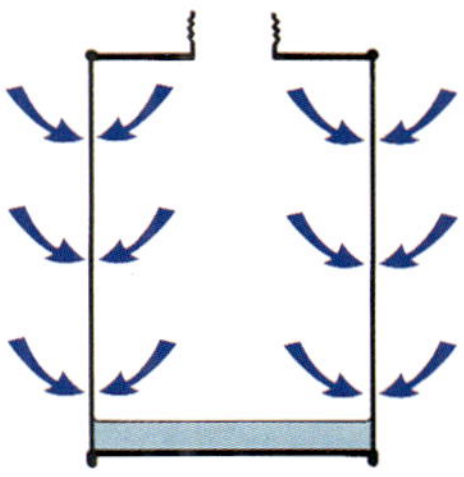

Faire bouillir l'eau *produit de la vapeur qui chasse l'air du bidon, mais la pression de la vapeur à l'intérieur est toujours égale à la pression de l'air.*

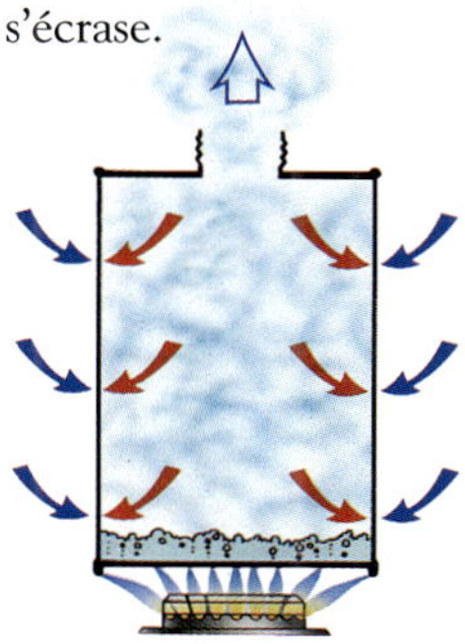

Visser le bouchon *empêche l'air de rentrer tandis que la vapeur refroidie se condense et crée un vide partiel. La pression à l'extérieur est alors bien plus forte qu'à l'intérieur: elle écrase le bidon.*

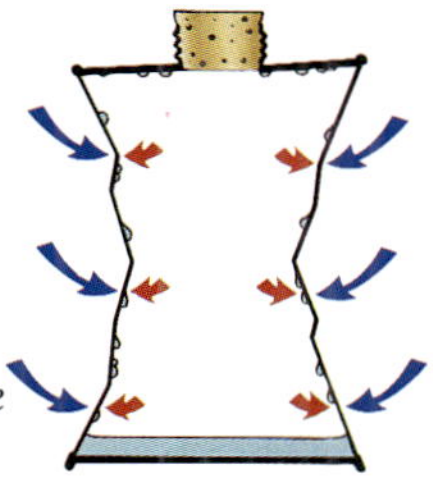

EXPÉRIENCE

Faire un baromètre

La pression de l'air change avec les conditions atmosphériques, et les variations de la pression donnent de bonnes indications pour prévoir le temps. Ce *baromètre* rudimentaire indique les variations de pression, à condition que la température reste constante.

IL VOUS FAUT

● *un verre* ● *un ballon* ● *un élastique* ● *de l'adhésif double face* ● *une paille* ● *une base en bois* ● *un bristol*

1 Étirez le ballon sur le verre et fixez-le solidement avec l'élastique.

2 Collez la paille sur le ballon et coupez l'autre extrémité en pointe.

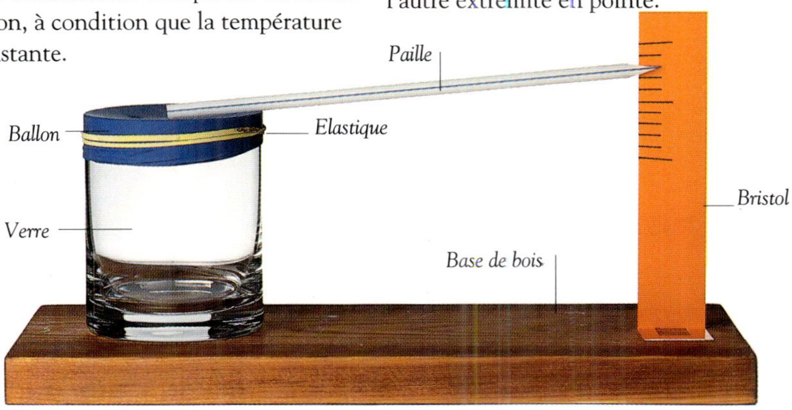

3 Fixez le verre sur la base en bois avec de l'adhésif double-face.

4 Pliez le bristol pour le faire tenir et fixez-le sur la base, en face de l'extrémité de la paille.

5 Notez chaque jour la position de la paille pour enregistrer les variations de pression.

Qu'est-ce que ça signifie ?

Quand la pression baisse, l'air dans le verre pousse le ballon vers le haut et la paille descend. Quand la pression monte, c'est le contraire. Une baisse de pression annonce en général un temps orageux, une pression en hausse indique du beau temps. Ce baromètre ne peut donner qu'une indication grossière car il réagit aux changements de la température comme à ceux de la pression. Si vous voulez des mesures plus fiables, il vous faudra un vrai baromètre.

La météo

LA COUCHE LA PLUS BASSE de l'atmosphère terrestre – la troposphère dans laquelle nous vivons – est continuellement en mouvement. Le Soleil réchauffe la surface de la Terre ; celle-ci chauffe l'air et le met en mouvement. Certains endroits sont plus chauds que d'autres : l'air s'y élève davantage. En d'autres endroits, moins chauffé, l'air descend. Si bien que l'air circule constamment entre les régions chaudes et froides, transportant l'humidité avec lui et créant ce que nous appelons le temps: le vent, la pluie, la neige, la grêle et le tonnerre.

L'air sans repos
Le mouvement continuel de l'air, responsable du temps qu'il fait, est révélé par les nuages tourbillonnants sur cette photo-satellite.

Prévoir le temps

La météorologie moderne est basée sur une multitude d'observations faites tout autour du globe. Les stations fixes, les bouées, les ballons, les bateaux et les avions renseignent continuellement les centres de prévisions sur les températures, les pressions, les vents, les pluies, etc. Ces informations sont confiées à des ordinateurs très puissants qui donnent une image «synoptique» du temps (une vue d'ensemble). Cette image est combinée avec les photos-satellite qui montrent les températures et les vents (visualisés par le mouvement des nuages). Les ordinateurs peuvent alors donner des prévisions précises à une semaine environ.

La pluie
Les nuages contiennent de petites particules de glace et des gouttelettes d'eau si légères qu'elles peuvent rester en l'air. Mais si des gouttelettes se réunissent, elles tombent sur le sol: c'est la pluie.

La neige
Dans certains nuages, l'air est très froid et des cristaux de glace s'agglutinent souvent pour former de plus gros cristaux ou des flocons, qui sont tous différents. Les pluies sont souvent de la neige qui a fondu.

La grêle
La grêle se forme quand les courants d'air violents d'un nuage d'orage malmènent les cristaux de glace. Les cristaux se recouvrent de plusieurs couches de glace avant d'être assez lourds pour tomber.

L'échelle Beaufort

En 1805, l'amiral britannique sir Francis Beaufort (1774-1857) conçut une échelle, basée sur des observations telles que la hauteur des vagues, pour décrire la force du vent en mer. Son échelle fut par la suite adaptée à la terre, avec des indicateurs comme la fumée ou les arbres. En 1906, les anémomètres permirent de relier l'échelle à des vitesses du vent bien définies. L'échelle Beaufort commence à la force 0, pour le calme plat, quand la fumée s'élève verticalement et que la mer est comme de l'huile. Force 12 correspond à un ouragan.

Force 1
Calme. Les arbres sont immobiles. Vitesse du vent: 0-1 km/h

Force 4
Jolie brise. Les petites branches s'agitent. Vitesse du vent 20-29 km/h

De l'eau dans l'air
Il y a assez d'eau dans la troposphère pour inonder le globe sous un mètre d'eau. Mais vous ne pouvez voir cette eau que lorsque l'air est assez froid pour que la vapeur se condense en fines gouttelettes, formant des nuages ou de la brume. Les nuages se forment là où l'air s'élève car la troposphère se refroidit avec l'altitude. Comme l'air peut monter de plusieurs façons, il y a plusieurs sortes de nuages. Les «cumulus» cotonneux et blancs apparaissent les jours ensoleillés, quand se créent de forts courants thermiques ascendants. Si l'air monte plus haut, l'eau se transforme en glace et forme des «cirrus» ressemblant à des plumes. On les observe souvent à l'avant d'un front chaud ; ils annoncent du mauvais temps.

Le givre
Quand la température descend en dessous de zéro, la vapeur d'eau de l'air dépose des cristaux de glace sur le sol. Il s'agit de givre si l'air est très froid, de gelée blanche si le sol est très froid.

Brume et brouillard
Parfois, quand l'air se refroidit rapidement, ou quand un vent humide et chaud souffle sur de l'eau froide, la vapeur d'eau de l'air se condense en un nuage de fines gouttes: c'est la brume.

EXPÉRIENCE

Faire un thermomètre

La plupart des thermomètres contiennent un fluide qui se dilate ou se contracte selon la température – en général du mercure ou de l'alcool. Cette version très simple utilise de l'eau colorée; l'évaporation de l'eau rend ce thermomètre peu précis, mais il vous donnera une indication de la température.

Il Vous Faut
- *une bouteille de verre avec un bouchon*
- *un tube de verre*
- *un grand verre*
- *de l'encre*
- *de l'eau*
- *de la glace*

1 Remplissez complètement la bouteille avec de l'eau colorée d'encre. Faites un trou dans le bouchon pour passer le tube. Mettez un peu de vaseline pour faciliter le passage du tube et glissez le tube dans le trou TRES DOUCEMENT et sans forcer.

2 Placez la bouteille dans un verre contenant de l'eau froide avec de la glace. Réouvrez la bouteille et remplissez-la à ras bord avec de l'eau froide. Découpez un morceau de bristol de la même longueur que le tube et collez-le sur le tube. Marquez le niveau de l'eau dans le tube.

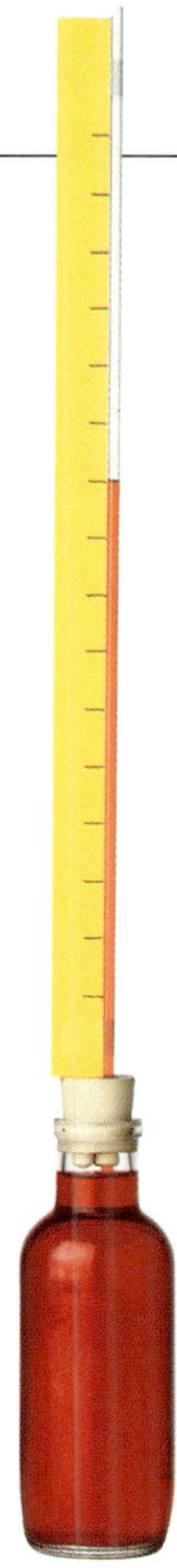

3 Faites une échelle en marquant le niveau de l'eau dans le tube et en comparant avec l'indication d'un thermomètre ordinaire. Ou bien utilisez-le seulement pour observer des changements de température.

Force 6
Vent frais. Les grosses branches se balancent. Vitesse du vent 40-50 km/h

Force 7
Grand frais. Les arbres se balancent. Vitesse du vent 51-61 km/h

Force 9
Fort coup de vent. Les branches sont couchées. Vitesse du vent: 75-87 km/h

Une station éolienne

OBSERVER LE BALANCEMENT DES ARBRES ou le claquement de la lessive étendue sur une corde à linge ne peut donner qu'une idée très approximative de la force du vent. Avec ce dispositif simple, vous pouvez faire des mesures assez précises de l'intensité et de la direction du vent et enregistrer ces informations d'un bout à l'autre de l'année. Une girouette donne la direction du vent; une coupelle pivotante indique sa force.

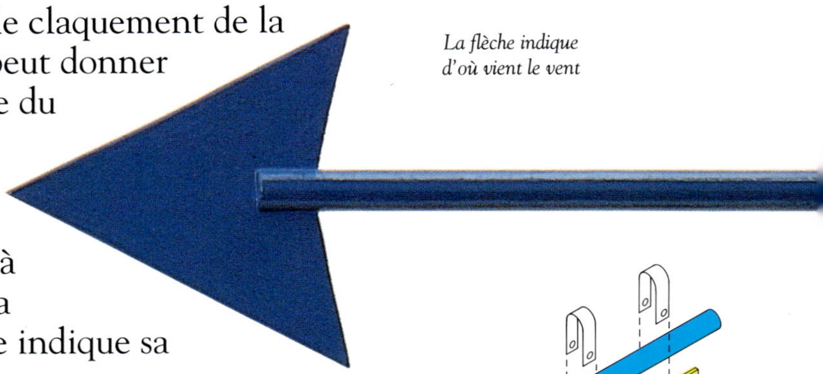

La flèche indique d'où vient le vent

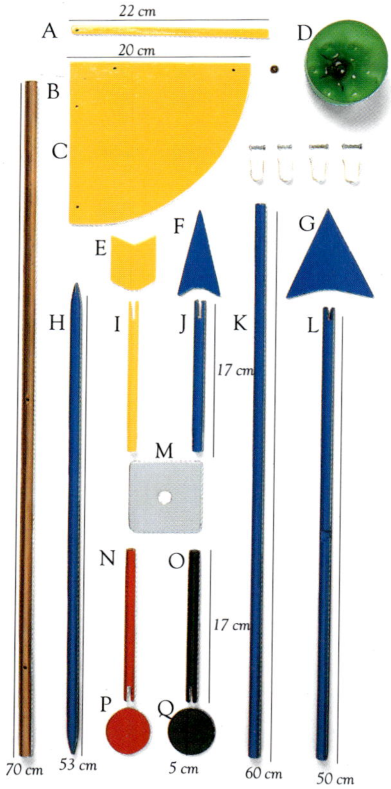

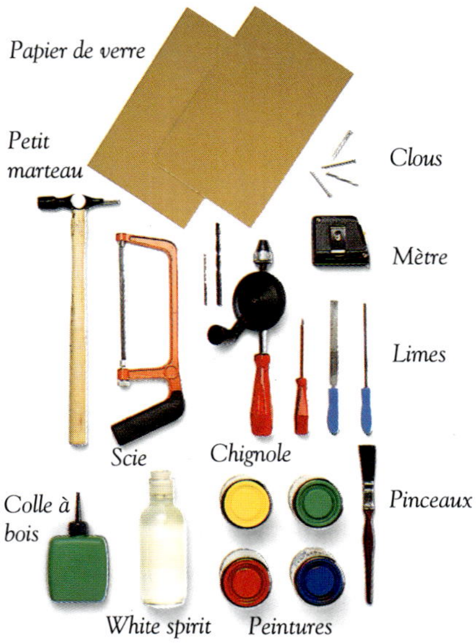

EXPÉRIENCE

Fabriquer un anémomètre

IL VOUS FAUT

● *du contre-plaqué (30 x 30 cm)* ● *235 cm de baguette de 12 mm* ● *70 cm de tube de cuivre de 15 mm de diamètre* ● *quatre attaches (étriers)* ● *des écrous et des boulons* ● *des clous* ● *de la colle à bois* ● *des outils* ● *de la peinture* ● *une coupelle de plastique ou le fond d'une bouteille*

1 Découpez les morceaux C, E, F, G, M, P, Q, dans du contre-plaqué ainsi que les baguettes H, I, J, K, L, N, O, à la taille voulue. Faites des entailles à chaque extrémité des baguettes – sauf L qui doit avoir une entaille à une extrémité et une encoche au milieu.

2 Placez G à l'extrémité de L et collez-le. Clouez K dans l'encoche de L.

3 Percez quatre trous dans la pièce C. Positionnez C dans l'angle droit formé par L et K et consolidez avec les quatre attaches, les vis et les boulons.

4 Faites un trou horizontal dans L juste après l'aplomb de K et un autre à travers A. Fixez A à L avec un écrou et un boulon de telle façon que A se balance librement. Fixez la coupelle à A pour terminer l'anémomètre.

5 Taillez en pointe chaque extrémité de H et enfilez la baguette dans le tube B. Faites deux trous et consolidez avec des écrous et des boulons.

6 Montez l'indicateur de direction en glissant E dans I, F dans J, P dans N et Q dans O, puis collez. Fixez les autres extrémités de I, J, P et Q sur M. Placez le tout en haut de B.

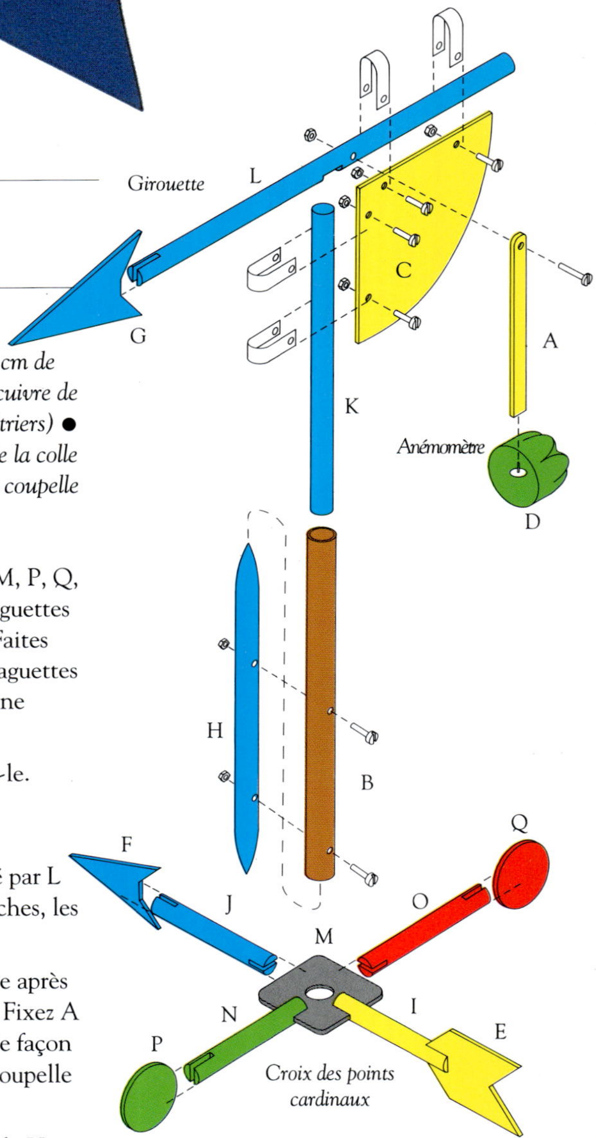

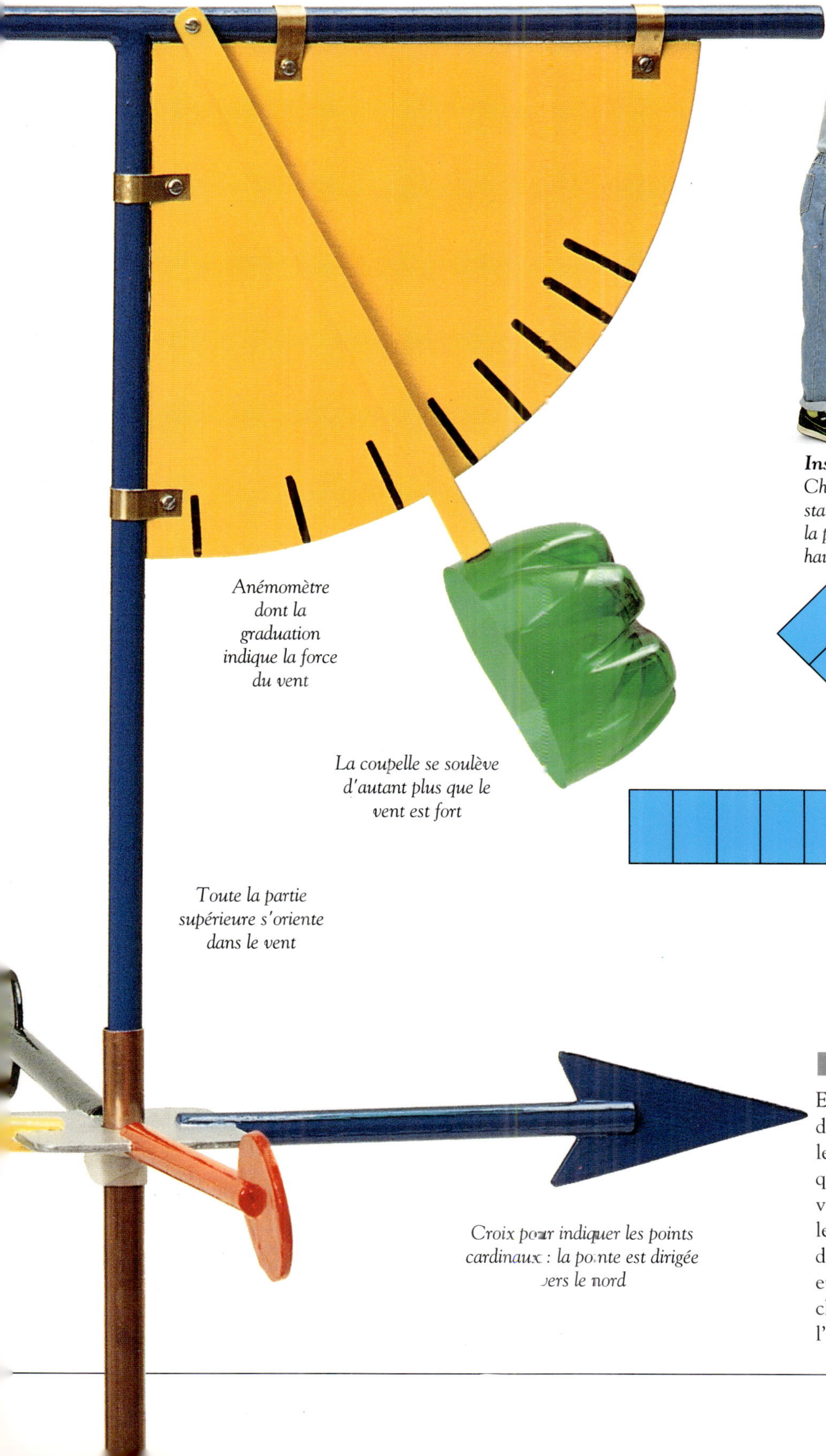

Anémomètre dont la graduation indique la force du vent

La coupelle se soulève d'autant plus que le vent est fort

Toute la partie supérieure s'oriente dans le vent

Croix pour indiquer les points cardinaux : la pointe est dirigée vers le nord

Installation
Choisissez un endroit venté pour installer votre station. Plantez le tube B verticalement dans le sol, la pointe de la flèche dirigée vers le nord. Glissez le haut de l'appareil dans le tube, en vous assurant qu'il tourne librement.

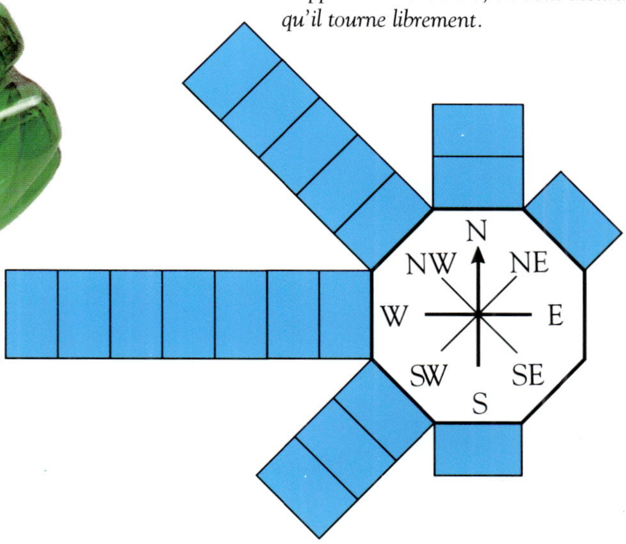

La rose des vents

Enregistrez chaque jour à la même heure la direction et l'intensité du vent, en notant aussi le temps qu'il fait. Vous constaterez peut-être que chaque fois qu'il pleut ou qu'il neige, le vent a la même direction. Pour savoir quel est le vent dominant, vous pouvez faire une rose des vents. Dessinez un octogone sur du papier et indiquez les points cardinaux. Ajoutez chaque jour un carreau à un des côtés de l'octogone selon la direction du vent.

Les courants d'air

TENEZ LE BORD D'UNE FEUILLE de papier devant votre bouche et soufflez fort par-dessus son bord supérieur. Vous serez étonné du résultat: au lieu de pendre normalement, le bas du papier se soulève, et ce d'autant plus que vous soufflez plus fort. Vous venez de mettre en évidence l'effet Bernoulli, du nom du mathématicien suisse Daniel Bernoulli qui le découvrit en 1738. Bernoulli observa que lorsque l'air est en mouvement sa pression baisse. Et plus l'air – ou un liquide – va vite, plus cette baisse de pression est importante. Quand vous soufflez au-dessus de la feuille, il s'y crée une dépression. Sous la feuille, par contre, l'air est immobile et la pression ne change pas. Le résultat est que le papier est attiré vers le haut. Cet effet permet aux oiseaux et aux avions de voler, et aux bateaux à voile de remonter au vent.

EXPÉRIENCE

L'effet Bernoulli

Cette expérience très simple montre comment la pression chute quand l'air accélère. Il est *a priori* bizarre que la pression baisse au lieu de monter. Mais chaque partie du courant d'air ne se déplace que parce qu'elle y est forcée par l'air venant derrière elle. Si l'air se déplace de plus en plus vite, c'est que cet air pousse de plus en plus fort – c'est-à-dire que sa pression est plus élevée. Si bien que la pression de l'air en mouvement doit toujours être plus basse que celle de l'air immobile. C'est vrai aussi pour les liquides qui circulent dans des canalisations.

IL VOUS FAUT

● *deux balles de ping-pong* ● *du fil* ● *de la colle* ● *une paille*

1 COLLEZ LES BALLES de ping-pong aux fils de coton. Suspendez les balles à la même hauteur et à 2 cm l'une de l'autre. Essayez de les séparer en soufflant dans une paille aussi fort que vous pouvez.

2 VOUS VERREZ que plus vous soufflez fort, plus les balles se rapprochent. En effet, plus vous soufflez fort et plus le courant d'air entre les balles est rapide. Cela fait baisser la pression sur leurs faces internes et les balles sont poussées l'une vers l'autre par la pression s'exerçant sur les autres faces.

Comment volent les avions?

C'est à cause de la dépression créée par le mouvement de l'air que les ailes peuvent soulever un avion en papier... ou un jumbo jet de 350 tonnes. Les ailes ont un profil particulier, légèrement bombé vers le haut. L'air qui glisse sur la face supérieure de l'aile est obligé de faire un trajet un peu plus long, et donc d'aller plus vite, que l'air qui passe en dessous. L'air au-dessus de l'aile est donc à une pression plus basse que l'air au-dessous, et c'est la différence de pression qui soulève le tout.

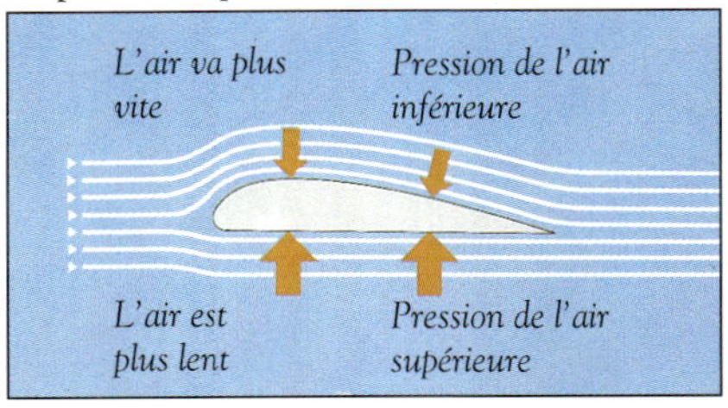

La portance d'une aile est due à la différence de pression sur ses faces.

Les ailes ne peuvent avoir une portance que si elles pénétrent l'air assez vite. Si elles se déplacent trop lentement, l'avion «décroche» et tombe. Les planeurs se maintiennent en l'air parce qu'ils descendent et utilisent de temps en temps les courants d'air ascendants pour reprendre de l'altitude. Les avions à hélice ou à réaction sont propulsés en avant par leur moteur. Il est plus difficile de s'élever que de voler à l'horizontale. Aussi les moteurs d'avion doivent-ils fournir un travail plus important au décollage.

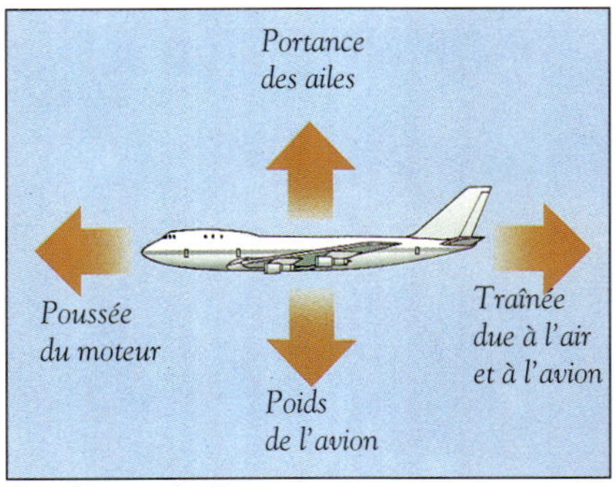

Les forces de l'air
Le moteur doit pousser l'avion à une vitesse suffisante pour que la portance des ailes compense le poids de l'avion et la résistance de l'air. Les matériaux de l'avion doivent donc être légers et ses formes aérodynamiques.

EXPÉRIENCE

Aérodynamisme et traînée

Un avion, une voiture, et même les oiseaux, ont des formes aérodynamiques pour réduire la résistance de l'air. Il faut que l'air glisse aussi régulièrement que possible car plus l'air est turbulent, plus grande est la traînée. Une des meilleures formes est celle d'une goutte d'eau (un peu comme un poisson). Non seulement elle divise nettement le flux d'air, mais elle permet aux filets d'air de se rejoindre derrière elle avec un minimum de turbulences.

Vous pouvez vérifier à quel point cette forme est efficace en faisant cette expérience avec une bougie.

Il Vous Faut

● *une bougie* ● *une soucoupe* ● *de la pâte à modeler* ● *du bristol* ● *des trombones*

1 Tenez le bristol à plat devant la bougie allumée et demandez à un ami de souffler dessus. Vous verrez la flamme se rapprocher de la carte, sous l'effet des tourbillons de l'air. La traînée d'une telle forme est considérable.

2 Pliez maintenant le bristol en forme de goutte d'eau, maintenez-le avec les trombones et mettez-le devant la bougie. Quand votre ami souffle, vous verrez que la flamme ne bouge presque pas, ce qui montre que cette forme aérodynamique ne perturbe que très légèrement les filets d'air.

EXPÉRIENCE

Le flux laminaire

Faites flotter une balle de ping-pong sur le courant d'air d'un séchoir à cheveux. La balle reste toujours au milieu ! C'est une nouvelle illustration de l'effet Bernoulli.

Il Vous Faut

● *un séchoir à cheveux* ● *une balle de ping-pong*

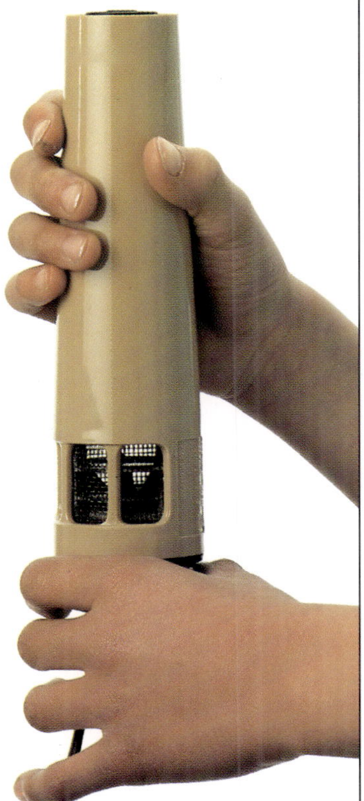

Comment ça marche?
L'air allant plus vite au centre du jet, la pression y est plus faible. Si la balle dévie d'un côté, elle est vite ramenée au milieu par les pressions plus fortes qui règnent sur le bord du courant d'air, où l'air est plus lent.

L'EAU

L'EAU EST VRAIMENT UNE SUBSTANCE REMARQUABLE. On la trouve partout sur la Terre, dans les gouttes de rosée ou les océans. Elle est à l'origine de toute vie: la vie a commencé dans l'eau, et l'eau joue un rôle important dans tous les processus vitaux. Sa nature particulière la fait aussi participer à un grand nombre de réactions chimiques, depuis l'oxydation (la rouille) jusqu'à la production d'énergie nucléaire.

Moins de 3 % de l'eau du globe est de l'eau douce, courant dans les rivières, remplissant les étangs et les lacs, gelée dans les glaces ou ruisselant à travers le sol. Mais cette eau est loin d'être pure et contient beaucoup de substances dissoutes.

L'eau se trouve couramment dans les trois états de la matière: solide, liquide ou vapeur. Cela en fait un corps particulier, car peu d'autres substances existent naturellement sous plus de deux états.

Près de 2 % de l'eau du globe est à l'état solide, soit gelée occasionnellement sous forme de neige ou de givre, soit, plus durablement, dans la glace des glaciers et des calottes polaires. Le reste est essentiellement liquide, remplissant les océans, les mers et les lacs, coulant dans les fleuves et les rivières, ou ruisselant à travers le sol. Près des trois quarts de la surface du globe sont couverts d'eau.

La pression de l'eau augmente énormément avec la profondeur (p. 134). Aussi, les nageurs sous-marins doivent-ils prendre toutes sortes de précautions pour se protéger des effets de la pression.

La vapeur d'eau

A peine 1 % de l'eau est sous forme gazeuse, c'est-à-dire de vapeur d'eau. Mais cette vapeur d'eau de l'atmosphère joue un rôle très important dans le climat. C'est la présence de vapeur d'eau qui distingue la troposphère, la couche la plus basse de l'atmosphère, des autres couches. C'est dans la troposphère que nous vivons, respirons et subissons les caprices du temps. La quantité d'eau qui y est présente est l'*humidité*. A une température donnée, l'air ne peut contenir qu'une certaine quantité de vapeur d'eau. L'eau s'évapore continuellement, des mers, des lacs et des plantes, s'ajoutant à la vapeur déjà présente dans l'air. Quand l'air ne peut contenir plus de vapeur, il est *saturé*. Dès lors, l'évaporation s'arrête et des gouttelettes se condensent dans l'air, formant des nuages ou de la rosée, et tombant parfois sur le sol en pluie ou en neige (p. 124, 125).

L'humidité relative

Quand les météorologistes parlent d'*humidité absolue*, ils considèrent la quantité totale de vapeur d'eau présente dans l'air. Mais la quantité maximale de vapeur qu'un volume d'air peut contenir – le point de saturation – dépend de sa température. Plus l'air est chaud, plus il peut contenir d'eau. Les météorologues préfèrent donc parler d'*humidité relative* : c'est le rapport entre la quantité de vapeur d'eau contenue dans l'air et la quantité maximale qu'il peut contenir à cette température.

Certaines substances absorbent très bien la vapeur d'eau de l'air : elles sont dites *hygroscopiques*. Le gel de silicate l'absorbe si bien que des granulés sont placés dans les boîtes d'appareils électroniques pour garder l'atmosphère parfaitement sèche. Cette substance s'humidifie quand elle absorbe l'eau, mais ne se dissout pas. Les substances qui se dissolvent dans l'eau qu'elles absorbent, comme le chlorure de calcium, sont dites *déliquescentes*.

Les densimètres (p. 141) mesurent la densité de l'eau.

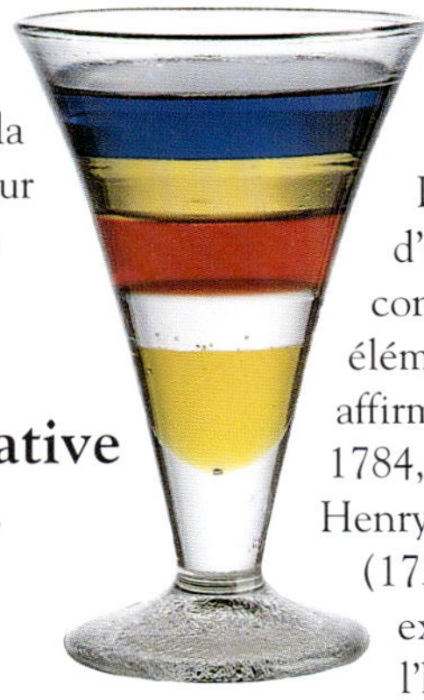

Des liquides différents ont des densités différentes, et flottent en couches superposées (p. 140).

Qu'est-ce que l'eau?

Pendant des milliers d'années, l'eau a été considérée comme un élément, ainsi que l'avait affirmé Aristote. Mais en 1784, le chimiste anglais Henry Cavendish (1731-1810) fit une expérience avec de l'hydrogène. Il fit exploser des mélanges d'hydrogène et d'air avec une étincelle électrique. La réaction ne modifiait pas la masse, mais produisait ce qui paraissait être de l'eau pure, suggérant ainsi que l'eau est un composé de l'hydrogène. Quelques années plus tard, le chimiste français Antoine Lavoisier (1743-1794) montra que l'eau était composée d'oxygène et d'hydrogène. On peut facilement montrer cela avec une électrolyse (p. 156), qui sépare l'eau en oxygène et en hydrogène.

Il existe une forme d'eau particulière, l'*eau lourde*, dans laquelle l'oxygène est combiné avec du *deutérium* au lieu d'hydrogène. Le deutérium est une sorte spéciale d'hydrogène, avec un neutron en plus dans le noyau de chaque atome (p. 27). L'eau lourde joue un rôle important dans les réacteurs nucléaires, où elle participe au contrôle de la réaction. Il y en a très peu dans l'eau ordinaire, et elle peut être extraite par distillation (p. 33) ou par électrolyse.

L'eau : un produit chimique

Dans chaque molécule d'eau il y a deux atomes d'hydrogène et un atome d'oxygène. Ces atomes sont liés par covalence (p. 29). Cela signifie que les atomes mettent en commun leurs électrons. Chaque atome d'hydrogène prête son unique électron à l'atome d'oxygène qui, en retour, leur en prête un à chacun. La distribution spatiale de ces électrons mis en commun détermine les propriétés chimiques de l'eau. Ces électrons se rassemblent en effet à une extrémité de la molécule, à l'opposé des atomes d'hydrogène. Les électrons étant chargés négativement, l'extrémité en question porte une charge négative. Cette différence de charge est appelée polarité, et la molécule d'eau est une molécule polaire.

Cette polarisation fait que la partie négative d'une molécule d'eau est souvent attirée par les atomes d'hydrogène des molécules voisines, puisque les charges opposées s'attirent (p. 148). Ces liaisons hydrogène expliquent que les molécules d'eau aient tendance à se grouper.

Des propriétés étranges

Ces regroupements de molécules expliquent quelques-unes des étranges propriétés de l'eau. Comparée à des

Les bateaux flottent sur l'eau de mer parce qu'ils sont moins denses qu'elle. Ils flottent un peu moins bien sur l'eau douce, qui est moins dense que l'eau de mer (p. 139).

L'attraction entre les molécules d'eau crée une « tension superficielle » suffisante pour faire flotter un trombone.

En utilisant la pression de l'eau et celle de l'air, on peut réaliser cette fontaine (p. 136).

composés voisins, il apparaît que l'eau devrait être un gaz à la température ordinaire. Or, ce n'est pas le cas, même si l'eau peut s'évaporer à toute température au-dessus de zéro; son point d'ébullition à 100 °C est bien plus haut que ceux des corps similaires. L'eau reste liquide car ses molécules s'accrochent si fortement les unes aux autres que seules quelques molécules peuvent s'échapper et constituer un gaz. Quand l'eau gèle, les molécules s'organisent en un réseau de cristaux régulier mais lâche. Quand la glace fond, le réseau se casse et les liaisons hydrogène rapprochent les molécules d'eau.

C'est pourquoi l'eau est le seul corps qui soit moins dense à l'état solide qu'à l'état liquide et pourquoi elle se dilate en gelant (p. 21), au lieu de se contracter.

L'eau est un solvant

Un autre effet important de la polarisation de ses molécules est la capacité de l'eau à dissoudre des substances. D'ailleurs, il y a tant de substances qui peuvent se dissoudre dans l'eau que l'eau pure n'existe pratiquement pas dans la nature. L'eau de mer, par exemple, contient 3,5 % de sels, surtout du chlorure de sodium, notre sel de cuisine.

Les sels sont apportés à la mer par les eaux des rivières et les eaux souterraines qui s'y jettent, car même les eaux douces sont loin d'être pures. L'eau douce contient en général une série de substances dissoutes incluant des chlorures, des carbonates, des sulfates de métaux comme le sodium, le magnésium, le calcium et le fer.

Quand l'eau est dure (p. 39), c'est à cause des composés de calcium et de magnésium qui y sont dissous. L'eau de pluie est assez pure, mais elle contient tout de même des gaz dissous comme le gaz carbonique et le dioxyde de soufre (qui produit les pluies acides, p. 36).

Les vagues sont créées par les tourbillons de vent sur l'eau. Leur taille dépend de la force du vent et du « fetch », la distance sur laquelle il souffle. Les grandes étendues de l'océan Pacifique génèrent d'énormes déferlantes.

C'est parce que l'eau est un si bon solvant qu'elle est si importante pour la vie. On pense que la vie est apparue dans les océans, qui sont en fait des solutions très complexes. Tous les organismes vivants utilisent des solutions aqueuses, par exemple le sang ou les sucs digestifs, pour réaliser leurs réactions biologiques.

C'est aussi pour cela que la pollution des eaux est si dangereuse. Les insecticides se dissolvent facilement dans l'eau et se transmettent aux organismes vivants, plantes ou êtres humains.

L'eau et les liquides ne peuvent pas être comprimés. Si on les enferme dans des vérins, les liquides peuvent transmettre des forces énormes – comme celle qui manœuvre cet élévateur hydraulique de camion.

Les ressources en eau

LES VILLES MODERNES ONT BESOIN de quantités considérables d'eau. Chaque jour, par exemple, New York en consomme près de 7 milliards de litres – et il faudrait 17 jours pour remplir les 21 énormes réservoirs de la ville en utilisant les chutes du Niagara, dont le débit est de 1 million de litres par seconde. Toute cette eau est captée dans les rivières, les lacs et les puits, et pompée dans un vaste réseau de canalisations jusqu'aux robinets des consommateurs. Mais quelle que soit sa source, l'eau doit être soigneusement nettoyée avant d'être utilisable. On la recueille d'abord dans des réservoirs où les débris solides se déposent.

Des vannes dirigent l'eau vers des usines de traitement. Là, elle est filtrée à travers du gravier et du sable, et débarrassée des algues et des impuretés.

Après un traitement au chlore pour tuer les bactéries, l'eau est pompée dans les canalisations pour être directement distribuée ou stockée dans des bassins.

Le traitement des eaux
Après décantation, l'eau passe sur des lits de filtration – réservoirs contenant des couches de gravier et de sable nettoyés quotidiennement. Bien sûr ces lits sont beaucoup plus épais que notre filtre – fait maison (voir ci-dessous) – et ils produisent de l'eau bien plus propre !

EXPÉRIENCE

Nettoyer l'eau

Cette expérience toute simple vous montre à quel point un filtre, même rudimentaire, est efficace pour débarrasser l'eau de la boue et des débris. Prenez un seau d'eau dans une mare ou dans un ruisseau et laissez-la reposer. Vous verrez que l'eau non traitée est très sale. Les débris comme les pierres, la terre, les feuilles et le sable sont bien visibles, mais il y a aussi des impuretés invisibles, comme les bactéries et les matières en décomposition.

IL VOUS FAUT

● *une tasse de charbon concassé* ● *une tasse de sable* ● *une tasse de gravier* ● *un pot à fleur en terre de 15 cm* ● *un filtre à café en papier* ● *une cruche d'eau prise dans un étang* ● *une passoire fine* ● *un grand plat*

1 LAVEZ LE POT EN TERRE et laissez-le sécher. Tapissez-le de papier filtre, placez-le sur le plat et entassez le charbon sur un tiers de sa hauteur. Rincez le sable dans la passoire sous l'eau courante et mettez-le encore mouillé dans le pot (un autre tiers). Enfin, lavez le gravier dans une bassine et remplissez-en le pot.

Le cycle de l'eau

Quelle que soit notre consommation d'eau, la quantité totale d'eau dans le monde ne change jamais. L'eau est soit dans les océans, soit dans les calottes glaciaires, soit engagée dans un cycle perpétuel (le cycle hydrologique), qui redistribue sans cesse l'eau entre la mer et l'atmosphère. L'eau que nous utilisons est empruntée à ce cycle. Quand l'eau de votre bain s'écoule, elle peut finir dans les rivières, les lacs ou la mer. De là, elle va s'évaporer sous l'action du soleil et remplir les couches inférieures de l'atmosphère de vapeur d'eau invisible. Un peu de cette eau peut être emportée en altitude par les courants d'air ascendants, jusqu'à se refroidir suffisamment pour se condenser en gouttelettes d'eau et en glace. Quand ces particules sont assez grandes, elles tombent en pluie et en neige sur la surface de la Terre. Une partie redescend à la mer par les rivières et les lacs, et une autre partie est captée pour remplir les réservoirs. Et le cycle recommence!

Des millions de gouttelettes forment un nuage.

La vapeur d'eau monte jusqu'à l'air froid où elle se condense en minuscules gouttes d'eau, qui gèlent si l'air est très froid.

La chaleur du Soleil évapore l'eau de la mer et de la terre, la transformant en vapeur d'eau invisible.

Les rivières ramènent l'eau à la mer.

Les gouttelettes du nuage forment des gouttes plus grosses. Quand elles sont assez lourdes, elles tombent en pluie ou en neige.

Une part de la pluie ruisselle sur la terre, vers les ruisseaux et les rivières. Les rivières peuvent être canalisées pour remplir les barrages.

Une part de l'eau s'enfonce dans le sous-sol à travers les roches poreuses pour alimenter les sources des rivières.

2 TENEZ LA PASSOIRE au-dessus du pot et versez doucement l'eau de l'étang de façon à ne pas déranger les couches de charbon, de sable et de gravier.

3 LES GROS DÉBRIS qui n'ont pas été arrêtés par la passoire le sont par le gravier, tandis que le sable arrête les débris plus petits, et que le charbon et le filtre se chargent des particules les plus fines. Si vous comparez l'eau initiale avec l'eau qui filtre dans le plat, vous verrez qu'elle est beaucoup plus propre, mais pas encore potable, car elle contient des bactéries invisibles.

La puissance de l'eau

SI VOUS AVEZ DÉJÀ ÉTÉ RENVERSÉ par une vague ou si vous avez essayé d'arrêter avec vos doigts le flot d'un robinet, vous savez que l'eau possède une énorme puissance. Cette puissance provient parfois de la quantité de mouvement de l'eau (p. 58): une fois qu'elle est mise en mouvement, il est difficile d'arrêter une grande masse d'eau. Ainsi, les vagues sont mises en mouvement par le vent et ne libèrent leur énergie qu'en déferlant sur la côte. Dans le cas des ruisseaux et des rivières, la puissance est due à la gravité. Dans d'autres cas, la puissance vient simplement de sa profondeur car, comme pour l'atmosphère, la pression dans l'eau augmente avec la profondeur. C'est ce que montre l'expérience ci-dessous. On a commencé à utiliser la puissance de l'eau il y a des milliers d'années; les Romains utilisaient des roues à aubes mues par l'eau des fleuves pour moudre le blé.

Maintenant que les problèmes dus à l'utilisation des combustibles fossiles deviennent évidents (p. 121), on cherche de nouvelles façons d'exploiter l'énergie de l'eau en mouvement.

EXPÉRIENCE

La pression de l'eau

Cette expérience montre que la pression dans tous les liquides, et dans l'eau en particulier, augmente avec la profondeur.

IL VOUS FAUT

● *une bouteille de deux litres en plastique* ● *un plat* ● *un clou* ● *de l'eau* ● *des ciseaux*

1 Découpez le haut de la bouteille avec les ciseaux et faites quatre trous avec un clou à différentes hauteurs.

2 Mettez la bouteille dans le plat. Bouchez les trous avec vos doigts. Demandez à un ami de remplir la bouteille d'eau. Quand elle est pleine, enlevez vos doigts et vérifiez que l'eau jaillit plus loin des trous les plus bas – là où la pression est plus forte.

L'eau coule faiblement du trou le plus haut

L'eau gicle plus fort des trous intermédiaires car la pression est plus grande.

Le jet du bas est le plus long, car c'est là que la pression est la plus forte.

L'énergie des rivières

Les barrages retiennent de l'eau, destinée à la production hydroélectrique comme à la consommation. A cause de l'accroissement de la pression avec la profondeur, les barrages doivent être plus épais à la base.

Les centrales hydroélectriques utilisent l'eau courante pour faire tourner des turbines et produire 20 % de l'électricité mondiale. Elles sont en général placées en dessous de grands barrages possédant des réservoirs profonds. La pression importante à la base du barrage confère une importante énergie aux turbines.

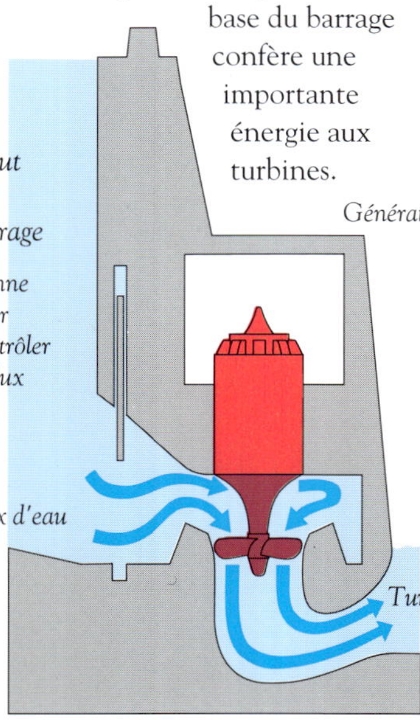

A l'ouverture des vannes, l'eau se précipite vers la base du barrage, et fait tourner la turbine qui produit de l'électricité.

L'énergie des vagues

La nécessité de trouver des sources d'énergie pour remplacer les combustibles fossiles a suscité de nombreuses recherches, dont certaines orientées vers l'utilisation des mouvements de l'eau. L'énergie hydroélectrique est propre, mais la construction de grands barrages peut avoir d'importantes conséquences sociales et environnementales. C'est pourquoi on essaie à présent d'utiliser l'énergie de la mer. Quelques centrales exploitent déjà les marées, mais c'est dans le mouvement des vagues que semble résider le véritable potentiel d'énergie de la mer.

Il semble que l'énergie des vagues soit non seulement propre et sûre mais aussi relativement bon marché. Cependant, la technologie n'en est qu'à ses débuts et il subsiste de nombreux problèmes, dont celui de concevoir des dispositifs qui marchent avec de petites vagues, et supportent aussi des tempêtes. Certaines «centrales à vagues» sont construites sur la terre ferme mais les ingénieurs souhaitent construire des centrales marines. Stephen Salter a eu l'idée d'un «canard», ainsi nommé à cause de ses pales semblables aux pattes d'un canard, qui montent et descendent avec les vagues en faisant tourner un axe pour produire de l'électricité. Un autre dispositif consiste en des radeaux montés sur charnières, qui suivent les vagues en forçant l'eau vers des pompes. On a pensé aussi à d'immenses sacs de plastique remplis d'air. Le choc des vagues comprime l'air, qui actionne des turbines.

Nouvelle vague
Ceci est le prototype d'un générateur à vagues construit dans un goulet naturel sur l'île de Islay, au large de la côte ouest de l'Écosse.

EXPÉRIENCE

Transmission

Parce que les liquides ne peuvent pas se comprimer, on peut les utiliser pour transmettre des forces avec des tuyaux. Cette expérience montre le fonctionnement des systèmes hydrauliques comme les freins de voiture.

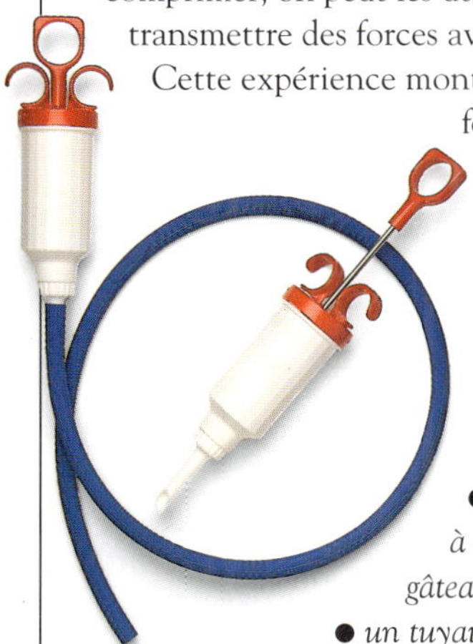

Il Vous Faut
- *deux seringues à décorer les gâteaux*
- *un tuyau de plastique*
- *de l'eau*

1 Remplissez une des seringues avec de l'eau et placez-la à un bout du tuyau de plastique. Pressez pour remplir le tube d'eau.

2 Remplissez à moitié la seconde seringue et fixez-la à l'autre extrémité du tuyau. Vérifiez qu'il n'y a pas de bulles d'air dans les seringues ou dans le tuyau.

3 Appuyez sur l'un des pistons et vous verrez l'autre piston se déplacer – la force a été transmise.

4 Si vous le pouvez, essayez avec des seringues de tailles différentes. Le système fonctionne comme des engrenages: un petit piston se déplace plus, mais avec moins de force; un gros piston se déplace moins, mais avec plus de force.

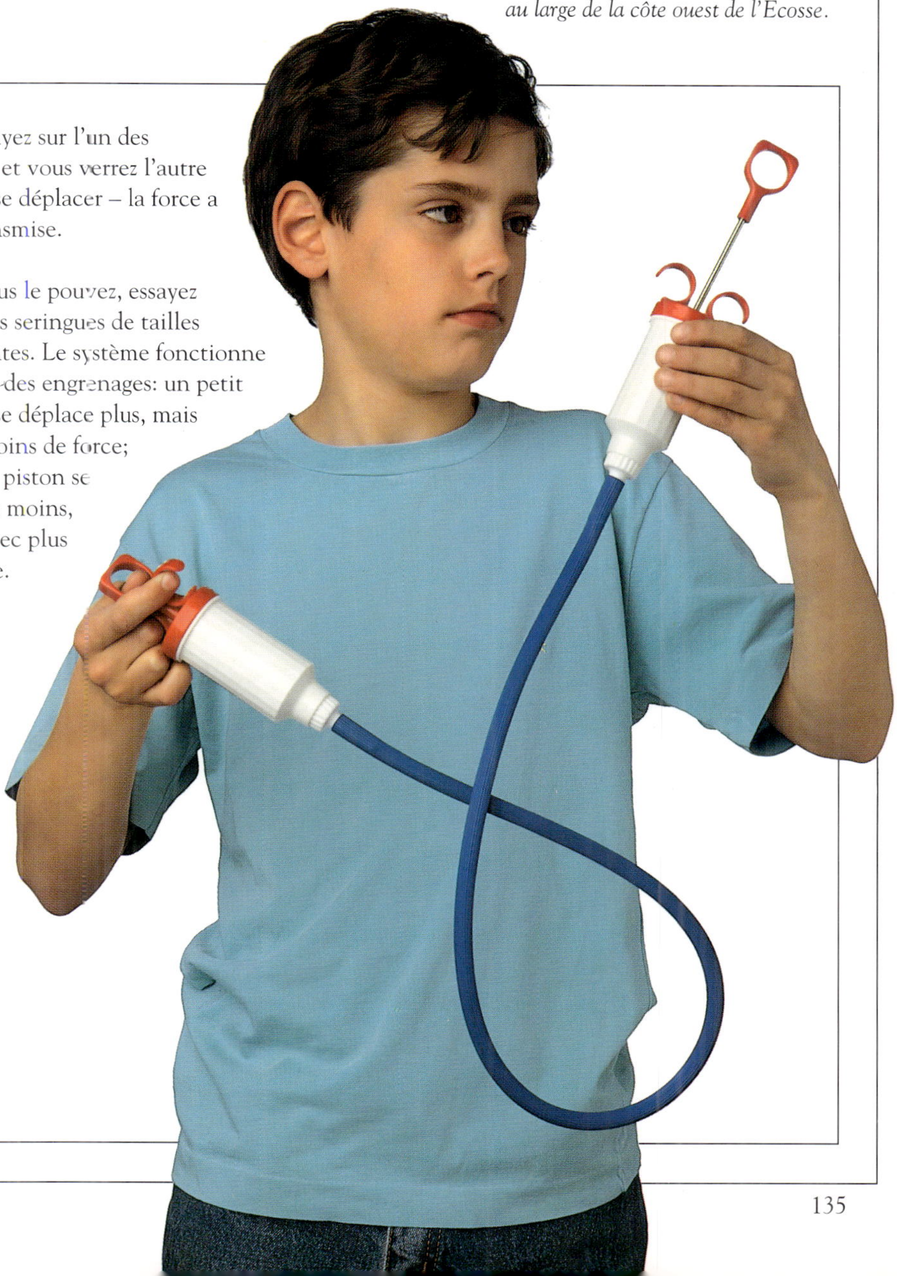

Faire monter l'eau

TANT QU'ELLE DESCEND, l'eau peut être canalisée, si nécessaire dans des tuyaux et des aqueducs. C'est pourquoi les châteaux d'eau sont souvent situés sur des hauteurs. Mais quand il faut monter de l'eau, ou la faire couler plus vite – pour que votre bain ne mette pas dix heures à se remplir, par exemple – il faut utiliser des siphons, des pompes, ou d'autres méthodes.

Les siphons élèvent l'eau en utilisant la pression de l'eau elle-même (p. 134). Les pompes nécessitent un apport d'énergie extérieur, qu'il s'agisse d'un moteur ou de la force musculaire. Les pompes peuvent à la fois accroître la puissance de l'écoulement et élever l'eau en altitude.

Pompes à main

Les pompes à main sont utilisées depuis plus de 2 000 ans. Les plus simples sont les vieilles pompes à piston, autrefois très employées dans les villages pour pomper les eaux souterraines. Elles remontent un peu d'eau à chaque allée et venue d'un piston actionné par un levier à main. Comme elles utilisent la pression de l'air pour aspirer l'eau, elles ne peuvent élever l'eau que d'environ 9 m. Les pompes motorisées utilisent des engrenages ou des aubes au lieu d'un piston: elles peuvent remonter l'eau plus rapidement, et d'une plus grande profondeur.

EXPÉRIENCE

La fontaine de Héron

Ce dispositif dû au mathématicien grec Héron d'Alexandrie (1er siècle après J.-C.) utilise le principe du siphon pour faire jaillir une fontaine sous le seul effet de la pression atmosphérique.

IL VOUS FAUT
- *trois bocaux de verre, dont un muni d'un bouchon de liège*
- *deux pailles*
- *de la pâte à modeler*
- *de l'eau colorée*

1 Faites deux trous dans le bouchon pour y passer les pailles. Mettez 5 cm d'eau colorée dans un bocal et placez le bouchon. Réglez la hauteur des pailles: l'une doit tout juste dépasser du bouchon, et l'autre être enfoncée à moitié. Mettez de la pâte à modeler autour des pailles pour rendre le bouchon étanche.

2 Remplissez le deuxième bocal d'eau colorée. Obturez les pailles avec les doigts et retournez le bocal. Placez-le au-dessus du deuxième bocal de façon que la paille enfoncée à moitié trempe dans l'eau. Placez le troisième bocal sous l'autre paille.

3 Vous allez voir que l'eau du deuxième bocal monte dans la paille et jaillit dans le premier bocal. Quand l'eau se vide du premier bocal dans le troisième, la pression de l'air diminue dans le premier, ce qui aspire l'eau du deuxième bocal.

EXPÉRIENCE

Faire un siphon

Les siphons ont de nombreuses applications dans l'industrie et au laboratoire. Ils peuvent être utilisés à la maison pour vider les aquariums, par exemple, sans déranger les graviers, les escargots et les algues.

IL VOUS FAUT
- *deux grandes bouteilles de verre*
- *un morceau de tuyau en plastique*

1 METTEZ LES DEUX BOUTEILLES sur une surface plane. Remplissez une des bouteilles aux trois quarts avec de l'eau. Placez le tuyau en plastique dans la bouteille pleine et aspirez l'eau dans le tube jusqu'à ce qu'il soit plein.

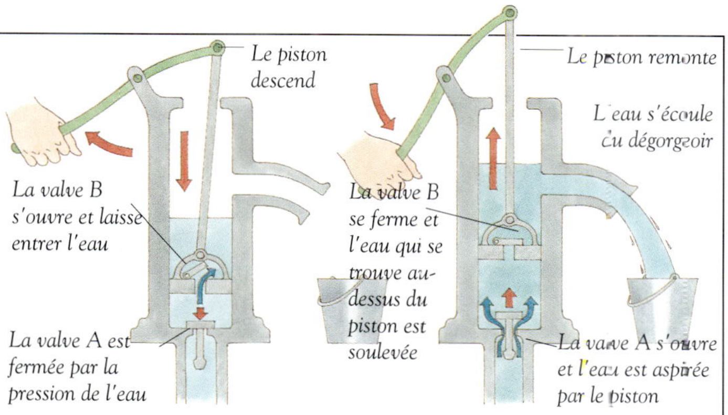

Comment fonctionne une pompe à main?
Quand le piston monte, l'eau est aspirée. Quand il redescend, la pression de l'eau ferme la valve A (en bas) et ouvre la valve B qui laisse entrer l'eau au-dessus du piston. Quand le piston remonte, la pression de l'eau ferme la valve A et l'eau s'écoule par le dégorgeoir.

■ DÉCOUVERTE ■

La vis d'Archimède

Il y a environ 2 200 ans, le mathématicien grec Archimède inventa ce système pour puiser l'eau des rivières et irriguer les champs. Appelée à présent vis d'Archimède, la machine est constituée d'un cylindre contenant une énorme vis. Tourner la manivelle met la vis en rotation, et fait monter l'eau.

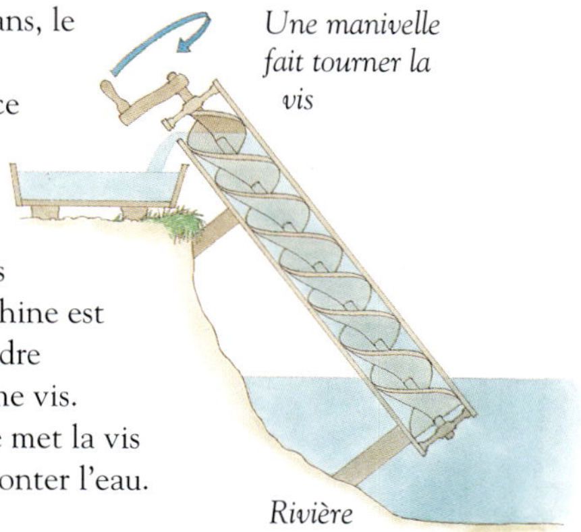

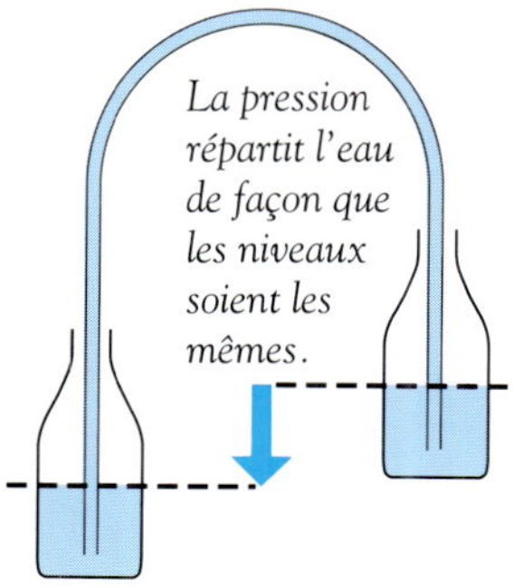

3 QUAND VOUS ENLEVEZ votre doigt, l'eau coule dans le tube, de la bouteille pleine vers l'autre. La pression de l'eau la fait descendre dans le tuyau de la même façon que les jets d'eau jaillissent des trous dans l'expérience sur la pression (p. 134).

2 ÉLEVEZ LA BOUTEILLE pleine au niveau de votre tête, arrêtez d'aspirer et mettez aussitôt le pouce à l'extrémité du tuyau pour empêcher l'eau de couler. Placez l'extrémité du tuyau dans la bouteille vide.

Flotter et couler

POURQUOI CERTAINS OBJETS FLOTTENT-ILS sur l'eau, alors que d'autres coulent? La réponse est simple: c'est une histoire de densité. Les choses qui flottent sont plus légères ou moins denses que l'eau; celles qui coulent sont plus lourdes ou plus denses. Quand un objet est immergé, son poids le tire vers le bas. Mais l'eau le repousse vers le haut avec une poussée d'Archimède égale au poids de l'eau déplacée par l'objet. Si l'objet est moins dense que l'eau, la poussée d'Archimède est suffisante pour le faire flotter à la surface.

S'il est plus dense, il coule. Le bois flotte parce qu'il est moins dense que l'eau. Les bateaux flottent grâce à l'air qui se trouve dans leurs coques.

Flotter en l'air…
On peut flotter dans n'importe quelle eau, mais l'eau dense et très salée de la mer Morte, en Israël, permet presque de flotter hors de l'eau!

EXPÉRIENCE
Des objets flottants

Toute substance plus dense que l'eau a tendance à couler. Les pierres, les métaux et la pâte à modeler sont plus denses que l'eau et coulent. Leur poids est en effet supérieur à la poussée de l'eau: ils sont plus lourds que le volume d'eau qu'ils déplacent quand ils sont immergés. Mais les substances denses peuvent flotter si on modifie leur forme de façon à augmenter le volume d'eau qu'elles déplacent, et à augmenter ainsi la poussée de l'eau qu'elles subissent. Dans cette expérience, un morceau de pâte à modeler qui coule est transformé en un bateau qui flotte.

1 VERSEZ DE L'EAU DANS le récipient jusqu'aux trois quarts. Faites une boule de pâte à modeler et lâchez-la doucement dans l'eau.

2 LA BOULE COULE car elle est plus dense que l'eau. Le niveau de l'eau monte: c'est parce que la boule déplace un volume d'eau égal au sien.

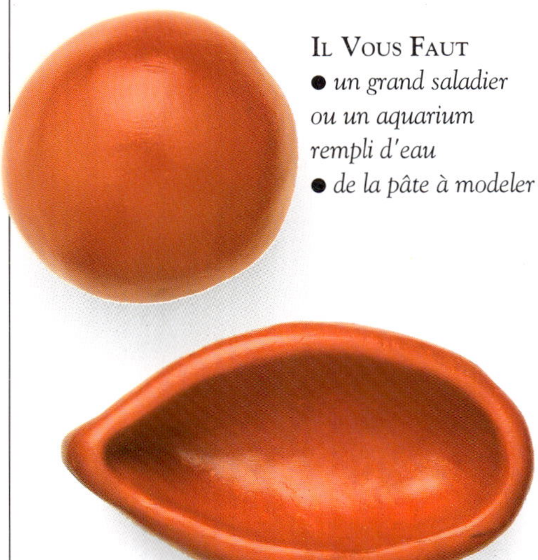

IL VOUS FAUT
- *un grand saladier ou un aquarium rempli d'eau*
- *de la pâte à modeler*

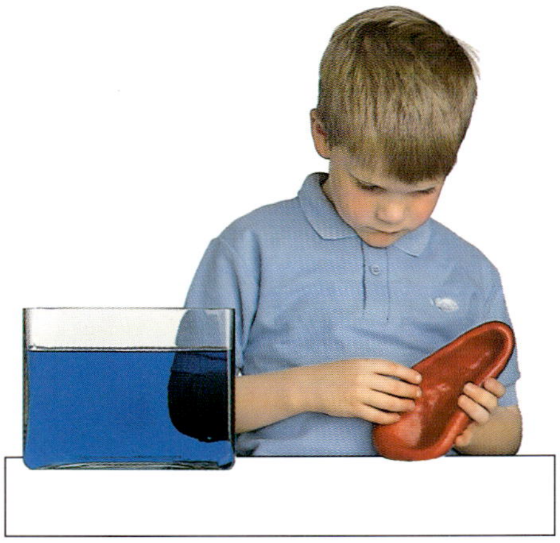

3 REPÊCHEZ LA BOULE et modelez-la en forme de bateau avec des bords élevés. En augmentant le volume de l'objet, vous augmentez la poussée de l'eau.

4 CETTE FOIS, la pâte à modeler flotte. Remarquez que le niveau de l'eau monte davantage. Le volume d'eau déplacé par le bateau et l'air qu'il contient est plus grand.

EXPÉRIENCE

Mesure de la flottabilité

Il y a 2 200 ans le mathématicien grec Archimède, qui vivait en Sicile, fit une découverte célèbre: un corps immergé dans un liquide pèse moins lourd que dans l'air. C'est pour cela que vous pouvez, dans une piscine, soulever quelqu'un de très lourd. Archimède expliqua cette *flottabilité* par la poussée vers le haut qu'exerce l'eau sur l'objet. Pour qu'un objet flotte, il faut que son poids qui l'entraîne vers le bas soit compensé par la poussée du liquide vers le haut. Archimède montra que le poids du volume de liquide déplacé par l'objet flottant est égal à la force exercée par le liquide. Faites cette expérience pour mesurer la poussée d'Archimède qui s'exerce sur un objet flottant, et vérifier qu'elle est bien égale au poids de l'objet.

Il Vous Faut

- *une balance de cuisine*
- *une carafe*
- *un bocal de verre*
- *un petit objet flottant (un pot à moitié vide)*
- *un grand plat*
- *de l'eau*

1 Enlevez le plateau de la balance et ajustez le zéro. Placez la balance dans le plat, et placez le bocal de verre sur la balance. Remplissez-le d'eau à ras bord avec la carafe. Notez l'indication de la balance.

2 Lâchez doucement l'objet dans le bocal. Un peu d'eau déborde et va dans le plat.

3 Regardez ce qu'indique la balance pour le bocal d'eau et l'objet flottant: il n'y a pas de changement.

4 Enlevez le bocal et soulevez la balance pour récupérer le plat. Replacez le plateau. Ajustez à nouveau le zéro et versez le contenu du plat dans le plateau.

5 Notez le poids de l'eau déplacée qui était tombée dans le plat. Enlevez le plateau de la balance et remettez l'aiguille au zéro.

6 Pesez l'objet. Vous verrez qu'il pèse le même poids que l'eau déplacée. La poussée d'Archimède est égale au poids de l'objet.

La densité des liquides

COMME LES OBJETS SOLIDES moins denses que l'eau, les liquides moins denses flottent, à condition qu'ils ne se mélangent pas. Un liquide léger flottera au-dessus d'un liquide plus lourd. Si vous observez les flaques sur une route, vous verrez souvent un film d'huile flotter à la surface de l'eau. En effet, l'huile projetée sur la route par les voitures est moins dense que l'eau de pluie. D'ailleurs, la plupart des huiles sont moins denses que l'eau. De même, changer la densité d'un liquide – en modifiant sa température ou en y dissolvant des produits – change la flottabilité des objets. Les bateaux flottent plus haut dans l'eau salée que dans l'eau douce, parce qu'elle est plus dense.

Les nappes de pétrole flottent à la surface de l'eau, engluant les oiseaux aquatiques.

EXPÉRIENCE

Liquides flottants

Cette expérience spectaculaire, où des liquides colorés flottent l'un au-dessus de l'autre, met en évidence les différences de densité de ces liquides. Bien sûr, cela ne marche qu'avec des liquides non miscibles (qui ne se mélangent pas).

IL VOUS FAUT

● *un grand verre* ● *du sirop* ● *de la glycérine* ● *de l'eau colorée en bleu par un colorant alimentaire* ● *de l'huile d'olive (ou autre)* ● *de l'éther coloré en rouge par un colorant alimentaire*

Pour commencer, versez au fond du verre le sirop, le liquide le plus lourd. Ajoutez lentement la glycérine, dont la densité est moindre. Quand cette couche s'est stabilisée, ajoutez l'eau en faisant bien attention, puis l'huile d'olive. Terminez goutte à goutte avec le liquide le plus léger, l'éther. Et vous obtiendrez une stratification colorée.

La ligne de flottaison en charge
Cette échelle indique le niveau d'un bateau anglais en eau douce (F) sur la gauche, et en eau salée sur la droite: sous les tropiques (T), en été (S), en hiver (W), et dans les eaux de l'Atlantique Nord en hiver (WNA).

■ DÉCOUVERTE ■

La ligne de flottaison

Les bateaux peuvent flotter plus ou moins haut – même quand ils transportent la même quantité de marchandises – à cause des variations de densité de l'eau. Les bateaux flottent plus haut en eau salée – plus dense – qu'en eau douce. Ils flottent plus haut sur les mers froides que sur les mers tropicales, car l'eau froide est plus dense. Pour décider du chargement de son bateau, le capitaine doit donc savoir à quelle hauteur il flottera sur les mers qu'il va parcourir. Si le bateau, par exemple, est chargé au maximum dans des eaux froides, il pourra s'enfoncer dangereusement dans les eaux tropicales moins denses. Sur la coque de la plupart des bateaux, une échelle indique la ligne de flottaison en charge. Cette échelle (dont les lettres dépendent de la nationalité du bateau) indique le niveau maximal de charge du bateau pour chaque type de mer.

Haut les coques!
Le transatlantique Queen Elisabeth II *flotte si haut que sa ligne de flottaison est bien visible, ce qui montre que le bateau est déchargé et qu'il se trouve dans des eaux froides et denses.*

EXPÉRIENCE

Faire un densimètre

Pour mesurer simplement la densité, on prend une tige creuse que l'on leste à une extrémité pour la faire flotter verticalement. Elle s'enfonce profondément dans un liquide léger, mais moins dans un liquide plus dense. Les densimètres sont généralement gradués par référence à leur niveau de flottaison dans l'eau pure, et ils mesurent la densité des liquides par rapport à l'eau. Vous pouvez fabriquer votre propre densimètre de cette façon.

Il Vous Faut
● *trois verres* ● *une paille* ● *de la pâte à modeler* ● *de l'eau* ● *du sel* ● *de l'huile de cuisine* ● *un stylo feutre*

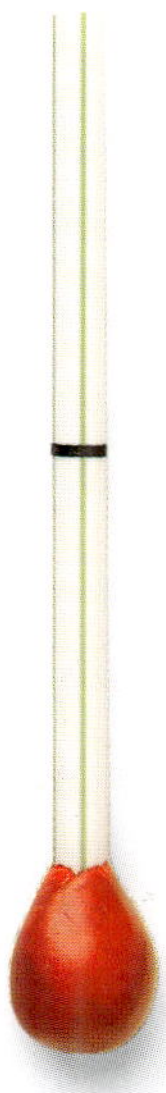

Densité de la bière
Les brasseurs utilisent un densimètre pour mesurer la densité de la bière, ce qui indique son degré d'alcool.

Eau

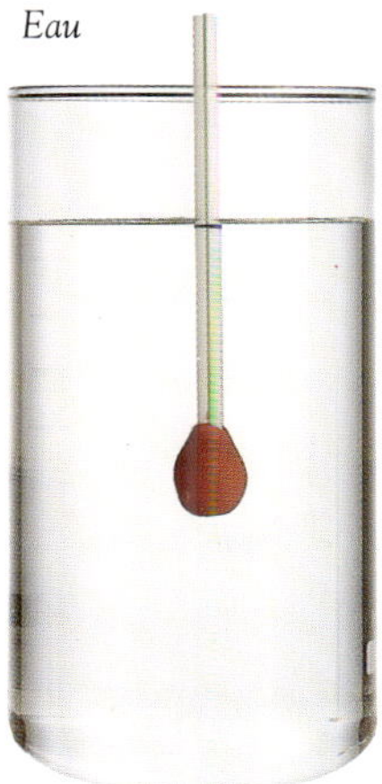

Eau salée

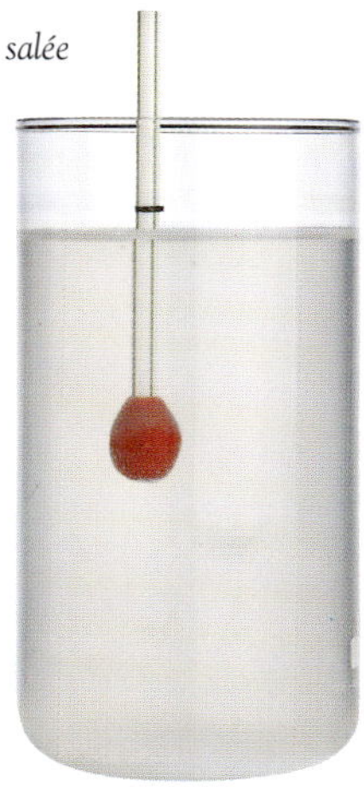

Huile

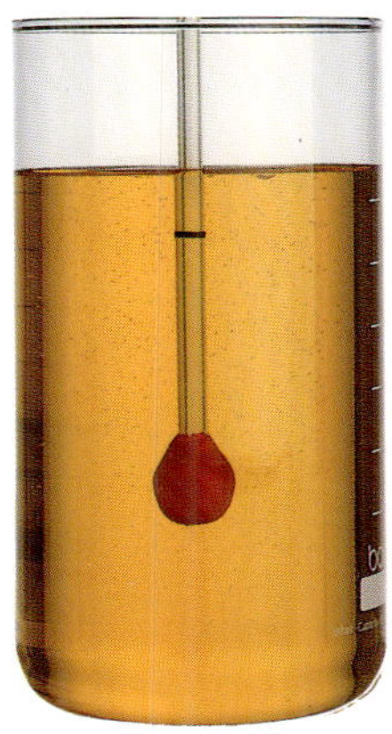

1 Versez de l'eau dans un verre. Mettez une boule de pâte à modeler à une extrémité de la paille et faites-la flotter dans le verre. Marquez soigneusement le niveau de l'eau.

2 Remplissez le deuxième verre avec de l'eau salée et faites-y flotter votre densimètre. Vous constaterez qu'il s'enfonce moins que dans l'eau.

3 Utilisez de l'huile dans le troisième verre. Cette fois, la paille s'enfonce plus profondément que dans l'eau, car l'huile est moins dense.

La tension superficielle

REGARDEZ DE PRÈS les gouttelettes de condensation sur un verre ou une boîte contenant une boisson glacée. A part les plus grosses gouttes, elles sont toutes parfaitement rondes. Il en va de même pour les gouttes de rosée sur une toile d'araignée ou les gouttes tombant d'un robinet – mais il faudrait un dispositif de photographie rapide pour les voir. Les petites gouttes d'eau tendent toujours vers la forme sphérique à cause de la tension superficielle. Cette force est due à l'attraction des molécules d'eau entre elles. Au centre de la goutte, les molécules s'attirent avec la même force dans toutes les directions. Mais à la surface, elles sont tirées vers le centre car il n'y a pas de molécules pour tirer en sens contraire. Si bien que l'eau tire sur sa surface comme sur une membrane élastique pour la rendre aussi petite que possible.

La tension superficielle explique aussi que les poils d'un pinceau se collent quand vous le sortez de l'eau. Elle explique encore le «ménisque» bombé que forme la surface de l'eau quand vous remplissez un verre jusqu'au bord.

Marcher sur l'eau
La membrane formée par la tension superficielle est assez solide pour supporter le poids de petits insectes, les gerris, qui glissent rapidement sur l'eau.

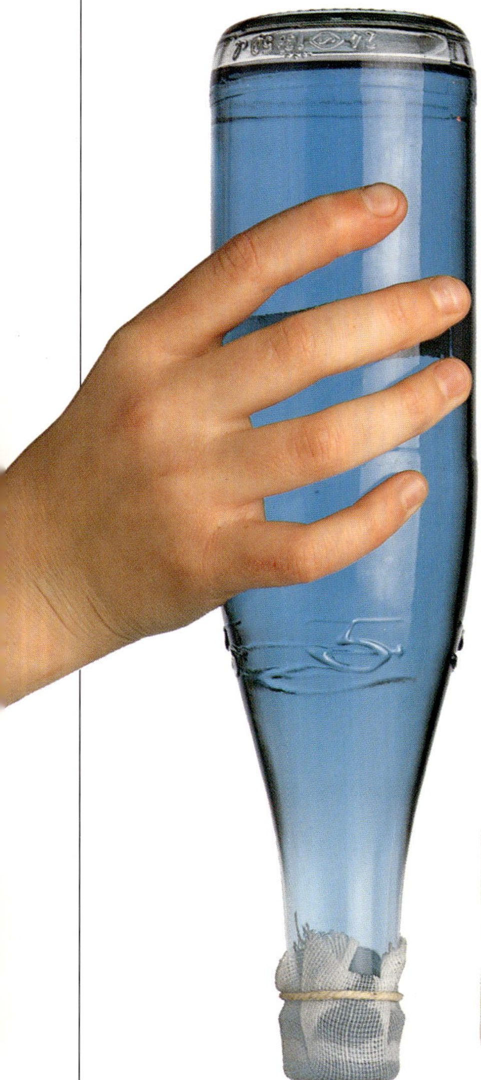

EXPÉRIENCE

Le tissu imperméable

La tension superficielle empêche l'eau de couler à travers les petits trous d'un tissu de coton ou de gaze. C'est pourquoi les tentes sont imperméables tant que vous ne touchez pas le tissu, perturbant ainsi la tension superficielle. Avec cette expérience, vous verrez que la tension superficielle empêche l'eau de passer.

IL VOUS FAUT
- *une petite bouteille* ● *un morceau de gaze fine*
- *un élastique*

Remplissez la bouteille d'eau et fixez la gaze sur le goulot avec l'élastique. Retournez la bouteille. L'eau ne coule pas parce que la tension superficielle agit comme une peau et empêche l'eau de s'échapper à travers les trous du tissu.

EXPÉRIENCE

Le métal qui flotte

Vous pouvez faire flotter sur l'eau, avec l'aide de la tension superficielle, un trombone en métal !

IL VOUS FAUT
- *un verre d'eau* ● *un trombone*

Remplissez le verre d'eau et posez un trombone à la surface. Le trombone flotte, maintenu par la «peau» de la surface de l'eau. Si vous regardez bien, vous verrez cette peau se déformer sous le poids du trombone.

De l'eau sèche ?

Dans certaines circonstances, on aimerait que l'eau «mouille» davantage; quand l'eau glisse sur un sol graisseux ou sur une voiture au lieu de les laver, ou quand, en pulvérisant des plantes, l'eau reste en gouttes sur les feuilles au lieu de se répartir uniformément. Le responsable est la tension superficielle: les molécules d'eau attirées les unes par les autres ne mouilleront pas tant que la tension superficielle ne se relâchera pas. La graisse en particulier repousse l'eau, qui roule sur elle ou se rassemble en gouttes. C'est pourquoi les savons contiennent des *agents mouillants* qui relâchent la tension pour mouiller les surfaces grasses. Pareillement, les photographes utilisent des agents mouillants pour que l'eau ne fasse pas de taches sur les photos lors du séchage.

Ceci est une photographie agrandie d'eau sur du plexiglas. A cause de la tension superficielle, l'eau ne s'étend pas uniformément sur le plexiglas, mais se rassemble en gouttes sphériques.

EXPÉRIENCE

Relâcher la tension

Cette expérience vous montre l'efficacité des détergents. Des allumettes maintenues par la tension superficielle sont immédiatement dispersées quand une goutte de détergent tombe dans l'eau et relâche la tension.

Il Vous Faut

- *quatre allumettes* • *un saladier plein d'eau* • *du liquide de vaisselle*
- *un compte-gouttes*

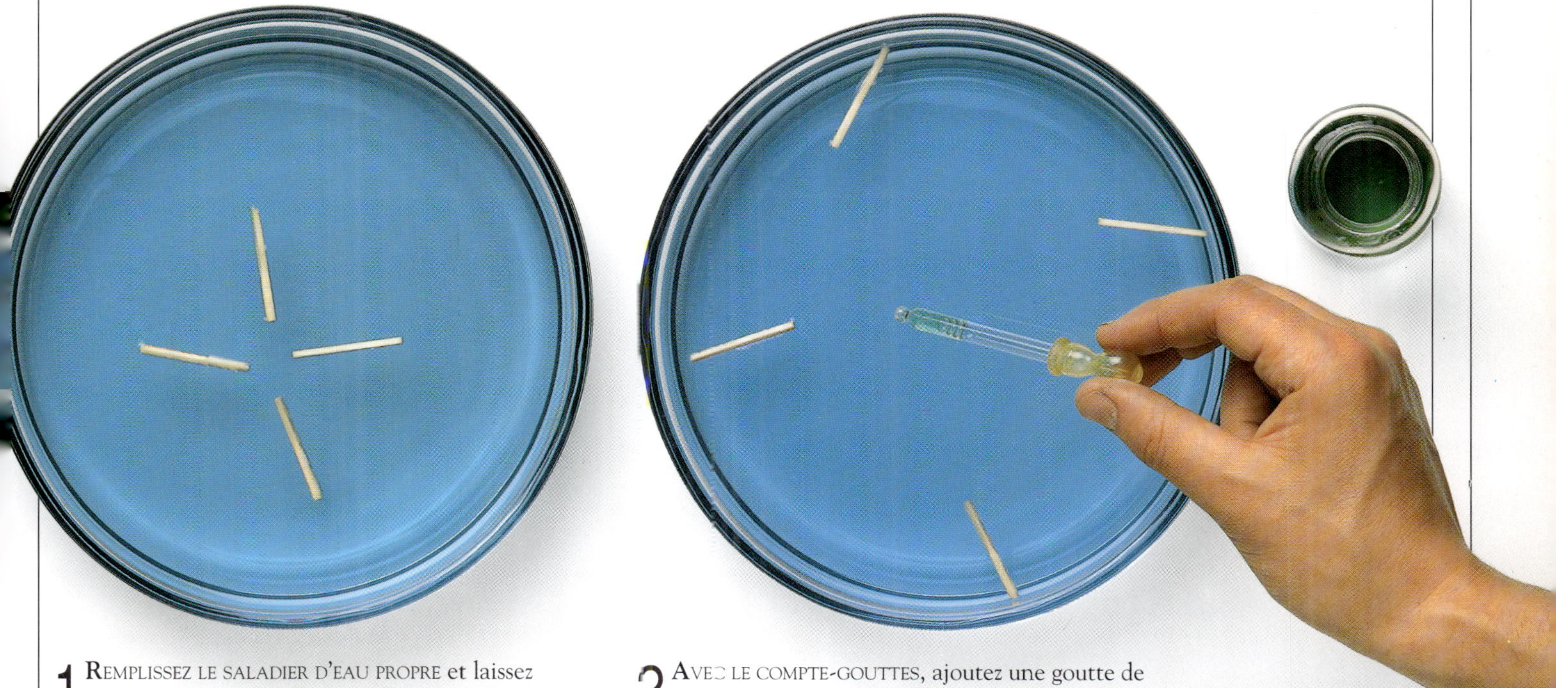

1 Remplissez le saladier d'eau propre et laissez reposer pour que la surface soit parfaitement lisse. Posez délicatement les allumettes en étoile sur la surface de l'eau.

2 Avec le compte-gouttes, ajoutez une goutte de liquide de vaisselle au centre du plat. Cela détruit la tension superficielle à cet endroit, et les allumettes sont instantanément attirées vers les bords où la tension est plus forte.

L'électricité ET LE magnétisme

L'électricité n'est pas seulement l'énergie qui fait tout marcher, depuis le grille-pain jusqu'à la télévision. Et le magnétisme n'est pas que cette force invisible qui oriente les boussoles. Ils sont des formes de l'électromagnétisme, une force fondamentale de l'univers.

Les éclairs sont une manifestation spectaculaire de l'énergie électrique: l'électricité statique franchit l'espace entre les nuages chargés et le sol avec une puissance considérable qui échauffe l'air violemment. Le tonnerre est dû à la dilatation rapide de l'air chaud.

L'ÉLECTRICITÉ

L'ÉLECTRICITÉ EST UNE DES FORCES FONDAMENTALES qui assurent la cohérence de la matière. C'est aussi la plus versatile de toutes les formes d'énergie. Elle peut faire briller les ampoules ou chauffer les radiateurs électriques. Elle peut produire le son dans une radio et l'image dans une télévision. Elle peut tout faire marcher, depuis les milliers de micro-commutateurs d'un ordinateur jusqu'à l'énorme moteur d'un train à grande vitesse.

Le savant et homme d'État américain Benjamin Franklin fut le premier à proposer l'idée de charges électriques positives et négatives. Il montra aussi, en faisant voler un cerf-volant dans un orage, que les éclairs étaient de l'électricité statique – expérience à laquelle il eut la chance de survivre!

Jusqu'au XVIIIe siècle, peu de savants s'intéressaient à l'électricité. Les Grecs anciens avaient remarqué certains effets électriques. Par exemple, autour de 600 av. J. -C., le philosophe Thalès avait observé qu'en frottant une sorte de résine, l'ambre, avec un tissu, elle attirait des plumes ou des bouts de fils; le mot électricité, vient d'ailleurs du grec *elektron* qui signifie ambre.
Mais tout le monde considérait cela comme une simple curiosité. William Gilbert (1544-1603), le médecin de la reine Elisabeth Ire d'Angleterre, fut un des premiers à explorer les phénomènes électriques. Il montra que le soufre et le verre, comme l'ambre, attiraient les objets légers quand ils étaient frottés. Ce fut Gilbert qui décida d'appeler cette force d'attraction inconnue électricité.

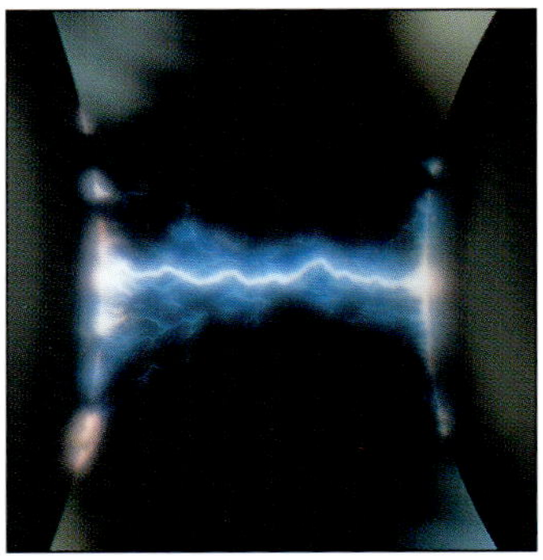

Dans les années 1930 le physicien américain Robert Van de Graaff (1901-1967) inventa une machine capable de produire des étincelles géantes d'électricité statique.

Le fluide électrique

Pendant un siècle et demi on ne s'intéressa pas beaucoup à ce phénomène. En 1733, le chimiste français Charles Du Fay (1698-1739) découvrit que si certains objets frottés s'attiraient, des objets identiques se repoussaient. Par exemple, deux bâtons d'ambre électrisés par frottement se repoussaient. Du Fay fit l'hypothèse que l'électricité était un fluide et qu'il y avait deux sortes d'électricité. L'électricité *vitreuse*, qui se manifeste quand on frotte du verre, du cristal, les cheveux ou la laine; l'électricité *résineuse*, qui se manifeste dans l'ambre ou la soie. Des électricités différentes s'attirent; des électricités du même type se repoussent.

Les conducteurs

A la même époque, le physicien anglais Stephen Gray (1670-1736) montra que certaines substances conduisent l'électricité, et d'autres pas. Il put transmettre l'électricité produite en frottant un tube de verre le long d'un fil de 100 m de longueur. Les métaux et d'autres substances où l'électricité circule facilement sont des conducteurs; le verre, l'ambre, la soie, le bois et les substances qui empêchent le passage de l'électricité sont des isolants. Dans une expérience célèbre, Gray montra que le corps humain est un conducteur.

Il suspendit un pauvre petit orphelin par des fils de soie et les relia à une charge d'électricité statique. La charge se répandit dans le corps du petit garçon, qui put soulever des morceaux de papier sans les toucher.

Les électroscopes détectent l'électricité statique et indiquent son signe, positif ou négatif.

Les charges opposées

L'ingénieux homme d'État et inventeur américain Benjamin Franklin (1706-1790) montra que les phénomènes électriques n'étaient pas seulement des expériences de salon. Comme Du Fay, il pensait que l'électricité était un fluide, mais il était convaincu qu'il n'y avait qu'un seul fluide, et non pas deux. Quand on frottait du verre, le fluide électrique entrait dans le matériau le rendant *positif* ; mais quand l'ambre était frotté, le fluide électrique en sortait et l'ambre était chargé *négativement*. Quand les deux corps entraient en contact, Franklin pensait que le fluide passait du positif au négatif, jusqu'à ce qu'un équilibre soit atteint. En fait, cela est très proche de ce que nous savons aujourd'hui, excepté le fait que ce sont les électrons, de minuscules particules négatives (p. 27), qui interviennent; de plus, l'électricité statique se décharge de l'ambre dans le verre et non dans l'autre sens. Quand l'ambre est frotté avec un tissu, ou quand vous passez un peigne dans vos cheveux, les électrons du tissu vont sur l'ambre et ceux du peigne dans vos cheveux. Les électrons étant chargés négativement, l'ambre frotté l'est aussi. Quant au tissu qui a perdu ses électrons, il est chargé positivement.

Au milieu du XVIIIe siècle il existait des machines capables de produire des charges électriques assez importantes: on frottait du verre ou du soufre en tournant une manivelle. Les savants pouvaient même stocker l'électricité en l'isolant dans une bouteille spéciale, une «bouteille de Leyde». L'électricité pouvait sortir de la bouteille par une chaîne de bronze passant dans le bouchon.

La charge stockée pouvait être si grande que les savants pouvaient produire de spectaculaires étincelles entre la chaîne et leur main. Certains reçurent de méchantes décharges.

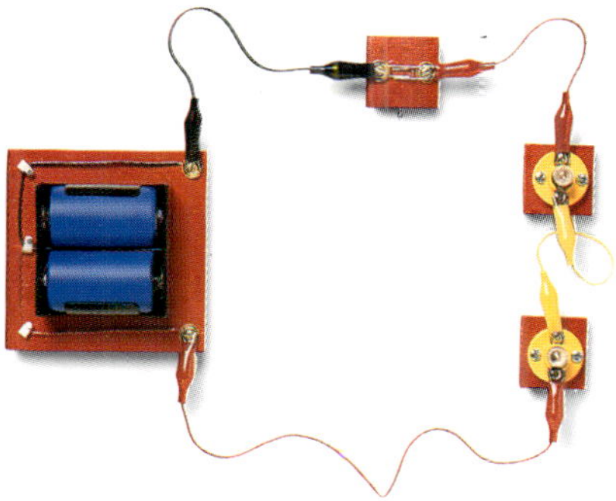

Les circuits électriques (p. 154-155) permettent d'utiliser l'énergie électrique pour faire fonctionner les ampoules ou les ordinateurs.

Les éclairs

En voyant ces étincelles, Franklin se demanda si les éclairs n'étaient pas de même nature. Pour vérifier son idée, il fit voler un cerf-volant dans un nuage d'orage et attacha une clé à la corde par un fil de soie. L'électricité descendait des nuages par la ficelle mouillée et la soie, jusqu'à la clé. Quand Franklin toucha la clé, il reçut une décharge et observa des étincelles comme celles des bouteilles de Leyde. Il avait vérifié son idée, mais avait une chance extraordinaire d'être encore en vie. D'autres recommencèrent son expérience et furent électrocutés.

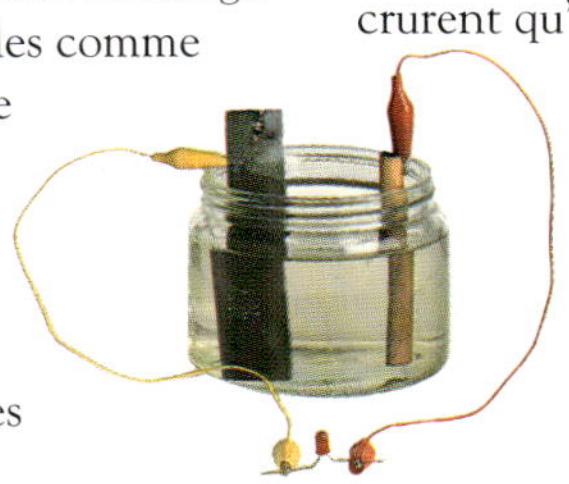

Ceci est une des premières piles. Elle fonctionne grâce à une réaction chimique (p. 151).

Quelques mois plus tard, en 1752, Franklin inventa le paratonnerre. Une barre de fer était attachée au plus haut point d'un immeuble et reliée au sol. Si un éclair touchait l'immeuble, il se déchargeait sans dommage à travers la barre jusqu'au sol.

La découverte de Franklin suscita un formidable intérêt pour les phénomènes électriques et les expériences d'électricité furent très à la mode. En 1786, l'anatomiste italien Luigi Galvani (1737-1798) suspendit les pattes d'une grenouille morte à un fil, pendant un orage, pour voir si les éclairs les feraient sursauter comme les étincelles de la bouteille de Leyde. A sa grande surprise, elles tressautèrent avant même que l'orage n'arrive, et Galvani crut qu'il avait trouvé une nouvelle sorte d'électricité produite par les nerfs de la grenouille. Il l'appela « électricité animale » et beaucoup de gens crurent qu'il avait découvert le secret de la vie, la force mystérieuse qui animait la chair et les os. Bientôt des dizaines de savants essayèrent de ranimer des cadavres en les électrocutant. C'est ainsi que Frankenstein, la créature monstrueuse du docteur fou, dans l'histoire de Mary Shelley, est ressuscité par une énorme décharge électrique provenant d'un éclair.

La première pile

Alessandro Volta (1745-1827), cependant, soupçonna qu'il ne s'agissait pas de l'électricité animale et découvrit que les pattes de la grenouille réagissaient à l'électricité produite par la réaction chimique entre le métal du fil et celui du crochet qui soutenait les pattes. Ayant compris cela, Volta put réaliser la première pile en 1800. C'était un bocal d'eau salée contenant un empilement alterné de pièces de cuivre et de zinc. La réaction chimique produisait, pour la première fois, une source stable d'électricité. Les connaissances progressèrent alors très vite. Une découverte capitale fut celle du circuit électrique: si des conducteurs sont disposés en boucle, une charge électrique circule d'un pôle de la pile à l'autre. Cela ressemble à l'écoulement de l'eau d'un ruisseau, d'où le nom de *courant*. Mais l'analogie avec l'eau est une fausse piste car, contrairement à l'eau, les électrons qui transportent la charge électrique ne bougent pratiquement pas; ils se passent la charge de l'un à l'autre. Cependant, la découverte des circuits permettait d'apporter l'électricité par des fils là où on en avait besoin et de l'employer à divers usages.

La réaction entre le carbone et la gaine de zinc crée le courant des piles sèches.

En 1800, quelques mois après que Volta eut construit la première pile, le chimiste anglais William Nicholson (1753-1815) montra qu'en immergeant dans l'eau des fils provenant d'une pile, il se produisait des bulles d'oxygène et d'hydrogène (p. 156-157). Cette réaction, l'électrolyse, a de nombreuses et importantes applications en chimie.

Autour de 1820, le physicien français André Ampère (1775-1836) fit de nombreuses découvertes sur la nature de l'électricité, tandis que l'Allemand Georg Ohm (1789-1854) montra que la circulation du courant dans un fil dépendait de sa résistance.

Néanmoins, il fallut attendre que la relation entre l'électricité et le magnétisme soit découverte pour que l'on puisse produire de l'électricité à la demande (p. 158-159), et que cette électricité révolutionne notre vie quotidienne. Pourtant, les savants n'ont vraiment compris ce qu'était l'électricité et le rôle qu'elle joue dans la matière qu'avec la découverte de l'électron vers 1880 (p. 15).

L'électricité joue un rôle important dans les voitures à essence, produisant l'étincelle pour enflammer le combustible ou le courant pour alimenter les phares. Actuellement, les systèmes de contrôle électroniques sont de plus en plus répandus. La voiture « tout électrique » est peut-être pour demain.

L'électricité statique

L'ÉLECTRICITÉ STATIQUE, c'est le crépitement que vous entendez quand vous enlevez un pull de nylon ou lorsque vous vous peignez. L'éclair pendant un orage est aussi de l'électricité statique, de même que la force qui plaque l'encre sur le papier d'un photocopieur. Tous ces phénomènes ont en commun le fait d'être produits par le frottement de deux objets: le peigne et vos cheveux, ou les cristaux de glace du nuage; cela produit une charge, qui attire ou repousse. Ce qui se passe quand deux substances sont frottées, c'est que les électrons de l'une sont arrachés aux atomes, et qu'ils se collent aux atomes de l'autre. La substance qui perd des électrons est chargée positivement; celle qui en gagne est chargée négativement. Les charges de signes contraires s'attirent, celles de même signe se repoussent.

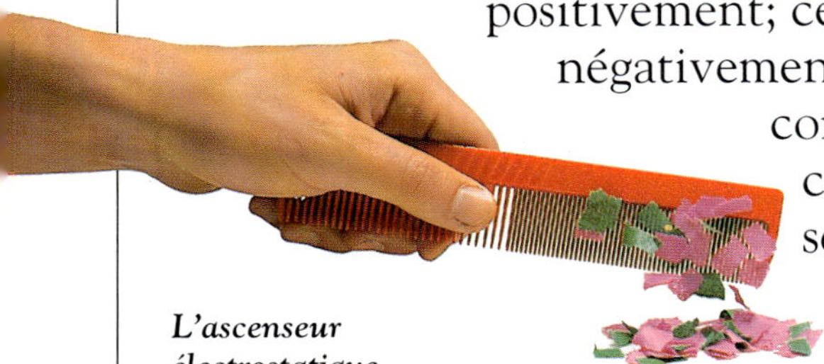

L'ascenseur électrostatique
Passez un peigne dans vos cheveux et vous pourrez soulever du papier! Le peigne se couvre d'électrons négatifs, ce qui a pour effet d'attirer le papier.

Les ballons qui collent
Frottez des ballons sur un T-shirt ou un tricot pour les charger. La charge négative des ballons les colle au tricot chargé positivement.

EXPÉRIENCE

Le serpent obéissant

En utilisant l'électricité statique, on peut charmer un serpent de papier – et montrer qu'un objet chargé attire un objet non chargé.

IL VOUS FAUT

- *un mouchoir en papier*
- *un mouchoir de soie*
- *un stylo en plastique*
- *un plateau métallique*

1 Avec des ciseaux, découpez une spirale dans un cercle de papier.

2 Posez la spirale de papier sur le plateau métallique.

3 Soulevez doucement le serpent de papier en l'attirant avec le stylo chargé.

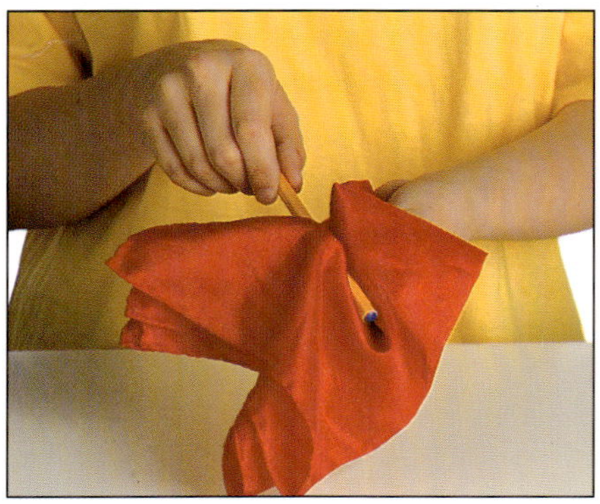

Pour charger le stylo
Frottez vigoureusement le stylo avec la soie: il prend les électrons de la soie et se charge négativement.

Coup de foudre

Un coup de foudre transporte une énorme énergie, suffisante pour alimenter une petite ville durant un an. Les éclairs partent du centre du nuage où les courants d'air projettent si violemment les cristaux de glace et les gouttes d'eau les uns contre les autres qu'ils se chargent électriquement. Les charges positives se rassemblent au sommet du nuage et les charges négatives à sa base. Parfois, les deux charges se neutralisent sous l'effet d'un flux d'électrons entre les deux: ce sont des éclairs diffus. Mais les éclairs les plus spectaculaires éclatent non pas à l'intérieur du nuage, mais entre le nuage et le sol qui possède aussi une certaine charge. La foudre prend le chemin le plus court jusqu'au sol – c'est pourquoi les arbres et les bâtiments élevés sont les plus vulnérables.

EXPÉRIENCE

Fabriquer un électroscope

Pour mesurer une charge électrique, vous pouvez fabriquer un dispositif nommé électroscope.

Il Vous Faut

•un petit bocal de verre •un gros fil de fer •du papier aluminium • un papier de bonbon •un disque de carton • un crayon en plastique • du ruban adhésif

Crayon chargé positivement par frottement sur de la soie.

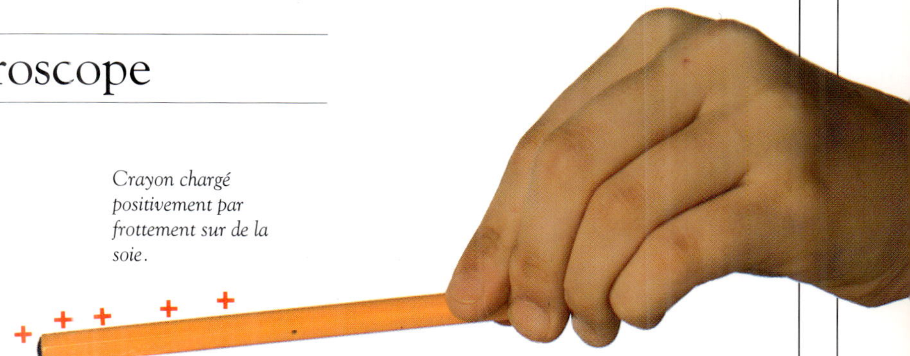

Charges négatives attirées sur la boule d'aluminium par les charges positives du crayon.

Comment ça marche?

Quand le crayon chargé positivement est approché de la boule d'aluminium, des charges négatives sont attirées le long du fil de fer vers la boule, laissant des charges négatives sur le papier de bonbon. Les deux côtés du papier, ayant la même charge, se repoussent.

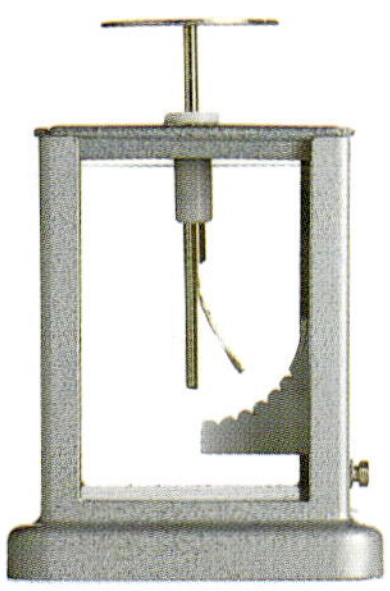

Dans un véritable électroscope, des encoches sur une échelle indiquent la grandeur de la charge.

Comment procéder?

Pliez une extrémité du fil de fer à angle droit et passez-le dans le carton découpé à la taille de l'ouverture du bocal. Collez-le au carton. Fixez avec un ruban adhésif une bande de papier de bonbon sur la partie courbée. Placez une boule de papier aluminium au bout du fil de fer. Testez les substances chargées en les approchant de la boule.

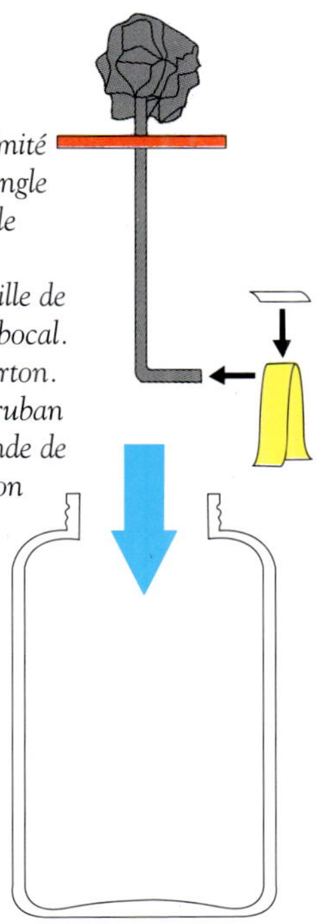

Le courant électrique

L'ÉLECTRICITÉ STATIQUE doit son nom au fait que les charges sont immobiles. Les phénomènes dus à l'électricité statique, comme les éclairs, sont spectaculaires mais difficiles à utiliser. Mais on peut faire bouger les charges électriques en un flot continu ou *courant*, pour les rendre plus utilisables. Le courant électrique peut alimenter une ampoule électrique... ou un ordinateur. Pour faire circuler un courant électrique, il faut d'abord un *circuit* fermé pour permettre au courant de circuler. On utilise généralement des fils de cuivre: le cuivre comme la plupart des métaux est un bon conducteur, et laisse passer le courant facilement.

Ensuite, il faut un *générateur* (une *force électromotrice*, f.e.m.) pour pousser les électrons qui transportent la charge le long du circuit. Le générateur le plus simple est une pile.

Les illuminations de Noël
Comme tous les éclairages électriques, ces lumières sont dues au mouvement des électrons le long d'un circuit électrique.

EXPÉRIENCE

Fabriquer une pile

Les piles produisent du courant grâce à une réaction chimique. Dans cette pile, les deux *électrodes* (l'une en cuivre, l'autre en zinc) sont reliées par un fil et plongées dans une solution acide (l'*électrolyte*). La réaction chimique avec l'acide donne un excès d'électrons au zinc, ce qui crée un courant le long du fil jusqu'au cuivre. Dans les piles sèches (pour les lampes de poche par exemple), les deux électrodes sont la gaine de zinc et un bâton de carbone. L'électrolyte est une pâte.

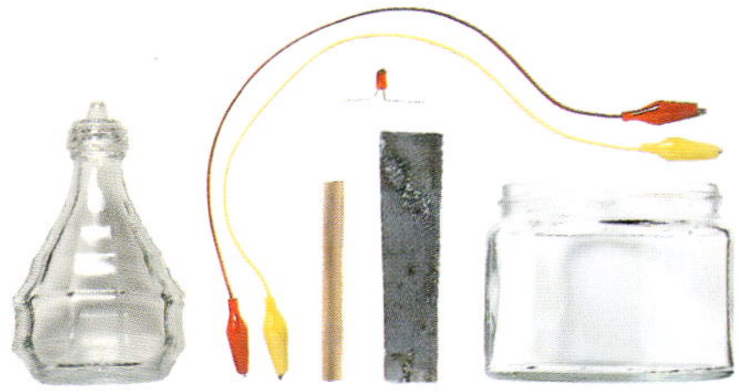

IL VOUS FAUT
● *un pot de verre large* ● *une plaque de zinc* ● *un tube de cuivre* ● *une ampoule ou une DEL* ● *deux fils électriques* ● *du vinaigre*

■ DÉCOUVERTE ■

La première pile

LE COURANT ÉLECTRIQUE fut découvert presque par hasard. Vers 1780, on savait produire des charges électrostatiques par frottement. Luigi Galvani faisait même tressaillir des pattes de grenouilles mortes, avec une décharge électrique. Un jour pourtant, la patte sursauta sans la moindre décharge. C'est Alessandro Volta qui comprit pourquoi: le crochet de bronze auquel étaient suspendues les pattes, réagissait chimiquement avec le support de fer.

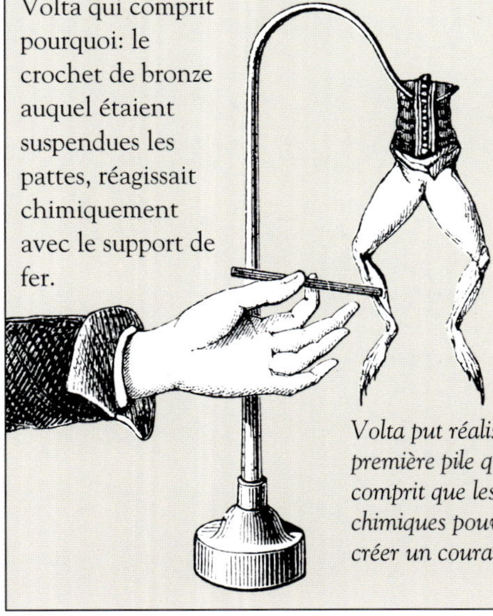

Volta put réaliser la première pile quand il comprit que les réactions chimiques pouvaient créer un courant.

Qu'est-ce que le courant ?

On a longtemps cru que l'électricité coulait comme de l'eau, d'où le nom de «courant» électrique. En fait, ce qui se passe ressemble davantage à une rangée de billes, dont la dernière bille est éjectée quand on tape sur la première. Dans tous les bons conducteurs d'électricité, chaque atome a au moins un électron qui peut se libérer et circuler d'un atome à l'autre. Ces *électrons libres* circulent habituellement au hasard, mais s'il y a plus d'électrons à un bout du circuit qu'à l'autre, les électrons libres sont tous poussés dans la même direction, puisque les charges de même signe se repoussent. C'est le cas quand vous fermez un interrupteur. Chaque électron bouscule son voisin, ce qui transmet le courant tout le long du circuit.

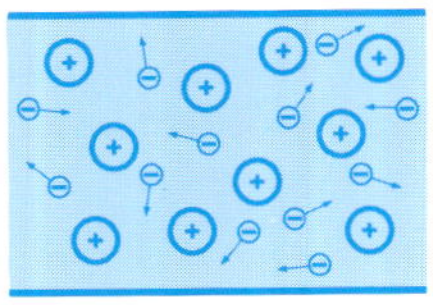

Les électrons libres (signe moins) se déplacent au hasard entre les atomes.

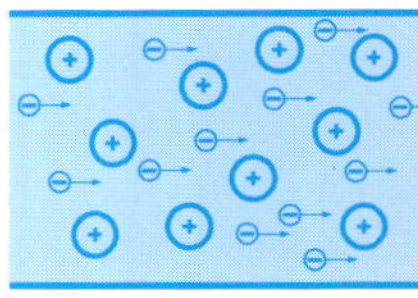

Quand le circuit est branché, ils se déplacent tous dans la même direction.

Les électrons circulent toujours du pôle négatif vers le pôle positif. Une pile crée un courant continu toujours dans le même sens. Certains générateurs (p. 166) dont les pôles permutent continûment créent le courant alternatif qui est montré ici.

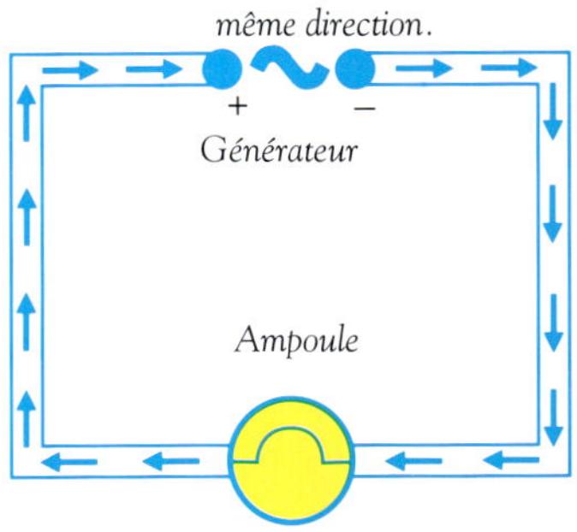

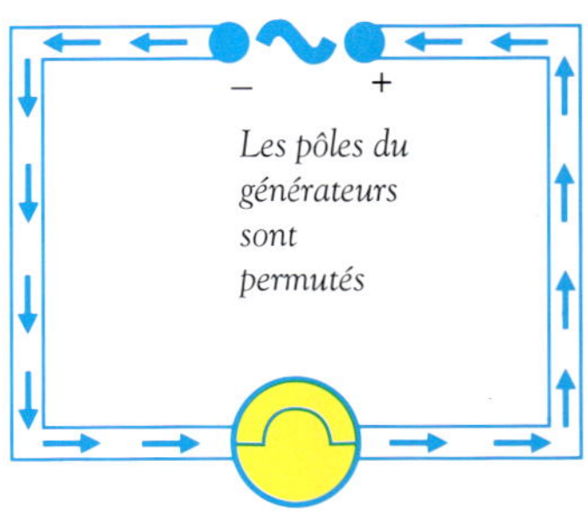

1 REMPLISSEZ LE POT avec du vinaigre. Le vinaigre est de l'acide acétique dilué et constitue l'électrolyte de la pile.

2 CONNECTEZ UNE EXTRÉMITÉ DES FILS au cuivre et au zinc, et l'autre aux pôles d'une petite ampoule, une DEL, par exemple.

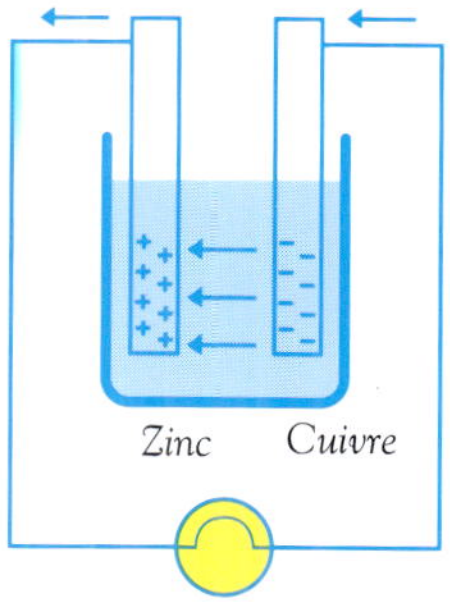

Positif et négatif
La réaction chimique transforme des atomes de la plaque de zinc en ions zinc positifs, ce qui lui donne un excès d'électrons chargés négativement. Cela envoie un courant électrique dans les fils jusqu'au tube de cuivre, qui attire les ions positifs de l'électrolyte et se charge positivement.

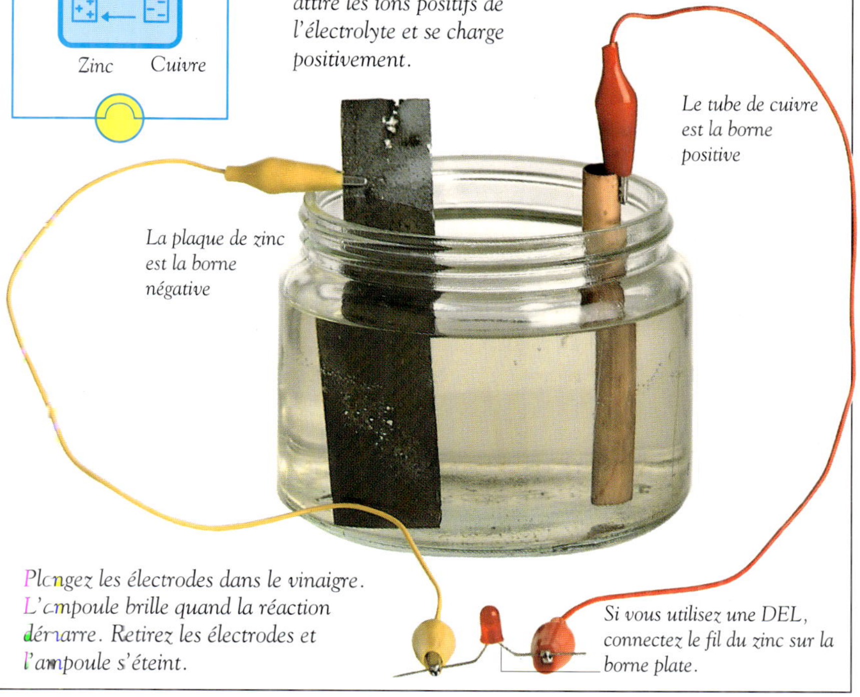

Plongez les électrodes dans le vinaigre. L'ampoule brille quand la réaction démarre. Retirez les électrodes et l'ampoule s'éteint.

Si vous utilisez une DEL, connectez le fil du zinc sur la borne plate.

EXPÉRIENCE

Les conducteurs

L'électricité circule facilement dans certains matériaux (les conducteurs) et pratiquement pas dans d'autres (les isolants). Contrairement aux isolants, les conducteurs ont beaucoup d'électrons libres. Essayez différents matériaux pour voir s'ils sont conducteurs ou isolants.

Comment tester la conductibilité?
Branchez la pile et l'ampoule comme sur la photo. Connectez l'ampoule à une extrémité de l'objet et la borne libre de la pile à l'autre extrémité. Si l'ampoule brille, l'objet est un conducteur; sinon, c'est un isolant.

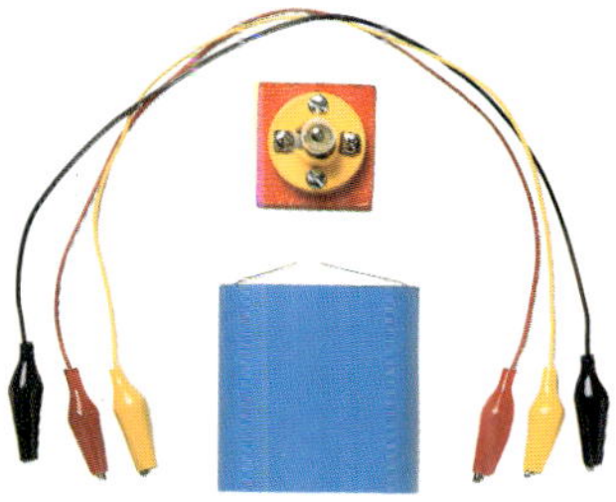

IL VOUS FAUT
● une pile ordinaire de 4,5 volts ● trois fils électriques ● une ampoule ● plusieurs objets usuels à tester

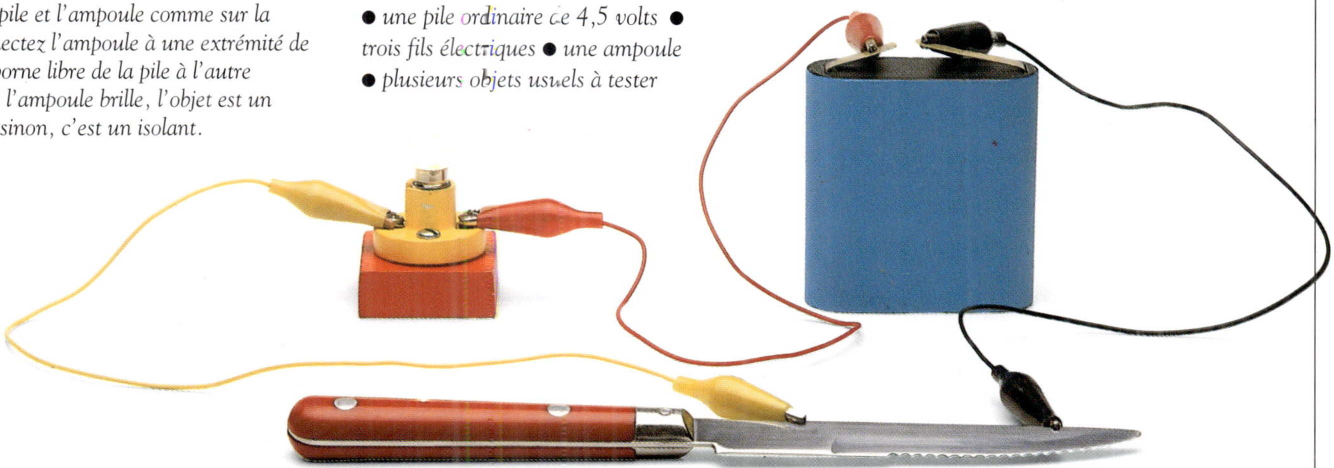

Les connexions

POUR ARRÊTER UN COURANT ÉLECTRIQUE, il suffit de couper le circuit. A l'inverse, pour faire circuler un courant dans un circuit, il faut fermer celui-ci. C'est pourquoi tous les circuits ont un «interrupteur» – dispositif simple qui permet de couper ou de fermer le circuit.

L'électricité ne circulant dans un circuit que si ce dernier fait une boucle continue, tous les équipements électriques, ampoule ou chaîne hifi, doivent faire partie d'une boucle. Quand vous mettez en marche un appareil électrique, vous faites la dernière connexion de la boucle. Si ça ne marche pas, c'est que le circuit est interrompu.

De nombreux circuits utilisent des fils connectés les uns aux autres. Mais il y a d'autres types de connexions, une bande de laiton pour les lampes de poche, ou une mince bande de cuivre imprimée sur un support dans les radios.

Dans de nombreux appareils électroniques, les connexions sont microscopiques, et gravées sur une pastille de silicium.

L'étincelle de la bougie
Les bougies ne sont pas des circuits fermés. Mais la tension électrique est assez forte pour qu'une étincelle franchisse l'espace entre les électrodes.

EXPÉRIENCE
Un jeu d'adresse

Le courant ne circule que dans un circuit fermé. Testez votre adresse avec ce jeu, qui fonctionne selon ce principe.
La boucle tenue à la main joue le rôle d'interrupteur. Les ampoules de la carotte s'allument quand la boucle touche le lapin, fermant ainsi le circuit.

IL VOUS FAUT
● *une planche* ● *du balsa* ● *une baguette* ● *une pile* ● *deux ampoules* ● *du fil de métal raide* ● *du ruban de métal* ● *des fils de connexion* ● *du fil électrique isolé* ● *du ruban adhésif* ● *un crochet* ● *une scie* ● *une chignole*

EXPÉRIENCE
Réaliser des circuits

Vous pouvez réaliser des circuits simples avec des objets usuels.
Faites un interrupteur avec un trombone et utilisez-le pour commander la lumière d'une lampe. Quand le trombone touche les deux anneaux de l'interrupteur, le circuit est fermé et la lampe s'allume. Pour l'éteindre, ouvrez le circuit en éloignant le trombone de l'anneau.

IL VOUS FAUT
● *des piles* ● *des fils électriques* ● *du balsa* ● *une ampoule et son support* ● *des vis* ● *des anneaux* ● *un trombone*

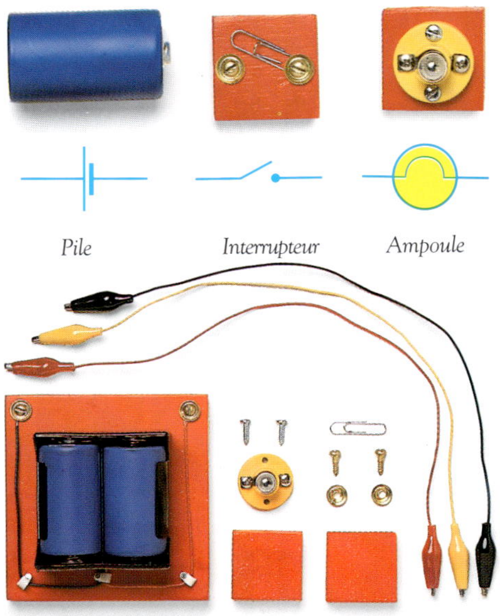

1 FAITES UNE BOÎTE pour la pile et branchez des fils aux deux bornes. Placez l'ampoule dans son support et vissez-la sur un bloc de balsa.

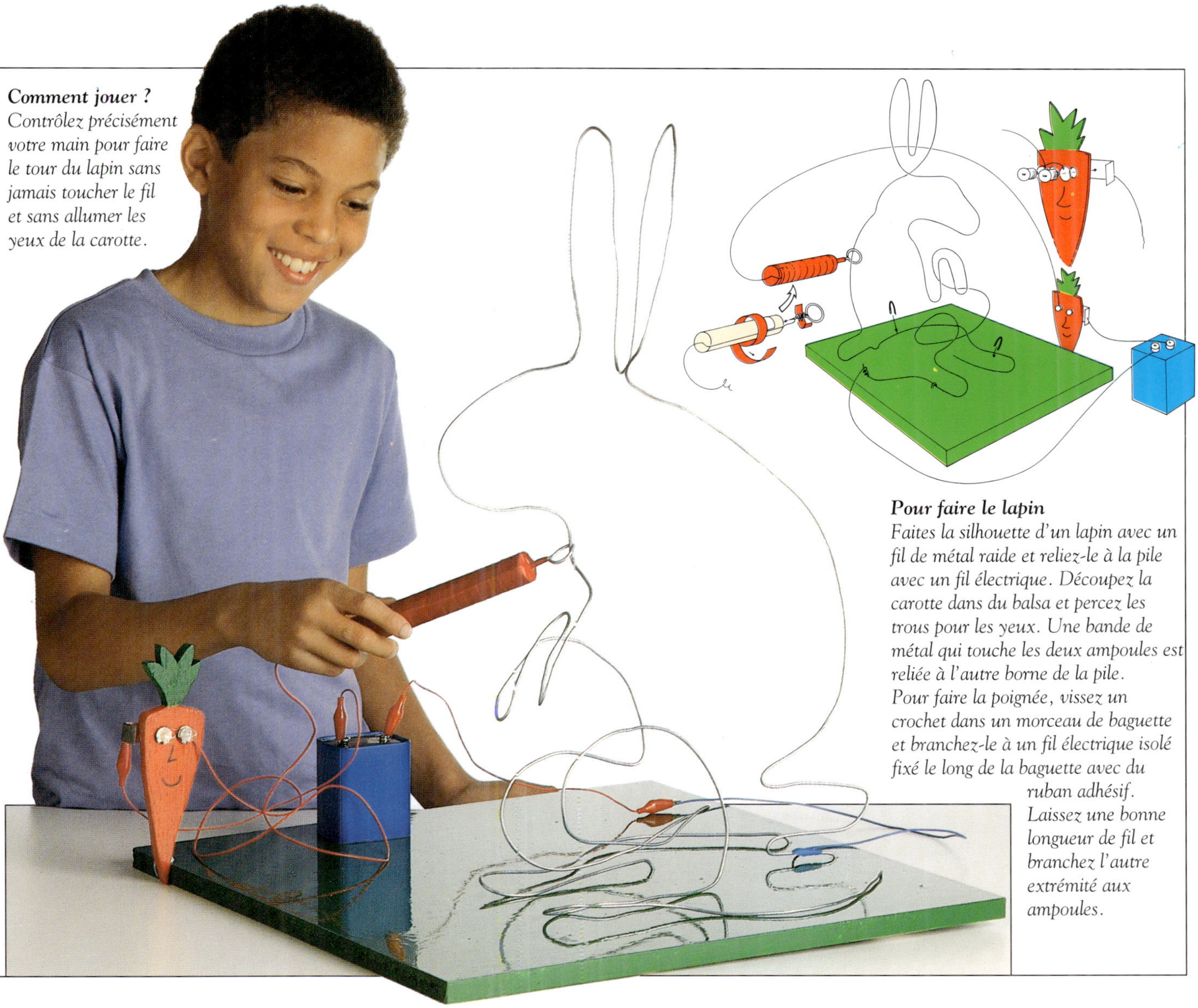

Comment jouer ?
Contrôlez précisément votre main pour faire le tour du lapin sans jamais toucher le fil et sans allumer les yeux de la carotte.

Pour faire le lapin
Faites la silhouette d'un lapin avec un fil de métal raide et reliez-le à la pile avec un fil électrique. Découpez la carotte dans du balsa et percez les trous pour les yeux. Une bande de métal qui touche les deux ampoules est reliée à l'autre borne de la pile. Pour faire la poignée, vissez un crochet dans un morceau de baguette et branchez-le à un fil électrique isolé fixé le long de la baguette avec du ruban adhésif. Laissez une bonne longueur de fil et branchez l'autre extrémité aux ampoules.

2 POUR L'INTERRUPTEUR, vissez le trombone et un anneau sur le balsa. Fixez un second anneau pour qu'il touche l'autre extrémité du trombone.

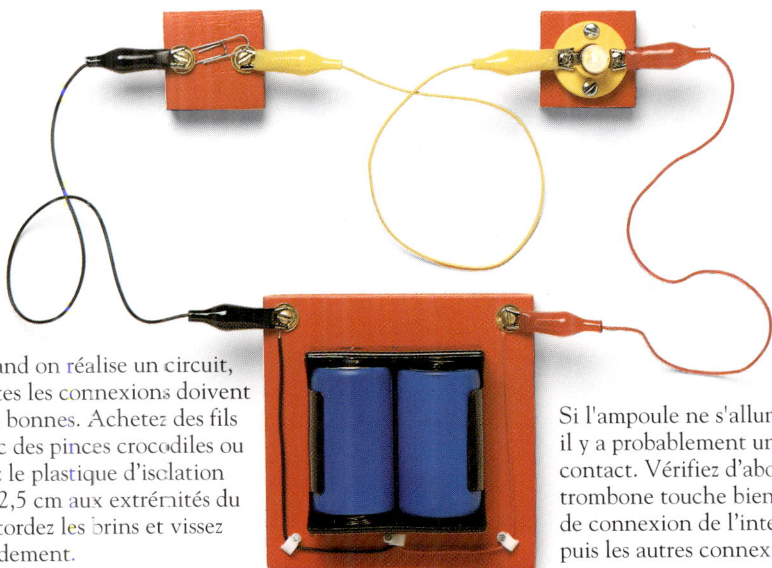

Quand on réalise un circuit, toutes les connexions doivent être bonnes. Achetez des fils avec des pinces crocodiles ou ôtez le plastique d'isolation sur 2,5 cm aux extrémités du fil, tordez les brins et vissez solidement.

Si l'ampoule ne s'allume pas, il y a probablement un mauvais contact. Vérifiez d'abord que le trombone touche bien les points de connexion de l'interrupteur, puis les autres connexions.

Circuits simples

LES CIRCUITS ÉLECTRIQUES peuvent être connectés de diverses façons, mais ils comportent toujours trois éléments : une source d'énergie, par exemple une pile ; un conducteur dans lequel le courant peut circuler; une charge, qui est le dispositif qui reçoit l'énergie. L'énergie nécessaire pour que le courant circule est due à la différence du nombre d'électrons aux deux bornes de la pile. Cette différence crée une *tension* (ou *différence de potentiel*) mesurée en *volts*. La pile donne d'autant plus d'énergie que sa tension est plus forte.

Les lampes de poche utilisent des piles de 1,5 volt alors que l'électricité domestique (p. 166) a une tension de 220 volts.

Mais le débit du courant électrique, son *intensité*, dépend non seulement de la tension mais aussi de la nature des conducteurs du circuit. Ils sont caractérisés par leur *résistance*, mesurée en *ohms*, du nom du savant Georg Ohm qui a découvert comment la tension et l'intensité du courant sont liées.

■ DÉCOUVERTE ■

L'ampoule d'Edison

L'INVENTION DE L'AMPOULE électrique par Thomas Edison en 1879 a bouleversé notre vie quotidienne.

Edison plaça un fil de coton carbonisé dans une ampoule de verre où il fit le vide.

Le fil ou *filament* était si fin que le courant avait du mal à passer, si bien que le fil était fortement échauffé et brillait intensément.

Edison fut un des inventeurs les plus brillants que le monde ait connus.

Outre l'ampoule électrique, il inventa le gramophone et fut un des pionniers du téléphone.

Il devint riche, mais disait qu'il était plus intéressé par son travail que par l'argent. De fait, il passait ses nuits à travailler.

La première ampoule
Edison fit le vide dans l'ampoule pour que le fil de coton ne brûle pas. De nos jours, le filament est en tungstène – il peut chauffer et briller plus fort – et l'ampoule est remplie d'un gaz inerte *(p. 28)*.

EXPÉRIENCE

Une résistance variable

La résistance d'un conducteur est due aux chocs des électrons libres avec les atomes. Plus le conducteur est long et fin, plus sa résistance est grande: c'est ce que montre cette expérience avec une mine de crayon.

IL VOUS FAUT
- *une pile* • *trois fils électriques*
- *une ampoule* • *un crayon*

OTEZ LA MINE d'un crayon après l'avoir laissé tremper dans l'eau. Reliez la pile à l'ampoule avec un fil et branchez deux autres fils aux bornes libres de la pile et de la lampe. Faites contact en deux endroits proches de la mine de crayon: l'ampoule s'allume. Éloignez les points de contact sur la mine: la longueur de mine dans le circuit est plus grande, la résistance augmente et l'ampoule brille plus faiblement.

EXPÉRIENCE

Quelques circuits

Tous les circuits électriques forment une boucle fermée mais ils peuvent être connectés de deux façons différentes. Si tous les composants sont placés sur une seule boucle, ils sont *en série*. Si le circuit se divise en plusieurs branches, ils sont en *parallèle*. On a un *court-circuit* quand le courant trouve un raccourci, c'est-à-dire un chemin de moindre résistance.

Il Vous Faut

- *des piles* ● *des fils électriques*
- *des interrupteurs* ● *des ampoules*
- *des connecteurs à trois voies*

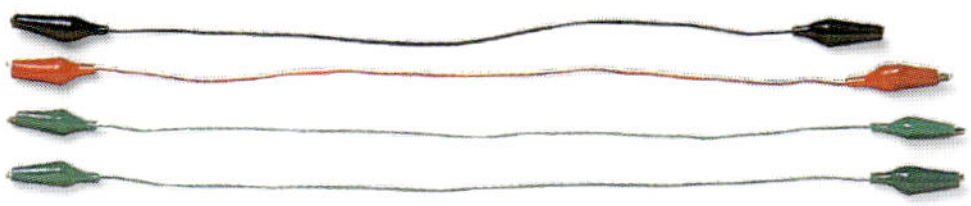

Circuit série
Pour réaliser un circuit série, branchez tous les appareils, piles, interrupteur, ampoules, l'un derrière l'autre. L'intensité du courant est exactement la même en tout point du circuit.

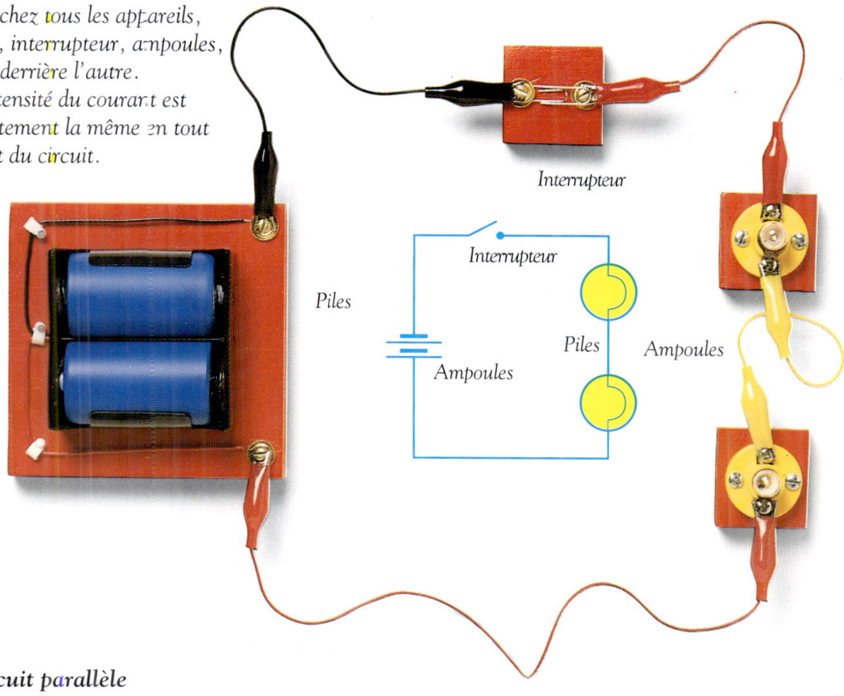

Circuit parallèle
Pour réaliser un circuit parallèle, utilisez les connecteurs à trois voies pour diviser le circuit en deux branches ou plus, chacune comportant une ampoule. Dans le circuit parallèle ci-dessous, chacune des branches prend la moitié du courant donné par les piles. Mais si une branche a une plus grande résistance que l'autre, par exemple si elle comporte deux ampoules, le courant y sera plus faible.

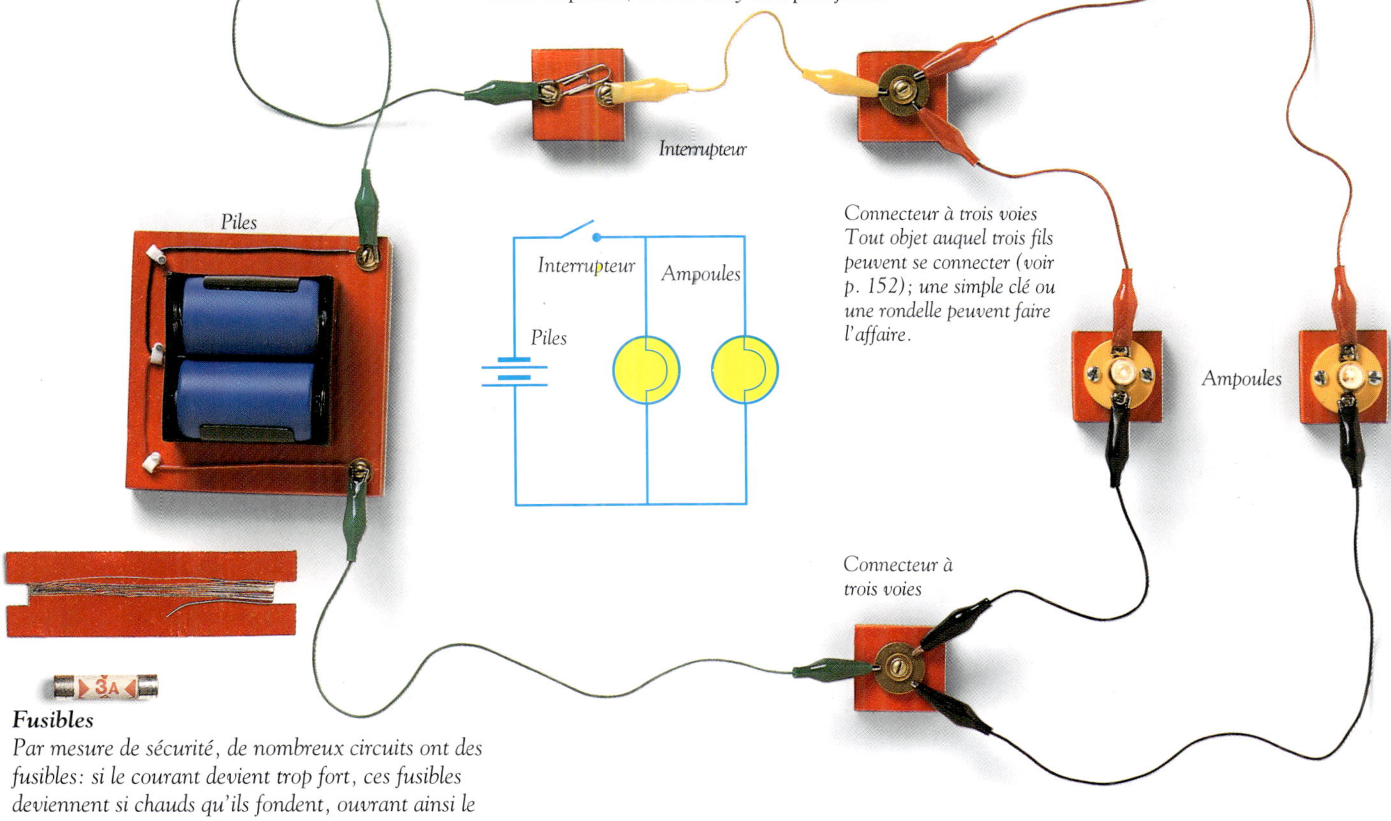

Connecteur à trois voies
Tout objet auquel trois fils peuvent se connecter (voir p. 152); une simple clé ou une rondelle peuvent faire l'affaire.

Connecteur à trois voies

Fusibles
Par mesure de sécurité, de nombreux circuits ont des fusibles: si le courant devient trop fort, ces fusibles deviennent si chauds qu'ils fondent, ouvrant ainsi le circuit.

L'électrochimie

DANS TOUTES LES PILES, le courant est créé par réaction chimique, mais l'inverse peut aussi se produire; un courant électrique peut déclencher une réaction chimique. Cela se produit dans tous les électrolytes, c'est-à-dire dans tout liquide conduisant l'électricité. La plupart des électrolytes sont des solutions d'acide, de base ou de sels qui contiennent des ions. Même l'eau du robinet réagit si vous y plongez deux électrodes et faites passer le courant.

Quand un courant passe dans un électrolyte, il le dissocie, soit à l'*anode* (l'électrode positive), soit à la *cathode* (l'électrode négative), soit aux deux : c'est l'électrolyse. On l'utilise industriellement pour extraire les métaux purs (comme l'aluminium) de leurs minerais ou pour réaliser des dépôts électrolytiques (recouvrir des métaux avec de l'argent ou du chrome).

Galvanisation rapide
Au cours de leur fabrication, les carrosseries de voitures subissent toute une série de traitements contre la corrosion. L'un d'eux est un bain dans le zinc liquide. La voiture est reliée à un circuit électrique et le zinc se dépose par électrolyse, rapidement et de façon uniforme.

EXPÉRIENCE

Cuivrer un objet

La présence d'un adulte est recommandée pour cette expérience: le sulfate de cuivre est toxique si on l'avale.

La galvanoplastie est simple et efficace; vous allez le constater en recouvrant un objet métallique, une clé en laiton par exemple, avec du cuivre. Préparez une solution de sulfate de cuivre (on peut s'en procurer dans la plupart des pharmacies) en en dissolvant deux cuillères (en plastique) dans de l'eau distillée. Branchez le fil du pôle moins de la pile à la clé. Dénudez un peu de l'autre fil, branchez-le à un fil de cuivre enroulé en spirale et connectez-le à la borne plus de la pile. Plongez-le, ainsi que la clé, dans la solution.

IL VOUS FAUT

- *un récipient* ● *une pile* ● *deux fils* ● *un bout de fil de cuivre*
- *un objet métallique à cuivrer comme une vieille clé de laiton*

Que se passe-t-il ?
Au bout de quelques minutes, la clé se recouvre de cuivre. Le courant a dissocié le sulfate de cuivre en ions cuivre positifs qui sont attirés par la clé, chargée négativement, et se transforment à son contact en atomes de cuivre. Le fil de cuivre permet à la réaction de se poursuivre.

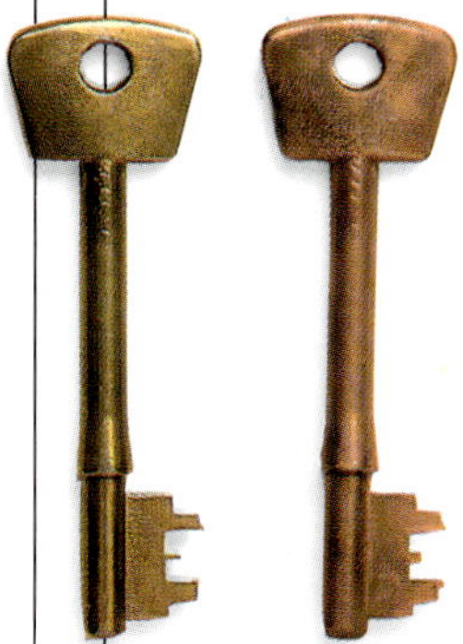

Avant *Après*

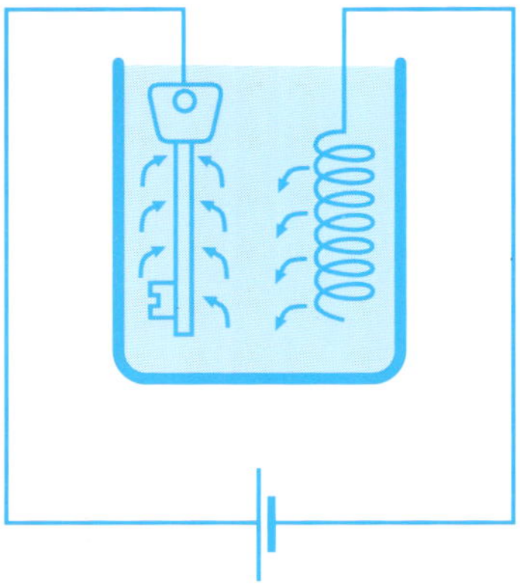

EXPÉRIENCE

L'électrolyse

La présence d'un adulte est recommandée pour cette expérience.

Cette expérience montre la décomposition de l'eau en hydrogène et oxygène par électrolyse. Quand un courant passe dans de l'eau, des bulles de gaz se forment sur les électrodes. Le gaz dégagé sur l'anode rallume une allumette incandescente: c'est de l'oxygène; le gaz de la cathode s'enflamme avec un «pop» caractéristique de l'hydrogène.

Il Vous Faut

- *une bassine*
- *deux pots de yaourt vides*
- *deux tubes à essai ou deux petits pots (nous avons utilisé des grands pots pour plus de clarté)*
- *deux mines de crayon ou les tiges de carbone prélevées dans des piles usées*
- *du vinaigre*
- *deux fils*
- *une pile de 9 V*

1 Faites un petit trou au fond de chaque pot de yaourt pour tenir les tiges de carbone.

2 Branchez un fil à chaque tige de carbone, à l'intérieur du pot. Faites une encoche dans le bord des pots pour passer le fil.

3 Placez les pots dans la bassine, les fils pendant à l'extérieur. Remplissez d'eau tiède avec un peu de vinaigre – doucement pour ne pas faire tomber les pots.

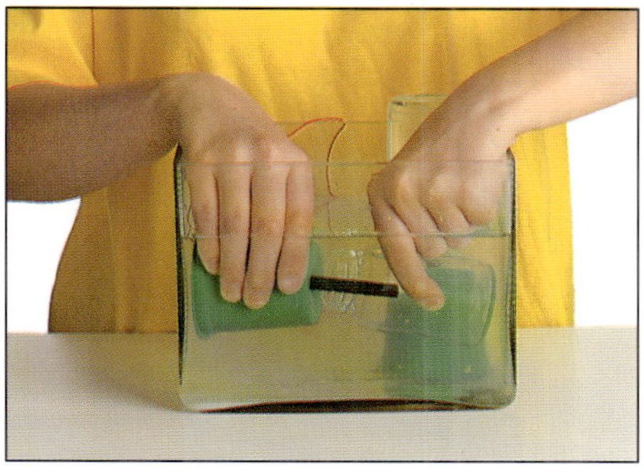

4 Remplissez les tubes à essai ou les pots dans la bassine. Retournez-les sur les tiges, en maintenant leur ouverture sous l'eau.

L'électrolyse en action

Branchez un fil à chaque borne de la pile. Bientôt les bulles de gaz montent des tiges de carbone et le niveau de l'eau commence à descendre dans chaque pot.

L'oxygène se dégage dans le pot qui est retourné sur le carbone relié à la borne positive de la pile (anode).

L'hydrogène se dégage dans le pot qui est retourné sur le carbone relié à la borne négative de la pile (cathode).

Hydrogène et oxygène

L'eau ayant deux hydrogènes pour un oxygène, le volume d'hydrogène est double.

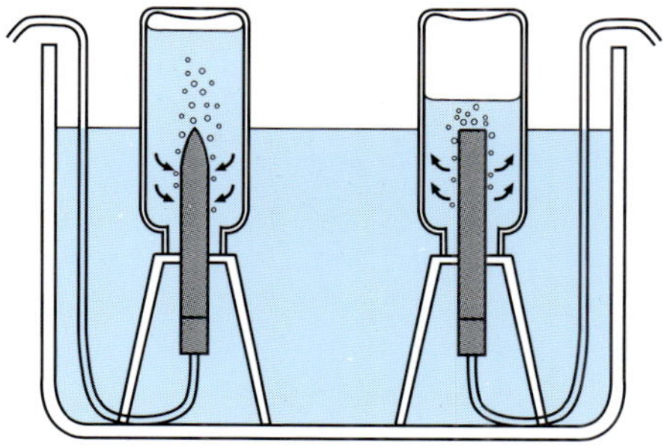

Pour caractériser les gaz, soulevez les pots en les tenant vers le bas et loin de vous, approchez une allumette enflammée du pot de la cathode, et une allumette incandescente du pot de l'anode.

LE MAGNÉTISME

ON PENSE SOUVENT que le magnétisme n'est que la force invisible qui oriente les aiguilles des boussoles vers le Nord, et fait s'attirer ou se repousser les aimants. Mais le magnétisme est étroitement lié à l'électricité et l'«électromagnétisme» est un des domaines les plus importants de la physique. Toutes les radiations, depuis les ondes radio jusqu'à la lumière visible, sont électromagnétiques. La quasi-totalité de l'électricité est produite par l'électromagnétisme, qui fait aussi fonctionner une multitude de dispositifs, des sonnettes jusqu'aux postes de télévision.

Les aurores polaires si spectaculaires sont dues à la luminescence des ions (p. 156) excités par les radiations du Soleil. Le champ magnétique terrestre attire ces ions au voisinage des pôles.

Les phénomènes magnétiques furent découverts il y a très longtemps dans la magnétite, une pierre noire que l'on trouve dans le monde entier. Des magnétites étaient utilisées par les marins comme boussoles.

Depuis les temps préhistoriques, on sait que des roches d'un type particulier peuvent s'attirer ou se repousser, selon la façon dont elles sont orientées. Les propriétés magnétiques de cette «magnétite» sont dues à l'oxyde de fer qu'elle contient.

Les Grecs anciens connaissaient cette pierre qui doit son nom à la ville de Magnésie où on en trouvait beaucoup. Les légendes grecques racontent des histoires de montagnes magnétiques qui arrachaient les clous des navires ou immobilisaient un berger en attirant les pièces métalliques de ses chaussures. On dit que le philosophe grec Thalès de Millet (624-546 av. J.-C.) décrivit le premier ce phénomène autour de 550 av. J.-C. Cependant, les Chinois avaient découvert les aimants bien avant les Grecs. Ils savaient, par exemple, que les aimants pointent vers le Nord si on les laisse s'orienter librement. On raconte qu'en 2500 av. J.-C., un empereur chinois guida ses troupes à travers le brouillard à l'aide d'une magnétite.

Les Chinois, dit-on, avaient aussi découvert qu'on peut magnétiser une aiguille de fer en la chauffant et en la laissant refroidir orientée selon un axe Nord-Sud. On ignore qui eut le premier l'idée de mettre une aiguille aimantée sur un pivot pour réaliser la première boussole. La légende prétend que les Chinois transmirent l'idée aux Arabes, qui à leur tour la communiquèrent aux Européens. Sans doute les marins utilisaient-ils la boussole pour trouver leur chemin bien avant 1269, date de la première description écrite par le savant français Pierre Pèlerin de Maricourt (c.1240-?).

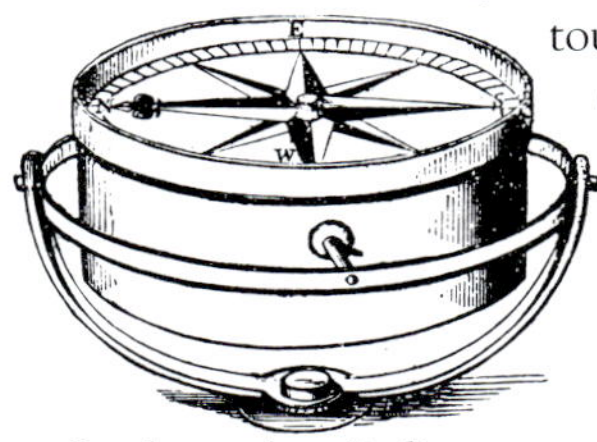

Les boussoles n'indiquent pas le Nord géographique, mais le Nord magnétique, qui ne se trouve pas tout à fait au même endroit.

Deux pôles

Pèlerin de Maricourt nomma pôle Nord l'extrémité de l'aimant qui pointe vers le Nord et pôle Sud l'autre. Il montra que les pôles de même nom se repoussent et que les pôles de noms contraires s'attirent. Il décrit aussi une façon, à présent classique, de mettre en évidence la zone d'attraction et de répulsion créée par un aimant en saupoudrant de limaille de fer un papier placé au-dessus de l'aimant.

Mais si Pèlerin de Maricourt et ses contemporains savaient que les aimants pointaient vers le Nord, ils ne pouvaient pas expliquer pourquoi. Certains pensaient qu'il y avait une grande montagne de magnétite au pôle Nord qui attirait l'aiguille des boussoles. Le problème ne fut résolu qu'en 1600, sous le règne de la reine Elisabeth Ire d'Angleterre, quand son médecin personnel, William Gilbert, publia un livre intitulé *De Magnete*, où il exposait les résultats de ses expériences avec les aimants.

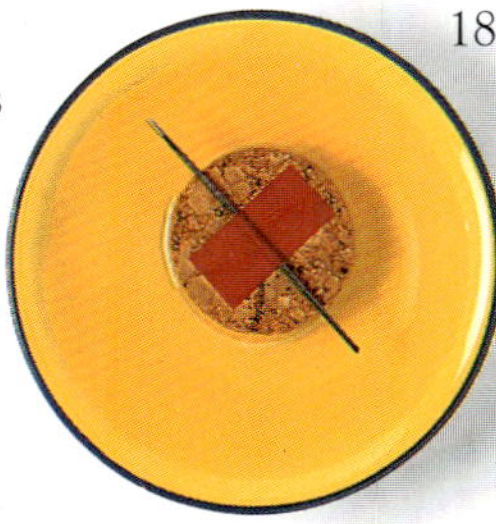

Les premières boussoles n'étaient sans doute que des aiguilles aimantées flottant sur de l'eau.

Le docteur Gilbert montrait que la Terre elle-même est un gigantesque aimant. Il installa une aiguille aimantée de telle façon qu'elle puisse bouger dans toutes les directions (une *boussole à déclinaison*), et il observa qu'elle pointait vers le sol. Gilbert plaça cette aiguille aimantée au voisinage d'une magnétite en forme de globe, et l'aiguille s'inclina exactement de la même façon.

Longtemps, les savants pensèrent que la Terre devait avoir un immense aimant de fer en son centre. Cependant, même s'il y a effectivement du fer à l'intérieur de la Terre, il ne peut être aimanté: on sait à présent que le fer perd ses propriétés magnétiques au-delà de 760 °C (la *température de Curie*, du nom du savant français Pierre Curie qui fit cette découverte en 1895) et le noyau de la Terre est au moins à 1 000 °C. La vraie cause des propriétés magnétiques de la Terre semble tenir à la relation – découverte au XIXe siècle – entre le magnétisme et l'électricité. Le premier indice de ce lien date de 1819, lors d'un cours d'électricité donné par le professeur de physique danois Christian Œrsted (1777-1851). Pour montrer comment le courant échauffe un conducteur, il brancha un fil aux bornes d'une grosse pile. A sa grande surprise, l'aiguille d'une boussole qui se trouvait par hasard sur la table se mit à tourner, et ne revint dans sa position initiale, vers le Nord, que lorsque le conducteur fut débranché. Œrsted venait de découvrir un lien entre l'électricité et le magnétisme: le courant électrique produit des effets magnétiques, aussi bien que la magnétite ou un aimant en acier.

L'électromagnétisme

Plusieurs savants orientèrent aussitôt leurs recherches dans cette nouvelle direction. Quelques mois après la communication d'Œrsted, en 1820, le savant français André-Marie Ampère (1775-1836) montra que deux fils parallèles parcourus par des courants dans le même sens s'attirent – exactement comme les pôles de noms contraires des aimants – alors que des fils parcourus par des courants opposés se repoussent. Ampère montra aussi que si l'on enroule un fil en une bobine cylindrique (cela s'appelle un solénoïde), la bobine se comporte exactement comme un barreau aimanté.

En 1825, le physicien anglais William Sturgeon constata que la force de cet électro-aimant pouvait être considérablement augmentée en plaçant un noyau de fer doux dans la bobine. Le physicien américain Joseph Henry (1797-1878) améliora ce dispositif en isolant les fils de la bobine. En 1831, Henry dirigea la construction d'un aimant capable de soulever plus d'une tonne. Mais c'est le grand savant anglais Michael Faraday (1791-1867) qui fit la contribution la plus déterminante à l'électromagnétisme.

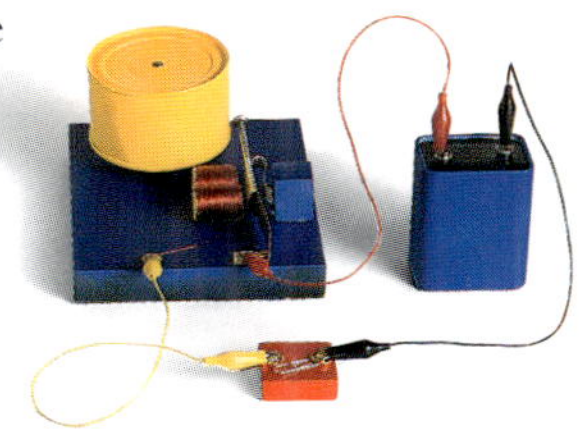

Les sonnettes utilisent le magnétisme d'une bobine pour pousser un marteau sur une clochette (p. 165)

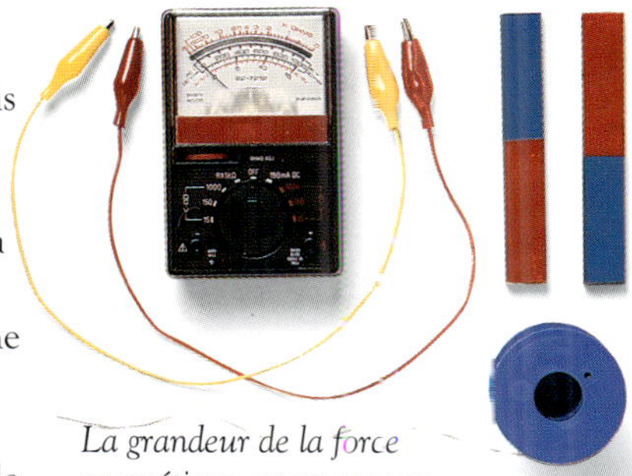

La grandeur de la force magnétique est un moyen commode de mesurer les courants dans les ampèremètres.

Fils d'un pauvre forgeron, Faraday devint un des plus grands inventeurs de tous les temps.

D'abord, il refit l'expérience de Pèlerin de Maricourt (avec la limaille de fer) avec les aimants droits mais aussi les bobines électriques, et il fit l hypothèse que les lignes de limaille matérialisaient les lignes de force électromagnétique. Il nomma champ magnétique la région autour de l'aimant où se produisent ces lignes, et le concept de champ est devenu l'un des plus importants de la physique.

L'induction

Dans les années 1830, Faraday approfondit les liens entre électricité et magnétisme. Si un courant peut créer un champ magnétique, se demanda-t-il un aimant peut-il créer un courant? Pour vérifier cela, il plaça deux bobines à côté l'une de l'autre, l'une avec un noyau de fer doux pour que l'aimantation soit plus forte. Quand il envoya un courant dans cette bobine, Faraday s'attendait à ce qu'un courant soit créé dans la seconde bobine, et dure tant que l'aimant serait branché. Mais, au contraire, il n'observa qu'un bref courant dans la seconde bobine, puis plus rien.

La raison, comme Faraday le comprit bientôt, est que le courant n'est pas créé par le champ magnétique mais par le déplacement des lignes du champ magnétique. Il montra cela en bougeant le noyau de fer dans la bobine et en déplaçant une boucle de fil dans le champ magnétique. Chaque fois, un courant était *induit* dans le fil. La découverte de l'induction électromagnétique par Faraday, et à peu près à la même époque par Joseph Henry, a eu sans doute plus d'impact que toute autre découverte scientifique. Avec ce phénomène, on peut construire des machines qui produisent d'énormes quantités d'électricité pouvant alimenter quantité de dispositifs, depuis l'éclairage électrique jusqu'aux télécommunications.

Dans les trains à lévitation magnétique, la répulsion soutient le train à quelques centimètres au-dessus des rails. Cela permet une propulsion silencieuse, et presque sans frottement. Cette force est utilisée dans les moteurs linéaires des futurs trains à très grande vitesse.

Les ondes

Deux ans avant la mort de Faraday en 1867, le physicien écossais James Clerk Maxwell fit une percée fondamentale dans la compréhension de l'électromagnétisme. Si Faraday était un grand expérimentateur, Maxwell fut un brillant théoricien. Développant l'idée de champ qu'avait eue Faraday, il ramena tout ce qu'on savait sur l'électricité et le magnétisme à quatre équations mathématiques – lesquelles n'étaient valables que si le champ électromagnétique se propageait à travers l'espace sous forme d'ondes. Et comme, selon ses calculs, ces ondes devaient se propager à une vitesse très voisine de celle de la lumière, il fit l'hypothèse, vérifiée depuis, que la lumière était simplement un type particulier d'onde électromagnétique (p. 78-79).

Les marins ont longtemps navigué à la boussole. Aujourd'hui, les bateaux utilisent bien d'autres dispositifs électromagnétiques comme le radar. Les radars repèrent les objets grâce à l'écho des signaux électromagnétiques qu'ils envoient.

Pôles et champs

VOUS NE POUVEZ PAS VOIR LE MAGNÉTISME mais vous pouvez sentir ses effets. C'est la force invisible qui agit sur le fer, l'acier et quelques autres métaux, et qui les attire ou les repousse. Essayez d'approcher l'un de l'autre deux puissants aimants droits, ils résistent. Retournez l'un d'eux et ils sautent l'un vers l'autre dès qu'ils sont assez proches pour «sentir» leur influence mutuelle.

Il y a une zone bien définie autour de chaque aimant où s'exerce la force magnétique – c'est le *champ magnétique*. Ce champ diminue au fur et à mesure qu'on s'éloigne de l'aimant, mais il y a deux régions où il est particulièrement fort: les pôles magnétiques. Ils sont appelés pôles car la Terre elle-même est un gigantesque aimant, dont le champ influence tous les aimants ordinaires. Si vous suspendez un aimant par un fil de façon qu'il tourne librement, il s'oriente toujours dans la même direction – une extrémité dirigée vers le pôle Nord, et l'autre vers le pôle Sud. C'est pourquoi les extrémités d'un aimant sont appelées Nord (indiquant le pôle Nord), et Sud (indiquant le pôle Sud). Tous les aimants ont ces deux pôles, qu'ils soient rectilignes, carrés, ronds ou en fer à cheval.

Accrochez-vous
L'attraction magnétique est transmise par les matériaux qui la subissent. Ainsi, un aimant peut soulever toute une série de billes métalliques.

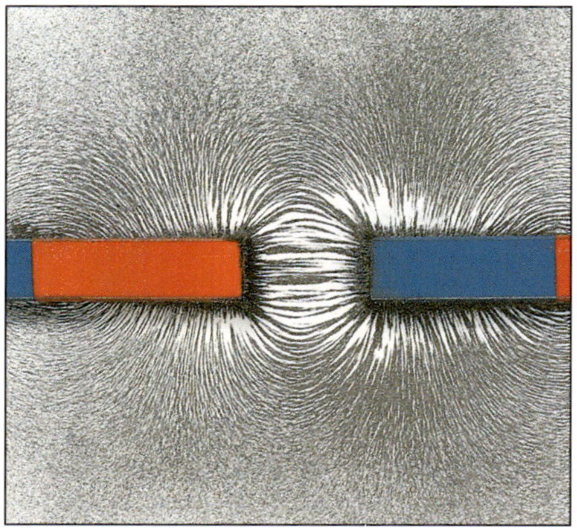

Les pôles différents s'attirent
Quand le pôle Nord d'un aimant est proche du pôle Sud de l'autre, ou le contraire, le champ entre les deux pôles se renforce. Les lignes de force sont rectilignes à cet endroit, et le champ a le même aspect que s'il y avait là un autre aimant.

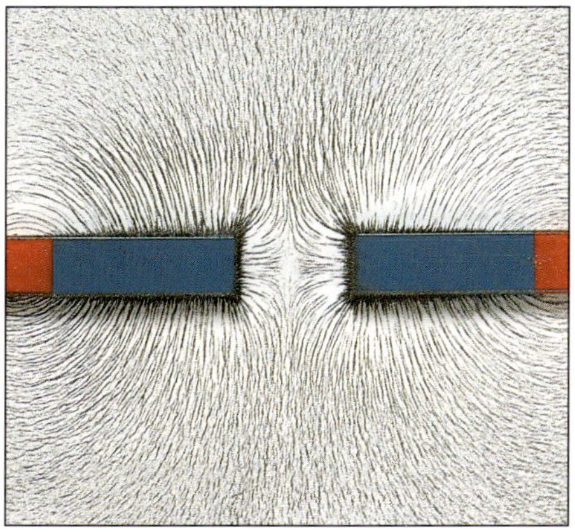

Les pôles identiques se repoussent
Quand le pôle Nord d'un aimant est approché du pôle Nord de l'autre (ou le Sud du Sud), le champ entre les deux est tellement affaibli qu'une zone neutre apparaît. Toutes les lignes de force s'éloignent de cette zone.

Attraction et répulsion

Mettez deux aimants l'un près de l'autre. Ils vont soit sauter l'un sur l'autre, soit s'écarter brusquement. Si le pôle Nord de l'un est face au pôle Sud de l'autre, ou le contraire, les aimants s'attirent fortement. Mais si le Nord est face au Nord, ou le Sud face au Sud, ils se repoussent vivement. L'action de deux champs magnétiques l'un sur l'autre peut être visualisée avec de la limaille de fer, tout comme le champ de l'aimant ci-dessus. Remarquez que les lignes de force matérialisées par la limaille ne se coupent jamais, car elles indiquent en chaque point la direction d'une aiguille aimantée.

Champ magnétique

Les lignes de force magnétiques autour d'un aimant, son champ, peuvent être visualisées très clairement avec de la limaille de fer fine et des petites boussoles. Chaque fois qu'un matériau magnétique – mais non aimanté comme le fer – est approché de l'aimant, il se magnétise provisoirement, c'est-à-dire qu'il a des pôles Nord et Sud qui sont attirés par les pôles opposés de l'aimant. Si on disperse des paillettes de limaille de fer autour de l'aimant, elles s'alignent immédiatement avec le champ magnétique. Elles s'accumulent autour des pôles où le champ est plus grand, et ce sont les frottements qui empêchent les paillettes plus éloignées de glisser vers l'aimant. Les aiguilles des boussoles sont aimantées au préalable, mais elles s'orientent dans le champ de la même façon.

Un champ de forces
La limaille de fer et les boussoles mettent en évidence les lignes de champ autour de l'aimant. Remarquez les amas de limaille autour des pôles. Le champ est montré ici dans un plan, mais il présente le même aspect dans toutes les directions autour de l'aimant.

L'aimant «Terre»

La Terre est un aimant géant – c'est pour cela que les aimants, s'ils peuvent tourner librement, pointent toujours dans la même direction. Le champ s'étend jusqu'à 80 000 km dans l'espace, créant des effets étonnants tels que les aurores boréales, ces lumières colorées qui apparaissent souvent la nuit au-dessus des pôles.
On ne sait pas pourquoi la Terre est aimantée, son noyau n'étant pas du fer solide, mais du fer liquide.
Une interprétation est que des courants électriques circulent dans le noyau, le transformant en un solénoïde géant (p. 164). En tout cas, on sait que les pôles Nord et Sud ont permuté de nombreuses fois depuis que la Terre s'est formée.

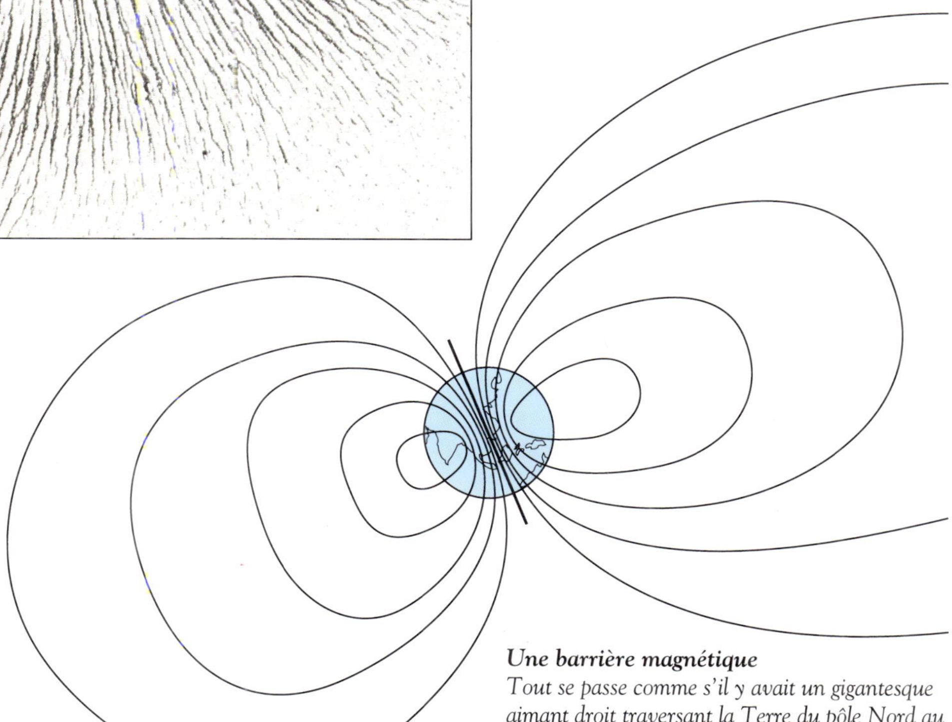

Une barrière magnétique
Tout se passe comme s'il y avait un gigantesque aimant droit traversant la Terre du pôle Nord au pôle Sud – bien que le pôle Nord magnétique soit au nord du Canada, assez loin du pôle Nord géographique. Les lignes de force s'étendent très loin dans l'espace, formant une barrière autour de la Terre que l'on appelle la magnétosphère.

Les aimants

COUPEZ UN AIMANT EN DEUX, et vous obtiendrez deux nouveaux aimants, chacun avec ses pôles Nord et Sud. Si vous les coupez encore en deux, vous obtiendrez encore des paires.
On ne sait pas très bien pourquoi, mais il semble que les matériaux magnétiques soient formés de petits groupes d'atomes, les *domaines*, chacun se comportant comme un mini-aimant avec ses pôles Nord et Sud. Dans une barre de fer ou d'acier, il y a un grand nombre de ces domaines. Quand la barre n'est pas aimantée, leur pôles pointent au hasard dans toutes les directions. Mais si on les place près d'un aimant, ils s'orientent tous de la même façon. Les domaines dans l'acier s'orientent aussi et, une fois alignés, ils ont tendance à le rester : l'acier devient un aimant permanent. Il ne perd son magnétisme que si les domaines sont mélangés à nouveau – ce qui peut se faire en tapant la barre avec un marteau ou en la chauffant au rouge. Le fer, lui, perd son aimantation presque aussitôt.

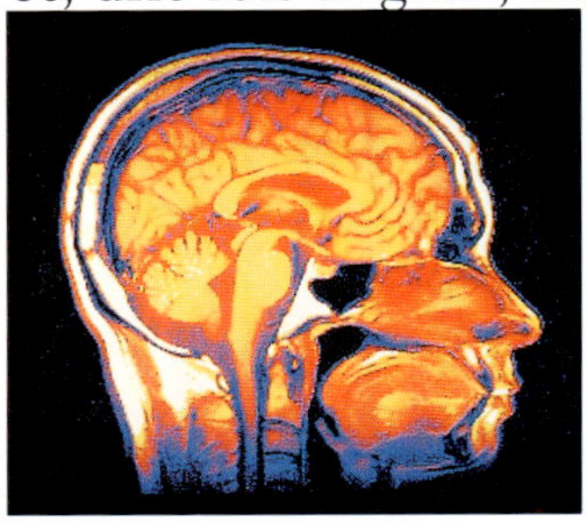

Scanner du cerveau
Avec la Résonance Magnétique Nucléaire (RMN), les médecins peuvent voir l'intérieur du corps.

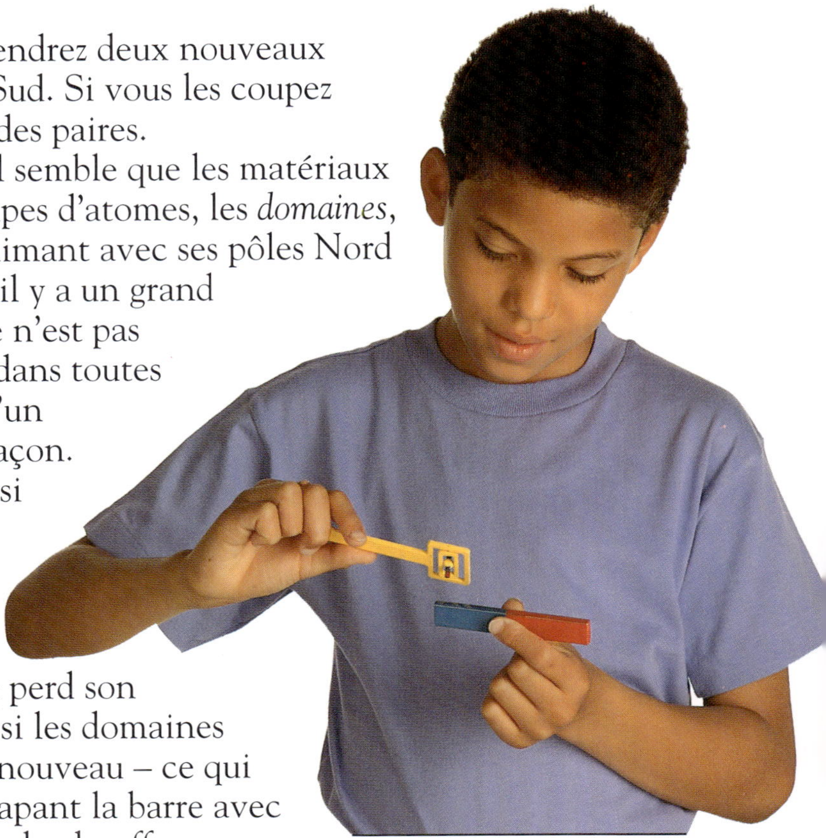

Des champs à trois dimensions
Avec certains aimants qui peuvent tourner librement, vous pouvez constater que le champ d'un aimant s'étend dans toutes les directions.

EXPÉRIENCE

Fabriquer une boussole

Vous pouvez aimanter une aiguille très simplement, en la frottant sur un aimant. Une fois aimantée, vous pourrez en faire l'aiguille d'une boussole.

IL VOUS FAUT
● *une soucoupe* ● *une rondelle de bouchon* ● *une aiguille à coudre* ● *du ruban adhésif*

1 POUR AIMANTER l'aiguille, passez dessus un aimant, toujours dans le même sens, pendant 15 secondes environ.

2 COLLEZ L'AIGUILLE sur un bouchon large et plat puis faites flotter dans une soucoupe pleine d'eau. Le pôle Nord de l'aiguille se dirigera toujours vers le Nord.

EXPÉRIENCE

Bateaux magnétiques

Le magnétisme peut traverser de nombreux matériaux. Ce jeu utilise le fait que les aimants peuvent agir à travers le verre.

IL VOUS FAUT

● *une baguette fine* ● *du papier de couleur* ● *de la colle à papier et à bois* ● *du balsa* ● *des bouchons* ● *des épingles* ● *des vis* ● *des aimants droits* ● *un cutter* ● *des ciseaux*

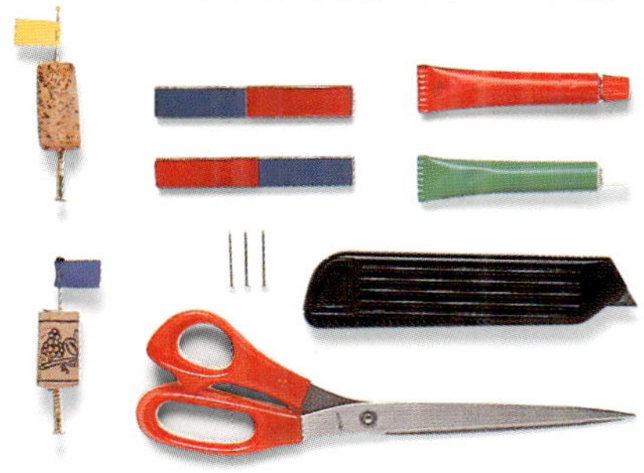

1 Dessinez une forme simple de bateau sur le balsa. Découpez-la avec le cutter. Faites un trou pour le mât et collez-le solidement en place. Faites des voiles en papier de couleur et collez-les au mât.

2 Faites la quille en balsa, enfoncez trois clous à son extrémité et collez-la sous la coque.

3 Remplissez une grande bassine ou un aquarium avec assez d'eau pour que la quille du bateau ne touche pas le fond.

4 Fabriquez des bouées avec les bouchons lestés par des vis.

5 Tenez l'aimant en-dessous du récipient et utilisez-le pour faire circuler le bateau autour des bouées. Si l'aimant fait couler le bateau, éloignez-le un peu.

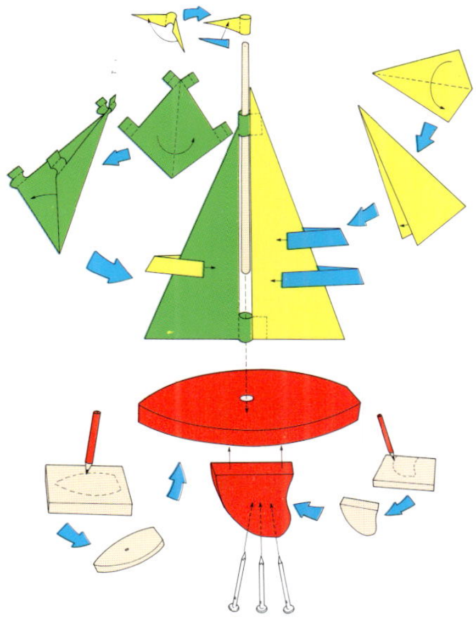

Régate magnétique

Pour que ce soit plus clair, on ne montre ici qu'un seul grand bateau et deux bouées dans un petit récipient, mais il est bien plus amusant de fabriquer plusieurs petits bateaux ou d'utiliser un récipient plus grand. Installez un parcours plus compliqué avec de nombreuses bouées et vous pourrez organiser des courses avec vos amis.

L'électroaimant

PLACEZ UNE PETITE BOUSSOLE près d'un fil où circule un courant. Vous serez étonné : l'aiguille de la boussole tourne comme à proximité d'un aimant.
En effet, le courant électrique crée son propre champ magnétique qui n'est pas différent de celui d'un aimant.
L'électricité peut d'ailleurs être utilisée pour fabriquer des aimants puissants, les électroaimants, qui se branchent et se débranchent facilement.
Si le fil fait une boucle, le champ magnétique est plus fort, et il est encore plus fort s'il fait plusieurs boucles.
Les électroaimants sont donc faits de bobines de fil conducteur appelées *solénoïdes*. Une barre de fer placée au centre de la bobine augmente la puissance de l'électroaimant.

Force de traction
Cette grue électromagnétique dans une casse automobile montre bien la puissance de l'électromagnétisme.

EXPÉRIENCE

Fabriquer un électroaimant

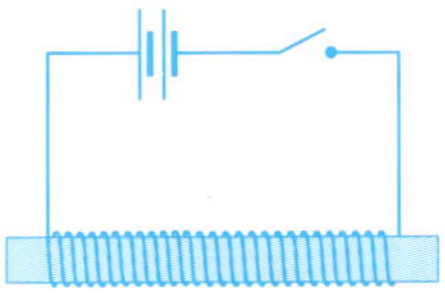

Vous pouvez faire votre électroaimant vous-même avec du fil de cuivre émaillé (on peut s'en procurer dans tous les magasins de matériel électrique) et une barre de fer. Si vous n'en trouvez pas, un clou fera l'affaire.

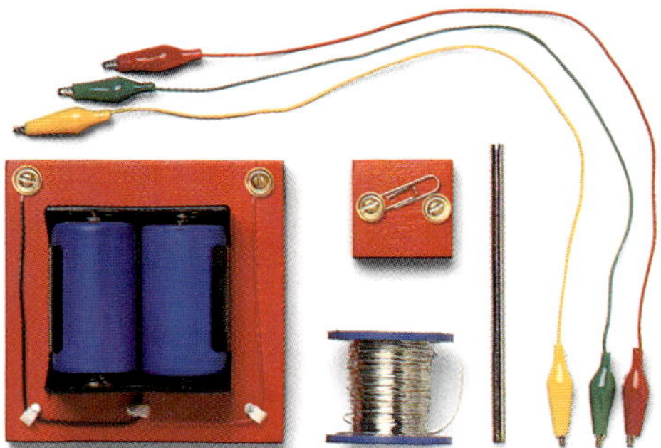

IL VOUS FAUT
- *une pile* • *un interrupteur* • *trois fils*
- *une barre de fer* • *du fil de cuivre émaillé*

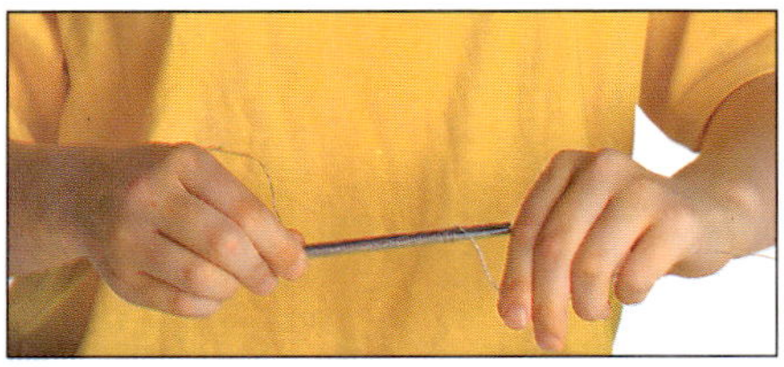

Faire un solénoïde
Enroulez le fil de cuivre sur la barre, en plaçant les enroulements côte à côte. Maintenez la bobine en place avec du ruban adhésif et faites les branchements sur la pile en passant par l'interrupteur.

Ascension immédiate
Mettez le courant, le solénoïde s'aimante aussitôt. Essayez de soulever des trombones et des clous. Coupez le courant : le magnétisme disparaît instantanément.

EXPÉRIENCE

Sonnette électrique

La présence d'un adulte est recommandée.

Utilisez l'électromagnétisme pour faire une sonnette. Quand le courant passe, les solénoïdes s'aimantent et poussent le ressort qui actionne le marteau. Mais quand le ressort se déplace, il interrompt le circuit: l'aimantation disparaît, et le cycle recommence.

IL VOUS FAUT

● *une planche en bois* ● *une boîte de conserve* ● *une baguette* ● *du balsa* ● *des punaises* ● *des ronds de bristol* ● *du fil de cuivre émaillé* ● *trois fils* ● *un interrupteur* ● *une pile*

1 COLLEZ LA BAGUETTE verticalement sur la base de bois. Vérifiez qu'il n'y a pas de bords coupants dans la boîte de conserve vide et clouez-la en son centre sur la baguette.

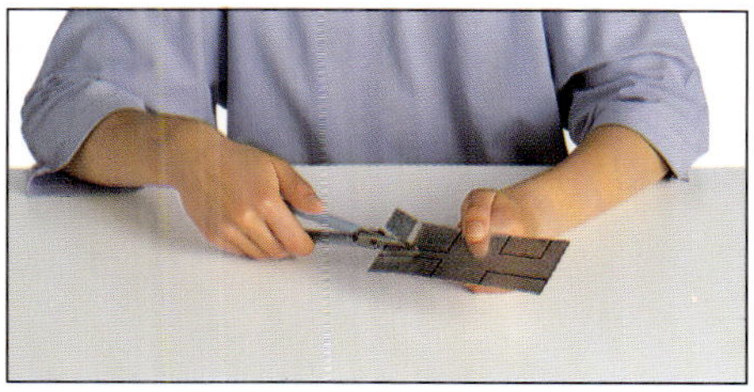

2 EN FAISANT TRÈS ATTENTION de ne pas vous couper, découpez le ressort avec de petites cisailles dans une boîte métallique de boisson (voir ci-dessous).

3 PLIEZ LE RESSORT comme sur le schéma et enfoncez-y un clou de 8 cm pour faire le marteau. Vissez l'attache du ressort sur la base.

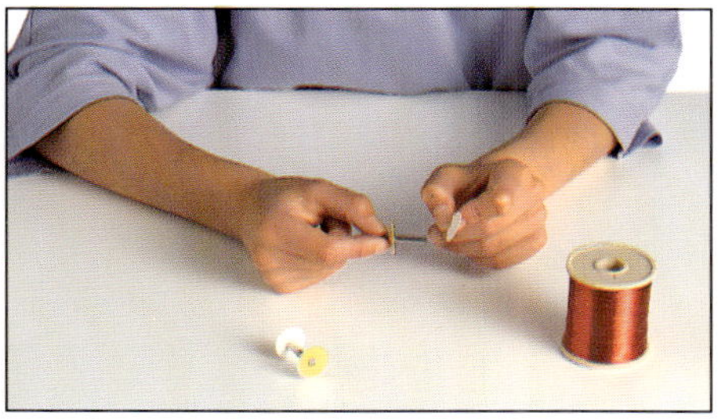

4 AVEC UNE SCIE À MÉTAUX, coupez deux tiges de 2,5 cm dans un clou, et collez les disques de bristol à chaque extrémité. Enroulez le fil de cuivre (très serré).

5 N'ENROULEZ QU'UN SEUL FIL sur les deux clous pour faire les deux bobines. Collez-les de telle façon que les deux tiges touchent presque le ressort.

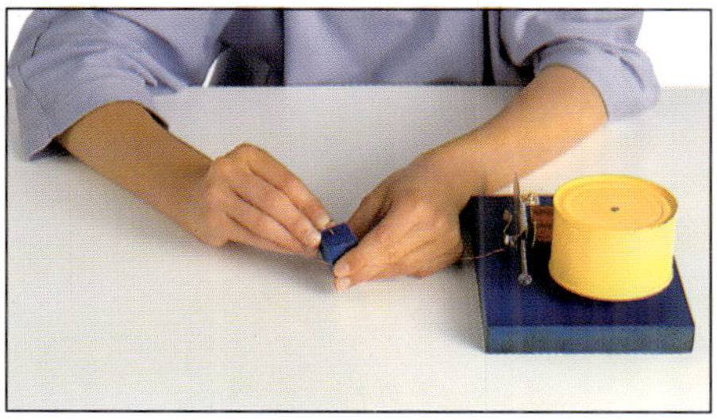

6 ENTOUREZ LE FIL d'un des solénoïdes autour d'une punaise enfoncée dans le balsa. Collez-le sur la base de façon que la tête de la punaise touche juste le ressort.

Comment enrouler le fil sur les clous pour faire les solénoïdes

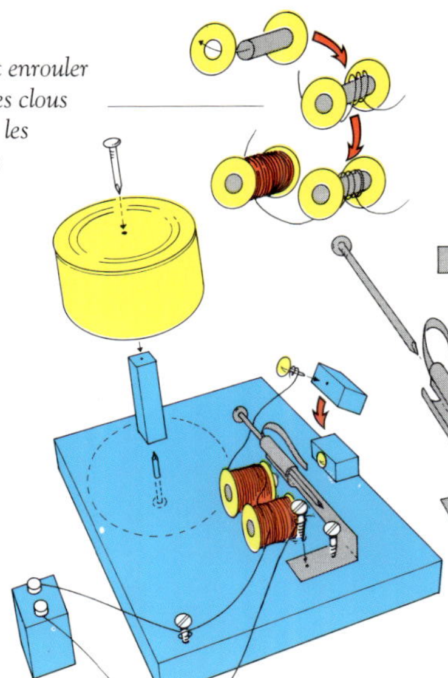

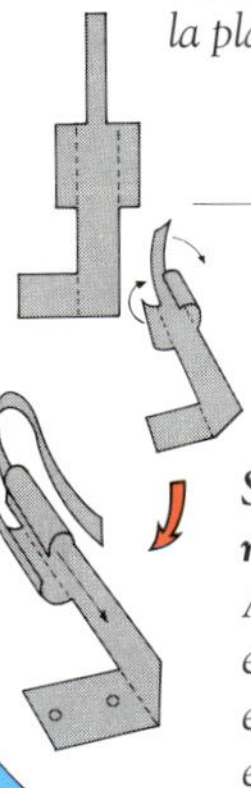

Le ressort et le marteau sont dessinés en gris

Ultimes branchements

Vissez un des fils des solénoïdes à la planche, puis branchez la pile et mettez le contact. Quand vous branchez le circuit, le ressort doit vibrer et le clou frapper sur la boîte de conserve.

Si la sonnette ne marche pas...

Ajustez l'espace entre le ressort et les solénoïdes, et entre le ressort et la punaise.

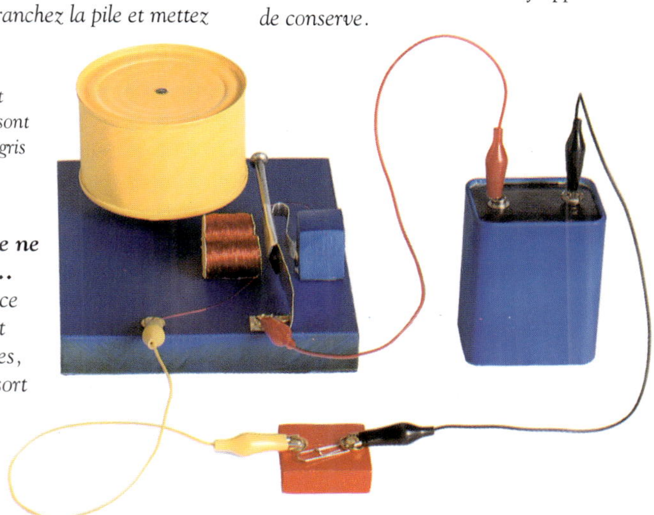

Produire de l'électricité

DE MÊME QUE LES COURANTS électriques peuvent créer un champ magnétique, les aimants peuvent créer du courant. Déplacez un aimant au voisinage d'une bobine et un courant circule dans le fil. Déplacez la bobine près de l'aimant et il se crée aussi un courant. Que ce soit l'aimant ou la bobine qui se déplace – peu importe – ce qui compte, c'est le mouvement de l'aimant dans le champ magnétique. On dit que le champ *induit* un courant dans le fil et cet effet est appelé l'*induction électromagnétique*.

Les générateurs produisent 99 % de notre électricité en fonctionnant sur ce principe. La plupart d'entre eux utilisent un aimant, qui tourne entre des bobines de fil : plus l'aimant est puissant, plus il tourne vite, et plus il y a de tours de fil (ou *spires*) dans la bobine, plus la tension fournie est grande. Les *dynamos* produisent un *courant continu* qui circule toujours dans le même sens. Les *alternateurs* fournissent un *courant alternatif* qui change de sens continuellement car l'aimant qui tourne passe devant les spires tantôt vers le haut, tantôt vers le bas. Mais le principe reste le même.

Centrale électrique
Dans les générateurs des centrales électriques, d'énormes aimants tournent à l'intérieur d'une série de bobines. Dans les centrales thermiques et dans les centrales nucléaires, le combustible produit de la vapeur qui fait tourner les turbines et les aimants. Dans les centrales hydroélectriques, l'eau les actionne.

Transformer le courant

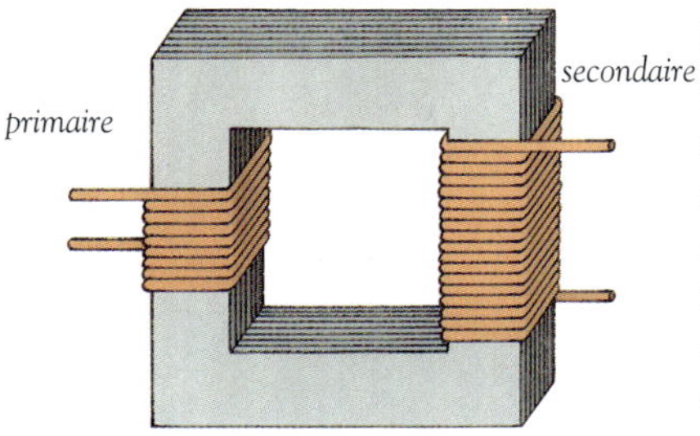

Élevateur de tension

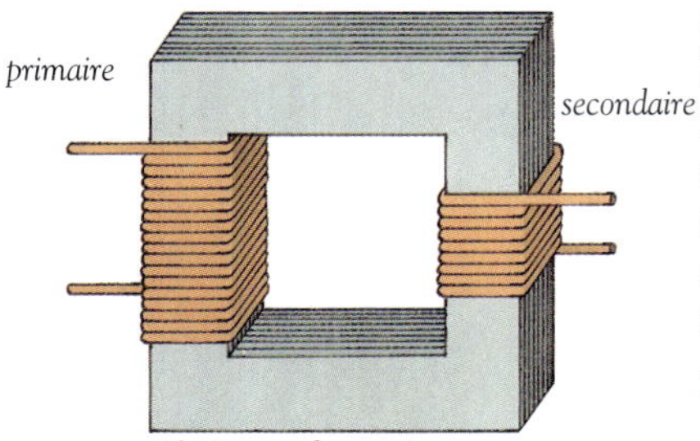

Abaisseur de tension

Les centrales produisent du courant avec une tension d'au moins 25 000 volts, ce qui est beaucoup trop pour l'usage domestique. Mais on peut abaisser (ou élever) la tension avec des transformateurs. Ils sont constitués par deux bobines enroulées sur le même noyau de fer doux. Un courant alternatif qui passe dans une des bobines (le circuit primaire) crée dans le noyau un champ magnétique qui change continuellement de sens avec le courant. Ce champ magnétique variable induit un autre courant de tension différente dans le circuit secondaire. Cette tension dépend du nombre de spires de chaque bobine: pour élever la tension il faut plus de spires au secondaire qu'au primaire; pour l'abaisser, il en faut moins.

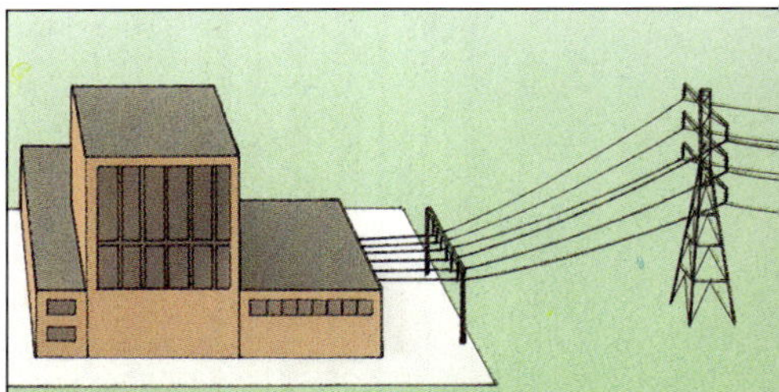

L'électricité pour la maison

L'électricité des centrales est distribuée par un réseau de câbles. Les transformateurs élèvent la tension du courant produit par le générateur jusqu'à 400 000 volts car plus haute est la tension, moins l'énergie se dissipe dans les câbles. Cette tension est ensuite abaissée pour donner celle qui convient aux industries lourdes ou aux petites usines, puis aux habitations qui sont généralement alimentées en 110 ou 240 volts selon les pays.

EXPÉRIENCE
Faire un générateur

Cette expérience montre comment produire un courant électrique en déplaçant un fil dans un champ magnétique. Rappelez-vous que le fil doit être une portion d'un circuit fermé pour que le courant puisse circuler. Si vous branchez le fil sur un ampèremètre assez sensible (les *contrôleurs* domestiques font l'affaire) vous pourrez détecter ce courant.

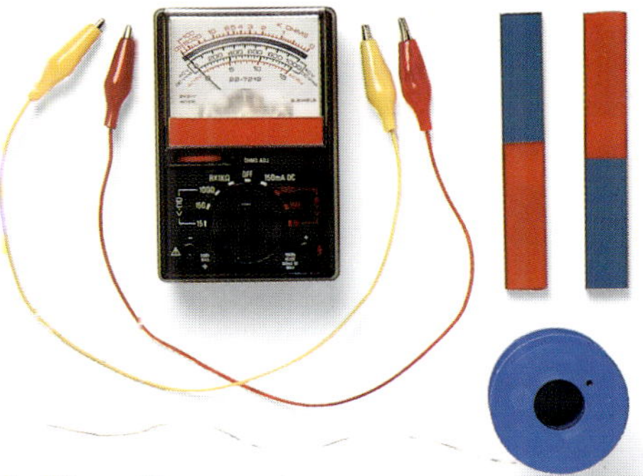

Il Vous Faut
- *deux aimants droits* ● *du fil de cuivre*
- *deux fils de connexion* ● *un contrôleur, ou multimètre*

Couper le champ
Installez les deux aimants avec les pôles opposés face à face. Déplacez rapidement le fil entre les deux aimants. Vous devriez observer une petite déviation de l'aiguille du contrôleur. Le courant est plus fort si vous déplacez le fil plus rapidement.

La règle de la main droite

Le courant produit quand vous déplacez un conducteur dans un champ magnétique a toujours le même sens: il est perpendiculaire à la fois aux lignes du champ magnétique et à la direction du déplacement. La «règle de la main droite» est un moyen commode pour connaître le sens du courant.

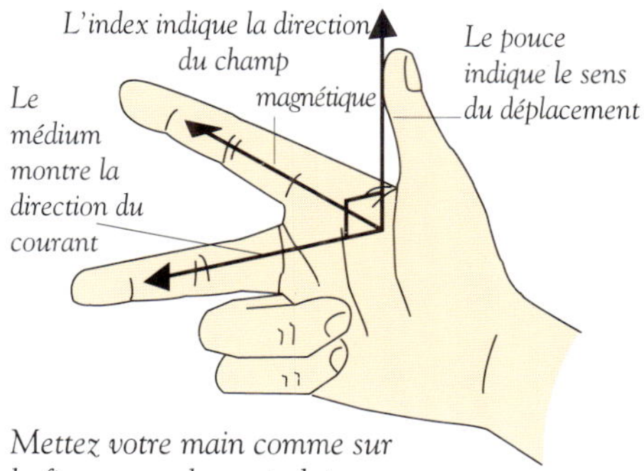

Mettez votre main comme sur la figure avec les trois doigts à angle droit.

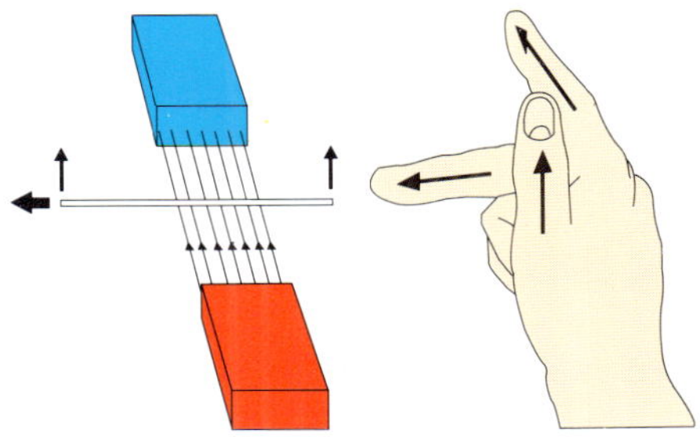

Pointez votre index dans la direction du champ magnétique et votre pouce dans la direction du mouvement du circuit: votre médium indique la direction du courant induit.

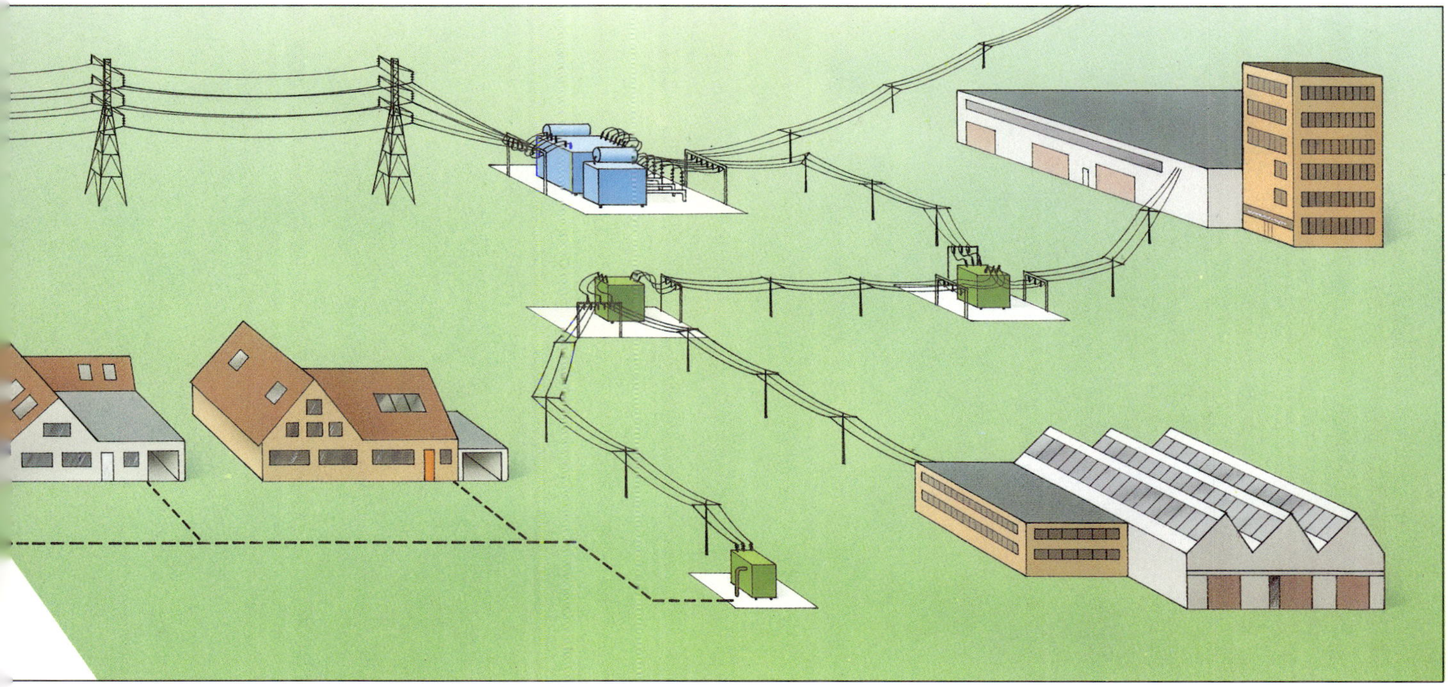

Le téléphone

IL Y A AUJOURD'HUI PLUS de 500 millions de téléphones dans le monde, qui transmettent presque instantanément les voix, mais aussi les textes, les images et les données d'ordinateur. Parfois, le message ne voyage que quelques mètres le long d'un câble ; d'autres fois, il fait le tour du monde par satellite.

Mais quelle que soit leur destination, tous les appels téléphoniques suivent le même traitement. Le message, une voix ou une image, est d'abord converti en un courant électrique variable grâce à l'électromagnétisme. Ensuite, à l'autre bout de la ligne, il est converti à nouveau pour reconstituer le son de la voix ou les détails de l'image.

Dans le micro de la plupart des téléphones se trouve un disque fin, le diaphragme, qui vibre quand vous parlez, ce qui perturbe le champ magnétique et modifie le courant électrique. A réception, les variations du courant commandent un électroaimant qui fait vibrer un autre diaphragme, ce qui reproduit le son. Le téléphone montré ici fonctionne de la même façon.

Une conversation lumineuse
Les fibres optiques remplacent aujourd'hui les câbles téléphoniques en cuivre. Elles transmettent très rapidement les signaux sous forme de lumière, et peuvent transporter beaucoup plus de messages que les câbles de cuivre.

EXPÉRIENCE

Un vrai téléphone

Ce téléphone utilise le son de votre voix pour produire un très faible courant qui transmet le message.

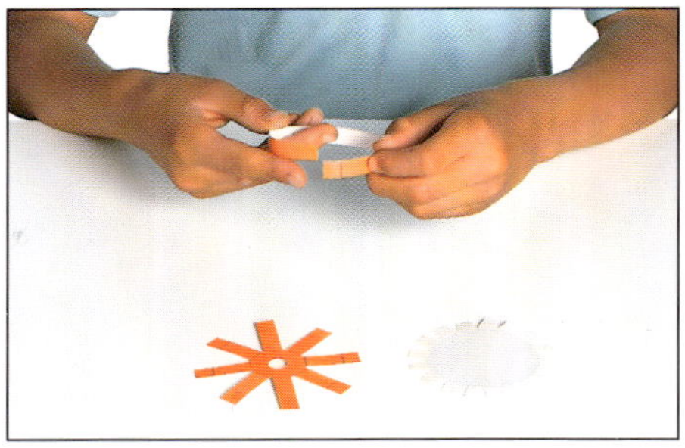

1 POUR FAIRE LE DIAPHRAGME, découpez dans du bristol fin deux bandes et une étoile (formes oranges à gauche). Placez une bande en anneau en haut du pot de yaourt. Découpez le disque blanc (à gauche).

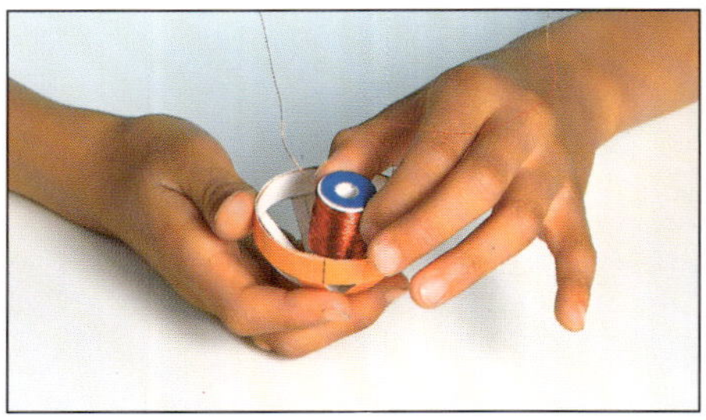

4 ENROULEZ DU FIL DE CUIVRE émaillé très serré plusieurs fois autour du tube en laissant pendre les deux extrémités : c'est votre solénoïde. Collez solidement une de ses extrémités au centre du diaphragme.

■ DÉCOUVERTE ■

Le premier téléphone

Le deuxième téléphone de Bell marchait de la même façon que celui qui est montré sur cette page. Il fallait crier dans un des cônes, ce qui créait un courant et faisait vibrer le diaphragme du récepteur.

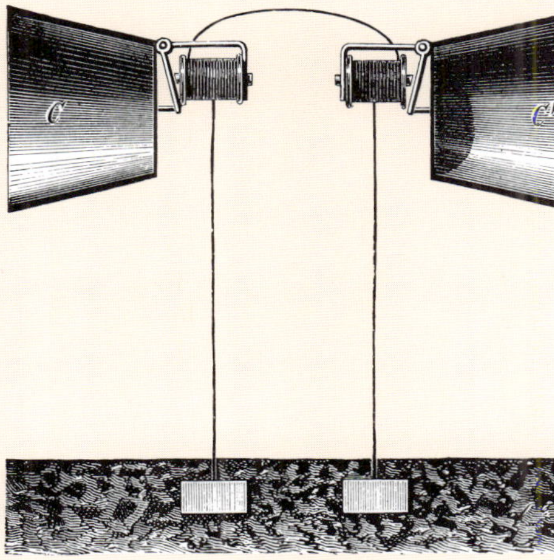

C'est Alexander Graham Bell qui inventa le téléphone en 1876, mais d'autres inventeurs travaillaient sur des dispositifs analogues à la même époque. On utilisait déjà le télégraphe électrique pour envoyer des messages le long d'un câble en ouvrant et en fermant un circuit. Bell découvrit le moyen de transmettre les vibrations de la voix par des signaux électriques similaires. Il plaça un disque de fer devant un solénoïde de telle façon que le disque vibrait quand on parlait. Cela induisait un courant dans la bobine et envoyait des impulsions dans le circuit. Un jour de 1876, Bell travaillait à l'étage sur son invention quand son assistant, au rez-de-chaussée, entendit la voix de Bell dans le récepteur: «Mr. Watson, venez, j'ai besoin de vous.»

Il vous faudra peut-être crier pour créer un courant assez fort!

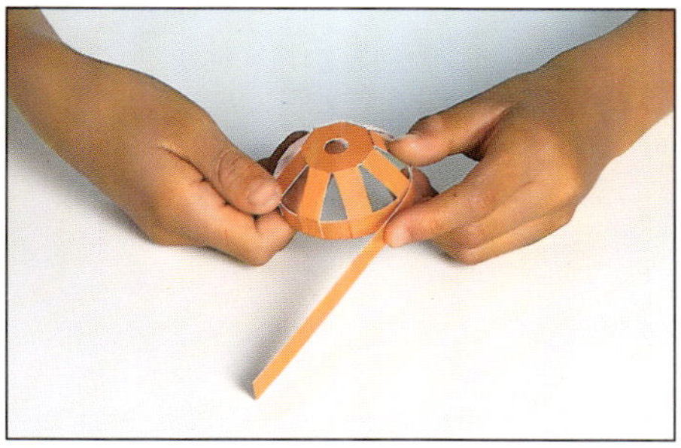

2 Incisez l'étoile le long des lignes et pliez les rayons pour former un cône. Collez les extrémités des rayons à l'extérieur de l'anneau. Enroulez l'autre bande autour et collez.

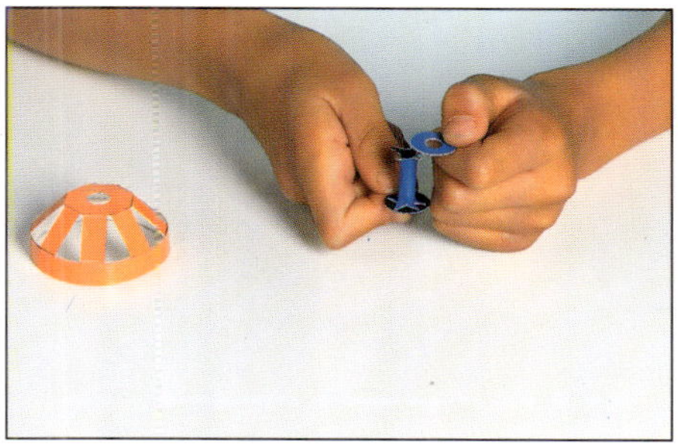

3 Découpez les morceaux bleus (à gauche) en forme d'accordéon. Enroulez sur un crayon et collez pour faire un tube. Pliez les languettes à chaque bout et collez sur les deux anneaux de bristol.

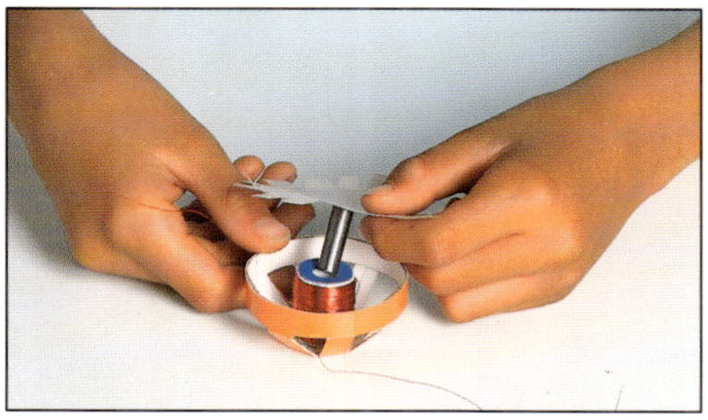

5 Collez un court aimant droit (20 mm sur 5 mm) perpendiculairement au centre du disque blanc, glissez l'aimant dans la bobine (il ne doit pas toucher les bords) et collez le disque sur le diaphragme.

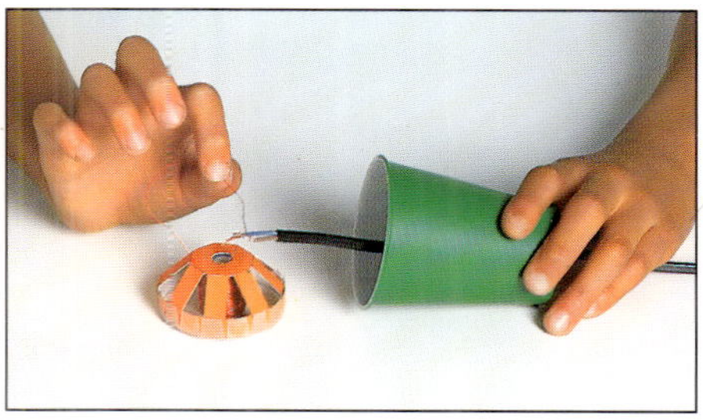

6 Faites passer le cordon dans le fond du pot de yaourt et branchez un brin à chaque extrémité de la bobine. Collez le diaphragme dans le pot. Répétez toutes les opérations pour faire le second téléphone.

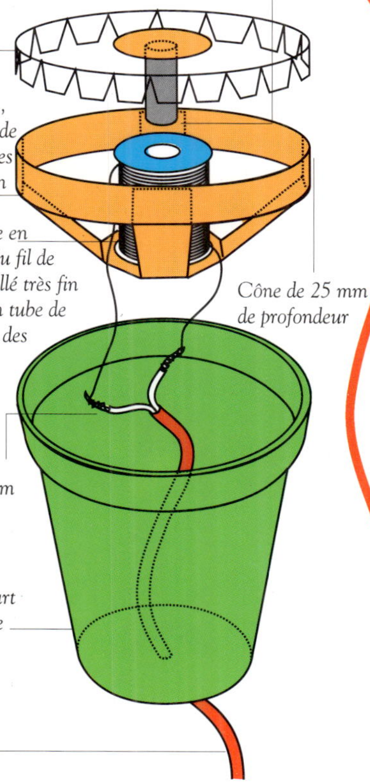

Les moteurs électriques

LES GÉNÉRATEURS utilisent des aimants pour transformer du mouvement en électricité; les moteurs électriques les utilisent pour transformer de l'électricité en mouvement. Les moteurs fonctionnent grâce au déplacement d'un fil, où passe un courant, dans un champ magnétique. Si le fil est en forme de boucle, la force due au champ et au courant tire sur le fil d'un côté et pousse de l'autre: la boucle se met à tourner. Pour entretenir cette rotation, le moteur le plus simple nécessite un courant alternatif de façon à inverser le courant continuellement puisque d'abord un côté de la spire, puis l'autre, passent devant un pôle de l'aimant. Avec un courant continu, il faut un *commutateur* pour renverser sans arrêt le sens du courant.

Les trains à très grande vitesse
Le TGV, le train le plus rapide du monde, est actionné par des moteurs électriques. Silencieux et propres, ils produisent aussi de fortes accélérations, car les parties mobiles sont légères comparées à celles des moteurs à vapeur ou diesel, et il n'y a pas de carburant à transporter ; le courant électrique est amené par des connecteurs flexibles appelés pantographes.

EXPÉRIENCE

Fabriquer un ampèremètre

Le mouvement produit par l'interaction entre un courant et un aimant est dû à la force électromagnétique. Vous pouvez l'utiliser pour mesurer l'intensité d'un courant. Dans la plupart des moteurs, l'aimant reste immobile et ce sont les bobines qui bougent. Dans cet ampèremètre, au contraire, l'aimant (une aiguille de boussole) se déplace et le circuit est immobile. Le courant est d'autant plus intense que l'aiguille dévie plus.

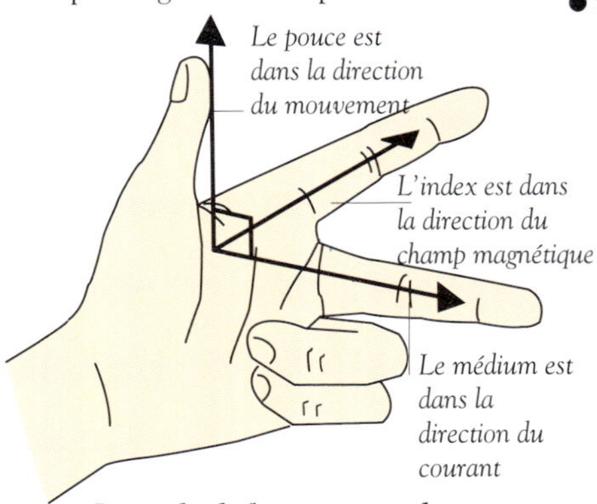

La règle de la main gauche
La «règle de la main gauche» donne la direction du mouvement pour les moteurs électriques.

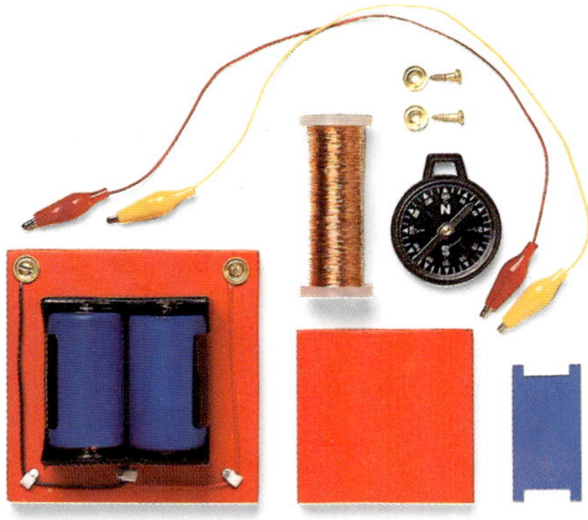

IL VOUS FAUT
● des piles ● une base de balsa carrée ● une boussole de poche ● du fil de cuivre dénudé ● une bande de bristol ● deux fils

Comment faire?
Collez le bristol (en bleu) derrière la boussole et enroulez le fil autour de l'ensemble en faisant environ 20 tours. Placez sur un bloc de balsa et branchez les fils. Le déplacement de l'aiguille de la boussole mesure le courant.

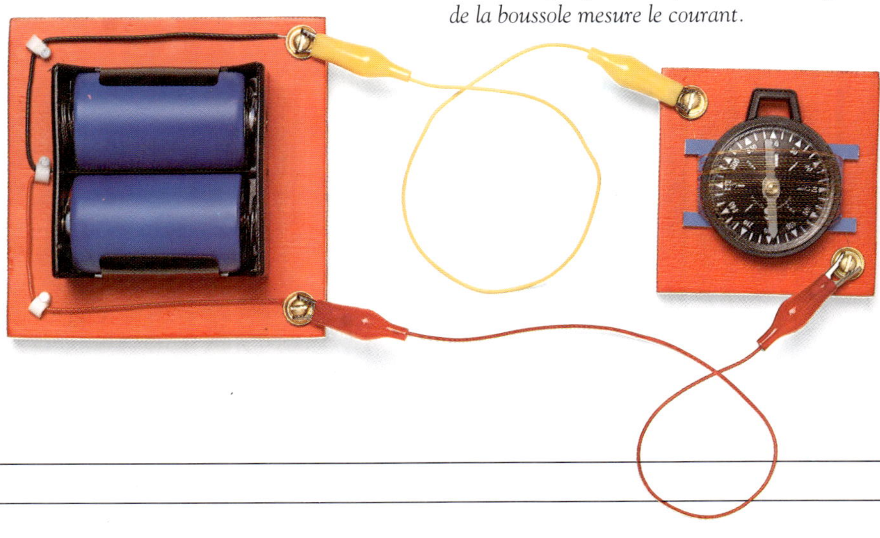

EXPÉRIENCE

Fabriquer un moteur

Les trains utilisent d'énormes bobines d'un cuivre spécial avec des milliers de spires, mais vous pouvez aussi fabriquer un moteur rudimentaire avec du fil de cuivre ordinaire et des objets usuels. Il vous faut une pile d'au moins 4,5 volts, et même si votre moteur n'est pas très puissant, il pourra faire tourner des pales de ventilateur en papier.

Il Vous Faut

● une base de bois carrée ● trois goupilles ● deux équerres métalliques avec des vis ● deux forts aimants ● du tube de cuivre fin ● une tige de métal ● un bloc de balsa ● une tige métallique ● du fil de cuivre émaillé ● du ruban isolant ● quatre vis ● deux vis en laiton et des anneaux ● trois fils ● un interrupteur ● une pile

1 Faites un trou au centre du bloc de balsa et enfilez un tube de cuivre. Creusez une encoche de chaque côté du bloc et enroulez du fil de cuivre très serré.

2 Vissez les équerres sur la base et collez les aimants dessus. Faites des trous au milieu alignés avec les goupilles. Faites des contacts avec les vis et installez le fil comme sur la figure ci-dessous.

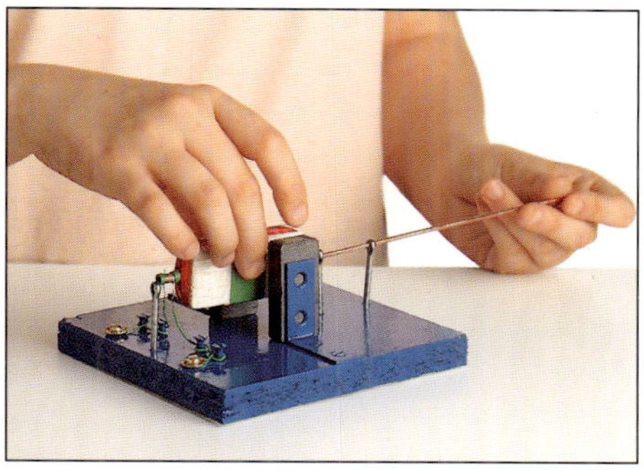

3 Faites le commutateur en papier aluminium (voir ci-dessous). Enfilez la tige métallique à travers les goupilles et le rotor, et branchez la pile. Vous aurez peut-être besoin de pousser un peu le rotor pour qu'il se mette en marche.

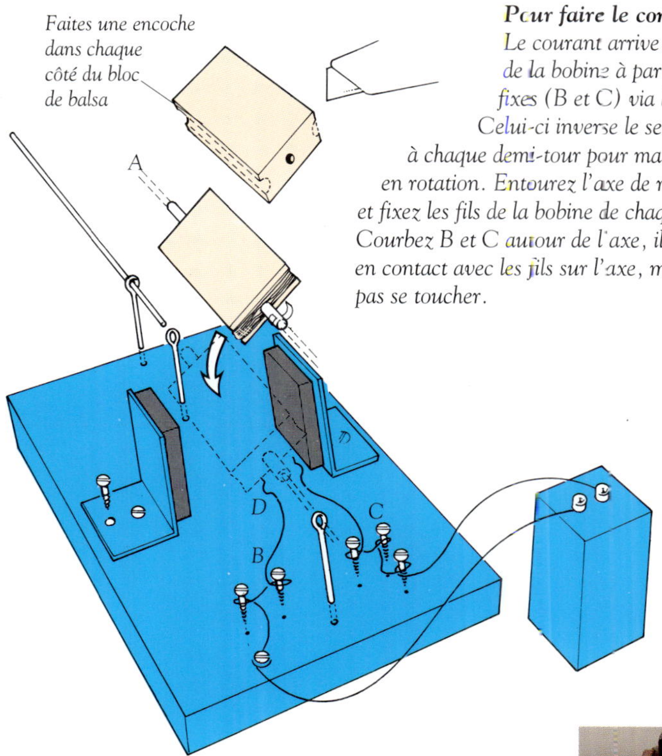

Pour faire le commutateur

Le courant arrive à l'axe (A) de la bobine à partir des contacts fixes (B et C) via le commutateur (D). Celui-ci inverse le sens du courant à chaque demi-tour pour maintenir le moteur en rotation. Entourez l'axe de ruban isolant, et fixez les fils de la bobine de chaque côté de l'axe. Courbez B et C autour de l'axe, ils doivent être en contact avec les fils sur l'axe, mais ne doivent pas se toucher.

Électronique ET ordinateurs

L'ÉLECTRONIQUE EST UNE des sciences les plus récentes, née il y a à peine un demi-siècle. Mais il serait déjà difficile d'imaginer un monde sans matériel électronique, c'est-à-dire sans radios, sans télévisions et sans ordinateurs.
La technologie électronique nous permet de faire quantité de choses, comme voler rapidement et en toute sécurité, ou communiquer instantanément avec les antipodes.

Les avions de ligne font de plus en plus appel à la technologie électronique, comme en témoignent les instruments électroniques de cette cabine de pilotage. Aujourd'hui, le vol, la navigation et l'atterrissage sont contrôlés électroniquement. Dans un proche avenir, les commandes mécaniques seront toutes remplacées par des commandes électroniques.

L'ÉLECTRONIQUE

PEU DE DOMAINES SCIENTIFIQUES ont autant d'impact sur notre vie quotidienne que l'électronique. En utilisant de faibles courants pour commander des circuits électriques, les systèmes électroniques peuvent faire fonctionner automatiquement des dispositifs très compliqués. Grâce à de récents progrès en électronique, on peut introduire des ordinateurs très puissants et des systèmes de contrôle très sophistiqués dans de minuscules appareils, et l'électronique est utilisée dans un nombre croissant de tâches, de la mise au point automatique d'un appareil photo à la navigation d'un avion.

La technologie des ordinateurs s'est développée très rapidement avec l'invention des circuits intégrés, et même les micro-ordinateurs personnels peuvent produire des graphes complexes. Celui-ci est destiné à un projet technique.

Les origines de l'électronique remontent à la seconde moitié du XIXe siècle, quand les chercheurs commençaient à comprendre la nature des ondes électromagnétiques. A cette époque, le physicien allemand Heinrich Hertz (1857-1894) étudiait l'effet des étincelles dans l'air. En 1888, il fabriqua un dispositif pour obtenir des étincelles régulières à travers l'espace entre deux boules de métal. Si Maxwell avait raison (p. 159), l'étincelle devait envoyer des ondes électromagnétiques. Hertz installa donc un autre circuit pour détecter ces ondes.

Les ondes radio

Comme prévu, les ondes créaient de petits courants dans le circuit récepteur, ce que Hertz observa sous la forme de petites étincelles. En déplaçant le récepteur dans la pièce, il put déterminer exactement la longueur de ces ondes, qui s'avérèrent beaucoup plus longues que les ondes lumineuses (p. 78-79). On les appelle aujourd'hui les ondes radio.

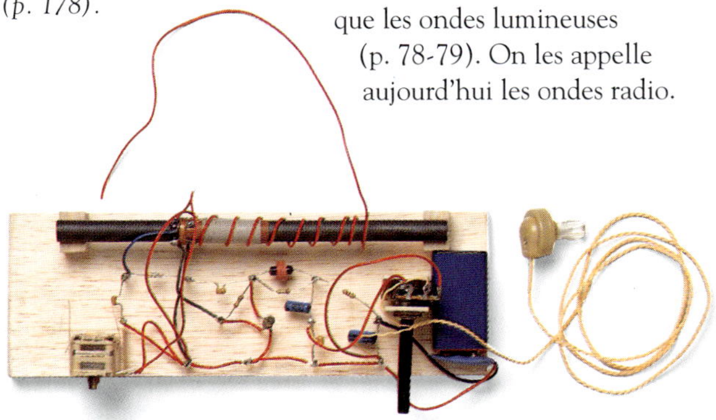

On peut construire un poste de radio rudimentaire avec un transistor et quelques autres composants électroniques (p. 178).

Les chercheurs de l'époque étaient fascinés par l'idée d'utiliser de telles ondes pour envoyer des messages d'un endroit à l'autre. Mais il leur manquait un circuit récepteur assez sensible pour capter les ondes au-delà de quelques mètres. En 1890, le physicien français Édouard Branly inventa un appareil appelé cohéreur – en fait un tube rempli de limaille de fer placée entre deux électrodes – qui fonctionnait jusqu'à environ 150 m.

Marconi

Cinq ans plus tard, le jeune inventeur italien Guglielmo Marconi (1874-1937) parvint à capter des signaux à 1,6 km de sa propriété de famille. Huit ans plus tard, il transmit un message en morse au-dessus de la Manche. Et, en 1901, Marconi devint célèbre quand il réussit à transmettre un signal au-dessus de l'Atlantique, depuis la Cornouaille en Angleterre jusqu'à une antenne suspendue à un cerf-volant au-dessus de Terre-Neuve. La radio était née.

Les circuits récepteurs pouvaient désormais être accordés pour recevoir des longueurs d'ondes particulières, et ils répondaient ainsi aux signaux envoyés par différents émetteurs avec différentes longueurs d'ondes. Le physicien américain Reginald Fessenden développa une façon de les moduler (de les faire varier) pour reproduire les ondes sonores. On pouvait enfin transmettre la parole et la musique, et pas seulement les signaux morse. Bientôt, des milliers de personnes captèrent les émissions de radio. Leurs récepteurs contenaient un cristal particulier, la galène, qui ne laissait passer le courant que dans un sens, car la modulation nécessitait un signal radio en courant alternatif, et non une étincelle.

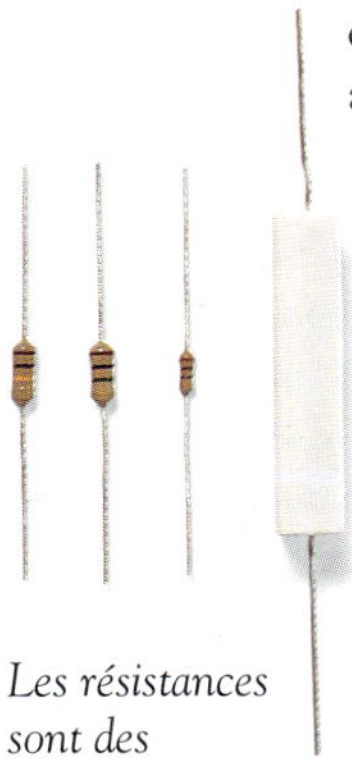

Les résistances sont des composants importants d'un circuit électronique. Elles protègent les transistors et contrôlent le courant.

Les lampes

Malheureusement, le signal était si faible que les auditeurs devaient rester accrochés à leur poste à galène avec des écouteurs sur les oreilles. Il fallait amplifier le signal pour avoir un son d'intensité acceptable. La solution vint d'un effet observé en 1883 par l'inventeur américain Thomas Edison (1847-1931), alors qu'il cherchait à fabriquer des ampoules lumineuses (p. 150). Au cours d'une expérience, il scella un fil de métal dans une ampoule avec le filament et, à sa grande surprise, il observa qu'un petit courant circulait du filament chauffé vers le fil, mais pas en sens contraire.

En 1904, Ambrose Fleming (1849-1945) utilisa cet effet pour inventer le tout premier composant électronique : la valve thermoïonique ou diode (p. 176); c'est un tube de verre qui contient

deux électrodes: un filament chauffé et une plaque de métal.

La diode ne laissant passer le courant que dans un sens, elle transforme le courant alternatif généré par le signal radio en courant continu. Deux ans plus tard, le scientifique américain Lee De Forest découvrit comment réaliser des lampes amplificatrices. Il put augmenter de façon spectaculaire le courant qui circule entre les électrodes en intercalant une troisième électrode (une grille métallique) entre le filament et la plaque. De plus, il pouvait faire varier l'amplification à volonté en variant le petit courant passant dans la grille.

Les triodes

La lampe à trois électrodes de De Forest ou triode fut le point de départ du développement, non seulement de la radio, mais de toutes sortes d'appareils électroniques: la télévision, par exemple, n'aurait pas été possible sans la triode. Comme la radio, la télévision utilise les ondes électromagnétiques pour transmettre le signal, et la triode est essentielle pour amplifier ce signal. Les caméras de télévision utilisent l'effet photoélectrique (p. 13) pour transformer une image en un signal électrique. Dans le récepteur, le signal reçu est décodé pour recréer l'image dans un tube à rayons cathodiques.

Les triodes ont été à la base de tout l'équipement électronique jusqu'en 1940. Même les premiers ordinateurs marchaient avec des lampes. Un ordinateur simple pouvait contenir jusqu'à 20 000 lampes et il remplissait une pièce

Les puces ont été initialement développées pour la technologie spatiale, et la navette spatiale américaine comporte des circuits électroniques complexes pour tout contrôler, aussi bien la trajectoire que l'aération de la cabine.

entière. Les lampes dégageaient tellement de chaleur que des ingénieurs devaient travailler jour et nuit pour remplacer les lampes grillées.

Mais la vraie percée en électronique fut le développement des transistors dans les années 1940. Les transistors sont constitués de matériaux particuliers qui ne conduisent le courant que partiellement, les semi-conducteurs, tels le germanium et le silicium. Les chercheurs des laboratoires Bell aux États-Unis ont découvert qu'en implantant des électrodes dans des morceaux de ces matériaux, ils pouvaient réaliser de minuscules composants qui fonctionnaient exactement comme des diodes.

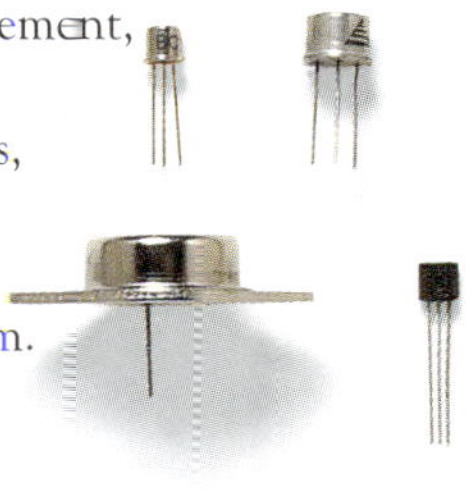

Il existe des transistors de toutes formes et de toutes tailles

La révolution des transistors

En 1948, William Shockley, Walter Brattain et John Bardeen, trois chercheurs de ces laboratoires, fabriquèrent un composant à semi-conducteur qui marchait comme une triode: c'était le transistor, qui allait révolutionner l'électronique. De petits transistors

Les progrès de l'électronique ont conduit au développement des vidéodisques interactifs.

remplacèrent bientôt les lampes dans les radios, les télévisions et les ordinateurs, les rendant beaucoup plus petits et plus fiables. En 1960, les lampes avaient pratiquement disparu et les radios étaient des récepteurs à transistors.

Grâce aux transistors, les ordinateurs se développèrent de façon fulgurante à partir de 1950, mais ils étaient encore peu puissants et très chers. Puis, en 1958, il y eut une seconde percée en électronique. C'était l'invention des puces par l'Américain Jack Kilby ; il plaça les connexions de deux transistors dans le même cristal de silicium (10 mm de long). Ce fut le premier circuit intégré, puisque toutes les connexions étaient réunies sur un seul cristal.

La technologie des puces

Les puces se sont rapidement miniaturisées et les circuits se sont compliqués à mesure que les chercheurs trouvaient des moyens pour placer davantage de composants sur une même puce. De nos jours, les puces de silicium vont du circuit simple pour bouilloire électrique jusqu'aux microprocesseurs qui contiennent un million de transistors ou plus.

La miniaturisation permet de faire tenir des circuits électroniques particulièrement complexes dans de tout petits espaces et de les reproduire à bon marché.

On les trouve à présent partout, non seulement dans les ordinateurs, mais aussi dans les calculettes, les appareils photo, les montres, le matériel de stéréo, les fours à micro-ondes et bien d'autres encore. Mais la science se développe si vite que nul ne peut prédire ce qu'apportera l'avenir.

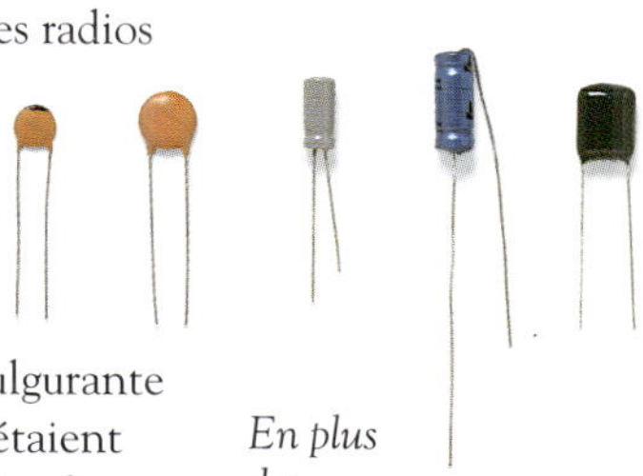

En plus des transistors et des résistances, la plupart des circuits électroniques comportent des condensateurs. Ils peuvent emmagasiner de petites charges qu'ils libèrent quand c'est nécessaire. Quand une diode redresse un courant alternatif, le courant s'annule à intervalles réguliers, la diode ne le laissant passer que dans un sens. Un condensateur peut alors « lisser » le courant, en se déchargeant pendant les intervalles.

Les automobiles du futur auront de plus en plus de fonctions électroniques. Déjà l'allumage et l'alimentation sont pilotés par des puces sur de nombreuses voitures. Bientôt les instruments familiers du tableau de bord seront remplacés par un affichage électronique. Le conducteur sera guidé à travers les grandes villes par un ordinateur intégrant les dernières informations sur la circulation.

Les circuits électroniques

L'ÉLECTRICITÉ EST UNE SOURCE D'ÉNERGIE pratique et propre, mais on peut aussi l'utiliser pour transmettre des signaux qui transportent de l'information. Les télévisions, les radios, les ordinateurs et les autres appareils électroniques utilisent l'électricité de cette façon. A l'intérieur de chacun d'eux, il y a des circuits où de faibles courants sont continuellement ouverts, fermés, ou amplifiés, pour commander l'appareil.

Dans un ordinateur, par exemple, ces petits courants qui passent ou sont interrompus représentent des nombres; dans une chaîne hifi, ils contrôlent le mouvement des diaphragmes des haut-parleurs pour qu'ils reproduisent le son correctement. Les systèmes électroniques ont un grand nombre de composants, résistances, condensateurs et surtout transistors.

Les transistors peuvent contrôler le courant de bien des façons, mais les plus communes sont l'amplification et la commutation. Leur secret se trouve dans leurs constituants. Ce sont des matériaux comme le germanium et le silicium, qui ont la propriété remarquable de ne conduire le courant qu'à certaines conditions : c'est pour cela qu'on les appelle *semi-conducteurs*.

Les lampes
En 1904, les lampes thermoïoniques furent les premiers composants électroniques. Des lampes comme celles-ci ont été utilisées dans les premiers ordinateurs des années 1940.

EXPÉRIENCE

Les résistances

Les résistances se mesurent en ohms (p. 154). Branchez différentes résistances en série ou en parallèle pour voir comment cela modifie l'éclat d'une lampe.

IL VOUS FAUT

- *une pile*
- *une ampoule et son support*
- *des fils*
- *différentes résistances*

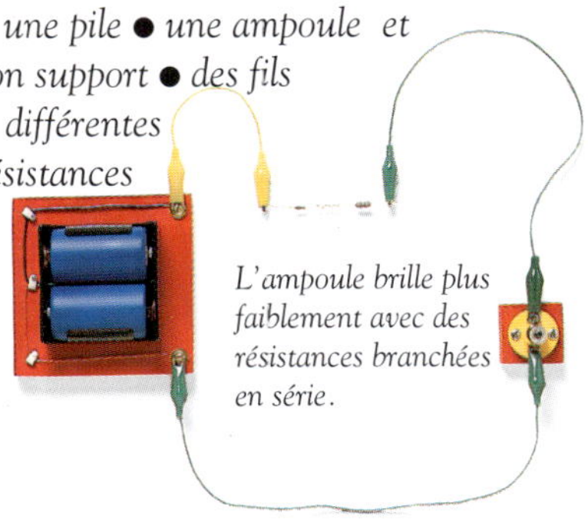

L'ampoule brille plus faiblement avec des résistances branchées en série.

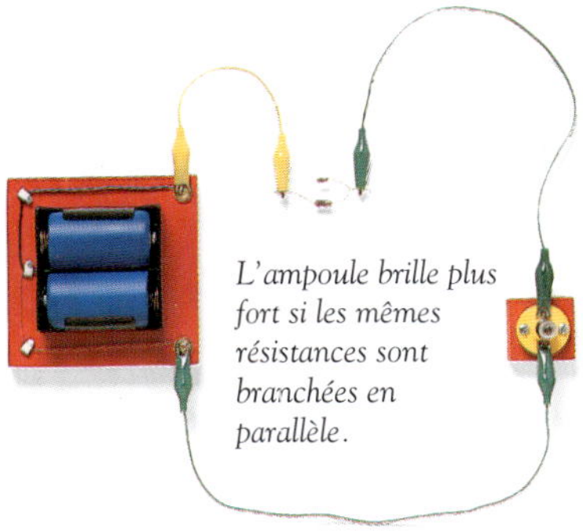

L'ampoule brille plus fort si les mêmes résistances sont branchées en parallèle.

Souder

La présence d'un adulte est recommandée.

Pour réaliser des circuits électroniques, il faut souder différents composants. La «soudure» est un métal mou vendu en bobines. Une tige métallique chauffée électriquement, un fer à souder, fait fondre la soudure sur chaque composant. Quand la soudure refroidit et se solidifie, la jonction est réalisée.

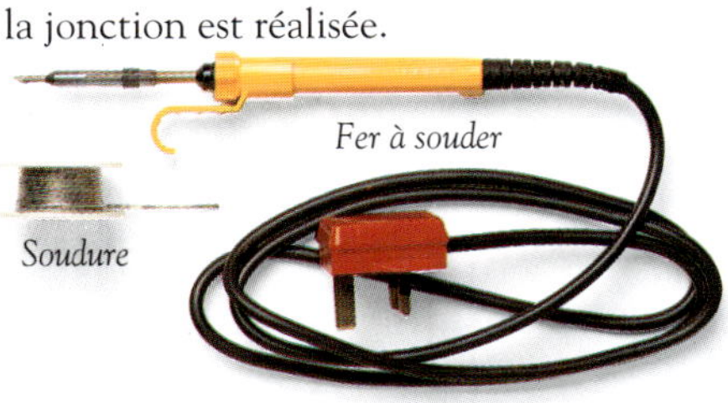

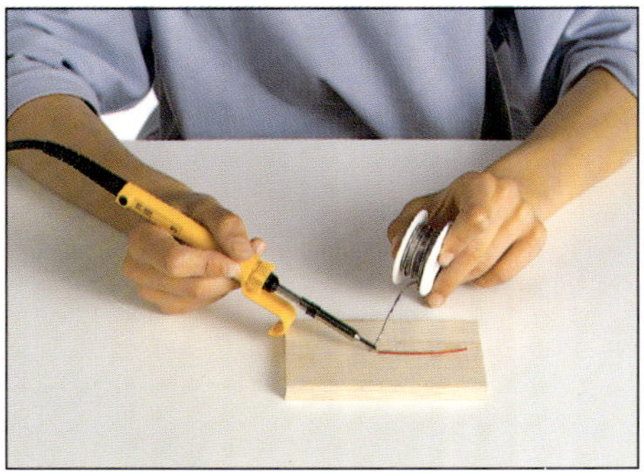

1 BRANCHEZ LE FER À SOUDER et, après avoir vérifié qu'il est bien sur son support, laissez-le chauffer. Avant de réunir les deux composants, ils doivent avoir chacun une couche de soudure fondue. Faites chauffer le composant avec le fer à souder, puis placez le bout de la soudure et touchez la soudure avec le nez du fer: la soudure fond sur le fil.

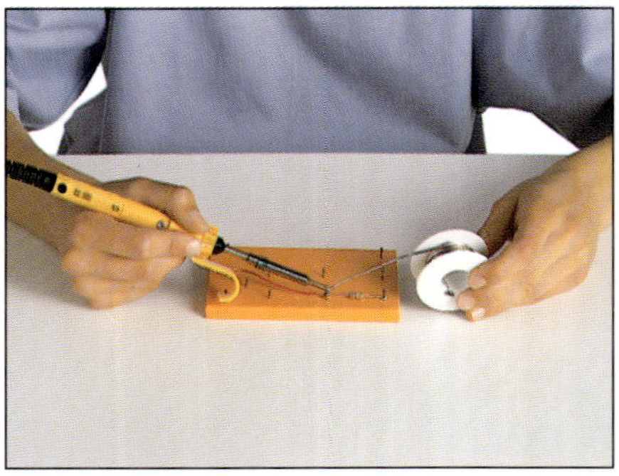

2 PLACEZ À PRÉSENT les composants de façon que les fils à souder se touchent. Tenez le bout de la soudure sur la jonction et chauffez avec le fer. La soudure doit fondre en une seconde, puis se refroidir en un joint brillant; Si la soudure est grise, faites-la fondre et recommencez.

Les transistors

Il y a deux types de semi-conducteurs. Dans les semi-conducteurs n, le courant est porté par des électrons; dans le type p, il est porté par des trous chargés positivement (ce sont des régions sans électrons). Les transistors sont des sandwichs de semi-conducteurs p-n-p ou n-p-n. Chaque transistor a trois connexions: la base, le collecteur, et l'émetteur. Si on les branche mal, le transistor sera détérioré. Sur certains d'entre eux, l'émetteur est marqué d'un point, ou d'une encoche.

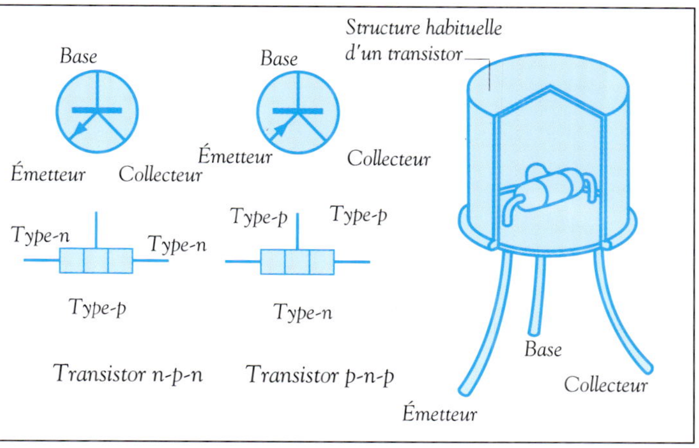

EXPÉRIENCE

Le transistor en commutation

Vous pouvez utiliser un transistor comme interrupteur pour une DEL (diode électroluminescente). Quand l'émetteur et la base sont branchés tous deux à la borne plus de la pile, le transistor allume la DEL. Si la base est reliée à la borne moins de la pile, la DEL reste éteinte.

Il Vous Faut

- *un transistor* n-p-n *(BC108)* • *une DEL*
- *des résistances de 220 ohms et 10 000 ohms*
- *des fils avec des pinces crocodiles*
- *un morceau de bois* • *des petits clous*
- *de petites longueurs de fil* • *une pile*
- *un matériel de soudure*

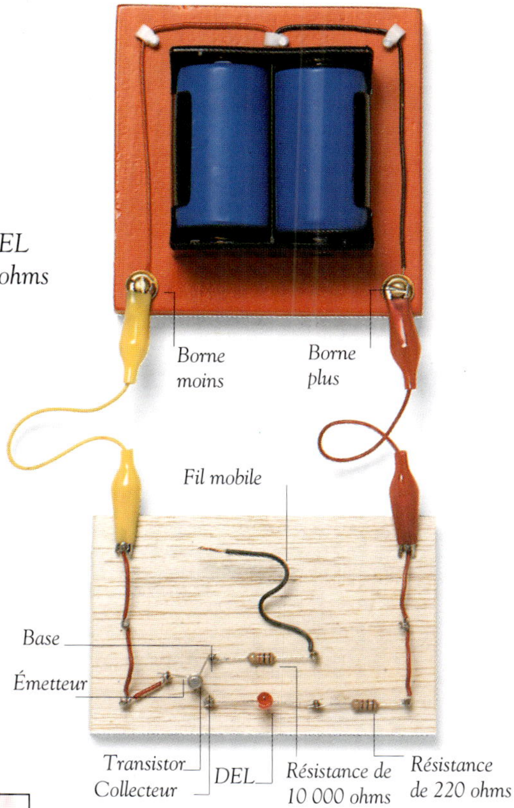

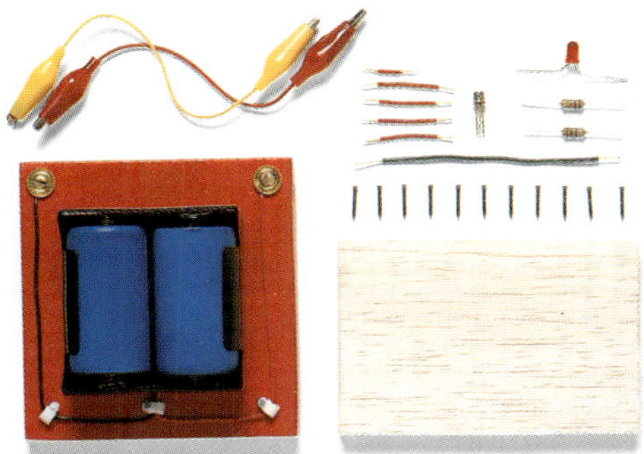

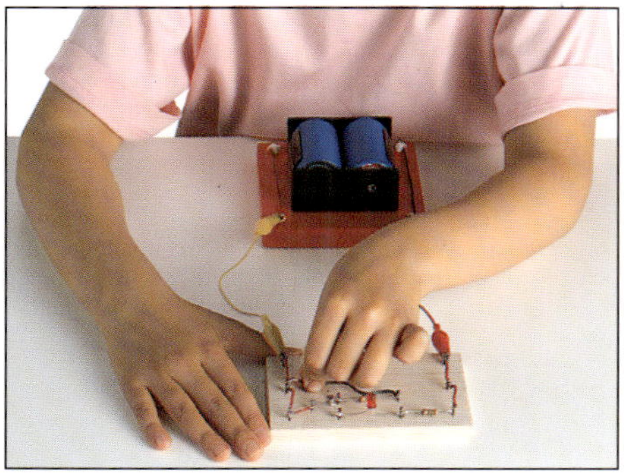

Pour réaliser le circuit

Enfoncez les clous dans la base de bois selon la disposition indiquée. Puis connectez le circuit en entourant les connexions de chaque composant autour des clous et en les soudant en place.

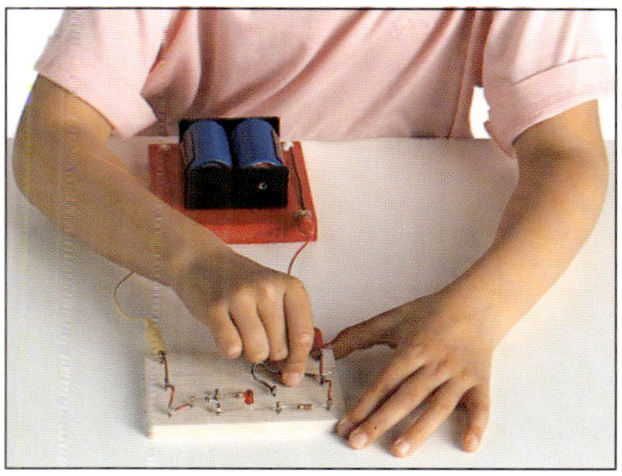

Avec le fil mobile de la base, touchez la borne plus de la pile. La DEL s'allume. Placez ce fil sur la borne moins: la DEL reste éteinte.

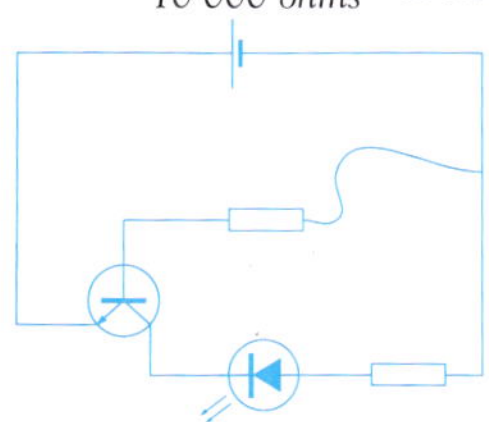

Le collecteur et la base sont reliés à la borne plus. Le transistor commute et la DEL brille.

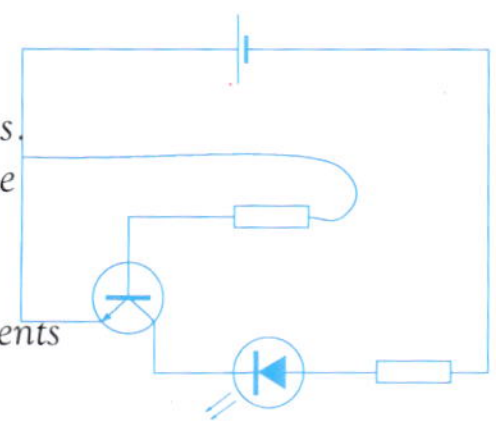

Le collecteur et la base reliés à des bornes opposées. Le transistor bloque le courant et la DEL est éteinte. *Pour les branchements de la DEL, voir p. 151.*

Fabriquer une radio

VOUS ÊTES-VOUS JAMAIS demandé comment le son vous arrive ? La réponse est dans les ondes. Comme la lumière, les signaux radio sont des ondes électromagnétiques (p. 78). Pour les émettre, les sons sont transformés en signaux électriques par des microphones (p. 168). Ces signaux sont utilisés pour faire varier la fréquence des ondes radio émises par la station. Les ondes modulées reconstituent le signal électrique dans votre récepteur, puis le signal est amplifié de façon à reproduire le son initial.

EXPÉRIENCE

Une vraie radio !

Les transistors d'un récepteur radio convertissent le courant alternatif produit par les ondes radio en courant continu, et ils amplifient le signal. Vous pouvez fabriquer un récepteur radio rudimentaire avec un seul transistor.

IL VOUS FAUT

● *une antenne pour ondes moyennes* ● *une bobine d'impédance RF* ● *un écouteur* ● *une diode OA79*

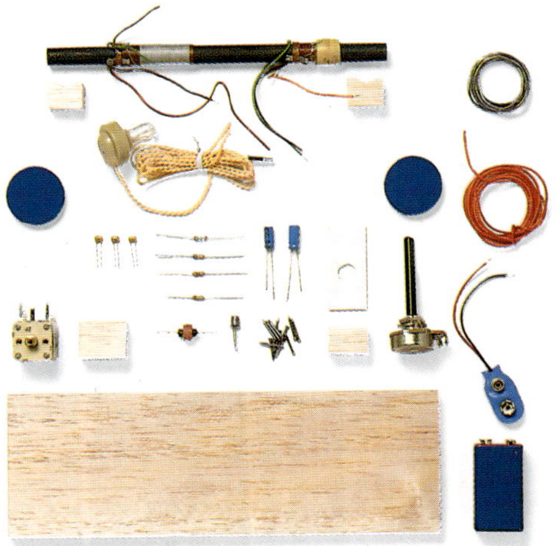

● *un transistor AF124* ● *4 résistances* ● *6 condensateurs* ● *une pile* ● *des épingles à dessin* ● *une planche* ● *un matériel de soudure*

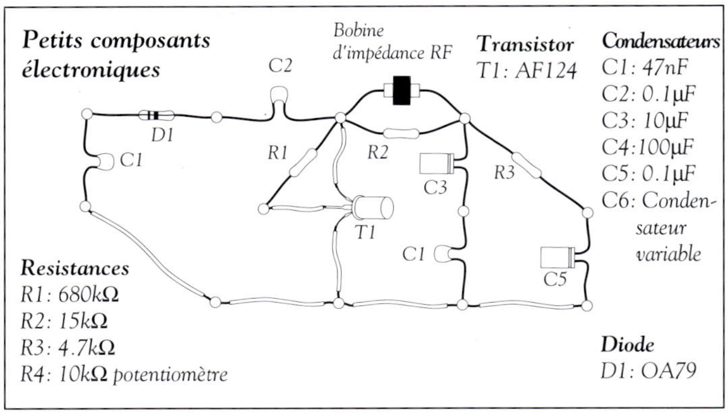

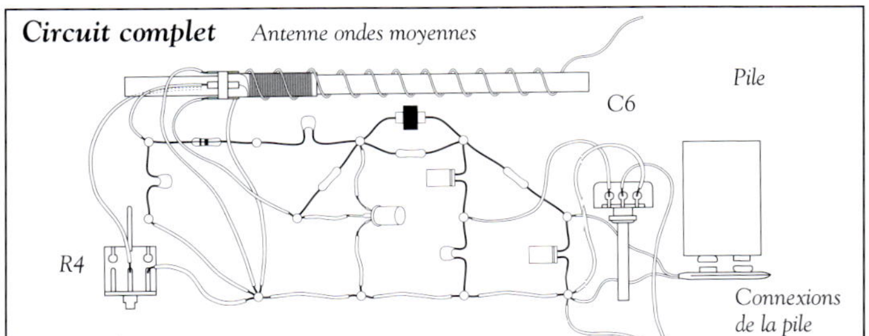

Ce schéma montre l'emplacement de tous les éléments sur la planche.

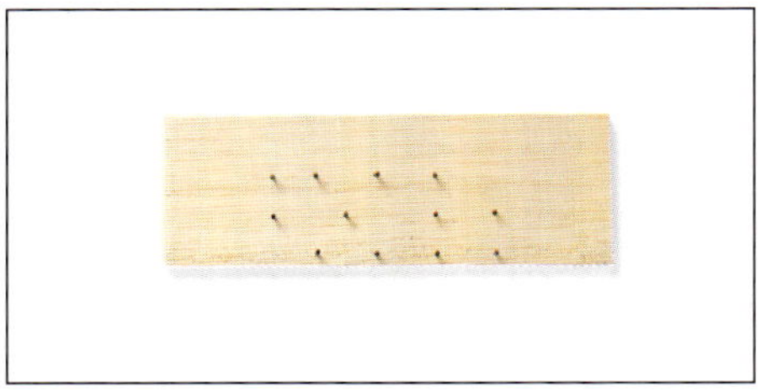

1 ENFONCEZ LES ÉPINGLES dans la planche de balsa dans les positions indiquées ci-dessus. Renforcez-les avec de la colle, si nécessaire.

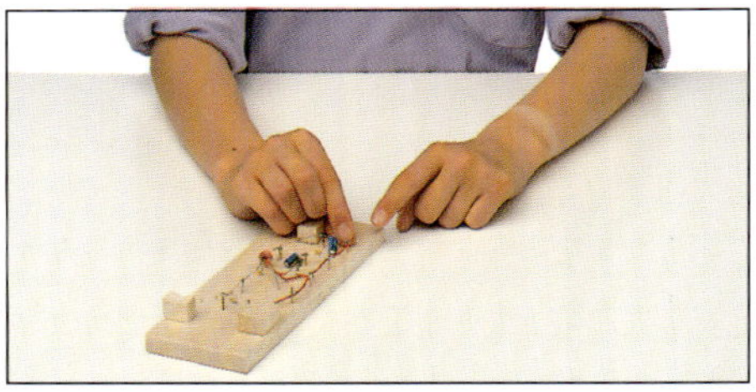

2 EN SUIVANT LE SCHÉMA ci-dessus, branchez tous les composants sur la planche en utilisant de petits morceaux de fil si besoin est.

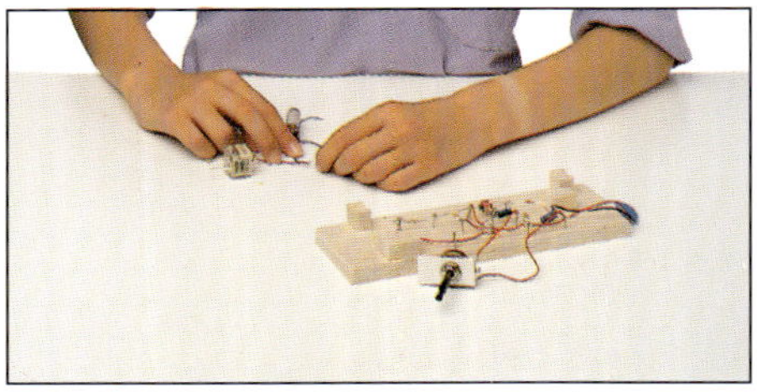

3 FAITES LES CONNEXIONS en tordant doucement les fils ensemble autour des épingles. Quand les contacts sont bons, collez-les.

4 VOUS POUVEZ FAIRE vous-même votre antenne pour ondes moyennes, mais il est plus simple d'en acheter une. Entourez le fil en spirale sur la tige.

5 BRANCHEZ LES COMPOSANTS plus gros comme sur le schéma ci-dessus à droite. Soudez les fils aux bornes (voir p. 176) en prenant soin de ne pas brûler la planche.

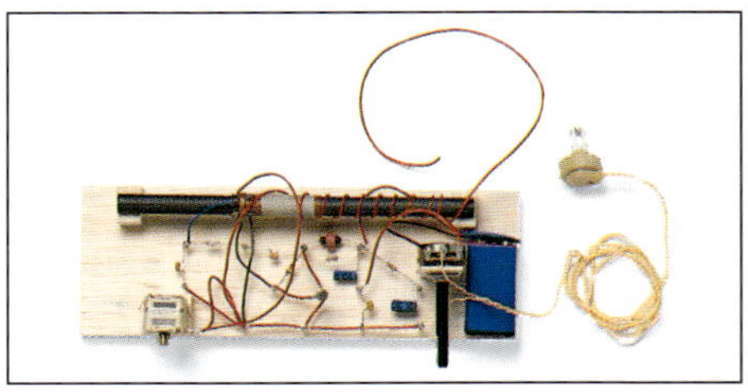

6 QUAND LES COMPOSANTS sont en place, branchez la pile, avec la borne moins sur l'épingle située entre R3 et C5. La radio doit marcher!

Pour faire le boîtier

La radio fonctionnera tout aussi bien sans boîtier, mais elle est plus séduisante ainsi, et protégée de la poussière. Vous pouvez suivre les indications ci-dessous, ou réaliser vos propres idées.

- *du carton coloré découpé selon le dessin ou selon votre projet*
- *un bouchon coupé en 2 rondelles*

1 PLIEZ LES LANGUETTES des panneaux triangulaires. Collez le panneau arrière à la bande de carton qui constitue les côtés du boîtier.

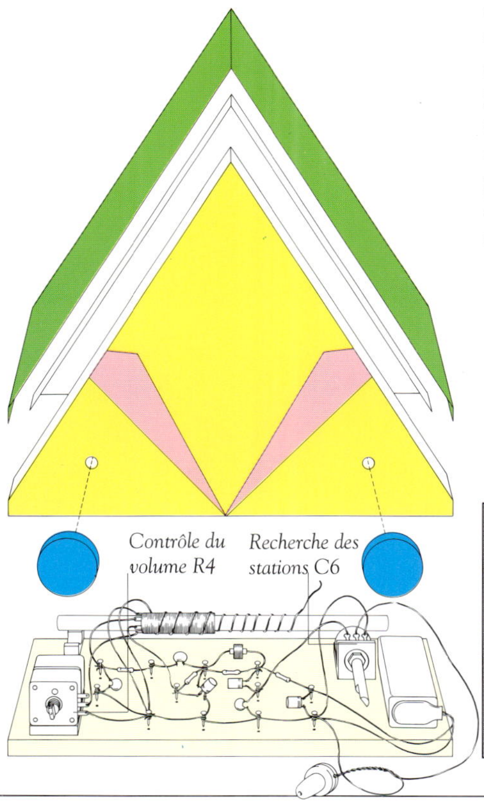

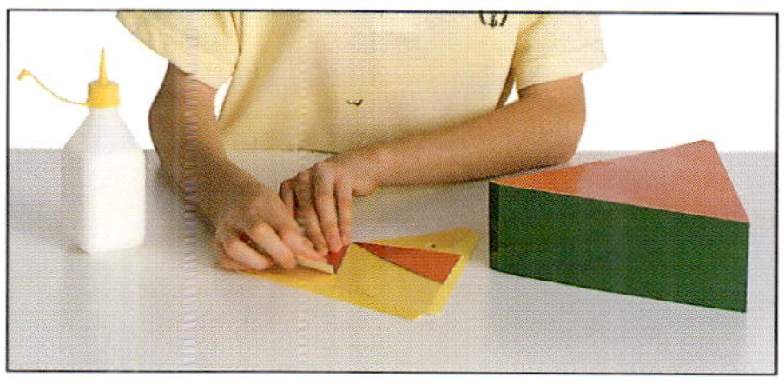

2 DÉCOUPEZ VOS MOTIFS et collez-les sur le devant. Faites de petits trous pour les boutons des stations (C6) et du volume (R4).

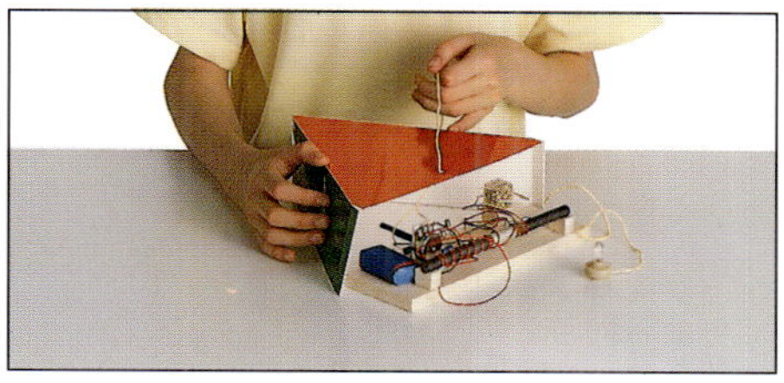

3 ENFILEZ LES FILS de l'écouteur par le trou à l'arrière et branchez-le dans la radio. S'il est déjà branché, découpez une fente à l'arrière du boîtier.

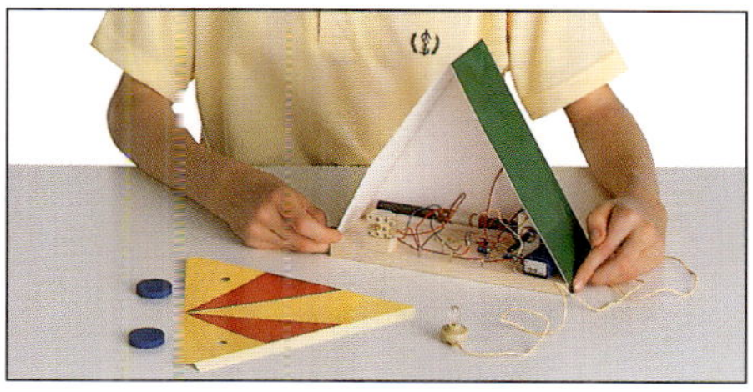

4 VÉRIFIEZ QUE TOUS LES CONTACTS sont bons et que la radio marche; ajustez l'antenne si nécessaire. Puis installez les bords de la boîte sur la base en balsa.

5 ENCOLLEZ LES LANGUETTES du panneau avant et mettez-le en place. Collez les deux morceaux du bouchon sur les tiges C6 et R4.

Pour trouver une station

Pour écouter la radio, branchez la pile et mettez l'écouteur dans votre oreille. Tournez le bouton du volume (le bouchon collé sur R4) à fond, puis déplacez le bouton des stations (le bouchon collé sur C6) jusqu'à entendre la station que vous voulez. Comme c'est une radio très peu puissante, il faudra prêter l'oreille pour entendre quelque chose. Déplacez l'antenne s'il le faut pour améliorer la qualité du signal.

L'intelligence artificielle

LES FILMS ET LES LIVRES DE SCIENCE-FICTION sont pleins de robots qui ressemblent à des humains et qui pensent même comme eux. Certains croient que de telles machines seront construites d'ici peu. Des machines électroniques «intelligentes» existent dès maintenant, bien qu'elles ne nous ressemblent absolument pas. Ces machines ne peuvent pas vraiment penser de la même façon que des hommes. D'aucuns estiment qu'elles ne le pourront jamais, mais elles peuvent déjà prendre des décisions et résoudre des problèmes. Le pilote automatique d'un avion de ligne, par exemple, peut contrôler l'avion, même pendant le décollage et l'atterrissage, en réagissant continuellement aux informations qu'il reçoit et en ajustant les commandes en conséquence. Les ordinateurs sont les «cerveaux» qui donnent aux machines leur intelligence. Chacun est programmé avec des millions d'instructions qui lui dictent sa conduite.

Les puces
Au cœur de chaque ordinateur se trouvent de minuscules circuits électroniques très complexes, les puces. Elles enregistrent et traitent l'information à grande vitesse.

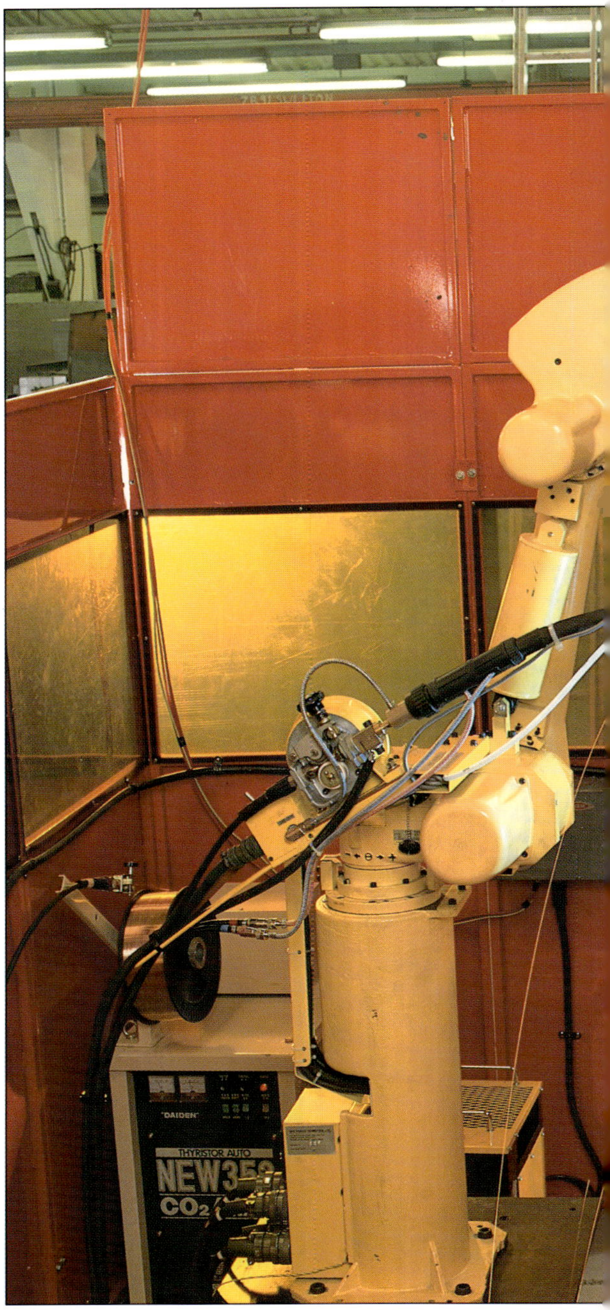

■ DÉCOUVERTE ■

La machine de Babbage

L'histoire des ordinateurs remonte au XVIIe siècle, bien avant l'ère de l'électronique. En 1642, le mathématicien français Blaise Pascal inventa la première machine à calculer, qui pouvait additionner et soustraire grâce à des séries de roues dentées. Près de deux cents ans passèrent avant l'invention de l'ordinateur – une machine programmée pour effectuer diverses tâches. C'est la machine à calculer analytique inventée en 1834 par Charles Babbage, un mathématicien anglais. Bien qu'entièrement mécanique, cette machine avait tous les éléments d'un ordinateur électronique actuel: une entrée des données et des instructions, un programme de calcul et un dispositif pour imprimer les résultats.

La machine analytique
Babbage passa des années sur le projet de son ordinateur (ci-dessus) qui était constitué par des milliers de roues dentées. Mais il était si complexe que Babbage ne put jamais le terminer.

Apprendre avec un ordinateur
Les ordinateurs sont devenus si sophistiqués et intelligents qu'ils peuvent aider les gens à apprendre. Ce disque contient une énorme quantité d'informations sous forme de films, de photographies et de textes. Un ordinateur les utilise pour enseigner de façon interactive. Pour cela il pose des questions et affiche diverses informations sur l'écran, selon la réponse qu'il a reçue.

Les robots

Beaucoup d'usines fonctionnent avec des robots qui peignent, soudent ou transportent automatiquement les pièces. Ils ne se lassent jamais des tâches répétitives et peuvent faire beaucoup de travaux plus rapidement et avec plus de précision qu'un être humain. La plupart des robots d'usines sont des bras articulés munis d'un outil ou d'un pistolet à peinture. Un ouvrier expérimenté programme le robot en le guidant soigneusement dans sa tâche; ces mouvements sont enregistrés dans la mémoire de l'ordinateur. Les robots les plus simples suivent une série d'instructions et répètent le même mouvement indéfiniment. Des versions plus élaborées ont des «sens» qui leur fournissent des informations sur leur environnement. Par exemple, le robot-soudeur (à gauche) utilise un laser et une caméra de télévision miniature pour trouver la bonne position et faire une soudure parfaite. D'autres robots ont des capteurs qui leur permettent de saisir des objets fragiles sans les écraser. Les robots les plus perfectionnés sont emportés par les vaisseaux spatiaux. Les deux sondes Viking qui sont allées sur Mars transportaient des robots qui ont marché sur la surface de la planète. Equipés avec des caméras de télévision, des bras automatiques et des laboratoires chimiques, les robots des sondes Viking ont analysé des échantillons du sol, photographié la surface et y ont cherché des signes de vie.

Conception assistée par ordinateur (CAO)

Certains problèmes techniques sont si complexes qu'on ne pourrait les résoudre sans l'aide des ordinateurs. Des programmes de «conception assistée par ordinateur» aident les ingénieurs à tout concevoir, des gratte-ciel aux puces électroniques. Par exemple, un ingénieur qui fait un projet de pont doit entrer certaines informations comme la longueur et la largeur du pont. L'ordinateur analyse les forces que vont supporter la structure, et produit un dessin fini.

Les ingénieurs qui ont travaillé sur le programme spatial américain se sont servis de systèmes assistés par ordinateur pour construire la navette.

Glossaire

Absorption: Le contraire d'«émission». La lumière, la chaleur, le son et d'autres formes d'énergie peuvent être absorbés par certaines substances. L'absorption chimique est l'imprégnation d'un solide par un liquide, ou bien d'un solide ou d'un liquide par un gaz.
Accélération: Le taux de variation de la vitesse. Un mobile accélère en changeant soit sa vitesse, soit sa direction.
Acide: Tous les acides contiennent de l'hydrogène. Les acides sont très réactifs en solution, car dans l'eau leurs atomes d'hydrogène deviennent des ions. Les acides forts, tels l'acide nitrique et l'acide sulfurique, sont très corrosifs. Les acides faibles et dilués, tels le jus de citron et le vinaigre, ont un goût piquant.
Acoustique: L'étude des sons, en particulier de la façon dont ils se transmettent dans les bâtiments, dans les haut-parleurs et dans les instruments de musique.
Aérodynamique: L'étude du mouvement de l'air sur les objets en mouvement, en particulier sur les avions et les voitures, de façon à diminuer la résistance de l'air, ou «traînée».
Alcali: Un sel de métal ou d'ammonium dissous dans l'eau et réagissant avec les acides.
Alchimie: Un mélange de chimie élémentaire, de philosophie et de mysticisme, étudié en Europe et au Moyen-Orient pendant plus de 1 700 ans, depuis quelques siècles av. J.-C. jusqu'au XVIIe. Certains alchimistes cherchaient la «pierre philosophale», cette substance insaisissable qui transformerait les vils métaux en or. D'autres cherchaient l'«élixir» qui procurerait la vie éternelle.
Ampère: Unité d'intensité du courant.
Ampèremètre: L'appareil qui mesure l'intensité du courant.
Amplificateur: Un système électronique qui augmente l'intensité d'un signal électrique avec de l'énergie provenant d'un circuit extérieur.
Amplitude: La hauteur d'une onde (que ce soit une onde sonore ou électromagnétique). Dans l'émission par modulation d'amplitude (AM), les sons sont transportés sur des ondes radios grâce à des variations d'amplitude; en modulation de fréquence (FM), c'est la fréquence qui varie.
Anion: Un ion chargé négativement, qui est attiré par l'anode dans les électrolyses.
Anode: L'électrode, positive, d'entrée du courant dans une électrolyse.
Antimatière: Particules subatomiques qui sont l'image (comme dans un miroir) des particules de matière. L'antiparticule d'un électron, par exemple, est le positron. Électron et positron sont identiques, mais le positron a une charge positive, et l'électron, une charge négative.
Atome: La plus petite partie d'un élément chimique. Les particules plus petites que l'atome n'ont pas d'identité chimique.
Azote: Gaz incolore qui constitue 78% de l'atmosphère.

Baromètre: Appareil qui mesure la pression atmosphérique.
Base (électronique): Dans un transistor, la base est le semi-conducteur du milieu dans le «sandwich». Elle contrôle le passage du courant du collecteur à l'émetteur.
Base (en chimie): L'opposé d'un acide. Les bases réagissent avec les acides pour former des sels.
Batterie: Plusieurs éléments générateurs branchés ensemble.

Calcite: Carbonate de calcium. Le calcaire, la craie et le marbre sont des formes de calcite.
Calcium: Un métal argenté et mou, que l'on trouve généralement sous forme de calcite ou de gypse.
Capillarité: Un capillaire est un tube très fin. La capillarité contredit les lois de la gravité: le liquide monte dans un tel tube à cause de l'attraction entre les molécules du liquide et celles du tube.

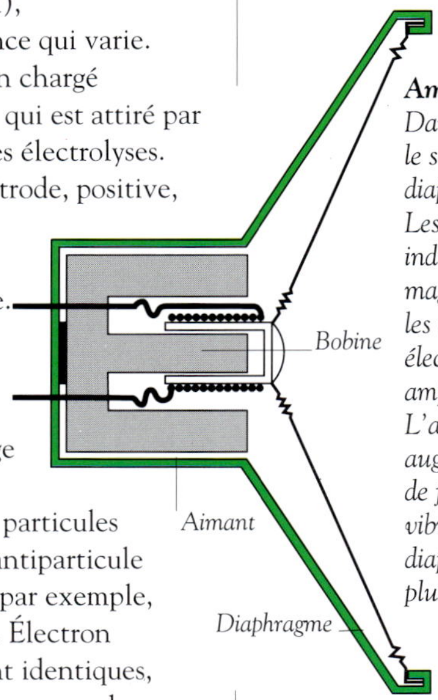

Amplification
Dans un haut-parleur, le son est créé par le diaphragme qui vibre. Les vibrations sont induites par la bobine magnétique qui reçoit les impulsions électriques d'un amplificateur. L'amplificateur augmente le signal de façon que les vibrations du diaphragme soient plus grandes.

Carbone: Élément chimique qui existe sous de nombreuses formes, y compris le graphite et le diamant. La structure atomique du carbone lui permet de former des millions de composés, dont l'étude est l'objet de la chimie organique. Les composés du carbone sont à la base de la vie.
Cathode: L'électrode de sortie du courant, négative, pour une électrolyse ou un tube électronique.
Cation: Un ion positif qui se dirige vers la cathode dans une électrolyse.
Centre de gravité: Le point d'application du poids d'un objet.
Chaleur massique: La quantité de chaleur nécessaire pour élever la température d'un kilogramme de substance de 1 Kelvin.
Chambre à brouillard: Dispositif pour observer des particules subatomiques. Quand l'une d'elles traverse la vapeur saturée au moment où la pression diminue brusquement, sa trajectoire est matérialisée par des gouttelettes qui se condensent.
Chambre à bulles: Dispositif pour observer les particules subatomiques. Un liquide est maintenu sous pression juste en dessous de son point d'ébullition. Quand on abaisse brutalement la pression, le liquide bout, et de petites bulles montrent le trajet des particules de hautes énergies.
Champ: La région où s'exerce une action due à un champ magnétique, électrique ou gravitationnel. La notion de champ est fondamentale dans la physique actuelle, et l'on considère que toute la matière, des plus petites particules à l'univers entier, est soumise à quatre grands types de champs.
Champ magnétique: Région autour d'un aimant où ses effets sont perceptibles.
Charge: Ce qui produit les forces de répulsion ou d'attraction entre particules subatomiques. Des charges de même nom se repoussent, des charges opposées s'attirent.
Chimie organique: Étude de la chimie des êtres vivants, c'est-à-dire de celle des composés du carbone.
Chromatographie: Technique pour séparer les constituants de mélanges gazeux ou liquides: ils migrent avec des vitesses

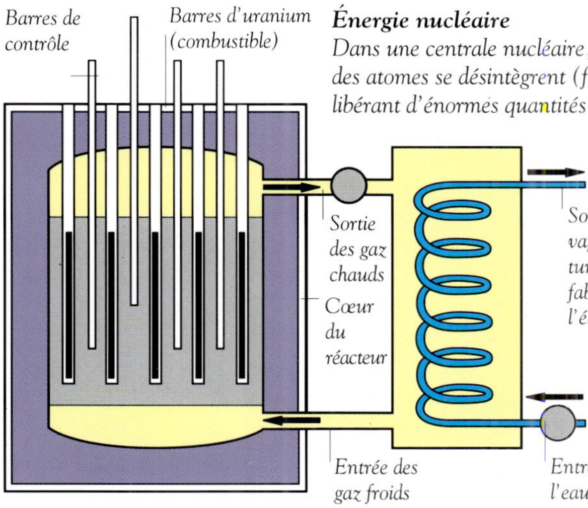

Énergie nucléaire
Dans une centrale nucléaire, les noyaux des atomes se désintègrent (fission) en libérant d'énormes quantités de chaleur.

différentes dans un matériau absorbant.

CIRCUIT FERMÉ: Boucle de conducteurs qui permet le passage du courant d'un pôle à l'autre du générateur.

CIRCUIT INTÉGRÉ: Circuit électronique miniature gravé sur un seul cristal de semi-conducteur, généralement du silicium.

CLASSIFICATION PÉRIODIQUE: Tableau des éléments chimiques rangés par ordre de numéro atomique.

COMBUSTIBLE FOSSILE: Le charbon, le pétrole, le gaz naturel et la tourbe sont des combustibles formés il y a très longtemps par les restes des arbres et autres matières organiques qui ont généralement été profondément enterrés. La plupart datent de 300 millions d'années.

COMBUSTION: L'oxydation vive d'un combustible.

COMPOSÉ: Une combinaison chimique de deux éléments différents ou plus.

CONDENSATION: Transformation d'un gaz en liquide.

CONDUCTION DE LA CHALEUR: Transmission d'énergie thermique à travers une substance par l'intermédiaire des vibrations des molécules.

CONDUCTION ÉLECTRIQUE: Transmission d'énergie électrique dans un circuit par la mise en mouvement des électrons libres.

CONSERVATION DE L'ÉNERGIE: Principe qui affirme que l'énergie ne peut être créée ni détruite, mais seulement transformée d'une forme en une autre.

CONTRAINTE: La force de tension ou de compression sur un objet, par unité de surface.

CONVECTION: La propagation de la chaleur dans un fluide, due au déplacement des parties de ce fluide déjà chauffées: l'air chaud s'élève au-dessus d'un radiateur, par exemple.

CORPUSCULE: Le mot ancien pour particules. Newton l'utilise dans sa théorie de la lumière.

COULEURS ADDITIVES PRIMAIRES: Ce sont les trois couleurs de base de la lumière: rouge, vert et bleu; en les additionnant dans des proportions variables on obtient n'importe quelle autre couleur de l'arc-en-ciel. Voir Couleurs soustractives primaires.

COULEURS SOUSTRACTIVES PRIMAIRES: Les couleurs primaires des pigments et peintures, jaune, magenta et cyan, à partir desquelles toutes les autres couleurs peuvent être obtenues. Elles sont soustractives car elles absorbent (ou soustraient) toutes les autres couleurs dans la lumière blanche. Voir Couleurs additives primaires.

COURANT ALTERNATIF: Un courant électrique qui parcourt le circuit en changeant de sens, continuellement et régulièrement. C'est le courant produit par le générateur le plus simple, l'alternateur. Les foyers domestiques sont alimentés avec ce courant.

COURANT CONTINU: Un courant qui circule dans un seul sens. Voir Courant alternatif.

COURANT ÉLECTRIQUE: Le flux de charges électriques dans un conducteur.

DAGUERRÉOTYPE: Le premier procédé photographique inventé par Jacques Daguerre en 1837. Il utilisait une plaque métallique recouverte de sels d'argent sensibles à la lumière.

DÉCIBEL: L'échelle de mesure d'intensité des sons . C'est une échelle logarithmique.

DEL: Diode électro-luminescente. Voir LED.

DÉLIQUESCENT: Un solide déliquescent absorbe tellement d'humidité qu'il s'y dissout.

DENSIMÈTRE: Appareil pour mesurer la densité d'un liquide.

DENSITÉ PAR RAPPORT À L'EAU: Le rapport de la masse d'un volume d'une substance à la masse du même volume d'eau.

DÉPÔT ÉLECTROLYTIQUE: Une fine couche de métal déposée par électrolyse.

DIFFÉRENCE DE POTENTIEL: Différence d'état électrique entre deux points d'un circuit, qui produit l'énergie nécessaire pour créer un courant électrique.

DIFFRACTION: La déviation des ondes (sonores, lumineuses) quand elles rencontrent un objet sur leur chemin.

DIFFUSION: Le mélange progressif des molécules de deux substances différentes, dû à l'agitation moléculaire. Les gaz diffusent très vite, car leurs molécules se déplacent rapidement. On peut accélérer la diffusion en chauffant.

DILATATION: L'augmentation de la taille d'un objet quand il est chauffé.

DIODE: Un composant électronique à deux bornes, utilisé pour redresser le courant. Les premières diodes étaient des lampes de verre; elles sont maintenant réalisées avec des semi-conducteurs.

DISTILLATION: Purification des liquides par ébullition, puis condensation des vapeurs. C'est un procédé utilisé dans un grand nombre de domaines, du raffinage du pétrole à la fabrication de l'alcool.

Tube cathodique
Le faisceau d'électrons émis par la cathode fait briller le revêtement fluorescent de l'écran au point d'impact

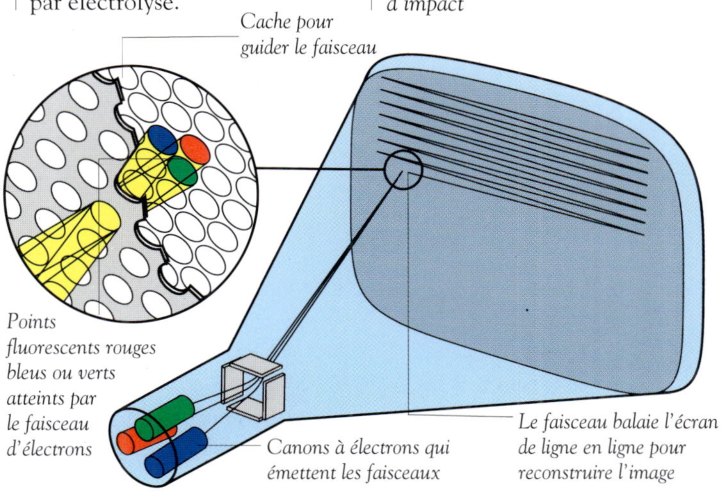

Dynamo: Un générateur de courant continu.

Eau distillée: L'eau du robinet contient une grande variété de sels dissous. On peut la purifier par distillation.
Échelle de Beaufort: Échelle graduée de 1 à 12 permettant d'évaluer la force du vent. Elle a été établie par l'officier de marine Francis Beaufort, en 1806.
Écho: Un son ou un signal radio réfléchi.
Éclipse: L'occultation partielle ou totale du Soleil par la Lune ou la Terre.
Effet Bernoulli: Quand un fluide (eau ou air) s'écoule sur un objet, sa pression et sa vitesse varient en sens inverse: si l'objet resserre le courant fluide, la pression baisse et la vitesse augmente; si le courant l'élargit, la pression augmente et la vitesse diminue.
Effet de serre: L'atmosphère terrestre garde une grande partie de la chaleur du Soleil en l'empêchant de repartir dans l'espace. Sans elle, la Terre serait très froide. Les scientifiques s'inquiètent de l'augmentation continuelle dans l'atmosphère des gaz qui contribuent à l'effet de serre – par exemple, le gaz carbonique qui provient des combustions –, car cela pourrait entraîner un réchauffement de notre planète, et des conséquences désastreuses.
Effet Doppler: Le changement apparent de la longueur d'une onde (sonore ou lumineuse) quand sa source se déplace par rapport à l'observateur. C'est la variation de la hauteur du son d'une voiture qui passe. Les ondes lumineuses d'une étoile lointaine subissent le même effet, leur lumière est légèrement plus rouge (c'est le «décalage vers le rouge»). Il permet aux astronomes de déterminer la vitesse des étoiles.

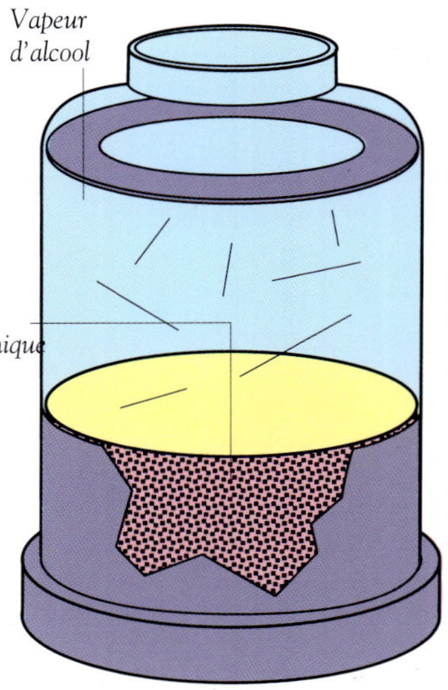

Chambre à brouillard
Quand une source radioactive est placée à l'intérieur d'une chambre à brouillard, on peut suivre les trajectoires des particules élémentaires dans la vapeur d'alcool. La neige carbonique, à la base, est très froide.

Effet photo-électrique: L'émission d'électrons par une surface qui reçoit un rayonnement électromagnétique.
Élasticité: La tendance de certaines matières à reprendre leur forme initiale après avoir été écrasées ou étirées.
Électricité animale: A la fin du XVIIIe siècle, de nombreuses personnes, suivant en cela Galvani, croyaient que l'électricité était la «force vitale», force qui donnait vie à la chair et aux os.
Électricité: L'effet de particules chargées en mouvement (courant électrique) ou immobiles (électricité statique). C'est une forme d'énergie facilement transformable.
Électrodes: Deux plaques métalliques branchées aux deux bornes d'un générateur. Voir Anode et Cathode.
Électrolyse: La réaction chimique due au passage du courant dans un liquide qui brise généralement les molécules du liquide. L'électrolyse de l'eau dégage de l'hydrogène et de l'oxygène gazeux.
Électrolyte: Le liquide conducteur dans une électrolyse.
Électron: Particule élémentaire, et une des trois particules stables dans l'atome. Les électrons sont très petits (environ 1 800 fois plus légers que l'atome d'hydrogène) et chargés négativement. Ils restent en général autour du noyau des atomes, maintenus par la force électrique entre leur charge et celles des protons du noyau.
Électroscope: Appareil pour détecter les charges électrostatiques. Il comporte une feuille d'or qui se soulève en fonction de l'intensité de la charge.
Elément: Les éléments sont les corps chimiques les plus simples, chacun étant constitué d'une seule sorte d'atomes. Il existe 107 éléments, et toutes les substances dans l'univers sont formées à partir de ces 107 éléments.
Énergie cinétique: L'énergie d'un objet en mouvement.
Énergie: La capacité à effectuer des tâches, que ce soit la mise en mouvement d'objets ou leur échauffement. Il y a de nombreuses formes d'énergies, parmi lesquelles l'énergie électrique, l'énergie thermique, l'énergie chimique. Pour le physicien, c'est une des caractéristiques fondamentales de la matière. Il y a équivalence entre la masse et l'énergie.
Énergie thermique: La chaleur, c'est l'énergie des atomes ou des molécules qui vibrent.

Générateur
Dans les centrales, l'électricité est produite par des électroaimants géants qui tournent en face de bobines électriques immobiles.

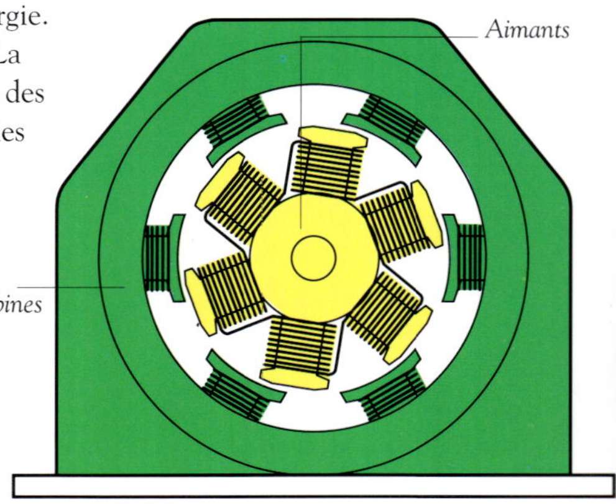

Éther: Au XIXe siècle, quand on pensait que la lumière se propageait uniquement par ondes, les scientifiques firent l'hypothèse d'une substance inconnue, l'éther, qui permettait aux ondes de se propager dans le vide.
Éthers: Corps chimiques, volatiles et inflammables.
Évaporation: La transformation d'un liquide en gaz: les molécules situées à la surface du liquide s'échappent. Ce phénomène se produit à toute température, mais il est accéléré quand celle-ci augmente, quand la pression diminue ou quand la surface du liquide est plus grande. Il est ralenti, par contre, quand l'air environnant est saturé.

Fission (nucléaire): La désintégration des noyaux des gros atomes (comme l'uranium) en deux ou plusieurs morceaux libère d'énormes quantités d'énergie.
Force: Ce qui peut changer la forme ou le mouvement d'un objet: ce qui pousse, tire, étire ou écrase.
Force centripète: C'est la force qui maintient un objet en rotation sur sa trajectoire circulaire. Si une balle en mouvement circulaire est accrochée à un ressort, la tension du ressort représente la force centripète. Si vous

lâchez le ressort, la force disparaît et la balle s'échappe. C'est ce qu'on appelle la force centrifuge, bien que ce soit plutôt une absence de force.
Formule: Représentation à l'aide de lettres et de chiffres d'un corps chimique simple ou composé. Les lettres dans la formule sont les symboles des différents atomes: H représente l'atome d'hydrogène, O l'atome d'oxygène. L'indice correspond au nombre d'atomes identiques présents dans la molécule: ainsi H_2O, qui est la formule de l'eau, indique qu'il y a deux atomes d'hydrogène et un atome d'oxygène.
Foyer: Point d'intersection, après leur passage à travers une lentille, de rayons lumineux incidents parallèles.
Fréquence: Le nombre d'oscillations par seconde, exprimé en Hertz (Hz). La hauteur d'une note correspond à sa fréquence.
Frottements: La force qui résiste au mouvement quand deux surfaces sont au contact.
Fusion (nucléaire): La fusion des noyaux de deux (ou plus) atomes légers comme le deutérium (hydrogène lourd) libère de grandes quantités d'énergie. La fusion nucléaire produit l'énergie solaire et fait exploser les bombes à hydrogène, mais on ne sait pas encore maîtriser cette énergie.

Galvanomètre: Un appareil pour mesurer de faibles courants électriques.
Générateur: Une machine qui transforme l'énergie mécanique en électricité. Les générateurs fonctionnent par induction électromagnétique: un circuit électrique est en mouvement dans un champ magnétique, ou vice versa.
Dans les générateurs les plus simples, une bobine tourne entre des aimants. Dans les grands générateurs, ce sont les aimants qui tournent en face d'une série de bobines.
Voir Dynamo et Alternateur.
Grandeur scalaire: Grandeur qui n'a pas de direction, comme la température ou la vitesse moyenne.
Grandeur vectorielle: Grandeur qui a une direction et un sens, comme le vecteur-vitesse.
Gravitation: La force d'attraction entre des corps, proportionnelle à leur masse. La gravitation nous retient sur la Terre et maintient en orbite la Terre et les autres planètes autour du Soleil. Puisque toute matière exerce une force de gravitation, vous attirez la Terre autant qu'elle vous attire, mais sa masse est tellement plus grande que votre attraction n'est pas perceptible.
Gypse: Sulfate de calcium, par exemple l'albâtre, la pierre blanche dont on fait les statues.
Gyroscope: Un lourd disque tournant sur un axe qui peut prendre toutes les directions. A cause du moment angulaire du disque, il reste toujours dans le même plan. C'est pour cela que les gyroscopes sont utilisés dans les «horizons artificiels» des avions.

Humidité: La quantité de vapeur d'eau dans l'air.
Hydrocarbures: Des composés organiques de carbone et d'hydrogène. Ils sont très nombreux et comprennent le pétrole et le gaz naturel.
Hydrogène: Un gaz incolore et inodore, très inflammable, le plus simple et le plus léger des éléments.
Hygromètre: Appareil de mesure de l'humidité de l'air.

Inclinaison magnétique: L'angle par rapport à l'horizontale dont s'incline une aiguille aimantée suspendue par son centre de gravité.

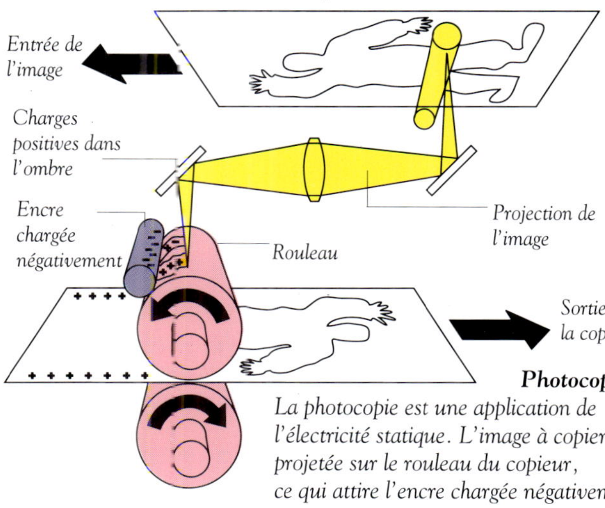

Photocopie
La photocopie est une application de l'électricité statique. L'image à copier est projetée sur le rouleau du copieur, ce qui attire l'encre chargée négativement

Induction électromagnétique: L'apparition d'un courant dans un conducteur qui se déplace dans un champ magnétique.
Inertie: La résistance d'un objet au changement de son mouvement; elle dépend de la masse.
Infrarouge (IR): Rayonnement thermique: c'est la partie du spectre des ondes électromagnétiques émis par les objets chauds.
Infrason: Un son trop bas pour être entendu par les humains.
Interférence: La superposition de deux ondes (sonores, lumineuses..). Quand les maximums et les minimums des ondes coïncident, ils se renforcent: c'est une interférence constructive. Quand les maximums d'une onde coïncident avec les minimums de l'autre, ils s'annulent: ce sont des interférences destructives.
Ion: Un atome qui a perdu des électrons est un ion positif (cation); celui qui gagne des électrons est un ion négatif (anion).
Isolation (électrique): Certains matériaux (les isolants) empêchent le passage du courant.
Isolation (thermique): Diminution du passage de la chaleur d'un corps chaud à un corps froid.
Isotopes: Différentes formes du même élément chimique. Leur noyau diffère par le nombre de neutrons: le deutérium est l'isotope de l'hydrogène.

Kelvin: L'échelle de température du Système international d'unités; c'est l'échelle Celsius décalée: 0 K (zéro absolu) correspond à −273 °C.

LED, Light Emitting Diode (diode électroluminescente, ou DEL): Petits cristaux qui fonctionnent comme des diodes à semi-conducteurs, mais qui brillent quand un courant les traverse.
Lentille convergente: Les rayons de lumière se rapprochent après leur passage à travers la lentille.
Lentille divergente: Les rayons de lumière s'écartent après leur passage à travers la lentille.
Lepton: L'une des deux sortes de particules élémentaires (avec les quarks). Les électrons sont des leptons.
Levier: Machine simple constituée par une barre rigide qui pivote autour d'un point d'appui et qui permet de soulever des charges.

Liaisons chimiques: La façon dont les atomes sont assemblés pour former des molécules ou des édifices. Il y en a de trois sortes: covalentes, ioniques et métalliques.
Limite d'élasticité: La limite au-delà de laquelle un matériau étiré ou écrasé ne reprend plus sa forme initiale.
Loi de Boyle-Mariotte: A température constante, le produit de la pression d'un gaz par son volume est constant.
Loi de Hooke: Les changements de longueur d'un objet comprimé ou étiré sont proportionnels à la contrainte exercée.
Lumière: La partie visible du spectre du rayonnement électromagnétique. Newton pensait qu'il s'agissait de particules ou corpuscules. En 1801, Thomas Young montra que la lumière pouvait donner des interférences, ce qui prouvait qu'il s'agissait d'ondes. Actuellement, les physiciens croient que la lumière se propage sous forme de photons ou paquets d'énergie qui se comportent tantôt comme des particules, tantôt comme des ondes.

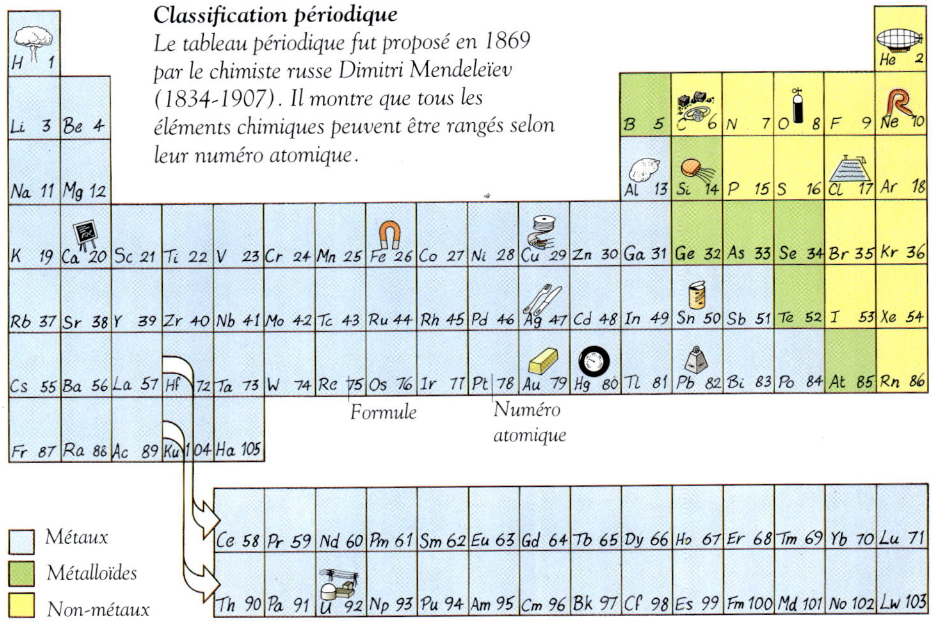

Classification périodique
Le tableau périodique fut proposé en 1869 par le chimiste russe Dimitri Mendeleïev (1834-1907). Il montre que tous les éléments chimiques peuvent être rangés selon leur numéro atomique.

Magnétisme: Force qui attire ou repousse des matériaux magnétiques, et qui a des effets électromagnétiques.
Masse atomique: Comme les atomes sont minuscules, leur masse est donnée par rapport à la masse de l'atome de carbone.
Masse: Mesure de l'inertie d'un objet. Différente du poids, qui mesure la force de gravitation sur l'objet.
Matière plastique: Un matériau qui peut prendre des formes variées. La plupart des matières plastiques sont des polymères synthétiques.

Mécanique quantique: Système mathématique développé à partir des années 1930 pour expliquer le comportement des particules subatomiques.
Ménisque: Surface convexe ou concave d'un liquide, due aux forces de tension superficielle.
Microscope à effet tunnel: Microscope spécial développé dans les années 1980 et qui a permis, pour la première fois, de photographier un atome isolé.
Molécule: La plus petite partie de matière, constituée d'un ou plusieurs atomes.
Mouvement brownien: Le mouvement aléatoire des molécules d'un liquide ou d'un gaz observé pour la première fois par Robert Brown, en 1827. Voir théorie cinétique.

Neutron: Particule du noyau d'un atome électriquement neutre.
Noyau: Le cœur d'un atome, formé de protons et de neutrons.
Numéro atomique: C'est le nombre de protons dans le noyau d'un atome. Il détermine à quel élément chimique l'atome appartient.

Ohm: Unité de résistance électrique.
Ouverture: Dans un appareil photo, c'est la taille du diaphragme qui contrôle la luminosité de l'image.
Oxydation: Type de réaction chimique qui comprend les combustions et les réactions de corrosion (rouille). A l'origine, c'était la combinaison d'un corps chimique avec de l'oxygène. Actuellement, c'est une notion appliquée à toutes les réactions où il y a perte d'électrons.
Oxygène: Gaz incolore et inodore qui constitue 21% de l'atmosphère. Essentiel pour les combustions et la respiration.

Particules élémentaires: Minuscules particules, plus petites qu'un atome, et qui ne semblent pas posséder de structure interne.
Pile: Un dispositif qui produit du courant grâce aux réactions chimiques sur deux électrodes plongées dans un électrolyte.
Point d'appui: Le point autour duquel peut pivoter un levier.
Point d'ébullition: C'est la température maximale qu'un liquide peut atteindre.
Point de congélation: La température à laquelle un liquide se solidifie. Pour l'eau, c'est habituellement 0 °C, mais cette température augmente avec la pression.
Point de Curie: La température à laquelle une substance magnétique perd ses propriétés magnétiques (760 °C pour le fer).
Point de fusion: La température à laquelle un solide devient liquide.
Poussée: La force qui propulse un avion ou une fusée.
Précession: La tendance d'un objet en rotation – tel un gyroscope – à se relever quand on le penche sur un côté. Elle est due à la conservation du moment angulaire.
Pression atmosphérique: La pression due au mouvement des molécules de l'atmosphère.
Principe d'Archimède: Lorsqu'un objet flotte, le poids

de l'eau qu'il déplace est égal à son propre poids.
Profil d'aile: La forme d'aile qui crée une portance quand elle pénètre dans l'air.
Proton: Particule lourde et chargée positivement qui se trouve dans tous les noyaux des atomes.
Puissance: La vitesse à laquelle un travail est fait.

Quark: L'une des deux sortes de particules élémentaires (avec les leptons). Les protons et les neutrons sont faits de trois quarks.

Radioactivité: La désintégration spontanée de certains noyaux qui provoque l'émission de rayons alpha (noyaux d'hélium), de rayons bêta (électrons) et de rayons gamma (ondes électromagnétiques de très courtes longueurs d'onde).
Rayonnement électromagnétique: La lumière, les ondes radio, les micro-ondes, les rayons X et les rayons cosmiques sont tous des rayonnements électromagnétiques. C'est l'énergie qui est envoyée dans l'espace par des champs magnétiques et champs électriques variables. Au XIXe siècle, le rayonnement électromagnétique était considéré comme une onde. Actuellement, on le considère tantôt comme une onde, tantôt comme des particules. Onde ou particule, sa vitesse est toujours la plus grande possible: 299 792 500 mètres par seconde.
Rayonnement: Émission d'ondes électromagnétiques ou de particules subatomiques.
Rayons cathodiques: Faisceau d'électrons émis par une cathode dans un tube de verre où l'on a fait le vide.
Rayon incident: Rayon de lumière qui arrive sur un miroir ou une lentille avant d'être réfléchi ou réfracté.
Rayon X: Rayonnement électromagnétique de courte longueur d'onde, qui a la propriété de traverser la peau.
Réaction chimique: Le processus au cours duquel un ou plusieurs composés chimiques se transforment en nouveaux composés.
Redressement: La transformation d'un courant alternatif en courant continu.
Réfraction: La déviation des rayons de lumière quand ils passent d'un milieu à un autre.
Résistance de l'air: Le ralentissement d'un objet dû aux frottements de l'air. Les liquides aussi peuvent exercer une résistance.
Résistance (électrique): Propriété d'un matériau à s'opposer au passage d'un courant électrique, mesurée en ohms.

Saturation: La quantité maximale qu'une substance peut absorber. Dans une solution saturée, le solvant contient autant de soluté qu'il peut en absorber. Quand l'air atteint son point de saturation, il ne peut absorber plus de vapeur d'eau, et celle-ci commence à se condenser.
Semi-conducteur: Cristal utilisé dans les diodes et les transistors, qui ne conduit que partiellement le courant électrique.
Soluté: Substance dissoute dans un liquide.
Solution: Liquide qui contient une substance dissoute, solide, liquide ou gazeuse.
Solvant: Liquide où une substance est dissoute.

Tension superficielle: Force entre les molécules d'un liquide. C'est à cause d'elle que la surface d'un liquide prend une forme telle que son aire soit la plus petite possible: c'est pourquoi les gouttes d'eau sont sphériques.
Théorie cinétique: Théorie qui interprète le comportement des solides, des liquides et des gaz en termes de mouvement des particules (atomes et molécules) dont ils sont formés. Un solide fond parce qu'en le chauffant on augmente l'agitation thermique de ses particules: elles vibrent de plus en plus fort, et leurs liaisons cassent.
Théorie des quanta: Théorie développée au début du XXe siècle pour décrire les radiations électromagnétiques. Elle considère ces radiations comme de minuscules paquets d'énergie appelés quanta (*quanta* est le pluriel de *quantum*). Voir Mécanique quantique.
Théorie du phlogistique: Théorie (erronée) du XVIIIe siècle qui affirmait que toute substance combustible contenait une matière appelée phlogistique qui se consumait quand la substance brûlait.
Transistor: Triode constituée d'un «sandwich» de semi-conducteurs.
Triode: Composant électronique amplificateur qui comporte trois bornes, l'une d'elles (la base) contrôlant l'intensité du signal qui passe entre les deux autres.
Tube à limaille: Dispositif ancien pour capter les signaux radio. C'était une ampoule de verre contenant de la limaille entre deux électrodes.
Tube à rayons cathodiques: C'est le tube situé à l'arrière des écrans de télévision et d'ordinateurs. Il est constitué d'un tube de verre scellé où l'on a fait le vide. Le faisceau d'électrons émis par la cathode à une extrémité du tube excite la fluorescence du revêtement de l'écran à l'autre extrémité.
Tube électronique: Ancien composant électronique (supplanté par le transistor) utilisé pour redresser ou amplifier un signal électrique. Il comportait, dans une ampoule en verre remplie de gaz à basse pression, un filament chauffé et une cathode de métal.

Ultrason: Son de fréquence trop élevée pour être perçu par l'oreille humaine.
Ultraviolet (UV): Rayonnement électromagnétique dont la longueur d'onde est inférieure à celle de la lumière visible. Il constitue 5% du rayonnement solaire. La couche d'ozone de l'atmosphère nous protège, ainsi que les plantes, des effets les plus nocifs des rayons ultraviolets.

Vecteur-vitesse: La vitesse, avec la direction et le sens du mouvement.

Watt: Unité de puissance.

Zéro absolu: La température la plus basse possible: 0 K (zéro Kelvin) ou −273 °C.

Index

A

absorption 182
absorption de la chaleur 55
Académie des sciences
de Paris 103
accélération 56-57, 64-65, 182
accélération de la gravité 66
acide 36-37, 38, 156, 182
indicateur 37
pile 151
pluies 36, 131
test 37
acide acétique 182
acide borique 31
acide citrique 182
acide nitrique 14, 182
acide sulfurique 14,36
acide tartrique 37
acier 15, 18, 50
aimants 162
forger 18
inoxydable 18
acoustique 110-111, 182
action 57, 62-63
adoucisseurs, eau 38-39
aérodynamique 44, 182
aérodynamisme 129
aiguille de cadran solaire 81
ailes 128
air 14, 32,115 et suiv.
colonne, 106, 108, 113
composition 117
courants 128-129, 182
coussin 60
résistance 57
température 47
albâtre 185
alchimie 14, 182
alcool 32, 33
Alhazen 78
alternateur 166, 182
aluminium 18, 32, 47, 52, 149
alun 34, 35
ambre 146
Ampère, André 147
ampère 154, 159, 182
ampèremètre 170, 182
amplification 174
175, 176, 182, 187
amplitude 182
Anciens Chinois 158
Anciens Grecs 14, 78, 102, 116, 146
anémomètre 117
anion 182
anode 156, 157, 182
Antarctique 52
antimatière 26, 182
apatite 17
apesanteur 66
appareil-photo 88
lentilles 84
sténopé 90-91
Arabes 14, 78
arc-en-ciel 94
Archimède 139
principe 182
vis 137
argent 18, 36
image photographique 90
feuille, réflecteur
thermique 55
sels, photographie 90
argon 28, 117
Aristote 14, 102, 116, 117, 130
ascenseur 128, 182
atmosphère voir air
atome 14, 20, 26-27, 44, 101, 131, 148, 150, 182, 183
désintégrer 26
intérieur 57
modèle 15, 26-27
et chaleur 52
attraction, électrique 146
attraction, magnétique
158-163
Aurore boréale 158, 161
automobile 44-45, 48, 56, 64, 117
freins 61
son de 106
avion 44-45, 64, 128-129
avion à réaction 108, 116
Avogadro, Amedeo 15
axe de rotation 68-69, 185, 186
azote 14, 116, 117, 118
dioxyde 117
azur voir carbonate de cuivre

B

Babbage Charles 180
Babyloniens 81
balle 44
balle, fusil 44
balle, tennis 74
ballon 24, 74
à coussin d'air 60
à air chaud 51
Bangladesh 120
bang supersonique 103, 107
Bardeen, John 175
baromètre 123, 182
barrage (énergie
hydroélectrique) 134
base (chimie) 36-37, 38, 156, 182
base (transistor) 177, 182
baseball 57
bateau à vapeur 48-49
Beaufort, Amiral Francis 124, 182
Becher, Johann 116
Bell, Alexander Graham 108, 169
bel 108
Bernoulli Daniel 128
beurre 53
bicarbonate de soude 24, 31, 37
bicyclette 44, 64, 70
vitesses 72
billard 63
bismuth 35
blanc de plomb 99
Bohr, Niels 14, 15
bois 44, 116
bois du Brésil 98
bore 35, 183
bosons 26
bougie, moteur 152
boussole 158, 160-162, 170
bouteille de Leyde 147, 148
bouteille thermos 53
Bowood, Angleterre 116
Boyle, Robert 14, 25, 102, 117
branchement en parallèle
155
branchement en série 155
Branly, Édouard 174
brasseurs 141
Brattain, Walter 175
Brianconi, Comte 103
brise 124-125
brome 24-25, 28
bronze 17, 18
brouette 69
Brown, Robert 182
bugle 112

C

c (symbole de la vitesse de la lumière) 45
câbles, étirement 50
cadran solaire 81
caféine 13
café 13, 34
calcaire voir carbonate de
calcium
calcite voir carbonate de
calcium
calcium 131
carbonate 33, 38, 183
chlorure 130
sulfate 17, 185
calculette 44
calcul 58
calculs rénaux, traitement
aux ultrasons 103
calme 124
calotte glaciaire des pôles
120, 130
Calvados 32
camion 117
Canada 161
canaux semi-circulaires 104
canon au radium 26
capacité thermique 46
carbonate 131
carbone 12
carbone 28, 29, 39, 40-41, 47, 147, 183
caséine 40-41
casse-noix 69
Cathédrale St Paul 110
cathédrale, acoustique 110
cathode 156, 157, 183
cation 183
Cavendish, Henry 130
ceinture d'astéroïdes 67
cellules solaires 79
Celsius 47, 186
centigrade 47
centrale à cycle combiné 45
centrale électrique 44, 45
centrale hydroélectrique 134
centre de gravité 183
CFC voir fréons
chaleur 34, 44, 46 et suiv., 182
énergie 44, 46, 48-49
échange 47
moteur 49
pertes 53
sources 10
chaleur 78-79
chaleur spécifique 187
chambre à brouillard 183, 184
chambre à bulles 182
chambre noire 88
chambre noire, photographie
92
champ 185
électrique 166-167
électromagnétique 79,
magnétique 160-161, 166
167
charbon 40, 44, 48, 121, 166
réserves 45
charge 15, 27, 30, 36, 146
147, 148, 183, 184
charge (masse) 68-69, 72-73
charge négative 46, 148, 151, 182 voir aussi charge
charge positive 146-149, 182
chaudière 54
chauffage central 54
chaux, pour jardin, 37
cheval de course 65
cheveux, effets électriques
146
chimie organique 40-41, 186
chlore 28, 29, 30, 38, 120
chlorure 131
chou rouge (indicateur) 37
chromatographie 15, 33, 183
chrome 18
chronométrer 56, 103
chute 57, 66, 187
chutes du Niagara 132
chute libre 66
cinabre voir mercure sulfuré
circuits accordés 174
circuit électrique 147, 150 et suiv.,176-177, 183
ampèremètres 159
courant 28, 44, 150 et
suiv., 167, 184, 187
étincelle 130, 147
moteurs 170-171
moteur, fabriquer un 171
pôle 147
principales tensions 166
sens du courant 150
circuit électronique en
parallèle 176
circuit électronique série 176
circuits électroniques 175-179
de contrôle 147, 174, 176
de navigation, 174
dispositifs 172
circuit imprimé 152
circuit intégré 175, 186
cisaille 69
ciseaux 69
clé 68
cobalt 15
cochlée 104
collecteur (transistor) 177, 182
colorant alimentaire 33, 35
combustible 44, 48, 49
fusée 62-63
combustibles fossiles 40, 44, 45, 121, 134, 185
combustion 30-31, 44, 49, 183, 186, 187
chambre à 62
théories de 116-117, 119,
commutateur 170
composé 14, 28-29, 30, 32, 183, 186
compression 74-75
compression, onde sonore
102
Concorde 65, 103
condensateurs 175, 176, 178
condensation 24, 33, 118, 130, 133, 142, 183
condenseur 85
conduction, chaleur 18, 52
53, 183
conduction, électrique 18, 183, 146, 151, 154
conductivité 16
congélation 21
conservation de l'énergie,
loi de la 44, 183
contraction 50-51
contrainte 74, 187
contrainte, lumière polarisée
101
convection 54-55, 183
cor 112
corindon 17
Cornouailles, Angleterre 174
corps noir 55
corpuscule, lumière 78, 79, 100, 183
corrosion 186
coton 41, 142
coton hydrophile 52
couler 138-139
couleur, absorption 96;
réflexion 96
couleurs de la lumière 58, 78, 79, 94-95, 96-97
couleurs, primaires additives
96-97, 98, 182
primaires soustractives 96, 98-99, 187
courant alternatif 150, 166, 170, 174-175, 182, 187
courant continu 150, 166, 170, 174-175, 184, 187
courant électrique 184
courant induit 167
court-circuit 155
coussin d'air 60
covalence 29, 83
craie voir carbonate de
calcium
crème de tartre voir
bitartrate de potasse
cristaux 13, 14, 15, 34-35
cristaux de soude voir
carbonate de sodium
cuivre 18, 46, 52, 147, 151
carbonate 99
carbonate-hydroxyde 99
fil 150
sulfate 34, 156
cuivres, instruments 112-113
Curie, Pierre 158
cyan 96, 98

D

Daguerre, Jacques 88, 184
daguerréotype 88, 184
Dalton, John 15
déchets radioactifs 45
décibel 108, 184
DEL voir diode électroluminescente
déliquescence 130, 184
Démocrite 14
densimètre 141, 185
densité 16, 18, 21, 51, 138, 184, 187
eau 18
liquide 140-141, 185
densité par rapport à l'eau 141, 187
deutérium 45, 130
diamant 17, 29
diapason 107
diaphragme, téléphone
microphone 168
différence de potentiel 154, 187
diffraction 100, 184
diffusion 24, 184
dilatation 50-51, 185
diode 175, 178, 184
diode électroluminescente 151, 177, 186
dioxyde de carbone 16, 24-25, 29, 30-31, 38
dans l'air 116-119
gaz à effet de serre 120-121, 185
dioxyde de soufre 131
Dirac, Paul 57
distillation 32-33, 184
domaines magnétiques 162
Doppler, Christian 106
Du Fay, Charles 146
dureté 16-17
dureté de l'eau 38-39, 131
dynamique 56
dynamomètre 58-59
dynamo 166, 184

E

E (symbole de l'énergie) 45
eau 130 et suiv.
consommation 132
cycle 133
distillée 37, 39, 184
distribution 132
électrolyse 156
élever 136-137
épuration 132-133
filtration 132
fusée 63
lourde 130
molécule 131
point d'ébullition 23
pollution 131
puissance 134-135
ressources planétaires 130
robinet 37
solvant 131
traitement 132
vapeur 116, 118, 125, 130, 133, 187
eau de mer 34, 131 141 voir aussi eau salée
eau de ruissellement 130, 133
eaux tropicales, densité 141
eau usée 132
échelle de Beaufort 124, 182
écho 102, 110-111, 184
location 103, 106
sondage 110
éclair 102, 145, 146-147, 148-149
éclairage, théâtre 96
éclipse de Lune 80, 184
de Soleil 80-81, 184
Edison Thomas Alva 154, 174
effet Bernoulli 128-129, 182
effet de perle 80
effets de rotation 68
effet de serre 117, 120-121, 185
effet Doppler 106, 184
effet photoélectrique 79, 175, 187
effort 68-69, 73
Einstein, Albert 45, 57, 79
élasticité 16, 74-75, 184
élastique 44, 58, 74-75
électricité 57, 145 et suiv., 184
énergie domestique et industrielle 166
et matière 147
théorie du fluide électrique 146
électricité animale 147, 182
électricité statique 45, 145, 146-147, 148, 184
électricité vitreuse 146
électrochimie 156-157
énergie 44, 145, 146-147, 154
matériel 11
électrode 151, 156, 157, 174-175, 184
électrolyse 130-131, 147, 156, 157, 184
électrolyte 156, 184
électromagnétique
champ 79
induction 159, 166-167, 168-169, 170, 184, 185
ondes 54, 78-79, 178, 184, 187
spectre 78-79
électromagnétisme 157, 158 159, 164-171
électron 15, 26-27, 28-29, 30, 182, 184, 186, 187
couches 15, 26-27, 28, 29, 30
et électricité 146-149
et l'eau 131
et la lumière 79
mouvement 57
électronique 173 et suiv.
électrons libres 150-151
électroscope 149, 184
elektron 146
élément 14-15, 26, 28-29, 30, 32, 116, 182, 184-186
élixir 182
émetteur (transistor) 177, 182
enclume (oreille) 104
énergie 43 et suiv., 77, 78-79, 182, 184
des vagues 135
économies 45, 53
lumineuse 101
niveaux 27
rendement 44
sources 45, 134-135
transformation 44
énergie chimique 44
énergie cinétique 44, 186
énergie hydraulique 131, 135, 185
énergie nucléaire 44-45, 131, 166, 183
énergie potentielle 44
énergies alternatives 45
énergie thermique 187
engrenages 72-73
enzyme 41
équilibre 69
éruptions volcaniques 118
escargot 64
esprit nitro-aérien 116
étain 18
été 81
éthène 41
éther 14, 185
éthers 185
éther chirurgical 140
éther luminifère 79, 186
étincelle électrique 174
étirer 74-75, 185
étoile 47
étrier (oreille) 104
Europe, lune de Jupiter 67
évaporation 23, 34, 185
exosphère 118

F

Fahrenheit 47
Faraday, Michael 159
feldspath 17
fentes de Young 100
fer 15, 18, 32, 47, 131
aimants 162
limaille 32, 158-161, 174
fermentation 116
Fessenden, Reginald 174
fetch, vagues 131
feuille (dans l'électroscope) 149
feu d'artifice 57, 77
fibre naturelle 52
fibre optique 168
filament, ampoule électrique 44, 54, 174
filets d'air 130
fils électriques 153
filtre, couleur 96
fission, nucléaire 45, 183, 185
fixations 10
flèche 72, 73
flèche, en vol 56, 57
Fleming Ambrose 174
flottabilité 16, 138-139
flottaison 131, 138-139, 140-141
fluor 28
flûte, son de la 108-109
timbre 107
de Pan 113
fœtus 103
fondamental (son)106-107
fondre 32
football 74
force (intensité du vent) 124
force 43 et suiv., 185
force centrifuge 71, 183
centripète 70-71, 183
de gravitation 66
de rotation 68-69
force du vent 124-127
force électromotrice 150, 184
Forest, Lee De 175
forêts 121
formica 412
formule, chimique 29, 185
Fox Talbot, William 88
foyer 84, 86, 87, 88
fragilité 16
franges colorées 94-95, 101
sur une bulle 79
Frankenstein 147
Franklin, Benjamin 146-147
freinage 64-65
freins, voiture 61,135
fréons 117, 120-121
fréquence 185
modulation 182
propre 108
radio 174, 178
son 103, 106-107
front chaud (météo) 125
frottement 60-61, 71, 185
fusains 98
fusée 43, 44, 56
propulsion 62-63
fusible, électrique 155
fusion 20, 22
point 186
fusion, nucléaire 45, 46, 125, 185

G

Galileo, Galilei 66, 117
Galvani, Luigi 151, 147, 182
galvanisation au zinc 156
galvanomètre 170, 185
galvanoplastie 156,184
gaz 14, 15, 19, 20, 22, 24 25, 130, 186
dilatation 25, 50-51
naturel 40
origine des noms 116
pression 25, 50
gaze 142
gaz carbonique voir dioxyde de carbone
gaz nobles 28
générateur de Van de Graaff 45, 146
genêt des teinturiers 98
germanium 175, 176
gerris 142
Gilbert, William 146, 158
girouette 126
glace 20, 21, 124, 131, 148
glaciers 130
glucose 117
glycérine 140
gong 107, 113
gouttes de pluie 94, 142
graisse 52
gramophone 103, 154
grand huit 43
gravité 44, 57, 58, 60, 66-67, 68, 71, 185
centre de 68-69
Gray, Stephen 146
grêle 124
grenouille 147, 150
grille d'une lampe 175
grue 73
électromagnétique 164
maquette 72-73
Guericke, Otto von 102, 122
guitare 112
fabrication 112-113
gypse voir sulfate de calcium
gyroscope 70, 187
contrôle 70

H

halogènes 28
harmoniques 106-107
hauts fourneaux 18, 32
haut-parleur 182
hauteur, son 112, 106-107, 184
Heisenberg, Werner 57
hélice 74-75
hélium 15, 28, 67, 117, 118
laser 101
Helmont, Jan Baptista Van 116, 117
Henry Joseph 159
Héron d'Alexandrie 136
Hertz 106
Hertz, Heinrich 174
hi-fi 152
hiver 81
holographie 77
Hooke, Robert 74, 85, 102
huile 22, 33, 35, 40, 44, 48, 60, 121, 140, 166
d'olive 140
de cuisine 46, 29, 141
de lin 99
film 140
peintures 99
humidité 130, 143, 185
absolue 130
relative 130
Huygens, Christian 78
hydrocarbure 40-41, 185,
hydrogène 8, 15, 45, 182, 184, 185
atome 29, 36, 39,
dans l'eau 130-131,
et électricité 147, 157,
hydrophobe 39
hydroxyde 39
hygromètre 185
hygroscopique 130

I

illusions d'optique 89
image 88-89
impression, couleur 98
impression, photographique 88
incidence, angle d' 83
inclinaison, aiguille aimantée 184
indicateur 37
inertie 57, 58-59, 186
infrarouge 54, 79, 186
infrason 103, 186
instruments à cordes 112-113
 à percussion 113
 à vent 113
intelligence, électronique 180-181
interférence constructive 186
interférence destructive 186
interférences, ondes lumineuses 78, 79, 94, 100-101, 186
interrupteur, électrique 152-153, 155
Io, lune de Jupiter 67
ion 30, 36, 38, 151, 156, 182, 186
ionosphère 118
iris 88
Islay, Ile d', Ecosse 135
isolants, électriques 146, 151
 thermiques 52-53
isolation des murs 53
isolation du toit 53
isolation, électrique 186
 thermique 52-53,
 de l'habitation 53
isotope 182, 186

JK

jeu d'adresse 152
Joule, James 48
journaux 52
jumbo jet 65, 128
Jupiter 66, 67
jus d'orange 37
jus de citron 37, 182
Kelvin 47, 186
kérosène 62
kevlar 41
Kilby, Jack
krypton 28, 117, 118

L

laboratoire 8
lacs 133
laine 41, 52
 effets électriques 146
laiton 18, 156
lait 32, 40-41, 46
lait caillé 37
lait de magnésie 37
lampe 175
lampe de poche 80, 82-83, 84, 152
lapis-lazuli 99
laque 98
laser 100-101
laser à rubis 101
laser, guidage 181
lave 20
Lavoisier, Antoine 14, 117, 130
Leeuwenhoek, Antony Van 78
Lenard, Philip 79
lentilles 84,85, 86
 bouteilles 86
 convergentes 84, 86, 183
 de Fresnel 79
 divergentes 84, 183
 gobelet 87
 œil humain 88
levure 36
lépidolite 35
lepton 26, 186, 187
levier 68-69, 186
liaison chimique 18, 22, 28-29, 183
liaison ionique 30, 183
liaison métallique 18, 18
liant, peinture 99
ligne de flottaison 141
limite d'élasticité 74, 184
liquide 14, 15, 19-20, 22-23, 24, 34, 35, 130, 140-141, 182, 186
liquide, dilatation 50
lithium 28
lithotripteur 103
loi de Boyle-Mariotte 182
loi de Hooke 74, 185
lois de Newton
 du mouvement 57-63
 sur la lumière 78, 86, 94, 100
longueur d'onde, lumière 78, 101
lubrifiant 60
lumière 57, 58, 77 et suiv., 120, 182, 184, 186
 dans le vide 102
 des étoiles 78-79
 électrique 44, 146, 150 et suiv.
 énergie 44
 théorie corpusculaire 78, 79, 100
 théorie ondulatoire 78-79, 100
 vitesse 27, 54, 77, 78-79, 184
 vitesse dans des milieux différents 84
lumière blanche 94
lumière cohérente 101
lumière du Soleil, couleur 94
lumière polarisée 101, 187
Lune 80-81, 118, 184
lunettes (correction de la vue) 78, 84

M

m symbole de la masse 45
machine 44, 72
machine analytique 180
machine à vapeur 49
machine à vapeur
 voir turbine
Magdebourg 102, 122
magenta 96, 98
Magnésie 158
magnésium 131
 carbonate 38
magnétique, champ 158-159, 186
 lévitation 159
 roches 158
magnétisme 15, 16, 32, 57, 147, 158 et suiv., 186
magnétite 158
magnétosphère 161
malachite voir cuivre, carbonate-hydroxyde
manchots de Terre Adélie 52
marbre voir carbonate de calcium
marcher 64
Marconi, Guglielmo 174
Mars 67, 181
masse 8, 18, 45, 57-59, 186
masse-énergie 45
matériaux 9
mathématique 57, 58, 79
matière 12 et suiv., 66
mauvéine 99
Maxwell, James Clerk 79, 159, 174
 équations 159
Mayow, John 116
mécanique
 rapport 72-73, 186
 énergie 44, 45, 48
mécanique quantique 57, 187
 théorie 79, 187
mélanges 15, 32, 33, 34
ménisque 142, 186
Mercure 67
Mer Morte, Israël 138
mercure 18, 47
 sulfure 99
Mersenne, Marin 102
mésosphère 118
mesures 8
 Système international 8
métal 18, 38, 182
 élasticité 74
 conductivité électrique 146, 150
 conductivité thermique 52
méthane 29, 121
Michelson, Albert 79
micro-ondes 78, 184
microphone 168, 178
microscope 78
 à effet tunnel 26, 187
 de Hooke 85
 fabriquer 85
 simple 85
minéraux 17, 38
minium 99
mirage 89
miroir 82-83, 86-87
 concave 82
 convexe 82
miscible 35
mise au point automatique, appareil photo 174
mobiles 55
modulation, ondes radio 174
Mohs Friedrich 17
molécules 15, 20, 22, 24-25,
 effet de polarisation 101
 effets thermiques 46-48
 formes 29
 mesure 29
 mouvement 186
 organique 40, 41
 structure 28-29,
molécule polarisée 131
moment angulaire 70, 182
moment, de rotation 68
monomère 41
monoxyde de carbone 117
Mont Everest 118
Mont St. Helens 116
Morley, Edward 79
Morse, code 174
moteurs 41, 49
 à eau pulsée 49
 à réaction 49
 linéaire à induction 159
motocyclette, virage 71
moulage, acier 18
moulin à vent 44
mouvement 43 et suiv.
 brownien 182
 circulaire 70-71
 du bateau 57
mouvement, lois de Newton 43, 57-58, 62-63
mouvement, photographie 89
 images animées 79, 89, 92 93
musique 112-113
Muybridge Eadweard 89

NO

nager 122
naine blanche 67
navette spatiale 65, 66, 175, 181
nébuleuse du Crabe 67
neige 124, 133
neige carbonique voir dioxyde de carbone
néon 28, 117, 118
 laser 101
Neptune 67
nerf auditif 104
 optique 88
nettoyant ammoniaqué 37
neutralisation 36, 37
neutron 15, 131, 186
neutrons, étoile à 67
neutrons 26-27
New York 120, 132
Nicholson, William 147
nickel 18
Niepce, Nicéphore 88
nœud, ondes sonores 109
noir, pigment 98
non miscible 35
non mouillant 143
nourriture 32
noyau, atomique 15, 26-28, 44, 45, 57, 183, 186
n-p-n (transistor) 177
nuages 118, 124-125, 130, 133
numéro atomique 27, 182
 masse 182
 structure 40
 théorie 15
nylon 41
obturateur, appareil photo 90
ocre 99
octave 113
Œrsted, Hans Christian 159
Ohm, Georg 147, 154
ohm 186, 187
ombre 78, 80-81
ondes 102-103, 104, 107, 131
onde de choc, pour un avion supersonique 107
ondes longitudinales 104
ondes rectilignes 110-111
onde transversale 104
opaque 80
or 18, 19, 28, 32, 182
orage 148
 distance 102
orage, son de l' 108
orbite 66-67
ordinateur 146, 147, 173 et suiv.
 conception assistée 181
 premier 180
organismes vivants 40
orgue 113
oscilloscope 102
ouïe, chauves-souris 103
 dauphins 103
 humaine 103, 104
ouragan 115
outils 11
outremer 99
ouverture 88, 182
oxydation 36, 183, 186
oxyde de fer 99
oxyde de plomb 99
oxyde mercurique 116
oxygène 24, 36, 185, 186,187
 de l'air 14, 116-120
 de l'eau 15, 28, 130-131
 électrolyse 147, 157, 184
 liquide 62
 molécule 28
 procédé, hauts fourneaux 18
ozone 118, 120, 187
 trou 120

PQ

palette, couleurs 99
pantographe 170
papier 33, 47
papier buvard 33
papier sensible à la lumière 90, 91
paratonnerre 147
parfum 24
particule subatomique 26-27, 146, 183, 187
 mouvement 57
Pascal, Blaise 180
pastille de silicium 152, 175, 186
peau et rayons X 187
peintres égyptiens 99
peintures, couleurs 98

peintures préhistoriques 99
Pèlerin de Maricourt 158-159
pendule 56, 57, 108-109
pénombre 80
périscope 82-83
persistance rétinienne 92
perte d'énergie 44
pétrole 32, 40
distillation 33
réserves 45
phares de voiture 79
philosophes de la nature 14
photocopier 148, 185
photographie 79, 88-89, 90-91
agents mouillants 143
développement 91
émulsion 90
exposition 90
fixation 91
négatif 88, 91
pellicule 88, 143
pigment 99
positif 88
première 88
photosynthèse 44
pierre philosophale 14
piézo-électrique 35
pigments 15, 98
âge de pierre 99
de laque 98
pile 156, 157, 182
fabriquer 150-151
sèche 147
Volta 147, 150
pilon et mortier 99
pilotage électronique 173
pilote automatique 180
pinces 68
pinces à épiler 69
Pise, Tour penchée de 66
piston, pompe à main 137
Planck, Max 79
planeur 128
plasticité 16
plastique 40-41, 101, 187
plexiglas 143
plomb 47, 67
pluie 124, 133
plumes 52
Pluton 67
p-n-p (transistor) 177
poids 18, 129
point d'ébullition 23, 82, 131
eau 47
point de congélation 131, 185
eau 47
point de Curie 158, 184
polarité 131
pôle, magnétique 158-163, 170
pôle Nord, magnétique et géographique 158, 161
pôles, pile 151, 154
polluants 117
polymère 40-41, 187
polystyrène 52
polythène 41
pompe 136-137
chauffage central 54
à main 136-137
à moteur 136
à vide 102, 122
ponts 41, 50, 57
porte à faux 68
positron 26, 182
poste à galène 174
potassium 28
bitartrate 31
hydroxyde 36
potentiomètre 178
poudre à canon 57
poulies 72-73
poumons 24
poussée 62, 128, 187
poussée d'Archimède 138-139
praxinoscope 89
précession 70, 187
précipité 38
pression 20, 25, 63, 187
atmosphérique 116, 117, 122, 122-123, 131, 182
dans un courant d'air 128-129
de l'eau 134
des gaz 25, 50
et météo 123
fontaine 136
prévisions météorologiques 124
Priestley, Joseph 14, 116
primaire, couleur 182
primaire, transformateur 166
prisme 78, 82, 94
production d'électricité 134-135, 150, 159, 166-167, 185
électricité statique 146-147
produits chimiques 16 et suiv.
profil d'aile 182
projecteur 89
propriétés chimiques 14, 28-41
propriétés physiques 16-25
protection contre la rouille 156
protéine 41
proton 15, 26-27, 28, 184, 186, 187
puce électronique 175, 180-181
puissance 187
puissance des vagues 135
pulsar 67
Pythagore 112
quanta 15, 79, 187
quantité de mouvement 57, 58-59, 63, 70-71, 182
quantité scalaire 56, 187
vectorielle 56, 187
quark 26, 187
quartz 17
cristaux 35
montres 35
Queen Elizabeth II 141

R

radar 159
ondes 78
radiateur, chauffage 54
radio 44, 146
accord stations 174, 179
émission 174
fabriquer 178–177
ondes 78-79, 158, 174-175, 178, 184
récepteur 174-175, 178-179
signal 174
voir rayonnement électromagnétique
radioactivité 184
radon 117
Ramsay, William 117
raquette de tennis 74
raréfaction, ondes sonores 102
rayonnement 187
des étoiles 67
électromagnétique 54, 78-79, 178, 184, 187
thermique 54-55, 79
rayonnements alpha 15, 187
bêta 187
cathodiques 183
cosmiques 78, 79, 184
gamma 79, 187
rayon incident 87, 185
rayon réfléchi 87
rayons X 79, 103, 184, 187
réaction (et action) 57, 62-63
réaction chimique 30-31, 147, 183
dans une pile 151
électrolyse 156
réchaud à alcool 10, 23, 33, 46
réchauffement planétaire 117, 120-121
redressement 175, 187
redresser 187
red shift 184
réflexion 78, 82-83, 86-87
angle 83
réflecteur, microscope 85
réfraction 78, 84-85, 86-87, 94, 187
règle de la main droite 170
règle de la main gauche 167
Regnault, Henri 117
reine Elisabeth Ire 146
relativité 56
Renaissance 99
reproduction 91
tirage 91
vue 84, 88-89
répulsion, électrique 146
magnétique 158-163
réseau électrique 166
réséda des teinturiers 98
réservoir 132-133, 134, 136
résistance, électrique 147, 154, 155, 186, 187
variable 154
résonance 108-109
résonance (cristaux) 35
résonance magnétique nucléaire (RMN) 162
respiration 116-117, 118-119, 187
ressort 44, 74
peson à ressort 58, 68-69
rétine 88
Reynaud, Emile 89
rivières 130, 133
robots 181
robots de la sonde Viking 181
Roentgen, William
rose des vents 117
rosée 130
rouille 30, 116
roulement à billes 60
Rutherford, Ernest 15, 26

S

salle de concert 110-111
sang 24, 131
sang du dragon, pigment 98
satellite de communications 168
saturation 187
saturation, de l'air 130
sauce 34
savon 38-39
en poudre 41
biologique 41
solution 39
Schrödinger, Erwin 57
sel 33, 34, 156, 182
de bain 38
de calcium 38
de magnésium 38
de sodium 39
de table voir chlorure de sodium
densité de l'eau 141
dissous 184
réactions 36, 37, 38-39
semi-conducteur 175, 176, 182, 186, 187
diode 175
Shelley, Mary 147
Shockley, William 175
SI voir Système international
sifflet 106-107
siphons 136-137
sirène, son de 107
sirop 140
skier 41
Slater, Stephen 135
sodium 28, 30, 38, 39, 131
carbonate 37, 38
chlorure 28, 30, 31, 38
hydrogéno-carbonate 37
stéarate 39
soie, effets électriques 146
Soleil 44, 45, 54, 57, 67, 80, 82, 118, 120, 133, 184, 185, 187
Soleil, température 46
solénoïde 159, 164
solide 14, 16, 19, 20-21, 24, 130, 140, 182, 186
dilatation 50
soluté 34, 187
solution 34, 187
aqueuse 131
de base 36-37, 38, 182
saturée 34
solvant 34, 187
son 77, 102 et suiv., 182
dans le vide 102, 104
dans les solides et les liquides 102, 103
direction 104
mesures 108
mur 106
sonar 103, 110
sonde spatiale 65
sonnette, électrique 159
souder 176
fer 176
soude caustique 36
sous-marin 110
spath 17
spectre, couleurs 94
spectre électromagnétique 78
stabilité 69, 70
Stahl, Georg 116
station éolienne 126-127
statique 56
stratosphère 118
Sturgeon, William 159
sucre 22
dans la bière 141
suc digestif 131
suie 117
sulfate 36
supernova 67
sursaturation 34
système solaire 67

T

Tableau périodique 28, 186
tableau de bord d'un avion 173
tablettes digestives 38
talc 17
tambourin 113
Tchernobyl, URSS 45
teintures, couleur 98-99
télécommunications 168
télégraphe 169
téléphone 154, 168
câble, cuivre 168
fabriquer 168-169
micro 168
premier 169
récepteur 168
signal 168
télévision 89, 175, 183
tempera, à l'œuf 99
température 46-47,52-53, 187
changement 48
temps de réverbération 110
temps météorologique 123-127
tension 74, 152, 187
tension superficielle 131, 142-143, 187
ternissure 36
terra pinguis 116
Terre 54, 66-67, 80, 184, 185
champ magnétique 161
mouvement 57
noyau 158, 161
Terre-Neuve 174
terre, pigment 99
verte 99
tétragonal 35
texture 16

TGV 170
Thalès 146, 158
théâtre optique 89
théorie cinétique 186
théorie du phlogistique 116-117, 187
thermiques (courants d'air) 125
thermique voir chaleur
thermomètre 8, 23, 46-47, 52-53, 117
fabriquer 125
Thomson, Joseph J. 15
timbre, son 107
tissu imperméable 142
toile de tente 142
tonnerre 102, 145
Torricelli, Evangelista 102, 117
toupie 70
tourmaline 35
tournevis 69
train 44
train à grande vitesse 108
train, électrique 146, 170
traînée 128-129, 182, 184
traînée d'un avion 116
transformateur 166
transformateur de tension 166
abaisseur de tension 166
élévateur de tension 166
transistor 175, 176-179, 187
commutation 177
connexions 177
transparent 80
travail 187
tribarre, impossible 89
triglycéride 29
triode 187
troposphère 118, 124, 125, 130
trou noir 67
tube à essais 11, 20
tube à limaille 174, 183
tube à rayons cathodiques 15, 175, 183
tube fluorescent 44
tungstène 47
turbine 48, 134
tympan 104

U

ultrason 103, 106, 187
canons 103
détection de fissures 103
sonde 103
ultraviolet 79, 120, 187
uranium 45, 185
barres 183
Uranus 67
ustensiles de cuisine 9

V

vaisseau spatial 41
valve thermoïonique 175, 176, 187
vannes 134
Van de Graaff, Robert 146
vapeur 24
vapeur, liquide 184
vecteur-vitesse 56-57, 65, 182, 182, 187
ventre de vibration 109
vent et vagues 124
Vénus 67
vermillon 99
verre 14, 17, 78
effets électriques 146
vert de Guignet 99
vibration, forcée 108
vibreur, électrique 165
vide 53, 102, 117
vide, propagation de la lumière 78
vidéo interactive 175, 180
vinaigre (acide acétique) 24, 31, 37, 38, 41, 182
violon, timbre 107
viscosité 14, 22, 23
vitesse 56-57, 64-65, 182, 187
vitesse du son 77, 102-103
à différentes températures 103
dans différents matériaux 103
vitesse limite 66, 187
voiles 128
voiture de course 65
volcan 20, 31, 116, 117
Volta Alessandro 147, 150
vol 128
volts 154
volume 8, 21, 22, 24 25,138-139
vol supersonique 103
voyages spatiaux 56, 57, 62, 65
vue synoptique de la météo 124

WXYZ

Watt 187
xénon 117
Young, Thomas 100, 186
zéro absolu 47, 182
zéro Kelvin 182
zinc 147, 151
zoétrope 92-93

CRÉDITS

PHOTOGRAPHIES CREATIONS
Mike Dunning: pages 1, 2, 6, 16, 34, 81, 82, 83, 92, 93, 94, 95, 104, 105, 106, 108, 109, 110, 111, 112, 113, 118, 120, 121, 123, 148, 149, 150, 151, 152, 153, 155, 156, 157, 162, 163, 164, 166, 167, 168, 169, 170, 171, 176, 177
David Purdy: pages 82, 86, 87
Jerry Young: pages 80–81, 98, 99

ILLUSTRATIONS
David Hallcock: page 110
Nicholas Hewetson: pages 80, 84, 88, 104, 107, 108, 110, 136
Richard Lewis: pages 17, 27, 64, 65, 67, 78, 79, 118, 124, 125, 128, 133, 166, 167, 186
Meridian: pages 95, 120, 121, 123
Rob Shone: pages 92, 93, 96
Richard Ward: pages 100, 101, 102, 103

DESSINS
David Hallcock: pages 93, 163
Trevor Lawrence: pages 153, 165, 171
Janos Marffy: pages 49, 50, 68, 178, 179

DESSINS REALISÉS SUR ORDINATEUR
Martyn Foote, Dawn Ryddner, Bryn Walls

MAQUETTES
David Donkin: pages 27, 28, 29, 30, 48, 51, 72, 73, 74, 75, 178, 179
David Hallcock: pages 92, 93, 162, 165, 168, 169
James Neville: pages 126, 127
Paul Smith: pages 120, 121
Réalisation des autres maquettes: Martyn Foote, assistée de Liza Bruml et John Farndon

CREDITS PHOTOGRAPHIQUES
t=haut; c=centre; b=bas; r=droite; l=gauche
All Action: 71cl/Duncan Raban
Allsport: 40tr/Bob Martin
Ron Boardman: 176cl, 180bl
British Museum, Geological Museum: 158bl
Cavendish Laboratory, Cambridge: 26cl
Bruce Coleman Pictures: 140tr/Gerald Cubitt
Brian Cosgrove: 116t, 116bl, 124tr
Zoe Dominic Pictures: 97tl Catherine Ashmore
Mary Evans Picture Library: 78tr, 79bc, 81tc,85br, 88br, 89cr, 89br, 102bc, 103cl, 122bl, 146tl, 150bl
Martyn Foote: 50tl
Ford Motor Company: 58t, 147cr
SNCF: 170tr
Leslie Garland: 68tl
Robert Harding Picture Library: 132tl, 138tr, 141tr
Image Bank: 44cl, 44bc, 45t, 66cl, 79bl, 103cl, 131cr, 131br
Industrial Diamond Review: 17cr
Frank Lane Pictures: 124c
Mansell Collection: 25tr, 44cr, 56tl, 66br, 130cl, 131tc
Diana Morris: 57br
Museum of the Moving Image: 88tl, 92cl
National Gallery, London: 99bl
National Maritime Museum: 79tr
Ann Ronan Picture Library: 154tr
Rover Group: 156tr
Science Photo Library: 13, 15tr, 18tr, 24tc, 26bc, 32tr, 35br, 36tr,44tl, 45cr,46tr, 50tr, 52tr, 58bl, 60tr, 62tr, 66tl, 66-67t, 67t, 67tr, 74cl, 76-77, 78tl, 78bl, 79br, 80bl, 100bl, 100-101, 101br,102cl, 103cr, 114-115, 118cl, 120bl, 121tr, 124tl, 124cc, 124cr, 125cl, 125cr, 130tl, 134tr, 142tr, 143tr, 144-145, 149tr, 152cl, 159tr, 162cl, 164tr, 166tr, 168tr, 178tl, 175tl, 175cl, 180cl, 180-181t, 181tr, 181bc
Tony Stone Picture Library: 42-43
U.S. Navy: 159br
Woodmansterne: 110tl
Zefa: 172-173

REMERCIEMENTS
Assistance pour la rédaction, la conception et l'informatique:
Joanna Figg-Latham

Recherche iconographique complémentaire:
Emma Johnson

Radio schémas:
Lionel Wolovitz

Cycliste:
Stuart Benstead

Bicyclettes:
Sean Thomas, Evans Cycles, The Cut, London SE1

Pigments:
Jo Kirby, Scientific Section, National Gallery, London

Maquettes:
Little Boats, 166 Ifield Road, London SW10

Conseiller technique:
David Williams, Chief Technician, Acton High School, London

Conseil technique complémentaire:
Ralph Hancock

Assistance de rédaction:
Nirmala Patel